Linux
创新人才培养系列

CentOS **Linux**

系统管理与运维 第2版

◎ 张金石 钟小平 主编
◎ 翟社平 杨瑾 姚俊 副主编

U0220188

人民邮电出版社

北 京

图书在版编目（CIP）数据

CentOS Linux系统管理与运维 / 张金石，钟小平主编. -- 2版. -- 北京：人民邮电出版社，2018.8
（Linux创新人才培养系列）
ISBN 978-7-115-48369-0

Ⅰ．①C… Ⅱ．①张… ②钟… Ⅲ．①Linux操作系统
Ⅳ．①TP316.89

中国版本图书馆CIP数据核字(2018)第088019号

内 容 提 要

本书基于网络工程和应用实际需求，以广泛使用的 CentOS Linux 7 平台为例，介绍网络操作系统的部署、配置与管理的技术方法。全书共 14 章，内容包括：CentOS 安装与基本操作；Linux 基本配置与管理；磁盘存储管理；Linux 进程、内核与硬件管理；systemd 管理与系统启动；系统性能监测与日志管理；网络配置与管理；防火墙；Linux 安全管理；DNS 与 DHCP；文件与打印服务器；Web 服务器与 LAMP 平台；远程登录与管理；Linux 虚拟化。

本书内容丰富，注重系统性、实践性和可操作性，对每个知识点都有相应的操作示范，便于读者快速上手。

本书可作为计算机网络相关专业的教材，也可作为网络管理和维护人员的参考书，还可作为各种培训班的教材。

◆ 主　　编　张金石　钟小平
　　副主编　翟社平　杨　瑾　姚　俊
　　责任编辑　刘　博
　　责任印制　沈　蓉　彭志环

◆ 人民邮电出版社出版发行　　北京市丰台区成寿寺路 11 号
　邮编　100164　　电子邮件　315@ptpress.com.cn
　网址　http://www.ptpress.com.cn
　北京七彩京通数码快印有限公司印刷

◆ 开本：787×1092　1/16
　印张：26.25　　　　　　　　2018 年 8 月第 2 版
　字数：658 千字　　　　　　2024 年 8 月北京第 8 次印刷

定价：69.80 元

读者服务热线：(010)81055256　印装质量热线：(010)81055316
反盗版热线：(010)81055315

前　言

计算机网络已深入社会的各个领域，电信部门、研究部门、高科技企业乃至各行各业都对网络工程技术人才有迫切的需求，尤其需要熟练掌握网络规划、设计、组建和运维管理的高级应用型人才。

计算机网络是由硬件和软件两部分组成的，其中网络操作系统是构建计算机网络的软件核心和基础，是网络的心脏和灵魂。我国很多高等院校的网络相关专业都将"网络操作系统"作为一门重要的专业课程。为了帮助高等院校教师比较全面、系统地讲授这门课程，使学生能熟悉网络操作系统的原理，掌握网络操作系统的安装、设置和管理的方法、技能，同时考虑到越来越多的企业选择 Linux 平台，我们几位长期从事网络专业教学的教师共同编写了本书。

本书的系统平台选用 CentOS Linux 7。CentOS 是一个 Red Hat Linux 源代码的企业级 Linux 发行版本，越来越多的国内用户选择 CentOS 来替代商业版的 RHEL。CentOS 是优秀的 Internet 服务器操作系统，同时全力支持新兴的虚拟化和云计算应用。

本书特点：内容系统全面，结构清晰；在内容编写方面注重难点分散、循序渐进；在文字叙述方面注重言简意赅、重点突出；在实例选取方面注重实用性和针对性。

全书共 14 章，按照从基础到应用的逻辑进行组织。第 1 章在介绍网络操作系统知识的基础上，讲解 CentOS 安装与基本操作。第 2 章至第 6 章讲解系统配置与管理。systemd 是新一代 Linux 系统管理工具，第 5 章重点讲解如何使用它管控系统和服务。第 7 章介绍网络配置与管理，NetworkManager 是 CentOS 7 主推的网络组件，相关工具的基本操作在第 2 章讲解，本章重点讲解高级功能。第 8 章讲解防火墙。第 9 章讲解 Linux 安全管理。第 10 章至第 13 章具体介绍主要的网络服务，其中 LAMP 平台放在第 12 章讲解。第 14 章详细介绍 KVM 虚拟机。

本书每一章按照基础知识或原理、部署、配置与管理的内容组织模式进行编写。作为应用本科教材，本书对不可缺少的原理部分的讲解简单明了，尽可能使用表格和示意图。配置与管理部分含有大量动手实践内容，介绍具体的部署和操作步骤，直接给学生进行示范。

本书的参考学时为 48 学时，其中实践环节为 16～20 学时。

本书由张金石、钟小平担任主编，翟社平（西安邮电大学）、杨瑾、姚俊担任副主编。

由于时间仓促，加之我们水平有限，书中难免存在不足之处，敬请广大读者批评指正。

编　者
2017 年 2 月

目　录

第 1 章　CentOS 安装与基本操作

Linux 网络操作系统是实现网络关键性应用的理想选择。CentOS 是一个基于 Red Hat Linux 源代码的企业级 Linux 发行版本，许多要求高度稳定性的服务器用户选择 CentOS 来替代商业版的 Red Hat Enterprise Linux。本章向读者介绍 Linux 网络操作系统的基础知识，重点讲解 CentOS Linux 的安装和基本操作，以兼顾 Linux 操作系统入门读者。

1.1　网络操作系统概述

计算机网络是由硬件和软件两部分组成的，其中网络操作系统是构建计算机网络的软件核心和基础。网络操作系统与单机操作系统之间并没有本质的区别，仅仅是增加了网络连接功能和网络服务，是面向网络提供服务的特殊操作系统。由于网络操作系统是运行在服务器之上的，所以有时也将它称为服务器操作系统。

1.1.1　网络操作系统的概念

严格地说，单机操作系统只能为本地用户使用本机资源提供服务，不能满足开放的网络环境的要求。与单机操作系统不同，网络操作系统服务的对象是整个计算机网络，具有更复杂的结构和更强大的功能，必须支持多用户、多任务和网络资源共享。

对于联网的计算机系统来说，它们的资源既是本地资源，又是网络资源；既要为本地用户使用资源提供服务，又要为远程网络用户使用资源提供服务。这就要求网络操作系统能够屏蔽本地资源与网络资源的差异性，为用户提供各种基本网络服务功能，完成网络共享系统资源的管理，并提供网络系统的安全性服务。

网络操作系统是建立在计算机操作系统基础上，用于管理网络通信和共享资源，协调各主机上任务的运行，并向用户提供统一的、有效的网络接口的软件集合。从逻辑上看，网络操作系统软件由以下 3 个层次组成：位于低层的网络设备驱动程序；位于中间层的网络通信协议；位于高层的网络应用软件。

这 3 个层次之间的关系是一种高层调用低层、低层为高层提供服务的关系。

与一般操作系统不同的是，网络操作系统可以将其功能分配给连接到网络上的多台计算机；另一方面，它又依赖于每台计算机的本地操作系统，使多个用户可以并发访问共享资源。

一个计算机网络除了运行网络操作系统，还要运行本地（客户端）操作系统。网络操作系统运行在称为服务器的计算机上，在整个网络系统中占主导地位，指挥和监控整个网络的运行。网络中的非服务器的计算机通常被称为工作站或客户端，它们运行桌面操作系统或专用的客户端操作系统。

1.1.2　网络操作系统的特点

网络操作系统是基于计算机网络范围的操作系统，为网络用户提供了便利的操作和管理平台。它具有一般计算机操作系统的基本特征，也有自己的独特之处。其特点概述如下。

- 硬件独立性。网络操作系统可以运行在不同的网络硬件上。
- 网络连接。能够支持各种网络协议，连接不同的网络。
- 网络管理。支持网络应用程序及其管理功能，如系统备份、安全管理、性能控制等。
- 安全性和访问控制。能够进行系统安全性保护和各类用户的访问权限控制；能够对用户资源进行控制，提供用户对网络的访问方法。
- 网络服务。支持文件服务、打印服务、通信服务、数据库服务、Internet 服务等。
- 多用户支持。在多用户环境下，网络操作系统给应用程序及其数据文件提供了足够的标准化保护。
- 多种客户端支持。
- 用户界面。网络操作系统提供给用户丰富的界面功能，具有多种网络控制方式。

1.1.3　网络操作系统的功能

早期网络操作系统功能较为简单，仅提供基本的数据通信、文件和打印服务等。随着网络的规模化和复杂化，现代网络的功能不断扩展，除了具有一般操作系统应具有的基本功能外，网络操作系统还应具有以下几项网络功能。

- 网络通信。其任务是在源计算机和目标计算机之间，实现无差错的数据传输，包括建立与拆除通信链路、传输控制、差错控制、流量控制、路由选择等功能。
- 资源管理。对网络中的所有硬、软件资源实施有效管理，协调诸用户对共享资源的使用，保证数据的安全性、一致性和完整性，使用户在访问远程共享资源时能像访问本地资源一样方便。典型的网络资源有硬盘、打印机、文件和数据。
- 网络管理。通过访问控制来确保数据的安全性，通过容错技术来保证系统故障时数据的可靠性，此外，还包括对网络设备故障进行检测、对使用情况进行统计等。
- 网络服务。向用户提供多种有效的网络服务，如电子邮件服务、远程访问服务、Web 服务、FTP 服务及共享文件打印服务等。
- 互操作。将若干相同或不同的设备和网络互连，用户可以透明地访问各服务点、主机，以实现更大范围的用户通信和资源共享。
- 网络接口。向用户提供一组方便有效的、统一的、能获取网络服务的接口，以改善用户界面，如命令接口、菜单、窗口等。

1.1.4　网络操作系统的工作模式

早期网络操作系统采用集中模式，实际上是由分时操作系统加上网络功能演变而成的，系统由一台主机和若干台与主机相连的终端构成，将多台主机连接形成网络，信息的处理和控制都集中在主机上，UNIX 就是典型的例子。现代网络操作系统主要有以下两种工作模式。

1. 客户端/服务器模式

客户端/服务器（Client/Server）模式简称 C/S 模式，是目前较为流行的工作模式。它将网络中的计算机分成两类站点，一类是作为网络控制中心或数据中心的服务器，提供文件打印、通信传输、数据库等各种服务；另一类是本地处理和访问服务器的客户端。客户端具有独立处理和计算能力，仅在需要某种服务时才向服务器发出请求。客户端与服务器之间的关系如图 1-1 所示。

提示：客户端与服务器的概念有多重含义，有时指硬件设备，有时又特指软件（进程）。在指软件的时候，也可以称客户（Client）和服务（Service）。

采用这种模式的网络操作系统软件由两部分组成，即客户端软件和服务器软件，两者之间的关系如图 1-2 所示，其中服务器软件是系统的主要部分。同一台计算机可同时运行服务器软件和客户端软件，既可充当服务器，也可充当客户端。

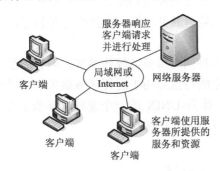

图 1-1　客户端与服务器之间的关系　　　　　图 1-2　客户端软件与服务器软件之间的关系

这一模式的信息处理和控制都是分布式的，任务由客户端和服务器共同承担，主要优点是数据分布存储、数据分布处理、应用实现方便，适用于计算机数量较多、位置相对分散、信息传输量较大的网络。Netware 和 Windows 网络操作系统采用的就是这种模式。

2．对等模式

采用对等（Peer to Peer）模式的网络操作系统允许用户之间通过共享方式互相访问对方的资源，联网的各台计算机同时扮演服务器和客户端两个角色，并且具有对等的地位。这种模式的主要优点是平等性、可靠性和可扩展性较好。它适用于小型计算机网络之间资源共享的场合，用户无需购置专用服务器。Windows 操作系统就内置了对等式操作系统，通过相应的设置可以方便地实现对等模式网络。

1.1.5　网络服务器

网络操作系统是在服务器上运行的系统软件，又称服务器操作系统。网络服务器是在网络环境中为用户计算机提供各种服务的计算机，承担网络中数据的存储、转发和发布等关键任务，是网络应用的基础和核心。运行网络操作系统的服务器在网络中起着关键作用。

在网络环境中，许多客户端系统可以访问并且共享一个或多个服务器上的资源。为支持本地处理，服务器系统必须支持多个并发用户和多任务，给向服务器申请远程资源的客户端服务。因此，从硬件上看，网络服务器通常是较大的系统，主要具备以下特性。

- 附加的存储器用来支持多任务，这些任务同时活动着或常驻存储器。
- 附加的磁盘空间用来存储共享文件或作为扩展的系统内存。
- 有额外的扩展槽，用于连接打印机和各种网络接口等共享设备。

- 在多处理器服务器上，附加的 CPU 用于提高处理能力。
- 采用冗余技术加入附加的硬件，建立容错系统，提高系统的可靠性和可用性。

从软件上看，服务器上的操作系统必须比客户端的具有更好的性能，支持多用户、多任务。高端服务器通常因为容量很大，可以处理大型、多个服务，而被称为企业服务器。

1.1.6　常用的网络操作系统

随着计算机网络的迅速发展，市场上出现了多种网络操作系统并存的局面。各种操作系统在网络应用方面都有各自的优势，都极力提供跨平台的应用支持。目前主流的网络操作系统主要有 Windows 系列、UNIX 或 Linux。Windows 操作系统的突出优点是便于部署、管理和使用，深受国内企业的青睐。UNIX 版本很多，大多要与硬件相配套，一般提供关键任务功能的完整套件，在高端市场处于领先地位。Linux 凭借其开放性和高性价比等特点，近年来获得了长足发展，市场份额不断增加。

Windows 系列是一个多目标、易于管理和实现各种网络服务的操作系统，但它的稳定性和可靠性不如 UNIX 及 Linux；UNIX 以其高效、稳定的特点适用于运行任务重大的应用程序的平台，但需要专业网络管理人员进行管理；Linux 作为 UNIX 的一个变种，继承了 UNIX 的全部优点，也有很大的发展，是实现网络关键性应用的理想选择。

1.2　Linux 与 CentOS

Linux 是操作系统的后起之秀，具有完善的网络功能和较高的安全性。CentOS（Community Enterprise Operating System）意为社区企业操作系统，是国内广泛使用的 Linux 网络操作系统。

1.2.1　Linux 操作系统简介

Linux 是一种起源于 UNIX，并以可移植操作系统接口（Portable Operating System Interface，POSIX）标准为框架发展起来的开放源代码的操作系统。POSIX 是 UNIX 类型操作系统接口集合的国际标准。Linux 具有完善的网络功能和较高的安全性，继承了 UNIX 系统卓越的稳定性表现，在全球各地的服务器平台市场中的份额不断增加。

1．Linux 操作系统的发展

Linux 雏形的设计始于一位名叫 Linus Torvald 的芬兰计算机业余爱好者，其目标是设计可用于 Intel 386 或奔腾处理器的 PC 上，且具有 UNIX 全部功能的操作系统。1991 年 10 月 5 日，Linus 在 comp.os.minix 新闻组上发布消息，正式向外宣布 Linux 内核系统的诞生。1994 年，Linux 第一个正式版本 1.0 发布，随后通过 Internet 迅速传播。

Linux 是一套在 GNU 公共许可权限下免费获得的自由软件，用户可以无偿地得到它及其源代码，可以无偿地获得大量的应用程序，而且可以任意地修改和补充它们。Linux 能在 PC 上实现全部的 UNIX 特性，具有多任务、多用户的能力。

从技术上说，Linux 是一个内核，也就是一个提供硬件抽象层、磁盘及文件系统控制、多任务等功能的系统软件。当然内核并不是一套完整的操作系统，一些组织和公司将 Linux 内核、源代码及相关应用软件集成为一个完整的操作系统，便于用户安装和使用，从而形成 Linux 的发行版本。国外知名的 Linux 版本有 Red Hat、Slackware、Debian、SuSE、Ubuntu，

国内知名的 Linux 版本有红旗等。这些软件包不仅包括完整的 Linux 系统，而且包括文本编辑器、高级语言编译器等应用软件，以及 X Windows 图形用户界面。

由于具有完善的网络功能和较高的安全性，Linux 主要用作服务器操作系统，可实现各种网络服务，如邮件服务、Web 服务、DNS 服务、防火墙、代理服务器等。企业级应用是 Linux 增长最迅速的领域，Linux 现已成为企业中重要服务器的首选系统之一。

2．Linux 操作系统的体系结构

Linux 采用分层设计，体系结构如图 1-3 所示。它基本上是单内核操作系统，但模块化的内核结构将微内核的许多优点引入其设计中，特别是提出了一种称为模块（module）的机制，设备驱动程序、伪设备驱动程序、文件系统都组织成模块。每当系统启动后，模块可以根据需要使用命令方式或核心守护进程方式动态地装载和卸载，一定程度上解决了核心功能的灵活性和可伸缩性问题。

图 1-3　Linux 操作系统的体系结构

3．Linux 操作系统的特性

Linux 操作系统得到了非常迅猛的发展，这与 Linux 具有良好的特性是分不开的，它包含了 UNIX 的全部功能和特性。总的来说，Linux 具有以下主要特性。

• 可以自由、免费使用。Linux 源代码开放，因而从可靠性和安全性上来讲，更适合政府、军事、金融等关键性机构使用。

• 开放性。开放性是指系统遵循世界标准规范，特别是遵循开放系统互联（OSI）国际标准。凡遵循国际标准所开发的硬件和软件，都能彼此兼容，可方便地实现互联。

• 性能好，功能完善，具有超强的稳定性和可靠性，适合需要连续运行的服务器系统。

• 可以进行内核定制。Linux 可以根据自己的需要对系统内核进行定制，从而构建一个新的符合服务器角色的内核，减少不必要的内存占用，提升系统的整体性能。

• 支持多种硬件平台，包括 PC、笔记本、工作站，甚至也有大型机。

• 完善的网络与 Internet 支持。

• 可靠的系统安全。Linux 为网络多用户环境中的用户提供了必要的安全保障。

• 提供可选的类 Windows 图形界面。

• 设备独立性。操作系统把所有外部设备统一当作文件来看待，只要安装它们的驱动程序，任何用户都可以像使用文件一样操纵、使用这些设备。

• 良好的可移植性。这为运行 Linux 的不同计算机平台与其他任何机器进行准确而有效的通信提供了手段，不需要额外增加特殊的和昂贵的通信接口。

1.2.2 Linux 操作系统的版本

Linux 操作系统的版本分为两种，即内核版本和发行版本。

1. 内核版本

内核版本是指内核小组开发维护的系统内核的版本号。内核版本也有两种不同的版本号，即实验版本和产品版本。实验版本还将不断地增加新的功能，不断地修正 BUG 从而发展到产品版本；而产品版本不再增加新的功能，只是修改错误。在产品版本的基础上再衍生出一个新的实验版本，继续增加功能和修正错误，由此不断循环。

内核版本的每一个版本号都是由 4 个部分组成的，其格式为：

[主版本].[次版本].[修订版本]-[附版本]

其中主版本和次版本两者共同构成当前内核版本号。次版本还表示内核类型，偶数说明该版本是稳定的产品版本，奇数说明该版本是开发中的实验版本。作为正式用途的网络操作系统，建议使用稳定版本的内核。

修订版本表示是第几次修正的内核。最末的附版本是由 Linux 产品厂商所定义的版本编号，这组版本是可以省略的。

例如，有一个内核的版本编号为 2.6.9-23。那么，这个内核的主版本为 2；次版本为 6，是一个稳定的版本；修订版本为 9；附版本为 23。

用户在登录 Linux 文本界面时，可以在提示信息中看到内核版本，也可以随时执行 uname –r 命令来查看系统的内核版本。

2. 发行版本

对操作系统来说，仅有内核是不够的，还需配备基本的应用软件。一些组织和公司将 Linux 内核、源代码及相关应用软件集成为一个完整的操作系统，便于用户安装和使用，从而形成 Linux 发行版本。

Linux 发行版本通常包含一些常用的工具性的实用程序（Utility），供普通用户日常操作和管理员维护操作使用。此外，Linux 系统还可选用成百上千的第三方应用程序，如数据库管理系统、文字处理系统、Web 服务器程序等。

Linux 发行版本主要有 3 个主要分支——Red Hat、Slackware 和 Debian，每一个分支都拥有一个代表性的企业服务器级版本，分别是 Red Hat Enterprise Linux（简称 RHEL）、SuSE Linux Enterprise（简称 SUSE）和 Ubuntu Server（简称 Ubuntu）。这些发行版本相互借鉴，取长补短，它们之间并没有本质的差别。

发行版本的版本号随着发行者的不同而不同。以 Red Hat Linux 为例，其发行版本 Enterprise Linux 5.3 采用的内核版本是 2.6.18，这二者并不矛盾。用户可以自行下载最新的内核版本，进行编译安装。

1.2.3 CentOS Linux

Red Hat Enterprise Linux 是目前由众多厂商支持的主流的 Linux 发行版，对 KVM 虚拟机的全力支持，使它成为许多企业的 Internet 服务器首选。但是如果要得到 Red Hat 的服务与技术支持，用户必须向 Red Hat 付费。CentOS 是一个基于 Red Hat Linux 提供的源代码的企业级 Linux 发行版本。由于出自与 RHEL 相同的源代码，有些要求高度稳定性的服务器用户会选择 CentOS 来替代商业版的 RHEL。

1．CentOS 与 RHEL 的关系

RHEL 的发行有两种方式。一种是二进制的发行方式，另外一种是源代码的发行方式。无论是哪一种发行方式，RHEL 都可以免费获得，并再次发布。但如果要使用在线升级（包括补丁）或咨询服务，则必须付费。CentOS 就是将 RHEL 发行的源代码重新编译一次，重新形成一个具有自己风格的可使用的二进制版本，其中一切与 Red Hat 有关的商标都被去除了。CentOS 可以得到 RHEL 的所有功能，而且在 RHEL 的基础上修正了不少已知的 Bug，相对于其他 Linux 发行版本，其稳定性值得信赖。CentOS 是免费的，用户可以使用它搭建企业级 Linux 系统环境，达到与 RHEL 一样的效果，而无须向 Red Hat 支付任何费用。CentOS 并不向用户提供商业支持，当然也不负任何商业责任，其技术支持主要通过社区的官方邮件列表、论坛和聊天室。

选用 CentOS 还是 RHEL，取决于用户是否拥有相应的技术力量。选购 RHEL 软件并购买相应服务，可以节省 IT 管理费用，并可得到专业服务，这比较适合单纯的业务型企业。如果具有足够的 Linux 技术力量，可以忽略 RHEL 的商业技术支持，那么可以放心选择 CentOS。目前 CentOS 在国内得到了广泛的应用，尤其是在 Internet 网站、电子商务、大数据、云计算等领域。

2．CentOS 版本

CentOS 大约每两年发行一次新版本，每个版本的 CentOS 会定期（大概每 6 个月）更新一次，以便支持新的硬件。每个版本的 CentOS 都会获得长达 10 年的支持，这是通过安全更新方式实现的，当然支持期的长短还要取决于 Red Hat 发行的源代码的更改。CentOS 7 于 2014 年 7 月正式发布，首个正式版的版本号为 7.0.1406。CentOS 7 主要特点如下：仅提供 64 位版本；内核更新至 3.10.0；支持 Linux 容器（Docker），使用轻量级的 Docker 进行容器实现；默认使用 XFS 文件系统；使用 systemd 后台程序管理 Linux 系统和服务；使用 firewalld 后台程序管理防火墙服务等。

1.3　安装 CentOS Linux 服务器

本书的网络操作系统平台采用 CentOS 7 版本。

1.3.1　组建 Linux 实验网络

在学习网络操作系统配置与管理的过程中，虽然多数功能可以直接在服务器上进行测试，但是为了达到好的测试效果，往往需要两台或多台计算机进行联网测试。在实际工作中，正式部署服务器之前也需要先进行测试。如果有多台计算机，可以组成一个小型网络用于测试。本书实例运行的网络环境至少涉及 3 台计算机，内部网络域名为 abc.com，如图 1-4 所示。

- 主要服务器：运行 CentOS 7，名称为 srv1，IP 地址为 192.168.0.1/24；主要用于安装各类网络服务。
- 用作网关的服务器：运行 CentOS 7，名称为 srv2，配置两个网络接口，内网接口 IP

地址为 192.168.0.2/24，外网接口用于模拟公网连接（也可使用一个实际的 Internet 连接），主要用于安装防火墙、路由器，也用于 Linux 客户端测试。IP 地址可能随实验项目需要而变更。

- Windows 客户端：用于测试 Windows 客户端。

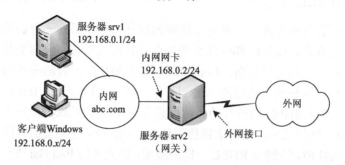

图 1-4　Linux 实验网络

如果只有一台计算机，可以采用虚拟机软件（VMware）构建一个虚拟网络环境用于测试。要在 VMware 中模拟该实验网络环境，可采用图 1-5 所示的网络结构。3 台计算机都由虚拟机担任，内网部分组建 Vmnet1 网络，并稍作调整，停用或删除其提供的虚拟 DHCP 服务器（便于架设 DHCP 服务器实验）。为便于测试外网连接，在虚拟机 srv2 上加装一块虚拟网卡 VMnet2，与 VMware 主机组成一个 VMnet2 网络，以模拟外网访问。

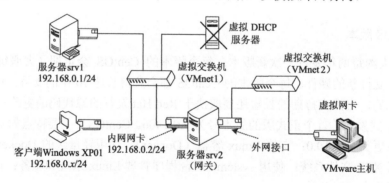

图 1-5　VMware 虚拟机组建实验网络

1.3.2　CentOS Linux 安装过程

1．CentOS 安装概述

CentOS 7 支持 AMD64 位和 Intel 64 位系统，要求至少 10GB 可用硬盘空间和 1GB 内存。CentOS Linux 支持以下几种安装方式。

- 光盘安装：直接用安装光盘的方式进行安装，这是最简单也是最常用的方法，推荐初学者使用。
- 硬盘安装：将 ISO 安装光盘映像文件复制到硬盘上进行安装，需要使用光盘、软盘或 U 盘引导系统。
- 网络安装：可以将系统安装文件放在 Web 服务器、FTP 服务器或 NFS 服务器上，通过网络进行安装。

可以使用完整安装 DVD ISO 映像生成可引导介质，只使用 DVD 或者 USB 驱动器就可以完成整个安装；也可以使用小 ISO 映像生成最小引导 CD、DVD 或者 USB 盘，引导盘只包含引导系统及启动安装程序的必要数据，如果使用这个引导介质，则需要附加安装源方可安装软件包；还可以通过 PXE 服务器通过网络引导，引导该系统后，可使用不同安装源完成该安装，如本地硬盘或者网络中的某个位置。

CentOS 提供使用 Kickstart 文件，部分或者完全自动化安装的方法，可以让安装程序自动执行全部安装（或部分安装），而不需要用户介入。这在同时大量部署 Linux 时特别有用。

2．CentOS 安装及初始设置

CentOS Linux 的安装选项较多，建议初学者在虚拟机中安装，待熟悉后再在物理计算机上安装。虽然文本（Text）模式下系统占用资源小，但是对初学者安装图形界面是很有必要的。CentOS 7 与以前版本相比改进很大，下面示范安装步骤。

（1）将计算机设置为从光盘启动，将 CentOS 安装光盘插入光驱，重新启动（这里在 VMware 虚拟机上操作，如图 1-6 所示），启动成功后出现图 1-7 所示的界面。

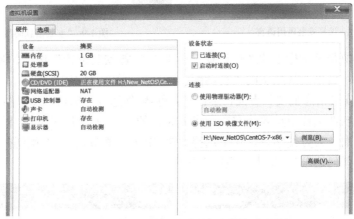

图 1-6　设置在 VMware 虚拟机上安装 CentOS

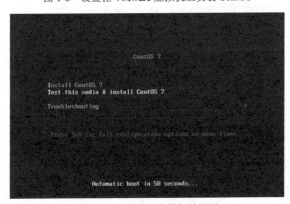

图 1-7　CentOS 7 安装初始界面

该界面共有 3 个选项，第 1 个选项表示安装 CentOS 7，第 2 个选项用于测试安装文件并安装 CentOS 7，第 3 个选项用于修复故障。这里选择第 1 项（使用键盘的上下箭头按钮选择），按回车键确定选项。

（2）出现相应的界面，提示按回车键开始安装过程。

（3）出现相应的界面，提示选择安装过程所使用的语言，这里选择简体中文版本，如图

1-8 所示。

（4）单击"继续"按钮，出现图 1-9 所示的"安装信息摘要"界面。这里可以单击其中的每一项进行设置，也可以使用默认设置。相关的选项设置很多，下面只选择两个主要的选项进行更改，其他保持默认设置。

图 1-8　选择安装所用语言

图 1-9　"安装信息摘要"界面

（5）首先解决带警示标志的选项设置，单击"系统-安装位置"选项，弹出图 1-10 所示的磁盘分区界面，这里选择默认的"自动配置分区"，单击"完成"按钮。

（6）回到"安装信息摘要"界面，单击"软件-软件选择"选项，弹出图 1-11 所示的"软件选择"界面。软件选择很重要，它决定了安装后的系统包括哪些功能，默认是最小安装，没有安装图形界面。为方便学习，这里选择"带 GUI 的服务器"，右侧的附加选项保持默认设置（没有选择任何选项），单击"完成"按钮。

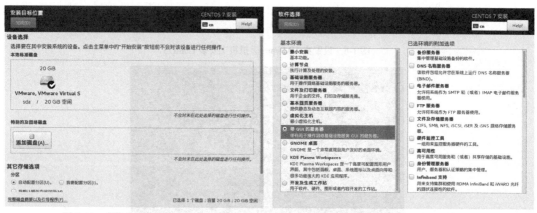

图 1-10　安装位置（磁盘分区）　　　　　　　　　图 1-11　"软件选择"界面

（7）回到"安装信息摘要"界面，单击"开始安装"按钮。如图 1-12 所示，在安装过程中要求为管理员账户 root 设置密码，单击"用户设置-ROOT 密码"选项，弹出图 1-13 所示的对话框，设置 root 密码，然后单击"完成"按钮。如果设置的 root 密码比较简单，需要按"完成"按钮两次。

可以根据需要再创建一个普通用户账户，如图 1-14 所示。

（8）出现图 1-15 所示的界面，表示安装完成，单击"重启"按钮重启计算机。

（9）重启后会显示图 1-16 所示的启动菜单选择界面，这里选择第一个选项，按回车键。

图 1-12　提示完成 root 密码设置

图 1-13　设置 root 密码

图 1-14　创建用户

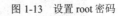

图 1-15　安装完成

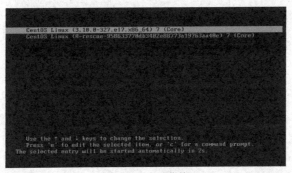

图 1-16　启动菜单

（10）首次重启会进入 "Initial setup of CentOS Linux 7（Core）" 界面，进行初始设置，提示接受许可（License）。如图 1-17 所示。这里根据提示依次输入 1、2、c、c，输入后按回车键，直至最后接受许可。

（11）进入用户登录界面，如图 1-18 所示。单击用户名，输入密码，单击 "登录" 按钮即可登录系统。

这里改用 root 账户登录，单击 "未列出？" 按钮，出现图 1-19 所示的界面，输入 root 账户名，再单击 "下一步" 按钮，出现图 1-20 所示的界面，输入相应的密码，单击 "登录" 按钮。

（12）进入桌面后，显示欢迎界面，单击"前进"按钮。

（13）出现图 1-21 所示的界面，选择输入法，单击"前进"按钮。

（14）出现图 1-22 所示的界面，单击"开始使用 CentOS Linux"按钮，即可正常使用 CentOS Linux。

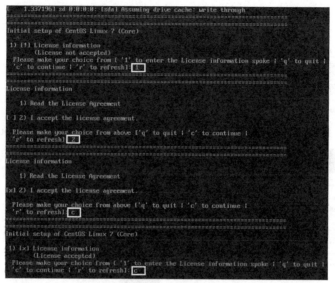

图 1-17　初始设置

图 1-18　用户登录界面

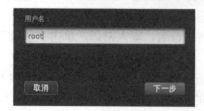

图 1-19　输入 root

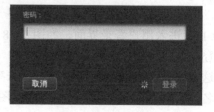

图 1-20　输入密码

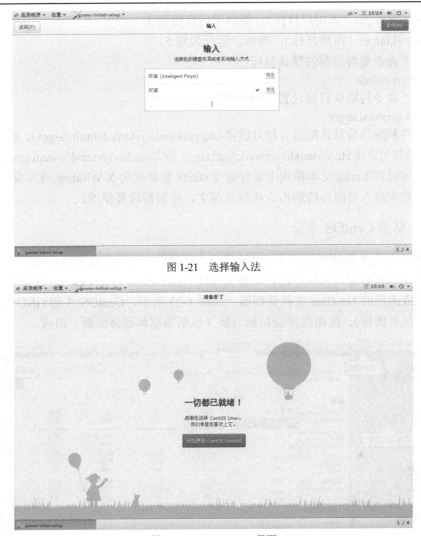

图 1-21　选择输入法

图 1-22　CentOS Linux 界面

1.4　Linux 图形界面基本操作

CentOS Linux 提供文本与图形两种使用环境。大多数 Linux 专业人员倾向于文本（命令行）界面，但是初学者往往更喜欢图形界面（GUI）。

1.4.1　进入 Linux 图形界面

如果 CentOS 安装有图形界面（带 GUI 的服务器或 GNOME 桌面），且默认登录界面设为图形界面，那么系统启动后自动启动图形系统，并进入图形登录界面。

以前修改默认的启动模式需要编辑/etc/inittab 文件，找到包含"initdefault"的行，将其修改为"id:5:initdefault:"，这样就将系统运行级别（runlevels）设为 5，保存该文件，重启系统即可以图形模式启动。CentOS 7 则使用 systemctl 工具来设置默认的启动模式，systemd 使用"目标"（targets）的概念代替运行级别。默认有以下两个主要目标。

● multi-user.target（多用户目标）：类似于运行级别 3。

● graphical.target（图形目标）：类似于运行级别 5。

使用以下命令查看当前的默认目标：

systemctl get-default

使用以下命令将默认目标设置为图形界面：

set-default graphical.target

该命令将删除当前默认配置（符号链接/etc/systemd/system/default.target），创建一个新的默认配置（将符号链接/etc/systemd/system/default.target 指向/usr/lib/systemd/system/graphical.target）。

另外也可以在 Linux 文本模式中运行命令 startx 重新启动 X Window 进入桌面环境。不过以这种方式首次进入桌面环境的语言环境是英文，可根据需要修改。

1.4.2 熟悉 CentOS 桌面

CentOS 7 使用全新的现代桌面 GNOME 3，它提供一个现代化的默认视觉主题和字体，集成能轻松访问所有窗口和程序的活动概览视图（Activities Overview），内置集成的桌面消息服务，集成改进的 Nautilus 文件管理器。如图 1-23 所示，CentOS 7 的 GNOME 桌面环境由桌面（包括其图标）、应用程序窗口和面板（包括顶部和底部面板）组成。

图 1-23　GNOME 桌面环境

顶部面板左端依次为"应用程序"菜单（选择要运行的应用程序）和"位置"菜单（便于快速访问文件夹），右端为"系统"菜单。弹出的"系统"菜单如图 1-24 所示，从中可以调整音量，开关网络连接，切换登录用户，进行系统设置，锁定屏幕，注销或关闭计算机等。

底部面板列出已打开窗口的列表，右端给出的是工作区指示器。

通知区域位于屏幕底部，消息会自动弹出。移动鼠标到屏幕底部（或按<Super>+<M>组合键）可以看到消息托盘。"Super"键是指 Windows（窗口）键。

图 1-24　"系统"菜单

锁定屏幕时会在屏幕上显示一个图片。当离开时它会给出相应提示信息，并且允许在不解锁的情况下控制媒体的播放。按回车键或者使用鼠标向上拖动该图片，将弹出解锁对话框，输入相应的用户密码即可解锁。

1.4.3　用户登录、注销与切换

完成图形界面的系统启动后，将进入图形登录界面（如图 1-18 所示），根据提示选择或输入用户名，提供相应的密码登录即可。

注销就是退出某个用户的会话，是登录操作的反向操作。注销会结束当前用户的所有进程，但是不会关闭系统，也不影响系统上其他用户的工作。注销当前登录的用户的目的是以其他用户身份登录系统。在"系统"菜单中单击以圖图标开头的当前登录用户，弹出如图 1-25 所示的界面，单击"注销"按钮执行注销后进入登录界面。

图 1-25　用户操作界面

Linux 服务器是多用户系统，可以同时有多个用户登录，但图形界面中只能以当前的用户身份进行交互操作，要以其他用户身份操作，可以切换用户。与注销不同，切换用户不会结束当前用户的所有进程。单击"切换用户"菜单进入登录界面，选择要切换的用户登录即可。

1.4.4　关机和重启

通过直接关掉电源来关机是很不安全的方法，正确的方法是通过软件关机和重启。Linux只允许 root 账户才能执行关机或重启命令。

在"系统"菜单中单击⏻图标后弹出图 1-26 所示的关机界面，可以执行重启或关机操作。进入关机界面后如果不进行任何操作，则系统将 60 秒后自动关机。

图 1-26　关机界面

1.4.5　使用活动概览视图

从"应用程序"菜单中选择"活动概览"命令，可打开活动概览视图，如图 1-27 所示。

Dash 是 Dashboard 的简称，是一个位于活动概览视图左侧的浮动面板，提供常用应用程序的列表。使用 Dash 面板可以快速启动常用的应用程序。

活动窗口位于活动概览视图中部，显示当前已经打开的窗口。可快速切换到不同的应用程序窗口。

工作区选择器位于活动概览视图右侧，可以切换到不同的工作区。

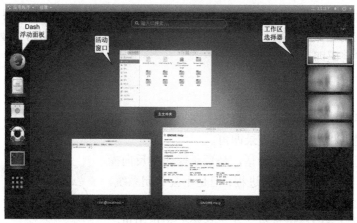

图 1-27　活动概览视图

1.4.6　切换工作区和窗口

与其他桌面类似，GNOME 使用窗口来显示正在运行的应用程序。使用活动概览视图中的浮动面板，可以启动应用程序，控制当前激活的窗口。

可以使用工作区来将应用程序组织在一起。例如，可使所有的通信窗口（如电子邮件和聊天程序）位于第一个工作区，并且使正在进行的工作位于第二个工作区，音乐管理器可位于第三个工作区。系统默认支持 4 个工作区。将程序放在不同的工作区是组织和归类窗口的一种有效的方法。

在工作区间切换可以使用鼠标或键盘：进入活动概览视图之后，屏幕右侧显示工作区选择器，单击要进入的工作区即可，也可以在普通视图中单击工作区指示器从弹出的菜单中选择工作区；如果使用键盘，按<Super>+<Page Up>或<Super>+<Page Down>组合键可以上下切换工作区。

切换窗口的方法：按<Super>+<Tab>组合键弹出窗口切换器，然后按住<Super>键以后，按<Tab>循环选择，按左右方向键或者使用鼠标点击要切换到的窗口。

1.4.7　启动应用程序

最直接的方式就是从"应用程序"菜单中启动应用程序，或者按<Alt>+<F2>组合键弹出"输入一个命令"窗口，输入要执行的命令名称（需要输入准确的名称），按回车键即可。

更多的时候则是从活动概览视图中启动应用程序，这可以有多种方法，列举如下。

● 直接输入程序的名称，系统自动搜索该应用程序，并显示相应的应用程序图标，单击该图标即可运行它。如果没有出现搜索，单击屏幕上边的搜索条，然后再输入。

● 从 Dash 面板中选择要运行的程序。对经常使用的程序，可以将它添加到 Dash 中。

● 单击 Dash 底部的▦按钮显示应用程序图标的列表（如图 1-28 所示），默认显示常用程序图标列表，单击"全部"按钮将显示全部应用程序的图标。单击要启动的应用程序图标即可启动相应的应用程序。

● 从当前工作区的 Dash 面板中将一个应用程序图标拖动到屏幕右侧的另一个工作区，该应用程序将在目的工作区中启动。

图 1-28　应用程序列表

　　提示：要将常用的应用程序添加到 Dash 面板，需要进入活动概览视图，单击 Dash 面板底部的▦按钮，找到要添加应用程序，右击它并从快捷菜单中选择"添加到收藏夹"命令，或者直接拖动其图标到 Dash 面板中。要从 Dash 面板中删除应用程序，需要右击它并从快捷菜单中选择"从收藏夹中移除"命令。常用应用程序也同时出现在"应用程序"菜单中的"收藏"子菜单中。

1.4.8　系统设置

　　系统设置（Settings）用于改变首选项，类似于 Windows 系统的控制面板或 Mac OS 的系统首选项。单击桌面顶部栏右端"系统"菜单按钮⏻，在弹出的"系统"菜单中单击设置按钮 ✳，弹出图 1-29 所示的对话框，提供各类系统设置功能，包括个人、硬件和系统 3 大类别。也可以从"应用程序"菜单中的"系统工具"子菜单中选择"设置"命令，或者输入"Settings"命令来打开该对话框。

　　例如，要关闭锁屏功能，需要单击"隐私"按钮，弹出相应的对话框，单击"锁屏"项，再弹出"锁屏"对话框，将"自动锁屏"设置为"关闭"即可，如图 1-30 所示。

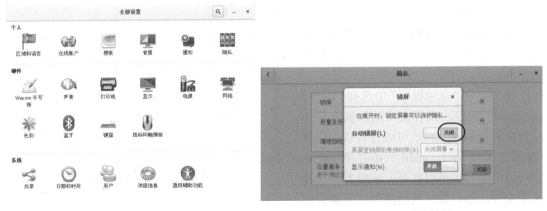

图 1-29　系统设置　　　　　　　　　　　　　　　　图 1-30　关闭锁屏

1.4.9　使用文件管理器

GNOME 桌面环境使用的文件管理器是 Nautilus。这个工具与 Windows 资源管理器类似，也将目录称作"文件夹"，用于管理 Linux 计算机的文件和系统。从"应用程序"菜单的"附件"子菜单中选择"文件"命令即可打开相应的文件管理器（如图 1-31 所示），执行文件和文件夹的浏览和管理任务。

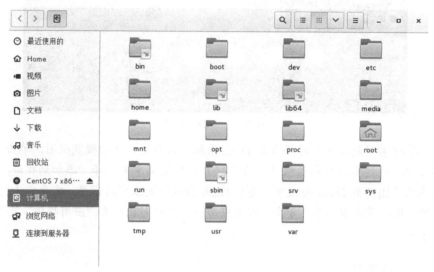

图 1-31　系统设置

另外，通过主菜单"位置"来选择相应的子菜单及其命令，来执行各种文件和系统的浏览和管理任务。在展开的目录中单击相应的目录或文件继续操作，包括浏览文件目录列表、创建、删除或修改文件目录、打开文件等。例如，从"位置"菜单中选择"计算机"子菜单，可查看主机上的所有资源，再单击"文件系统"，即可展开根目录。

1.4.10　使用 gedit 文本编辑器

Linux 提供图形化文本编辑器 gedit 来满足用户查看和编辑纯文本文件的需要。纯文本文件是包含没有应用字体或风格格式文本的普通文本文件，如系统日志和配置文件。

从主菜单"应用程序"中选择"附件" > "gedit"命令，或者在终端仿真窗口命令行中运行 gedit 命令，可以打开该编辑器（如图 1-32 所示）。gedit 只能在图形化桌面环境中运行，可以打开、编辑并保存纯文本文件，还可以从其他图形化桌面程序

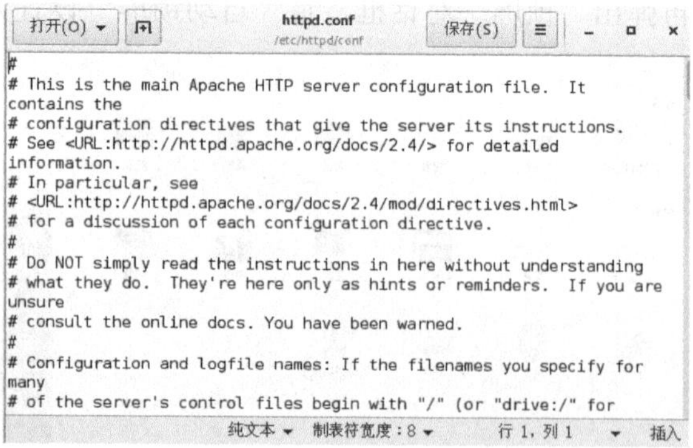

图 1-32　gedit 文本编辑器

中剪切和粘贴文本、创建新的文本文件及打印文件。

1.4.11　X Window System

Linux 的图形界面解决方案是 X Window System，目前使用的是第 11 版，通常称之为 X11。对 Linux 系统而言，X Window System 并不是必需的，只是一个可选的应用程序组件。

X Window System 本身基于客户端/服务器（C/S）模式，具有网络操作的透明性。如图 1-33 所示，X Window System 由以下 3 个部分构成。

● X Server：响应 X Client 程序的"请求"，建立窗口、在窗口中绘出图形和文字。每一套显示设备只对应一个唯一的 X Server。X Server 只是一个普通的应用程序。

● X Client：作为 X Server 的客户端，向 X Server 发出请求以完成特定的窗口操作。X Client 无法直接影响窗口或显示，只能请求 X Server 来完成。X Client 是使用操作系统窗口功能的一些应用程序。

● 网络：负责 X Server 与 X Client 之间的通信。X Server 和 X Client 可能位于同一台计算机上，也可能位于不同的计算机上，这需要通过网络进行通信，由相关网络协议提供支持。

X Client 将希望显示的图形发送到 X Server，X Server 将图形显示在显示器上，同时为 X Client 提供鼠标、键盘的输入服务。

X Window System 只提供建立窗口的一个标准，具体的窗口形式由窗口管理器决定。窗口管理器是 X Window System 的组成部分，用来控制窗口的外观，并提供与用户交互的方法。作为在 X Server 上运行的应用程序，窗口管理器为用户提供操作窗口程序的方法，主

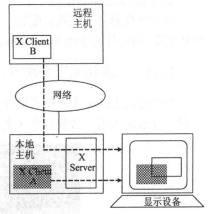

图 1-33　X Window System 示意图

要用于管理应用程序窗口，如窗口移动、缩放、开关等，当然还要管理键盘和鼠标焦点。

对使用操作系统图形环境的用户来说，仅有窗口管理器提供的功能是不够的。为此，开发人员在窗口管理器的基础上，增加各种功能和应用程序，提供更为完善的图形用户环境，这就是桌面环境。作为一个整体的环境，它包括应用程序、窗口管理器、登录管理器，桌面程序、设置界面等。桌面环境将除 X Server 以外的各种与 X 有关的部件整合起来，用于呈现整个图形界面，不过图形输出处理是由后台的 X Server 实现的。

Linux 桌面环境实际上是由一系列程序组成的，工具条、面板等其实都是程序。一个完整的图形桌面环境至少包括一个会话程序、一个窗口管理器、一个面板和一个桌面程序。

目前主流的 Linux 桌面环境包括 GNOME（GNU 网络对象模型环境）、KDE（K 桌面环境）、CFCE 和 LXDE。GNOME 桌面环境具有很好的稳定性，是多数 Linux 发行版本（如 RedHat、CentOS）的默认桌面。KDE 桌面环境与 Windows 界面比较接近，更加友好。

1.5　Linux 文本模式基本操作

实际应用中的 Linux 服务器通常并不需要图形环境，因为图形环境要额外占用大量系统资源。使用 Linux 文本模式可以完成服务器所需的管理和操作，系统运行更加高效和稳定。

管理员要在文本模式中使用各种命令来完成管理和操作任务，就要掌握命令行操作。

文本模式主要用于执行各种命令行操作，又称字符界面或命令行界面。Linux 系统，有两种情况，一种是纯文本模式，另一种是图形环境下的仿真终端。

1.5.1　进入 Linux 文本模式

没有安装 X Window 和桌面环境的 Linux 系统只能进入文本模式。已经安装 X Window 和桌面环境的 Linux 系统则可以通过修改配置，使系统引导时自动进入文本模式。

以前修改默认的启动模式需要编辑/etc/inittab 文件，找到包含"initdefault"的行，将其修改为"id:3:initdefault:"，这样就将系统运行级别（runlevels）设为 3，保存该文件，重启系统即可以文本模式启动。前面提到过，CentOS 7 使用 systemctl 工具来设置默认的启动模式，使用"目标"概念代替运行级别。使用以下命令将默认目标设置为文本界面：

set-default multi-user.target

该命令将删除当前默认配置（符号链接/etc/systemd/system/default.target），创建一个新的默认配置（将符号链接/etc/systemd/system/default.target 指向/usr/lib/systemd/system/multi-user.target）。

1.5.2　文本模式下登录与注销

当然进入 Linux 文本模式需要登录 Linux 系统。启动 Linux 计算机之后，当出现登录界面时，分别输入用户名和口令（密码），就可以登录到 Linux 系统中，如图 1-34 所示。

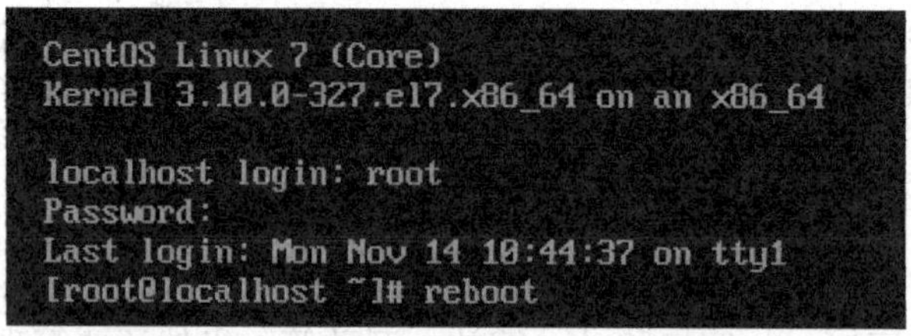

图 1-34　文本模式登录界面

为安全起见，用户输入的口令（密码）不在屏幕上显示，而且用户名和口令输入错误时只会给出一个"login incorrect"提示，不会明确地提示究竟是用户名还是口令错误。

成功登录后，将显示一串提示符，由 4 部分组成，格式为：

[当前用户名@主机名 当前目录] 命令提示符

root 账户登录后，命令提示符为#；普通用户登录后，命令提示符为$。在命令提示符之后输入命令，即可执行相应的操作。

例如，"[root@localhost ~]#"表示 root 账户登录到主机 localhost，当前所在的目录为~（代表其主目录/root）。用户登录之后会自动进入其主目录，执行目录切换操作之后，将显示当前所在的目录，例如：

[root@ localhost ~]# cd /usr

[root@ localhost usr]#

下面是一个以普通用户登录的例子（这里的目录~代表其主目录/home/zhongxp）：

[zhongxp@ localhost 1 ~]$

在文本模式下执行 logout 或 exit 命令即可注销。

1.5.3　使用命令行关闭和重启系统

通过直接关掉电源来关机是很不安全的做法，正确的方法是使用专门的命令执行关机和重启系统。Linux 只有 root 账户才能执行关机或重启命令。

通常执行 shutdown 命令来关机。该命令有很多选项，这里介绍常用的选项。例如要立即关机，可执行以下命令：

shutdown –h now

Linux 服务器是多用户系统，在关机之前应提前通知所有登录的用户，如执行以下命令表示 10 分钟之后关机，并向用户给出提示：

shutdown +10 "System will shutdown after 10 minutes"

也可以使用 halt 命令关机，它实际调用的是 shutdown -h 命令。执行 halt 命令，将停止所有进程，将所有内存中的缓存数据都写到磁盘上，待文件系统写操作完成之后，停止内核运行。它有一个选项-p 用于设置关闭电源，省略此选项表示仅关闭系统而不切断电源。

还有一个 poweroff 关机命令，相当于 halt -p，关闭系统的同时切断电源。

至于系统重启，可执行 shutdown -r 或者 reboot 命令。

1.5.4　文本模式和图形界面切换

Linux 是一个真正的多用户操作系统，可以同时接受多个用户登录，而且允许一个用户进行多次登录，因为 Linux 与 UNIX 一样，提供虚拟控制台（Virtual Console）的访问方式，允许用户在同一时间从控制台进行多次登录。

直接在 Linux 计算机上的登录称为从控制台登录，使用 telnet、SSH 等工具通过网络登录到 Linux 主机称为远程登录。在文本模式下从控制台登录的界面又称终端（TTY）。

Linux 系统允许用户同时打开 6 个虚拟控制台（tty1～tty6）进行操作，每个控制台可以让不同用户身份登录，运行不同的应用程序。每个控制台可以是文本模式，也可以加载图形界面。

启动 Linux 系统之后，默认使用 1 号控制台，在文本模式下可按<Alt>+<F(*n*)>[其中 F(*n*)为 F1～F6]组合键切换到指定的控制台，或者在不同控制台界面之间切换。每个控制台有一个设备特殊文件与之相关联，文件名为 tty 加上序号。例如，1 号控制台为 tty1，2 号控制台为 tty2。注意 tty0 表示当前所使用的虚拟控制台的一个别名，不管当前正在使用哪个虚拟控制台，系统所产生的信息都会发送到该控制台上。

在 X Windows 图形界面中可按<Ctrl>+<Alt>+<F(*n*)>[其中 F(*n*)为 F1～F6]组合键切换到不同的控制台界面。

1.5.5　使用仿真终端窗口

可以在 Linux 图形环境中打开仿真终端窗口，在其中与 Linux 文本模式下一样执行命令行操作，执行结果也会显示在终端窗口中。

这里以 CentOS 7 的 GNOME 桌面环境为例，从主菜单"应用程序"中选择"工具"＞"终端"命令，可打开终端命令行窗口，如图 1-35 所示。在终端命令行窗口中可以直接输入命令执行，执行的结果也显示在该窗口中。由于这是一个图形界面的仿真终端工具，用户可以很方便地通过相应的菜单修改终端的设置，如字体、字体颜色、背景颜色等。

可根据需要打开多个终端窗口，使用图形操作按钮或在终端命令行中执行 exit 命令关闭该终端窗口。注意在终端命令行中不能进行用户登录和注销操作。

提示：对初学者来说，在图形环境下的仿真终端窗口中使用命令行操作比直接使用 Linux 文本模式方便一些，既可打开多个终端窗口，又可借助图形界面来处理各种配置文件。建议初学者登录 Linux 图形界面，然后使用终端命令行进行各种操作，待熟悉之后，再转入文本模式。本书的操作实例多数是在终端窗口中完成的。

图 1-35　终端命令行窗口

1.6　Linux 命令行与 Shell 操作

使用命令行管理 Linux 系统是最基本和最重要的方式。到目前为止，很多重要的任务依然必须由命令行完成。执行相同的任务，如果由命令行来完成将会比使用图形界面简捷、高效得多。在学习 Linux 命令行操作之前，有必要了解 Linux Shell。Shell 可以用来管理计算机的所有资源。

1.6.1　Shell 基础

1. 什么是 Shell

在 Linux 中 Shell 就是外壳的意思，是用户和系统交互的接口。如图 1-36 所示，Shell 是供用户与内核进行交互操作的一种接口，它接收用户输入的命令并将其送到内核去执行。

实际上 Shell 是一个命令解释器，拥有自己内建的 Shell 命令集。用户在命令提示符下输入的命令都由 Shell 先接收并进行分析，然后传给 Linux 内核执行。结果返回给 Shell，由它在屏幕上显示。不管命令执行结果成功与否，Shell 总是再次给出命令提示符，等待用户输入下一个命令。Shell 同时又是一种程序设计语言，允许用户编写由 Shell 命令组成的程序，这种程序通常被称为 Shell 脚本

图 1-36　Linux Shell

（Shell script）或命令文件。Shell 具有普通编程语言的很多特点，简单易学，任何 Linux 命令

都可编入可执行的 Shell 程序中。

总的来说，Linux Shell 主要提供以下几种功能。

- 解释用户在命令行提示符下输入的命令。这是最主要的功能。
- 提供个性化的用户环境，通常由 Shell 初始化配置文件（如.profile、.login 等）实现。
- 编写 Shell 脚本，实现高级管理功能。

Shell 有多种不同版本，主流版本有 Bourne Shell、BASH、Bourne Shell 和 C Shell 等。

2．使用 Shell

用户使用文本模式登录或者打开仿真终端时，就已自动进入一个默认的 Shell 程序。用户可看到 Shell 的提示符，在提示符后输入一串字符，Shell 将对这一串字符进行解释。输入的这一串字符就是命令行。

CentOS 默认使用的 Shell 程序是 bash（Bourne Again Shell）。bash 是 sh 的增强版本，操作和使用非常方便。当然用户也可根据需要选择其他 Shell 程序。Linux 系统一般都提供多种 Shell 程序，用户执行 chsh -l 命令可列出当前系统可用的 Shell 程序。

要使用其他 Shell 程序，只需在命令行中输入 Shell 名称即可。需要退出 Shell 程序，执行 exit 命令即可。例如：

```
[root@localhost ~]# csh
# exit
```

用户可以嵌套进入多个 Shell，然后使用 exit 命令逐个退出。建议用户使用默认的 bash。如无特别说明，本书中的命令行操作例子都是在 bash 下执行的。bash 提供了几百个系统命令，虽然这些命令的功能不同，但它们的使用方式和规则都是统一的。

3．正则表达式

正则表达式（Regular Expression，RE）是一种可以用于模式匹配和替换的工具。通过正则表达式，Shell 可以使用一系列的特殊字符构建匹配模式，然后将匹配模式与待比较字符串或文件进行比较，根据比较对象中是否包含匹配模式，执行相应的程序。

（1）通配符

通配符用于模式匹配，如字符串查找、文件名匹配与搜索等。常用通配符有以下 6 种。

*（星号）：表示任何字符串。例如，*log*表示含有 log 的字符串。

？（问号）：表示任何单个字符。例如，a?c 表示由 a、任意字符和 c 组成的字符串。

[]（一对方括号）：表示一个字符序列。字符序列可以直接包括若干字符，例如[abc]表示 a、b、c 之中的任一字符；也可以是由 "-" 连接起止字符形成的序列，例如[abc-fp]表示 a、b、c、d、e、f、p 之中的任一字符；除连字符 "-" 之外，其他特殊字符在[]中都是普通字符，包括*和？。

！（感叹号）：在[]中使用!表示排除其中任意字符，如[!ab]表示不是 a 或 b 的任一字符。

^（幂符号）：只在一行的开头匹配字符串。

\$（美元符号）：只在行尾匹配字符串，它放在匹配单词的后面。例如，linux\$表示以单词 linux 结尾的所有文件。

（2）模式表达式

模式表达式是那些包含一个或多个通配符的字符串，各模式之间以竖线（|）分开。bash 除支持上述通配符外，还提供了以下特有的扩展模式匹配表达式。

：匹配任意多个模式。例如 file(.c|.o)匹配文件 file.c、file.o、file.c.o、file.c.c、file.o.c、file 等，但不匹配 file.h、file.s 等。

+：匹配一个或多个模式。例如，file+(.c|.o)匹配文件 file.c、file.o、file.o.c、file.c.o 等，但不匹配 file。

？：匹配模式表中任何一种模式。例如，file?(.c|.o)只匹配 file、file.c、file.o 等，不匹配 file.c.c、file.c.o 等。

@：仅匹配模式表中一个给定模式。例如，file@(.c|.o)只匹配 file.c 和 file.o，但不匹配 file、file.c.c、file.c.o 等。

!：除给定模式表中的一个模式之外，可以匹配其他任何字符串。

在实际使用时，模式表达式可以递归，即每个表达式中都可以包含一个或多个模式。例如，file*(.[cho]|.sh)是合法的模式表达式。

4．Shell 中的特殊字符

Shell 中除使用普通字符外，还可以使用特殊字符，应注意其特殊的含义和作用范围。通配符前面已经介绍过，这里不再详述。

（1）引号

Shell 中的引号有 3 种，即单引号、双引号和反引号。

由单引号（'）括起来的字符串视为普通字符串，包括空格、$、/、\等特殊字符。

由双引号（"）括起来的字符串，除$、\、单引号和双引号仍作为特殊字符并保留其特殊功能外，其他都视为普通字符对待。\是转义符，Shell 不会对其后面的那个字符进行特殊处理，要将$、\、单引号和双引号作为普通字符，在其前面加上转义符\即可。

还有一个特殊引号是反引号（'）。由反引号括起来的字符串被 Shell 解释为命令行，在执行时首先执行该命令行，并以它的标准输出结果替代该命令行（反引号括起来的部分，包括反引号）。

（2）其他符号

常见的其他符号有#（注释）、\（跳转符号，将特殊字符或通配符还原成一般字符）、|（分隔两个管道命令）、;（分隔多个命令）、~（用户的主目录）、$（变量前需要加的变量值）、&（将该符号前的命令放到后台执行），具体使用方法将在涉及有关功能时介绍。

5．环境变量

每个用户登录系统后，都会有一个专用的运行环境。通常各个用户默认的环境都是相同的，这个默认环境实际上就是一组环境变量的定义。用户可直接引用环境变量，也可修改环境变量来定制运行环境。常用的环境变量有 PATH（可执行命令的搜索路径）、HOME（用户主目录）、LOGNAME（当前用户的登录名）、HOSTNAME（主机名）、PS1（当前命令提示符）、SHELL（用户当前使用的 Shell）等。

使用 env 命令可显示所有的环境变量。

要引用某个环境变量，就要加上$符号，如要查看当前用户主目录，执行以下命令：

```
[root@locahost ~]# echo $HOME
/root
```

要修改某个环境变量，则不用加上$符号，如默认历史命令记录数量为 1000，要修改它（变量名为 HISTSIZE），只需在命令行中为其重新赋值。例如：

```
[root@locahost ~]# HISTSIZE=1005
[root@locahost ~]# echo $HISTSIZE
1005
```

1.6.2　Linux 命令行使用

Linux 命令包括内部命令和程序（相当于外部命令）。内部命令包含在 Shell 内部，而程序是存放在文件系统中某个目录下的可执行文件。Shell 首先检查命令是否是内部命令，如果不是，再检查是否是一个单独程序，然后由系统调用该命令传给 Linux 内核，如果两者都不是就会报错。当然就用户使用而言，没有必要关心某条命令是不是内部命令。

1. 命令基本用法

用户使用文本模式登录或者打开仿真终端时，可以看到一个 Shell 提示符（管理员为#，普通用户为$），提示符标识命令行的开始，用户可以在它后面输入任何命令及其选项、参数。输入命令必须遵循一定的语法规则，命令行中输入的第 1 项必须是一个命令的名称，从第 2 项开始是命令的选项（Option）或参数（Arguments），各项之间必须由空格或 TAB 制表符隔开，格式为：

提示符　命令　选项　参数

有的命令不带任何选项和参数。Linux 命令行严格区分大小写，命令、选项和参数都是如此。

（1）选项

选项是包括一个或多个字母的代码，前面有一个"-"连字符，主要用于改变命令执行动作的类型。例如，如果没有任何选项，ls 命令只能列出当前目录中所有文件和目录的名称；而使用带选项-l 的 ls 命令将列出文件和目录列表的详细信息。例如：

```
[root@Linuxsrv1 wang]# ls
Desktop    mail    Maildir
[root@Linuxsrv1 wang]# ls -l
总计 12
drwxr-xr-x 2 wang testsmb 4096 05-12 16:35 Desktop
drwx------ 3 wang testsmb 4096 02-09 10:43 mail
drwxr-xr-x 2 root root    4096 01-09 11:56 Maildir
```

使用一个命令的多个选项时，可以简化输入，例如将 ls -l -a 简写为 ls -la。

对于由多个字符组成的选项（长选项格式），前面必须使用"--"符号，如 1s --directory。

有些选项既可以使用短选项格式，又可使用长选项格式，例如 1s－a 与 1s－all 意义相同。

（2）参数

参数通常是命令的操作对象，多数命令都可使用参数。例如，不带参数的 ls 命令只能列出当前目录下的文件和目录，而使用参数可列出指定目录或文件中的文件和目录。例如：

```
[root@Linuxsrv1 wang]# ls /home/zhang
Desktop    public_html
```

使用多个参数的命令必须注意参数的顺序。有的命令必须带参数。

同时带有选项和参数的命令，通常选项位于参数之前。

2. 灵活使用命令行

（1）编辑修改命令行

命令行实际上是一个可编辑的文本缓冲区，在按回车键前，可以对输入的内容进行编辑，如删除字符，删除整行、插入字符。这样用户在输入命令的过程中出现错误，无须重新输入整个命令，只利用编辑操作，即可改正错误。在命令行输入过程中，使用<Ctrl>+<D>组合键将提交一个文件结束符以结束键盘输入。

（2）调用历史命令

用户执行过的命令保存在一个命令缓存区中，称为命令历史表。默认情况下，CentOS 7 使用的 bash 可以存储 1000 个历史命令。用户可以查看自己的命令历史，根据需要重新调用历史命令，以提高命令行使用效率。

按上、下箭头键，便可以在命令行上逐次显示已经执行过的各条命令，用户可以修改并执行这些命令。

如果命令非常多，可使用 history 命令列出最近用过的所有命令，显示结果中为历史命令加上数字编号，如果要执行其中某一条命令，可输入"!编号"来执行该编号的历史命令。

（3）自动补全命令

bash 具有命令自动补全功能，当用户输入了命令、文件名的一部分时，按<Tab>键就可将剩余部分补全；如果不能补全，再按一次<Tab>键就可获取与已输入部分匹配的命令或文件名列表，供用户从中选择。这个功能可以减少不必要的输入错误，非常实用。

（4）一行多条命令和命令行续行

在一个命令行中可以使用多个命令，用分号";"将各个命令隔开即可。例如：

ls -l;pwd

也可在几个命令行中输入一个命令，用反斜杠"\"将一个命令行持续到下一行。例如：

ls -l -a   \
/home/zhongxp/

（5）强制中断命令运行

在执行命令的过程中，可使用<Ctrl>+<C>组合键强制中断当前运行的命令或程序。例如，当屏幕上产生大量输出、等待时间太长或者进入不熟悉的环境，就可立即中断命令运行。

3. 获得联机帮助

Linux 命令非常多，许多命令都有很多选项和参数，在具体使用时要善于利用相关的帮助信息。Linux 系统安装有联机手册（Man Pages），为用户提供命令和配置文件的详细介绍，是用户的重要参考资料。

使用 man 命令显示联机手册，命令格式：

man [选项] 命令名或配置文件名

运行该命令显示相应的联机手册，其提供基本的交互控制功能，如翻页查看。输入 q 即可退出 man 命令。

对 Linux 命令，也可使用选项--help 来获取某命令的帮助信息，如要查看 cat 命令的帮助信息，可执行命令 cat --help。

1.6.3　命令行输入与输出

与 DOS 类似，Shell 程序通常自动打开 3 个标准文档，即标准输入文档（stdin）、标准输出文档（stdout）和标准错误输出文档（stderr）。其中 stdin 一般对应终端键盘；stdout 和 stderr 对应终端屏幕。进程从 stdin 获取输入内容，将执行结果信息输出到 stdout，如果有错误信息，同时输出到 stderr。多数情况下使用标准输入输出作为命令的输入输出，但有时可能要改变标准输入输出，这就涉及重定向、管道和命令替换。

1．输入重定向

输入重定向主要用于改变命令的输入源，让输入不要来自键盘，而来自指定文件。命令格式为：

命令 < 文件名

例如，wc 命令用于统计指定文件包含的行数、字数和字符数，直接执行不带参数的 wc 命令，将等待用户输入内容、按<Ctrl>+<D>组合键结束输入后，才对输入的内容进行统计。可执行下列命令通过文件为 wc 命令提供统计源：

[root@Linuxsrv1 ~]# wc < /etc/protocols

　154 1014 6108

2．输出重定向

输出重定向主要用于改变命令的输出，让标准输出不要显示在屏幕上，而写入指定文件中。命令格式为：

命令 > 文件名

例如，ls 命令在屏幕上列出文件列表，不能保存列表信息。要将结果保存到指定的文件，就可使用输出重定向，下列命令将当前目录中的文件列表信息写入所指定的文件中：

ls > /home/zhongxp/myml.lst

如果写入已有文件，则将该文件重写（覆盖）。要避免重写破坏原有数据，可选择追加功能，将>改为>>，下列命令将当前目录中的文件列表信息追加到指定文件的末尾：

ls >> /home/zhongxp/myml.lst

以上是对标准输出来讲的，至于标准错误输出的重定向，只需要换一种符号，将>改为 2>、将>>改为 2>>。将标准输出和标准错误输出重定向到同一文件，则使用符号&>。

3．管道

管道用于将一个命令的输出作为另一个命令的输入，使用符号"|"来连接命令。可以将多个命令依次连接起来，前一个命令的输出作为后一个命令的输入。命令格式为：

命令 1|命令 2 ... |命令 *n*

在 Linux 命令行中，管道操作非常实用。例如，以下命令将 ls 命令的输出结果提交给 grep 命令进行搜索。

ls|grep "ab"

在执行输出内容较多的命令时可以通过管道使用 more 命令进行分页显示，例如：

cat /etc/log/messages|more

4．命令替换

命令替换与重定向有些类似，不同的是命令替换将一个命令的输出作为另一个命令的参数，常用命令格式为：

命令 1 `命令 2`

其中命令 2 的输出作为命令 1 的参数，注意这里的符号是反引号，被它括起来的内容将作为命令执行，执行的结果作为命令 1 的参数。例如以下命令将 pwd 命令列出的目录作为 cd 命令的参数，结果仍停留在当前目录下：

cd `pwd`

1.6.4　创建和执行 Shell 脚本

Shell 脚本是指使用用户环境 Shell 提供的语句所编写的命令文件，又称 Shell 程序。Shell 脚本可以包含任意从键盘输入的 Linux 命令。Shell 脚本最基本的功能就是汇集一些在命令行输入的连续指令，将它们写入脚本中，而由直接执行脚本来启动一连串的命令行指令，如用脚本定义防火墙规则或者执行批处理任务。如果经常用到相同执行顺序的操作命令，就可以将这些命令写成脚本文件，以后要进行同样的操作时，只要在命令行输入其文件名即可。对系统管理员来说，学习和掌握 Shell 脚本非常必要。

1. 创建 Shell 脚本

Shell 脚本本身就是一个文本文件，可以利用文本编辑器（如 vi）来录入和编辑。下面给出一个脚本实例，用于显示当前日期、时间、执行路径、用户账户及所在的目录位置：

```
#!/bin/bash
#This script is a test!
echo –n "Date and time is:"
date
echo –n "The executable path is:"$PATH
echo "Your name is: `whoami`"
echo –n "Your current directory is:"
pwd
#end
```

其中以"#"开头的行是注释行，在执行时会被忽略。第 1 行"#!/bin/bash"用来指定脚本以 bash 执行。要指定执行的 Shell 时，一定要在第 1 行定义；如果没有指定，则以当前正在执行的 Shell 来解释执行。命令 echo 用来显示提示信息，参数"-n"表示在显示信息时不自动换行（默认会自动换行）。"whoami"字符串左右的反引号（`）用于命令转换，也就是将它所括起来的字符串视为命令执行，并将其输出字符串在原地展开。

2. 执行 Shell 脚本

执行 Shell 脚本有以下几种方式。

（1）将 Shell 脚本的权限设置为可执行，然后在提示符下直接执行它。直接编辑生成的脚本文件没有执行权限。如果要将 Shell 脚本直接当作命令执行，就需要利用 chmod 命令将它置为具有执行权限。例如：

chmod +x example1

另外，还要让该脚本所在的目录被包含在命令搜索路径（PATH）中。执行 echo $PATH 命令可查询当前的搜索路径（通常是"/bin"和"/usr/bin"等）。如果放置 Shell 脚本文件的目录不在当前的搜索路径中，那么必须将这个目录追加到搜索路径中。

这样就可以像执行 Linux 命令一样来执行脚本文件。执行 Shell 脚本的方式与执行一般的可执行文件的方式相似。Shell 接收用户输入的命令（脚本名），并进行分析。如果文件被标记为可执行的，但不是被编译过的程序，Shell 就认为它是一个脚本。Shell 将读取其中的内容，并加以解释执行。

（2）在指定的 Shell 下执行脚本，以脚本名作为参数。命令格式为：

Shell 名称　脚本名 [参数]

例如：

bash example1

这种方式能在脚本名后面带有参数，从而将参数值传递给程序中的命令，使一个 Shell 脚本可以处理多种情况，就如同函数调用时可根据具体问题给定相应的实参。这种方式还可用来进行脚本调试。如果以当前 Shell 执行一个脚本，则可以使用如下简便格式：

.脚本名[参数]

（3）输入重定向到 Shell 脚本。让 Shell 从指定文件中读入命令行，并进行相应处理。其一般格式是：

bash < 脚本名

例如$bash<example1 表示 Shell 从文件 example1 中读取命令，并执行它们。当 Shell 到达文件末尾，就终止执行并把控制返回到 Shell 命令状态。此时脚本名后面不能带参数。

1.6.5　配置 bash 使用环境

CentOS 系统中默认的 Shell 是 bash。bash 在启动时会执行一些 Shell 脚本以初始化 bash 的使用环境，这些脚本称为 bash 启动脚本（bash Startup Script）。通过修改 bash 启动脚本，可以定制用户的 bash 使用环境。例如，改变 bash 或应用程序的环境变量、bash 的别名、函数，甚至希望改变在登录或启动 bash 时要执行的任务，都可以定义在这些 Shell 脚本中。

bash 有两种不同的执行模式，一种是登录 Shell（Login Shel），即用户登录 Linux 系统激活的 bash；另一种是非登录 Shell（Non-Login Shell），即用户登录系统后手动执行 bash 程序，或者执行某些 Shell 脚本而不启动 bash 进程。

这两种模式登录过程中执行的 bash 启动脚本也不一样。bash 作为登录 Shell 时，依次执行的脚本为/etc/profile、/etc/profile.d/*.sh、$HOME/.bash_profile、$HOME/.bashrc 和/etc/bashrc。作为非登录 Shell 时，bash 依次执行$HOME/.bashrc、/etc/bashrc 和/etc/profile.d/*.sh。

存放在/etc/目录下的脚本适用于每一个使用 bash 的用户；而存放在$HOME/的脚本仅适用于当前用户自己。因此，如果要针对每一个用户登录定制，就需要定义/etc/profile 或/etc/bashrc；如果只针对某一个用户登录定制，就需要配置该用户主目录下的.bash_profile 或.bashrc 文件。

配置 bash 使用环境最常用的就是更改/etc/profile.d/*.sh。不管是作为登录 Shell 还是非登录 Shell，bash 都会执行存放于/etc/profile.d/中*. sh 的文件。/etc/profile.d/目录用来存放应用软件配置。CentOS 在该目录下提供许多 bash 启动脚本，例如 kde.sh 设置 KDE 桌面环境；lang.sh 初始化多语言环境；vim.sh 初始化 vi/vim 工具的环境。

当安装了某一个应用软件，而该软件需要重新设置某些环境变量时，可执行以下操作。

（1）建立一个扩展名为.sh 的 bash 程序文件，并在这个文件中编写所需执行的命令。

（2）设置正确的权限，至少让用户可以读取这个程序文件。

（3）将该文件存放到/etc/profile.d/中。

1.7　使用 vim 编辑器

Linux 系统配置需要编辑大量的配置文件，在图形界面中编辑这些文件很简单，通常使用 gedit，它类似于 Windows 记事本。作为管理员，往往要在文本模式下操作，这就需要熟练掌握文本编辑器。vi 是一个功能强大的文本模式全屏幕编辑器，也是 UNIX/Linux 平台上最通用、最经典的文本编辑器，CentOS 7 中提供的版本为 vim。vim 相当于 vi 的增强版本。掌握 vim 对 Linux 管理员来说是必需的。

1.7.1　vim 操作模式

vim 分为 3 种操作模式，代表不同的操作状态，熟悉这一点并掌握操作模式之间的切换最为重要。

1. 3 种操作模式

- 命令模式（Command mode）：输入的任何字符都作为命令（指令）来处理，可控制屏幕光标的移动、行编辑（删除、移动、复制）。
- 插入模式（Insert mode）：输入的任何字符都作为插入的字符来处理。
- 末行模式（Last line mode）：执行文件级或全局性操作，如保存文件、退出编辑器，设置编辑环境等。

2. 操作模式切换

在命令模式下输入以下任一命令切换到插入模式。
- a：附加命令，从当前光标位置右边开始输入下一字符。
- A：附加命令，从当前光标所在行的行尾开始输入下一字符。
- i：插入命令，从当前光标位置左边插入字符。
- I：插入命令，从当前光标所在行的行首开始插入字符。
- o：打开命令，从当前光标所在行新增一行并进入插入模式，光标移到新的一行行首。
- O：打开命令，从当前光标所在行上方新增一行并进入插入模式，光标移到新的一行行首。

从插入模式切换到命令模式，只需按<Esc>键。

命令模式下输入 ":" 切换到末行模式，从末行模式切换到命令模式，也需按<Esc>键。

如果不知道当前处于哪种模式，可以直接按<Esc>键确认进入命令模式。

图 1-37　vim 编辑器

1.7.2　打开 vim 编辑器

在命令行中输入 vi 或 vim 命令即可进入 vim 编辑器，如图 1-37 所示。

这里没有指定文件名，将打开一个新文件，保存时需要给出一个明确的文件名。如果给出指定文件名，如 vim filename，将打开指定的文件。如果指定的文件名不存在，则将打开一个新文件，保存时使用该文件名。

1.7.3　编辑文件

刚进入 vim 之后处于命令模式下，不要急着用上、下、左、右键移动光标，而是要输入 a、i、o 中的任一字符（用途前面有介绍）进入插入模式，正式开始编辑。

在插入模式下只能进行基本的字符编辑操作，可使用键盘操作键（非 vim 命令）打字、删除、退格、插入、替换、移动光标、翻页等。

其他一些编辑操作，如整行操作、区块操作，需要按<Esc>键回到命令模式中进行。在实际应用中，插入模式与命令模式之间的切换非常频繁。下面列出常见的 vim 编辑命令。

（1）移动光标

vim 可以直接用键盘上的光标键来上、下、左、右移动，但正规的 vim 的用法是用小写英文字母 h、j、k、l，分别控制光标左、下、上、右移一格。常用的光标操作还有：

- 按<Ctrl>+<b>组合键上翻一页；按<Ctrl>+<f>组合键下翻一页。
- 按 0 键移到光标所在行行首，按$键移到该行开头，按 w 键光标跳到下个单词开头。
- 按 G 键移到文件最后一行；按 nG 键（n 为数字，下同）移到文件第 n 行。

（2）删除

- 字符删除：按 x 键向后删除一个字符；按 nx 键，向后删除 n 个字符。
- 行删除：按 dd 键删除光标所在行；按 $n$dd 键，从光标所在行开始向下删除 n 行。

（3）复制

- 字符复制：按 y 键复制光标所在字符；按 yw 复制光标所在处到字尾的字符。
- 行复制：按 yy 键复制光标所在行；按 $n$yy 键，复制从光标所在行开始往下的 n 行。

（4）粘贴

删除和复制的内容都将被放到内存缓冲区。使用 p 命令将缓冲区内的内容粘贴到光标所在位置。

（5）查找字符串

- /关键字：先按/键，输入要寻找的字符串，再按回车键向下查找字符串。
- ?关键字：先按?键，输入要寻找的字符串，再按回车键向上查找字符串。

（6）撤销或重复操作

如果误操作一个命令，按 u 键回复到上一次操作。按.键可以重复执行上一次操作。

1.7.4　保存文件和退出 vim

保存文件和退出 vim 要进入末行模式才能操作。

- :w filename：将文件存入指定的文件名 filename。
- :wq：将文件以当前文件名保存并退出 vim 编辑器。
- :w：将文件以当前文件名保存并继续编辑。
- :q：退出 vim 编辑器。
- :q!：不保存文件强行退出 vim 编辑器。
- qw：保存文件并退出 vim 编辑器。

1.7.5　其他全局性操作

在末行模式下还可执行以下操作。

- 列出行号：输入 set nu，按回车键，在文件的每一行前面都会列出行号。
- 跳到某一行：输入数字，再按回车键，就会跳到该数字指定的行。
- 替换字符串：输入"范围/字符串 1/字符串 2/g"，将文件中指定范围字符串 1 替换为字符串 2，g 表示替换不必确认；如果 g 改为 c，则在替换过程中要求确认是否替换。范围使用"m,ns"的形式表示从 m 行到 n 行，对于整个文件，则可表示为"1,$s"。

1.7.6　多文件操作

要将某个文件内容复制到另一个文件中当前光标处，可在末行模式执行 r filename 命令，filename 的内容将粘贴进来。要同时打开多个文件，启动 vim 时加上多个文件名，如 vim filename1 filename2。打开多个文件之后，在末行模式下可以执行:next 和:previous 命令在文件之间切换。

1.8　习　　题

1. 解释网络操作系统的概念。
2. 网络操作系统有哪些功能？
3. 简述 Linux 操作系统的体系结构。
4. 简述 Linux 内核版本和发行版本。
5. 简述 CentOS 与 RHEL 的关系。
6. 简述 X Window System 的工作原理。
7. 为什么要学习命令行？
8. 什么是 Shell，它有什么作用？
9. 简述命令行命令语法格式。
10. 如何强制中断命令运行？
11. 管道有什么作用？
12. 安装带图形界面的 CentOS 7 操作系统。
13. 切换到 Linux 文本模式，在虚拟控制台中登录，然后再切回图形界面。
14. 打开终端窗口，练习命令行的基本操作。
15. 使用 vim 编辑器编辑一个文本文件，熟悉基本的编辑方法。

第 2 章　Linux 基本配置与管理

安装 CentOS Linux 系统并熟悉基本操作之后，就需要掌握系统的基本配置与管理。本章讲解这方面的内容，包括用户与组管理、文件与目录管理、文件权限管理、网络连接配置。

2.1　用户与组管理

用户（User）和组（Group）的控制与管理是一项重要的系统管理工作。在 Linux 中，可通过命令行来创建、管理用户与组，也可在图形界面中使用用户管理器来实施。

2.1.1　用户与组概述

任何一个用户要获得 Linux 系统的使用授权，都必须拥有一个用户账户（Account）。用户账户代表登录和使用系统的身份。

1. 用户账户概述

在操作系统中，每个用户对应一个账户。用户账户是用户的身份标识（相当于通行证），通过账户用户可登录到某个计算机上，并且访问已经被授权访问的资源。用户账户可分为以下 3 种类型。

- 根账户（root）：超级用户 root 可以执行所有任务，不受限制地执行任何操作。
- 系统账户：系统本身或应用程序使用的专门账户。其中供服务使用的又称服务账户。
- 普通用户：供实际用户登录使用的普通用户账户。

可将根账户与系统账户统称为标准用户。

Linux 系统使用用户 ID（简称 UID）作为用户账户的唯一标识。无论哪个 Linux 版本，root 账户的 UID 都为 0。CentOS 系统账户的 UID 的范围为 1～999，还包括 65534；普通用户的 UID 默认从 1000 开始顺序编号。

2. 组账户概述

组是一类特殊账户，就是指具有相同或者相似特性的用户集合，又称用户组，也有译为"组群"或"群组"的。例如可以为一个部门的用户建立一个用户组。将权限赋予某个组，组中的成员用户即自动获得这种权限。如果一个用户属于某个组，该用户就具有在该组账户执行各种任务的权利和能力。可以向一组用户而不是每一个用户分配权限。

用户与组属于多对多的关系。一个组可以包含多个不同的用户。一个用户可以同时属于多个组，其中某个组为该用户的主要组（Primary Group），其他组为该用户的次要组。主要组又被称为初始组（Initial Group），实际上是用户的默认组，当用户登入系统之后，立刻就拥有该组的相关权限。在 CentOS 中创建用户账户时，会自动创建一个同名的组作为该用户的主要组（默认组）。

与用户账户类似，组账户分为超级组（Superuser Group）、系统组（System）和自定义组。Linux 系统使用组 ID（简称 GID）作为组账户的唯一标识。超级组名为 root，GID 为 0，只是不像 root 用户一样具有超级权限。系统组由系统本身或应用程序使用，CentOS Linux 中 GID 的范围从 1～999，还包括 65534；自定义组由管理员创建，GID 默认从 1000 开始。

2.1.2 用户与组配置文件

在 Linux 系统中，用户账户、用户密码、组信息均存放在不同的配置文件中。无论是使用图形界面工具，还是命令行工具，创建管理用户账户和组账户，都会将相应的信息保存到配置文件中，这两种工具之间没有本质的区别。

1. 用户配置文件

Linux 用户账户及其相关信息（除密码之外）均存放在/etc/passwd 配置文件中。由于所有用户对该文件均有读取的权限，因此密码信息并未保存在该文件中，而是保存在/etc/shadow 文件中。

（1）用户账户配置文件/etc/passwd

该文件是文本文件，可以直接查看。这里从中提出几个记录进行分析：

```
root:x:0:0:root:/root:/bin/bash
bin:x:1:1:bin:/bin:/sbin/nologin
nfsnobody:x:65534:65534:Anonymous NFS User:/var/lib/nfs:/sbin/nologin
saslauth:x:991:76:Saslauthd user:/run/saslauthd:/sbin/nologin
zhong:x:1000:1000:zhong:/home/zhong:/bin/bash
laozi:x:1001:1001:laozi:/home/laozi:/bin/bash
```

除了使用文本编辑器查看之外，还可以使用 cat 等文本文件显示命令在控制台或终端窗口中查看。如果需要从中查找特定的信息，可结合管道操作使用 grep 命令来实现。

该文件中一行定义一个用户账户，每行均由 7 个字段构成，各字段值之间用冒号分隔，每个字段均标识该账户某方面的信息，基本格式为：

账户名:密码:UID:GID:注释:主目录:Shell

各字段说明如下。

- 账户名是用户名，又称登录名。最长不超过 32 个字符，可使用下画线和连字符。
- 密码使用 x 表示，因为 passwd 文件不保存密码信息。
- UID 是用户账户的编号，GID 用于标识用户所属的主要组。
- 注释可以是用户全名或其他说明信息。
- 主目录是用户登录后首次进入的目录，这里必须使用绝对路径。
- Shell 是用户登录后所使用的一个命令行界面。在 CentOS 中，如果该字段的值为空，则默认使用/bin/bash。如果要禁止用户账户登录 Linux，只需将该字段设置为/shin/nologin 即可。例如，对系统账户 ftp 来说，一般只允许它登录和访问 FTP 服务器，并不允许它登录 Linux 操作系统。

如果要临时禁用某个账户，可以在 passwd 文件中该账户记录行前加上星号（*）。

（2）用户密码配置文件/etc/shadow

为安全起见，用户真实的密码采用 MD5 加密算法加密后，保存在/etc/shadow 配置文件中，该文件只有 root 账户可以读取。该文件也可以直接查看，这里从中挑出几行内容进行分析。

root:$6$8Tkc3eHQr1/xjYzu$cb6sqpxxgArN6WA.yDVka96pbQ0BTc.vYmJ3hzJdDXWr5xelzn5fXa5EtwvR9
v0mtfP3nKXVzUR5aveR3D3mH0::0:99999:7:::

bin:*:16659:0:99999:7:::

zhong:6U9mfvTQl1Cba3XW9$4rd.tS1xCfZrd8tHWaVOBtGkmTO1meTGgD5LCG/KMbiFV1tXwloAnqI
JG4r4J4cfRU4N1mCV15qcJBKbePVIQ.::0:99999:7:::

shadow 文件也是每行定义和保存一个账户的相关信息。每行均由 9 个字段构成，各字段值之间用冒号分隔，基本格式为：

账户名:密码:最近一次修改:最短有效期:最长有效期:过期前警告期:过期日期:禁用:保留用于未来扩展

第 2 个字段存储的是加密后的用户密码。该字段值如果为空，表示没有密码；如果为!!，表示密码已被禁用（锁定）。第 3 个字段记录最近一次修改密码的日期，这是相对日期格式，即从 1970 年 1 月 1 日到修改日期的天数。第 7 个字段记录的密码过期日期也是这种格式，如果值为空，表示永不过期。第 4 个字段表示密码多少天内不许修改，0 值表示随时修改；第 5 个字段表示多少天后必须修改。第 6 个字段表示密码过期之前多少天开始发出警告信息。

2．组配置文件

组账户的基本信息存放在/etc/group 文件中，而关于组管理的信息（组密码、组管理员等）则存放在/etc/gshadow 文件中。

（1）组账户配置文件/etc/group

该文件是文本文件，可以直接查看。这里从中挑出几行内容进行分析：

root:x:0:

bin:x:1:

daemon:x:2:

wheel:x:10:laozi

nfsnobody:x:65534:

saslauth:x:76:

zhong:x:1000:

laozi:x:1001:

每个组账户在 group 文件中占用一行，并且用冒号分为 4 个字段，格式为：

组名:组密码:GID:组成员列表

在该文件中，用户的主要组不会将该用户自己作为成员列出，只有用户的次要组才会将其作为成员列出。例如，zhong 用户的主要组是 zhong，但 zhong 组的成员列表中并没有该用户。

（2）组账户密码配置文件/etc/gshadow

/etc/gshadow 文件用于存放组的加密密码。每个组账户在 gshadow 文件中占用一行，并且用冒号分为 4 个字段，格式为：

组名:加密后的组密码:组管理员:组成员列表

2.1.3 超级用户权限

Linux 系统中具有最高权限的 root 账户可以对系统做任何事情，这对系统安全性来说可能是一种严重威胁。使用 root 直接登录系统，root 的任何误操作都有可能带来灾难性后果。基于安全考虑，管理员应为自己建立一个用来处理一般事务的普通账户，只有在必要的时候才使用 root 身份操作。

许多系统配置和管理操作需要 root 权限，如安装软件、添加删除用户和组、添加删除硬件和设备、启动或禁止网络服务、执行某些系统调用、关闭和重启系统等。因此 Linux 提供了特殊机制，让普通用户临时具备 root 权限。一种方法是用户执行 su 命令（不带任何参数）将自己提升为 root 权限（需要提供 root 密码），另一种方法是使用命令行工具 sudo 临时使用 root 身份运行程序，执行完毕后自动返回到普通用户状态。

1. 特殊的 Linux 管理员账户

Linux 一般情况下不推荐用 root 账户登录，改用普通用户登录就可以。但是，任何人只要知道 root 密码，就可以通过 su 命令登录为 root 账户，这无疑为系统带来了安全隐患。为解决此问题，可以考虑将用于登录的普通用户加入 wheel 这个特殊的组，使它成为一个特殊的管理员。在 Linux 中，wheel 组就是一个类似于管理员的组，通常阻止非 wheel 组成员使用 su 命令切换到 root 身份以加强系统安全性。

wheel 组成员是一种特殊的普通用户，在有的 Linux 版本中直接将其称为管理员。这种管理员账户主要用于执行系统配置管理任务，但不能等同于 Windows 系统管理员。非 wheel 组成员的普通用户可称为标准用户，通常只能够修改自己的个人设置。工作中需要超级用户权限时，管理员可以通过 sudo 命令获得 root 账户的所有权限。

2. sudo 命令

通常情况下在 Linux 中使用普通用户登录（命令提示符为$），当执行需要 root 权限的命令（会给出相应提示）时，需要在命令前加 sudo，根据提示输入正确的密码后，系统将会执行该条命令，该用户就好像是 root 账户。

命令 sudo 用于切换用户身份并执行相应的命令，命令格式为：

sudo [选项] <命令> ...

它允许当前用户以 root 或其他普通用户的身份来执行命令，使用选项-u 指定用户要切换的身份，默认为 root 身份。

sudo 的配置文件是/etc/sudoers，可以在其中配置 sudo 用户及其可执行的特权命令，限制用户所使用的主机。Linux 提供了专门的 visudo 命令来编辑修改该配置文件（当然需要 root 权限）。默认情况下 root 可以在任何主机上以任何用户身份执行任何命令，管理员（wheel 组成员）具有相同的权限。从/etc/sudoers 配置文件提取的以下两条语句可以证明这一点：

```
## Allow root to run any commands anywhere
root   ALL=(ALL)       ALL
## Allows people in group wheel to run all commands
%wheel    ALL=(ALL)           ALL
```

普通用户要使用 sudo 命令，要么加入 wheel 组，要么在 sudo 配置文件中加入许可。

例如，laozi 是 wheel 组成员，下面演示过程表示直接执行命令时，系统提示需要 root 权限：

```
[laozi@localhost ~]$ halt
Must be root.
```

通常直接使用 sudo 命令加上要执行的命令的格式：

```
[laozi@localhost ~]$ sudo halt
We trust you have received the usual lecture from the local System
Administrator. It usually boils down to these three things:

    #1) Respect the privacy of others.
    #2) Think before you type.
    #3) With great power comes great responsibility.
```

[sudo] password for laozi:

输入当前用户的密码之后即可执行。

sudo 主要用于允许普通用户使用超级用户权限，让普通用户执行一些或者全部 root 权限命令，如 halt、reboot 等。这样不仅减少了 root 账户的登录和管理时间，同样也提高了安全性。

还可以通过执行命令 sudo -i 暂时切换到 root 身份登录，根据提示输入用户密码后变更为 root 账户登录，看到超级用户命令提示符#，当执行完相关的命令后，执行 exit 命令回到普通用户状态（提示符改回$）。

3．su 命令

sudo 不是对 Shell 的一个替代，而是面向每个命令的。使用 su 命令可以以普通用户登录，需要 root 权限执行一些操作时，再使用 su 登录成为 root 用户，这是一个 Shell 的替代。

使用 su 命令临时改变用户身份，可让一个普通用户切换为超级用户或其他用户，并可临时拥有所切换用户的权限，切换时需输入目标用户的密码；也可以让超级用户切换为普通用户，临时以低权限身份处理事务，切换时无须输入欲切换用户的密码。命令格式为：

su [选项] [用户登录名]

使用 su 切换身份时，如果不提供用户名参数，则默认切换到 root 身份，需要输入 root 密码。除了从 root 身份切换到其他用户时不需要输入密码，其他情况都需要输入相应用户的密码。

如加上选项-或-l（--login），切换到新用户时，系统会把当前的 Shell 环境切换到新用户的 Shell 环境，等同于新用户从控制台登录。

在 Linux 系统中通常阻止非 wheel 组成员使用 su 命令切换到 root 身份，这需要完成一些设置，具体操作步骤如下。

（1）修改/etc/pam.d/su 文件（通常使用 vim 编辑器），找到下面的语句行，将行首的注释符 "#" 去掉并保存该文件：

#auth　　　　required　　pam_wheel.so use_uid

（2）修改/etc/login.defs 文件，在文件最后增加一行语句：

SU_WHEEL_ONLY yes

这样，只有属于 wheel 组的用户才可以用 su 切换到 root 身份，非 wheel 组的成员用 su 命令切换到 root 账户时就会提示权限不够。可以执行以下命令将一个用户添加到 wheel 组中，然后进行测试：

usermod -G wheel　用户名

以 wheel 组成员登录执行 su 命令只需输入当前用户的密码即可：

[laozi@localhost ~]$ su

密码：

[root@localhost laozi]#

可以执行 exit 命令返回原用户身份：

[root@localhost laozi]# exit

exit

[laozi@localhost ~]$

由于具有 root 权限，此时也可以使用 su 命令切换回原用户或其他用户身份，并且不用输入密码：

[root@localhost laozi]# su laozi

[laozi@localhost ~]$

以非 wheel 组成员登录执行 su 命令将被拒绝：

[zhong@localhost ~]$ su

密码：

su: 拒绝权限

[zhong@localhost ~]$

4. 在图形界面中获得 root 特权

以普通用户登录后，在命令行中需要具备 root 权限时，可以使用 sudo 命令，或者使用 su 命令切换到 root 身份。普通用户在图形界面中执行系统管理任务时，往往也需要 root 权限，一般会提供锁定功能，执行需要 root 权限的任务时先要通过用户认证来解锁。

解锁时会弹出认证对话框，要求输入相应管理员账户的密码，认证通过后才能执行相应任务。在没有任何 wheel 组成员时，系统会要求输入 root 账户的密码，如图 2-1 所示（此处"管理员"实为 root 账户的中文翻译）；一旦创建有 wheel 组成员用户（特殊的管理员），会要求输入一个管理员账户的密码，如图 2-2 所示（此处为 laozi）。

提示：为方便操作示范，本章的示范中多数情况采用 root 账户登录。

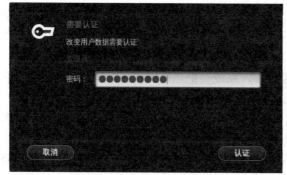

图 2-1　要求输入 root 账户的密码　　　　　图 2-2　要求输入 wheel 组用户的密码

2.1.4　创建和管理用户账户

创建用户涉及系统管理，需要 root 权限。

1. 添加用户账户

创建或添加 Linux 新用户可使用 useradd 命令，命令格式为：

useradd [选项] <用户账户名>

该命令的选项较多，例如：-d 用于指定用户主目录；-g 用于指定该用户所属主要组（名称或 ID 均可）；-G 用于指定用户所属其他组列表，各组之间用逗号分隔；-r 指定创建一个系统账户，建立系统账户时不会建立主目录，其 UID 也会有限制；-s 指定用户登录时所使用的 Shell，默认为/bin/bash；-u 指定新用户的 UID。

若没有指定上述选项，系统将根据/etc/login.defs（创建新用户的默认选项，如密码长度）文件和 etc/default/useradd（创建用户的默认设置，如是否创建用户私有目录）文件中的定义为新建用户账户提供默认值。另外，Linux 还利用/etc/skel/目录为新用户初始化主目录。例如/etc/login.defs 设置了使用 useradd 命令添加用户的 UID 范围，默认设置如下：

Min/max values for automatic uid selection in useradd

```
#
UID_MIN                    1000
UID_MAX                    60000
# System accounts
SYS_UID_MIN                201
SYS_UID_MAX                999
```

下面是一个创建用户账户的简单例子，在创建一个名为 mengzi 的用户账户的同时，创建并指定主目录 home/mengzi，创建私有用户组 mengzi，将登录 Shell 指定为/bin/bash，自动赋予一个 1000 之后的 UID：

```
[root@localhost ~]# useradd mengzi
[root@localhost ~]# cat /etc/passwd|grep mengzi
mengzi:x:1004:1004::/home/mengzi:/bin/bash
```

CentOS 使用用户私有组（UPG）模式。默认情况下创建用户账户的同时也会建立一个与用户名同名的组账户，该组作为用户的主要组（默认组）。

2. 管理用户账户密码

在 Linux 中，新创建的用户在没有设置密码的情况下，账户密码处于锁定状态，此时用户账户将无法登录系统。可到/etc/shadow 文件中查看，密码部分为!!。例如：

```
[root@localhost ~]# cat /etc/shadow|grep mengzi
mengzi:!!:17144:0:99999:7:::
```

Linux 用户账户必须设置密码后才能登录系统，这可使用 passwd 命令实现，命令格式为：

passwd [选项] [用户名]

下面讲解其主要用法。

（1）设置账户密码

如果不提供用户名，只能对当前登录的用户设置密码，普通用户只能通过这种方式修改自己账户的密码。只有 root 用户才有权使用指定用户名的方式设置指定账户密码。设置密码后，原密码将被自动覆盖。接上例，为新建用户 mengzi 设置密码：

```
[root@localhost ~]# passwd mengzi
更改用户 mengzi 的密码 。
新的 密码：
重新输入新的 密码：
passwd：所有的身份验证令牌已经成功更新。
```

用户设置登录密码后，就可使用它登录系统了。应切换到虚拟控制台，尝试利用新账户登录，以检验能否登录。

（2）锁定与解锁账户密码

使用带选项-l 的 passwd 命令可锁定账户密码，命令格式为：

passwd -l 用户账户名

密码一经锁定将导致该账户无法登录系统。使用带选项-u 的 passwd 命令可解除锁定。

（3）查询密码状态

使用带选项-S 的 passwd 命令可查看某账户的当前状态。查看 mengzi 密码状态：

```
[root@localhost ~]# passwd -S mengzi
mengzi PS 2016-12-09 0 99999 7 -1 (密码已设置，使用 SHA512 算法。)
```

（4）删除账户密码

使用带选项-d 的 passwd 命令可删除密码。账户密码删除后，将不能用该账户登录系统，除非重新设置。

3．修改用户账户

对已创建的用户账户，可使用 usermod 命令来修改其各项属性，包括用户名、主目录、用户组、登录 Shell 等，命令格式为：

usermod [选项] 用户账户名

大部分选项与添加用户所用的 useradd 命令相同，这里重点介绍几个不同的选项。使用选项-l 改变用户账户名：

usermod　-l　新用户账户名　原用户账户名

使用选项-L 锁定账户，临时禁止该用户登录：

usermod　-L　用户账户名

如果要解除账户锁定，使用选项-U 即可。

4．删除用户账户

要删除账户，可使用 userdel 命令来实现，命令格式为：

userdel　[-r]　用户账户名

如果使用选项-r，则在删除该账户的同时，一并删除该账户对应的主目录和邮件目录。

注意：userdel 不允许删除正在使用（已经登录）的用户账户。

5．使用图形界面工具管理用户账户

安装 CentOS 图形界面会内置一个名为"用户"的图形化工具，该工具能够创建用户、设置密码和删除用户。新建用户账户的步骤如下。

（1）选择"应用程序">"系统工具">"设置"菜单，打开"全部设置"窗口，单击"系统"区域的"用户"按钮，打开图 2-3 所示的界面，列出当前已有的用户账户。

图 2-3　用户账户管理界面

（2）由于涉及系统管理，如果以普通用户登录，则需要 root 权限，默认处于锁定状态，单击"解锁"按钮弹出相应的对话框，输入指定的管理员的密码，单击"认证"按钮。

（3）要添加用户，单击左下角的"+"按钮，系统弹出图 2-4 所示的对话框，选择账户类型，设置全名、用户名（账户名称）和登录密码。

创建用户可以选择账户类型：标准账户和管理员，这里的管理员就是前面提到的 wheel 组成员。输入用户全名时，系统将根据全名自动选择用户名。可以保留自动生成的用户名，也可以根据需要修改用户名。

默认设置允许用户下次登录时更改密码。也可以选择现在设置密码，密码文本框中还提供 🔧 按钮，单击它可以自动生成密码。

（4）完成用户设置后，单击"添加"按钮，新创建的用户账户如图 2-5 所示。可以根据需要进一步修改账户信息。

图 2-4　添加用户账户

图 2-5　新创建的用户账户

对于已有的用户账户，可以查看用户的账户类型、登录历史和上次登录时间，设置登录选项（密码和自动登录）。例如要设置用户自动登录，只需设置相应的开关即可。管理员账户可以删除现有的用户账户，从账户列表中选择要删除的用户，单击左下角的"-"按钮，弹出图 2-6 所示的对话框，可以选择是否同时删除该账户的主目录、邮件目录和临时文件。

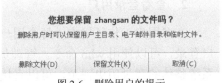

图 2-6　删除用户的提示

2.1.5　创建和管理组账户

组账户的创建和管理与用户账户类似，由于涉及的属性比较少，非常容易。

1.　创建组账户

创建组账户使用 groupadd 命令，命令格式为：
groupadd　[选项] 组名
使用选项-g 可自行指定组的 GID。
使用选项-r，则创建系统组，其 GID 值小于 1000；若不带此选项，则创建普通组。

2.　修改组账户

组账户创建后可对其相关属性进行修改，主要是修改组名和 GID 值。命令格式为：
groupmod [-g GID] [-n 新组名] 组名

3.　删除组账户

删除组账户使用命令 groupdel 来实现，命令格式为：
groupdel　组名

要删除的组不能是某个用户账户的私有组，否则将无法删除；若要删除，则应先删除引用该私有组的账户，然后再删除组。

4. 管理组成员

使用 gpasswd 命令将用户添加到指定的组，使其成为该组的成员，命令格式为：
gpasswd -a 用户名 组名
使用以下命令将某用户从组中删除：
gpasswd -d 用户名 组名
还可以执行以下命令将一个用户添加到组中：
usermod -G 组名 用户名

2.1.6 其他用户管理命令

1. 查看用户信息

执行 id 命令可以查看指定用户或当前用户的信息，命令格式为：
Id [选项] [用户名]
如果不提供用户名，显示当前登录的用户的信息。如果指定用户名，将显示该账户信息。例如，以 root 账户登录，查看其信息：
[root@localhost ~]# id
uid=0(root) gid=0(root) 组=0(root) 环境=unconfined_u:unconfined_r:unconfined_t:s0-s0:c0.c1023

2. 查看登录用户

在多用户工作环境中，每个用户可能都在执行不同的任务。要查看当前系统上有哪些用户登录，可以使用 who 命令。管理员还可以使用 last 命令查看系统的历史登录情况。要查看系统整体的登录历史记录，可以直接运行 last 命令；要查看某个用户的登录历史记录，可以在 last 命令后加上用户名。

长期运行的系统上可能有很多登录历史记录，可以在 last 命令中加入选项列出指定的行数。例如要查看最近 5 次登录事件，可以运行以下命令：

```
[root@localhost ~]# last -5
(unknown :4              :4              Fri Dec   9 17:01    still logged in
(unknown :3              :3              Fri Dec   9 11:53    still logged in
root       pts/1         :0              Fri Dec   9 11:25    still logged in
(unknown :2              :2              Fri Dec   9 11:23    still logged in
laozi      pts/0         :1              Fri Dec   9 11:22    still logged in
wtmp begins Wed Nov    9 23:02:17 2016
```

使用 who 命令只能看到系统上有哪些用户登录，而要监视用户的具体工作，可以使用 w 命令查看用户执行的进程。

2.2 文件与目录管理

在每个操作系统中，文件与目录的管理都相当重要，Linux 也不例外。这里主要介绍文件和目录的基本操作和管理。

2.2.1　文件与目录概述

文件是 Linux 操作系统处理信息的基本单位，所有软件和数据都组织成文件形式。目录是包含许多文件项目的一类特殊文件，每个文件都登记在一个或多个目录中。

1. Linux 目录树

Linux 使用树形目录结构来分级、分层组织管理文件，最上层是根目录，用"/"表示。在 Linux 中，所有的文件与目录都由根目录/开始，然后再一个一个分支下来，一般将这种目录配置方式称为目录树（directory tree）。目录树主要特性如下。

- 目录树的起始点为根目录（/）。
- 每一个目录不仅能使用本地分区的文件系统，也可以使用网络上的文件系统。
- 每一个文件在此目录树中的文件名（包含完整路径）都是独一无二的。

路径指定一个文件在分层的树形结构（即文件系统）中的位置，可采用绝对路径，也可采用相对路径。绝对路径为由根目录（/）开始写起的文件名或目录名称，例如/home/zhongxp/.bashrc；相对路径为相对当前路径的文件名写法，例如../../home/zhonxp/等。开头不是/就属于相对路径的写法。相对路径是以当前所在路径的相对位置来表示的。

除了根目录"/"之外，还要注意几个特殊的目录。"."表示当前目录，也可以使用"./"来表示。".."表示上一层目录，也可以"../"来表示。"~"表示当前用户的主目录。

Windows 系统每个磁盘分区都有一个独立的根目录，有几个分区就有几个目录树结构，而 Linux 操作系统使用单一的目录树结构，整个系统只有一个根目录，各个分区被挂载到目录树的某个目录中，通过访问挂载点目录，即可实现对这些分区的访问。

2. 文件结构

无论文件是一个程序、一个文档、一个数据库或者一个目录，操作系统都会赋予文件相同的结构，具体包括以下两部分。

- 索引节点：又称 I 节点。在文件系统结构中，包含有关相应文件信息的一个记录，这些信息包括文件权限、文件所有者、文件大小等。
- 数据：文件的实际内容，可以是空的，也可以非常大，并且有自己的结构。

3. 命名规范

在 Linux 中，文件和目录的命名由字母、数字、其他符号组成，应遵循以下规范。
- 目录或文件名长度可以达到 255 个字符。
- 包含完整路径名称及目录（/）的完整文件名为 4096 个字符。
- 严格区分大小写。
- 可以包含空格等特殊字符，但必须使用引号；不可以包含"/"字符。还应避免特殊字符，如*、?、>、<、;、&、!、[、]、|、\、'、"、`、(、)、{、}。
- 同类文件应使用同样的后缀或扩展名。

2.2.2　Linux 目录配置标准——FHS

Linux 的开发人员和用户太多，制订一个固定的目录规划有助于对系统文件和不同的用户文件进行统一管理，于是出台文件系统层次标准（Filesystem Hierarchy Standard，FHS）。

FHS 规范在根目录（/）下面各个主要目录应该放什么样的文件。FHS 定义了两层规范，第 1 层是/下面的各个目录应该放什么文件，例如/etc 应该放置配置文件，/bin 与/sbin 则应该放置可执行文件等。第 2 层则是针对/usr 及/var 这两个目录的子目录来定义，例如/var/log 放置系统登录文件、/usr/share 放置共享数据等。FHS 仅定义出最上层（/）及子层（/usr、/var）的目录内容应该放置的文件，在其他子目录层级内可以自行配置。

Linux 使用规范的目录结构，系统安装时就已创建了完整而固定的目录结构，并指定了各个目录的作用和存放的文件类型。常见的系统目录简介如下。

- /bin：存放用于系统管理维护的常用的实用命令文件。
- /boot：存放用于系统启动的内核文件和引导装载程序文件。
- /dev：存放设备文件。
- /etc：存放系统配置文件，如网络配置文件、设备配置文件、X Window 系统配置文件等。
- /home：各个用户的主目录，其中的子目录名称即为各用户名。
- /lib：存放动态链接共享库（其作用类似于 Windows 里的.dll 文件）。
- /media：为光盘、软盘等设备提供的默认挂载点。
- /mnt：为某些设备提供的默认挂载点。
- /root：root 账户主目录。不要将其与根目录混淆。
- /proc：系统自动产生的映射。查看该目录中的文件可获取有关系统硬件运行的信息。
- /sbin：存放系统管理员或者 root 账户使用的命令文件。
- /usr：存放应用程序和文件。
- /var：保存经常变化的内容，如系统日志、打印。

CentOS 系统安装之后的目录结构如图 2-7 所示。

图 2-7　CentOS 目录结构

2.2.3　Linux 文件类型

可以将 Linux 文件分为以下 4 种类型。

1. 普通文件

普通文件也被称为常规文件，包含各种长度的字符串。内核对这些文件没有进行结构化，只是作为有序的字符序列把它提交给应用程序，由应用程序自己组织和解释这些数据。它包括文本文件、数据文件和可执行的二进制程序等。

2. 目录文件

目录文件是一种特殊文件，利用它可以构成文件系统的分层树形结构。目录文件也包含数据，但与普通文件不同的是，内核对这些数据加以结构化，即它是由成对的"索引节点号/文件名"构成的列表。索引节点号是检索索引节点表的下标，索引节点中存有文件的状态信息。文件名是给一个文件分配的文本形式的字符串，用来标识该文件。在一个指定的目录中，任何两项都不能有同样的名字。

将文件添加到一个目录中时，该目录的大小会增大，以便容纳新文件名。当删除文件时，目录的尺寸并未减小，内核对该目录项做特殊标记，以便下次添加一个文件时重新使用它。每个目录文件中至少包括两个条目：".."表示上一级目录，"."表示该目录本身。

3. 设备文件

设备文件是一种特殊文件，除了存放在文件索引节点中的信息外，它们不包含任何数据。系统利用它们来标识各个设备驱动器，内核使用它们与硬件设备通信。设备文件又可分为两种类型，即字符设备文件和块设备文件。

Linux 将设备文件置于/dev 目录下，系统中的每个设备在该目录下有一个对应的设备文件，并有一些命名约定。例如串口 COM1 的文件名为/dev/ttyS0，/dev/sda 对应第一个 SCSI 硬盘（或 SATA 硬盘），/dev/sda5 对应第一个 SCSI 硬盘（或 SATA 硬盘）第 1 个逻辑分区，光驱表示为/dev/cdrom，软驱表示为/dev/fd0。甚至可以提供伪设备（实际没有）文件，如/dev/null、/dev/zero。

4. 链接文件

这是一种特殊文件，提供对其他文件的参照。它们存放的数据是文件系统中通向文件的路径。当使用链接文件时，内核自动地访问所指向的文件路径。例如，当需要在不同的目录中使用相同文件时，可以在一个目录中存放该文件，在另一个目录中创建一个指向该文件（目标）的链接，然后通过这个链接来访问该文件，这就避免了重复占用磁盘空间，而且也便于同步管理。

链接文件有两种，分别是符号链接（Symbolic Link）文件和硬链接（Hard Link）文件。

符号链接文件类似于 Windows 系统中的快捷方式，其内容是指向原文件的路径。原文件删除后，符号链接就失效了；删除符号链接文件并不影响原文件。

硬链接是对原文件建立的别名。建立硬链接文件后，即使删除原文件，硬链接也会保留原文件的所有信息。因为实质上原文件和硬链接是同一个文件，二者使用同一个索引节点，无法区分原文件和硬链接。与符号链接不同，硬链接和原文件必须在同一个文件系统上，而且不允许链接至目录。

使用 ls -l 命令以长格式列目录时，每一行第 1 个字符代表文件类型。其中-表示普通文件，d 表示目录文件，c 表示字符设备文件，b 表示块设备文件，l 表示符号链接文件。

2.2.4　Linux 目录操作

在图形界面中使用文件管理器操作目录简单直观，这里仅介绍在命令行中使用目录操作命令。

1. 创建和删除目录

（1）mkdir 命令

mkdir 命令创建由目录名命名的目录。如果在目录名前面没有加任何路径名，则在当前目录下创建；如果给出了一个存在的路径，将会在指定的路径下创建。命令格式为：

mkdir [选项] 目录名

（2）rmdir 命令

当目录不再被使用或者磁盘空间已达到使用限定值时，就需要删除失去使用价值的目录。使用 rmdir 命令从一个目录中删除一个或多个空的子目录，命令格式为：

rmdir [选项] 目录名

选项-p 表示递归删除目录，当子目录被删除后父目录为空时，也一同被删除。如果是非空目录，则保留下来。

2. 改变工作目录和显示目录内容

（1）cd 命令

cd 命令用来改变工作目录。当不带任何参数时，返回到用户的主目录。命令格式为：

cd [目录名]

（2）pwd 命令

pwd 命令用于显示当前工作目录的绝对路径，没有任何选项或参数，命令格式为：

pwd

（3）ls 命令

ls 命令列出指定目录的内容，命令格式为：

ls [选项] [目录或文件]

默认情况下输出条目按字母顺序排列。如果没有给出参数，系统将显示当前目录下所有子目录和文件的信息。其选项及其含义如下。

- -a：显示所有的文件，包括以"."开头的文件。
- -c：按文件修改时间排序。
- -i：在输出的第 1 列显示文件的索引节点号。
- -l：以长格式显示文件的详细信息。输出的信息分成多列，依次是文件类型与权限、链接数、文件所有者、所属组、文件大小、建立或最近修改的时间、文件名。
- -r：按逆序显示 ls 命令的输出结果。
- -R：递归地显示指定目录的各个子目录中的文件。

2.2.5 Linux 文件操作

在图形界面中使用文件管理器操作文件简单直观，这里仅介绍在命令行中使用文件操作命令。

1. 文件内容显示

（1）cat 命令

cat 命令连接文件并打印到标准输出设备上，常用来显示文件内容。命令格式为：

cat [选项] 文件名 1 [文件名 2]

该命令有两项功能，一是用来显示文件的内容。它依次读取由参数文件 1 所指明的文件，将它们的内容输出到标准输出上。二是用来连接两个或多个文件，如 cat f1 f2>f3，将文件 f1 和 f2 的内容合并起来，然后通过输出重定向符>将它们的内容存入文件 f3 中。

（2）more 命令

如果文件太长，用 cat 命令只能看到文件最后一页，而用 more 命令时可以逐页显示。命令格式为：

more [选项] 文件名

该命令一次显示一屏文本，满屏后显示停下来，并且在每个屏幕的底部出现一个提示信息，给出至今已显示的该文件的百分比。

（3）less 命令

less 命令也用来分页显示文件内容，但功能比 more 更强大，命令格式为：

less [选项] 文件名

less 的功能比 more 更灵活。例如，用<Pgup>、<Pgdn>键可以向前、向后移动一页，用上、下光标键可以向前、向后移动一行。

（4）head 命令

head 命令在屏幕上显示指定文件的开头若干行。命令格式为：

head　[参数]　文件名

行数由参数值来确定，显示行数的默认值为 10。

（5）tail 命令

tail 命令在屏幕上显示指定文件的末尾若干行。命令格式为：

tail　[参数]　文件名

行数由参数值来确定，显示行数的默认值为 10，即显示文件的最后 10 行内容。如果指定的文件不止一个，那么 tail 命令在显示每个文件之前先显示文件名。

2．查找与排序

（1）grep 命令

该命令用来在文本文件中查找指定模式的单词或短语，并在标准输出上显示包括给定字符串模式的所有行。命令格式为：

grep　[选项]　文件名

grep 命令在指定文件中搜索特定模式及搜索特定主题等方面用途很大。要搜索的模式就被看作一些关键词，查看指定的文件中是否包含这些关键词。如果没有指定文件，它们就从标准输入中读取。在正常情况下，每个匹配的行被显示到标准输出上。如果要搜索的文件不止一个，则在每一行输出之前加上文件名。

（2）find 命令

该命令用于在目录结构中搜索满足查询条件的文件并执行指定操作。命令格式为：

find　[路径...]　[匹配表达式]

find 命令从左向右分析各个参数，然后依次搜索目录。find 把 "_""(""")" 或者 "！" 前面的字符串看作待搜索的文件；把这些符号后面的字符串看作参数选项。如果没有设置路径，那么 find 搜索当前目录；如果没有设置参数选项，那么 find 默认提供选项-print。

表达式由选项、测试和操作 3 个部分组成，分别由运算符分开。下例查找当前目录中所有以 main 开头的文件，并显示这些文件的内容：

[root@localhost/root]#find -maxdepth 1 –name　'main*' –exec cat{}\;

（3）sort 命令

sort 命令用于对文本文件的各行进行排序。命令格式为：

sort　[选项]　文件列表

sort 命令将逐行对指定文件中的所有行进行排序，并将结果显示在标准输出上。如果不指定文件名或者使用"-"表示文件，则排序内容来自标准输入。

3．文件内容比较

（1）comm 命令

对两个已经排好序的文件进行逐行比较，只显示它们共有的行。命令格式为：

comm　[-123]　文件 1　文件 2

选项-1 表示不显示仅在文件 1 中存在的行；选项-2 表示不显示仅在文件 2 中存在的行；选项-3 表示不显示在 comm 命令输出中的第 1 列、第 2 列和第 3 列。

（2）diff 命令

diff 命令逐行比较两个文件，列出它们的不同之处，并且提示为使两个文件一致需要修改哪些行。如果两个文件完全一样，则该命令不显示任何输出。命令格式为：

diff　[选项]　文件 1　文件 2

4．文件复制、删除和移动

（1）cp 命令

该命令将源文件或目录复制到目标文件或目录中。命令格式为：

cp [选项] 源文件或目录 目标文件或目录

如果参数中指定了两个以上的文件或目录，而且最后一个是目录，则 cp 命令视最后一个为目的目录，将前面指定的文件和目录复制到该目录下；如果最后一个不是已存在的目录，则 cp 命令将给出错误信息。

（2）rm 命令

该命令可以删除一个目录中的一个或多个文件和目录，也可以将某个目录及其下属的所有文件和子目录删除。命令格式为：

rm [选项] 文件列表

对链接文件，该命令只是删除整个链接文件，而原有文件保持不变。

（3）mv 命令

该命令用来移动文件或目录，还可在移动的同时修改文件或目录名。命令格式为：

mv [选项] 源文件或目录 目标文件或目录

选项-i 表示交互模式，当移动的目录已存在同名的目标文件时，用覆盖方式写文件，但在写入之前给出提示。选项-f 表示在目标文件已存在时，不给出任何提示。

5．文件内容统计

wc 命令用于统计出指定文件的字节数、字数、行数，并输出结果。命令格式为：

wc　[选项]　文件列表

选项-c 表示统计字节数；-l 表示统计行数；-w 表示统计字数。

如果没有给出文件名，则从标准输入读取数据。

如果多个文件一起进行统计，则最后给出所有指定文件的总统计数。

wc 命令输出列的顺序和数目不受选项顺序和数目的影响，输出格式为：

行数　字数　字节数　文件名

6. 链接文件创建

链接文件命令是 ln，该命令在文件之间创建链接。建立符号链接文件的命令格式为：

ln -s　目标（原文件或目录）　链接文件

建立硬链接文件的命令格式为：

ln　目标（原文件）　链接文件

链接的对象可以是文件，也可以是目录。如果链接指向目录，那么用户就可以利用该链接直接进入被链接的目录，而不用给出到达该目录的一长串路径。

7. 文件压缩与解压缩

用户经常需要对计算机系统中的数据进行备份。如果直接保存数据会占用很大的空间，所以常常压缩备份文件，以便节省存储空间。另外，通过网络传输压缩文件时也可以减少传输时间。在以后需要使用存放在压缩文件中的数据时，必须先将它们解压缩。

（1）gzip 命令

gzip 命令用于对文件进行压缩和解压缩。它用 Lempel-Ziv 编码减少命名文件的大小，被压缩的文件扩展名是.gz。命令格式为：

gzip　[选项]　压缩文件名/解压缩文件名

（2）unzip 命令

unzip 命令用于对 winzip 格式的压缩文件进行解压缩。命令格式为：

unzip　[选项]　压缩文件名

（3）tar 命令

tar 命令用于对文件和目录进行打包。命令格式为：

tar　[选项]　文件或目录名

2.3　文件权限管理

对多用户、多任务的 Linux 来说，文件和目录的权限管理非常重要。考虑到目录是一种特殊文件，这里将文件和目录权限统称为文件权限。文件权限是指对文件的访问控制，决定哪些用户和哪些组对某文件（或目录）具有哪种访问权限。Linux 将文件访问者身份分为 3个类别，即所有者（owner）、所属组（group）和其他用户（others）。对每个文件，又可以为这 3 类用户指定 3 种访问权限，即读（read）、写（write）和执行（execute）。对文件权限的修改包括两个方面，即修改文件所有者和用户对文件的访问权限。

2.3.1　文件访问者身份

1. 所有者

每个文件都有它的所有者（属主）。默认情况下，文件的创建者即为其所有者。所有者对文件具有所有权，是一种特别权限。

root 账户可以将文件的所有权转让给其他用户，使其他用户对文件具有所有权，成为所有者。使用 chown 命令变更文件所有者，命令格式为：

chown [选项] [新所有者] 文件列表

使用选项-R 进行递归变更，即目录连同其子目录下的所有文件的所有者都变更。

2．所属组

这是指文件所有者所属的组（简称属组），可为该组指定访问权限。默认情况下，文件的创建者的主要组即为该文件的所属组。

管理员使用 chgrp 命令可以变更文件的所属组，命令格式为：

chgrp [选项] [新的所属组] 文件列表

使用选项-R 也可以连同子目录中的文件一起变更所属组。

还可以使用 chown 命令同时变更文件所有者和所属组，命令格式为：

chown [选项] [新所有者]: [新的所属组] 文件列表

3．其他用户

其他用户是指文件所有者和所属组之外的所有用户，可以授予最低级别的权限。

2.3.2　文件访问权限与文件属性

对每个文件，针对上述 3 类身份的用户可指定以下 3 种不同级别的访问权限。

- 读：读取文件内容或者查看目录。
- 写：修改文件内容或者创建、删除文件。
- 执行：执行文件或者允许使用 cd 命令进入目录。

这样也就形成了 9 种具体的访问权限。这些权限包括在文件属性中，可以通过查看文件属性来查看文件权限。使用 ls-1 命令即可显示文件详细信息，便于查看文件的权限与属性。这里给出详细信息并进行分析：

```
drwx------. 14  laozi     laozi     4096   12 月   9   10:43 laozi
-rw-r--r--. 1   root      root 72448981   8 月   26   05:34 vmtools.tar.gz
[ 文件权限 ] [链接][拥有者][所属组]    [档案容量][  修改日期 ]   [ 文件名 ]
```

其中文件信息共有 7 项，第 1 项表示的文件类型与权限，共有 10 个字符，格式如下。

字符 1	字符 2～4	字符 5～7	字符 8～10
文件类型	所有者权限	所属组权限	其他用户权限

第 1 个字符表示文件类型，d 表示目录，-表示文件，1 表示链接文件，b 表示块设备文件，c 表示字符设备文件。接下来的字符以 3 个为一组，分别表示文件所有者、所属组和其他用户的权限，每一种用户的 3 种文件权限依次用 r、w 和 x 分别表示读、写和执行。这 3 种权限的位置不会改变，如果某种权限没有，则在相应权限位置用-表示。

第 2 个字段表示该文件的链接数目，1 表示只有一个硬链接。

第 3 个字段表示这个文件的所有者，第 4 个字段表示这个文件的所属组。

后面 3 个字段分别表示文件大小、修改日期和文件名称。

2.3.3　变更文件访问者身份

可以根据需要变更文件所有者和所属组。

1．变更所有者

文件所有者可以变更，即将所有权转让给其他用户，只有 root 账户才有权变更所有者。

使用 chown 命令变更文件所有者，使其他用户对文件具有所有权，命令格式为：

chown [选项] [新所有者] 文件列表

使用选项-R 进行递归变更，即目录连同其子目录下的所有文件的所有者都变更。

普通用户执行 chown 命令需要 root 权限，可加上 sudo 命令。例如以下命令将 news 的所有者改为 zhong：

sudo chown zhong　 news

2.　变更所属组

使用 chgrp 命令可以变更文件的所属组，命令格式为：

chgrp [选项] [新的所属组] 文件列表

使用选项-R 也可以连同子目录中的文件一起变更所属组。执行 chogrp 命令也需要 root 权限。

还可以使用 chown 命令同时变更文件所有者和所属组，命令格式为：

chown [选项] [新所有者]: [新的所属组] 文件列表

2.3.4　设置文件访问权限

root 账户和文件所有者可以修改文件访问权限，也就是为不同用户或组指定相应的访问权限。使用命令 chmod 来修改文件权限，命令格式为：

chmod [选项]...模式[,模式]...文件...

使用选项-R 表示递归设置指定目录下所有文件的权限。文件权限有字符和数字两种表示方法，相应的使用方法也不尽相同。对不是文件所有者的用户来说，需要 root 权限才能执行 chomd 命令修改权限。

1.　文件权限用字符表示

这时需要具体操作符号来修改权限，+表示增加某种权限，−表示撤销某种权限，=表示指定某种权限（同时会取消其他权限）。对用户类型，所有者、所属组和其他用户分别用字符 u、g、o 表示，全部用户（包括 3 种用户）则用 a 表示。权限类型用 r、w 和 x 表示。下面给出几个例子：

chmod g+w,o+r /home/zhong/myfile	#给所属组用户增加写权限，给其他用户增加读权限
chmod go-r /home/zhong/myfile	#同时撤销所属组和其他用户对该文件的读权限
chmod a=rx /home/zhong/myfile	#对所有用户赋予读和执行权限

2.　文件权限用数字表示

将权限读（r）、写（w）和执行（x）分别用数字 4、2 和 1 表示，没有任何权限则表示为 0。每一类用户的权限用其各项权限的和表示（结果为 0～7 之间的数字），依次为所有者（u）、所属组（g）和其他用户（o）的权限。这样以上所有 9 种权限就可用 3 个数字来统一表示。例如，754 表示所有者、所属组和其他用户的权限依次为[4+2+1]、[4+0+1]、[4+0+0]，转化为字符表示就是 rwxr-xr--。

要使文件 file 的所有者拥有读写权限，所属组用户和其他用户只能读取，可以执行如下命令：

chmod 644 file

这也等同于：

chmod u=rw-,go=r-- file

3. 在图形界面中管理文件权限

在图形界面中可通过查看或修改文件（目录）的属性来管理权限。文件权限查看和设置如图 2-8 所示，除了可以修改文件的所有者和所属组（群组）之外，还可以为所有者、所属组和其他用户设置访问权限。目录权限查看和设置如图 2-9 所示，还可更改目录所包含的文件的访问权限。

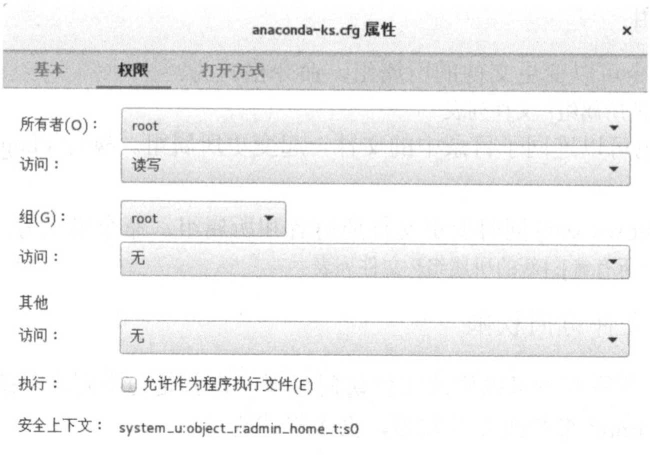

图 2-8　文件权限查看和设置

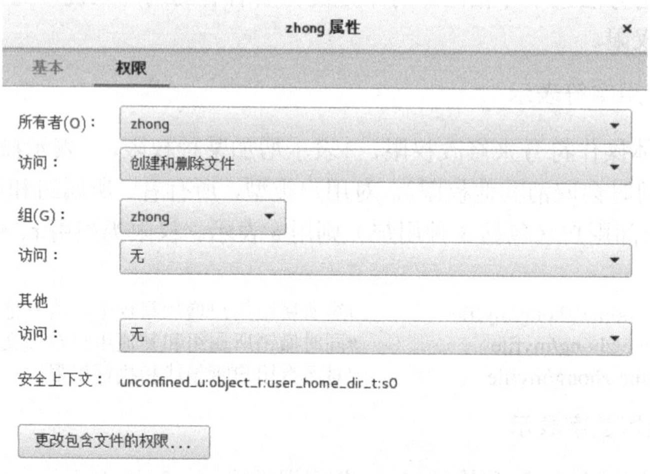

图 2-9　目录权限查看和设置

2.3.5　设置默认的文件访问权限

默认情况下，管理员新创建的普通文件的权限被设置为 rw-r--r--，用数字表示为 644，所有者有读写权限，所属组用户和其他用户都仅有读权限；新创建的目录权限为 rwxr-xr-x，用数字表示为 755，所有者拥有读写和执行权限，所属组用户和其他用户都仅有读和执行权限。默认权限是通过 umask（掩码）来实现的，该掩码用数字表示，实际上是文件权限码的"补码"。创建目录的最大权限为 777，减去 umask 值（如 022），就得到目录创建默认权限（如 777−022=755）。由于文件创建时不能具有执行权限，因而创建文件的最大权限为 666，减去

umask 值（如 022），就得到文件创建默认权限（如 666-022=644）。

可使用命令 umask 来查看和修改 umask 值。例如不带参数时显示当前用户的 umask 值：

```
[root@localhost ~]# umask
0022                                    ##最前面的 0 可忽略
```

第 1 位 0 表示特殊权限。可以使用参数来指定要修改的 umask 值，如执行 umask 002 命令，将 umask 值改为 002，请读者计算出目录和文件创建的默认权限。

2.4　网络连接配置

Linux 主机要与其他主机进行连接和通信，首先必须对网络连接进行配置。与之前的版本相比，CentOS 7 在网络连接配置方面有所变化。

2.4.1　网络接口设备命名规则

Linux 支持多种网络接口设备类型，其中最重要的是网卡。传统的网卡设备命名格式为网卡类型+网卡序号。以太网卡的设备名用 eth$N$ 来表示，其中 N 为一个从 0 开始的数字，代表网卡的序号，第一块以太网卡的设备名为 eth0，第二块以太网卡的设备名为 ethl，其余依次类推。Linux 支持一块物理网卡绑定多个 IP 地址，此时对每个绑定的 IP 地址，需要一个虚拟网卡，该网卡的设备名为 eth$N$:M，其中 N 和 M 均为从 0 开始的数字，代表其序号。如第 1 块以太网卡上绑定的第 1 个虚拟网卡设备名为 eth0:0，绑定的第 2 个虚拟网卡设备名为 eth0:l。

Centos 7 的网卡设备命名方式有所变化，提供了不同的命名规则，这是由于 systemd 和 udev 引入了一种新的网络设备命名方式，即一致性网络设备命名（Consistent Network Device Naming）。使用这种方式，可以基于固件、拓扑、位置信息来设置固定名称，由此带来的好处是命名自动化，名称完全可预测，硬件因故障更换也不会影响设备的命名，可以让硬件更换无缝过渡。但不足之处是比传统的命名格式更难读。

这种新的网络接口设备命名格式为网络类型+设备类型编码+编号。例如，eno16777736 表示一个以太网卡（en），使用的编号是板载设备索引号，类型编码是 o，索引号是 16777736。前两个字符为网络类型，如 en 表示以太网（Ethernet），wl 表示无线局域网（WLAN），ww 表示无线广域网（WWAN）。第 3 个字符代表设备类型，如 o 表示板载设备索引号，s 表示热插拔插槽索引号，x 表示 MAC 地址，p 表示 PCI 地理位置/USB 端口号；后面的编号来自设备。

Centos 7 默认的命名策略按如下顺序依次选用命名方案。

- 方案 1：对板载设备命名，合并固件或 BIOS 提供的索引号，如果来自固件或 BIOS 的信息可读就命名，比如 eno1，这种命名比较常见，否则使用方案 2。

- 方案 2：命名合并固件或 BIOS 提供的 PCI-E 热插拔插槽索引号（如 ens1），如果信息可读就使用，否则使用方案 3。

- 方案 3：命名合并硬件接口的物理位置，如 enp2s0 可以用这种方式命名，否则使用方案 5。

- 方案 4：命名合并接口的 MAC 地址，如 enx78e7d1ea46da。默认不使用，除非用户明确选择使用此方案。

- 方案 5：如果上述方案都不适用，则使用传统的命令方案。

如果不想使用新的命名规则，则可以恢复使用传统的命名方式，编辑/etc/sysconfig/grub
文件，找到 GRUB_CMDLINE_LINUX，为它增加以下两个变量：

net.ifnames=0 biosdevname=0

再使用 grub2-mkconfig 重新生成 GRUB 配置并更新内核参数：

grub2-mkconfig -o /boot/grub2/grub.cfg

2.4.2　NetworkManager 简介

CentOS 7 中默认的网络服务由 NetworkManager 提供，这是一个动态控制和配置网络的守护进程，用于保持当前网络设备及连接处于工作状态，同时也支持传统的 ifcfg 类型的配置文件。

NetworkManager 是一个管理系统网络连接，并且将其状态通过 D-Bus（D-Bus 是一种进程间通信机制，以守护进程的方式实现）进行报告的后台服务，同时也是一个允许用户管理网络连接的客户端程序。

NetworkManager 可以用于多种类型的连接，如 Ethernet（以太网）、VLANS（虚拟局域网）、Bridges（桥接）、Bonds（绑定）、Teams（网卡组合）、Wi-Fi、移动宽带（如移动 3G/4G），以及 IP-over-InfiniBand（InfiniBand 架构是一种支持多并发链接的"转换线缆"技术）。针对这些网络类型，NetworkManager 可以配置网络别名、IP 地址、静态路由、DNS、VPN 连接及其他特殊参数。

NetworkManager 有自己的命令行工具 nmcli。使用它可以查询网络连接的状态，也可以管理网络连接。

NetworkManager 的优势在于一个设备可以对应多个配置文件，但是同一时间只能有一个配置文件生效，这对于频繁切换网络环境是非常方便的，不用反复去修改网络配置文件。例如，原来网卡接入的是 10.1.0.0/24 子网，为了测试，临时改到 192.168.1.0/24 子网，测试完后又要改回 10.1.0.0/24，通过 NetworkManager 来管理，只需要设置这两个网络环境下的配置，以后就只要一条命令就可以完成切换了。又如，需要上网（如安装软件包）时使用 DHCP 客户端配置，内部使用时使用静态 IP 地址，切换非常方便。

2.4.3　网络连接配置基本项目

- 网络接口配置：Linux 支持多种网络接口设备类型，一般情况下，Linux 均能自动检测和识别网络接口设备（如网卡）。在实际应用中主要是网卡配置，包括 IP 地址、子网掩码、默认网关等。设置 IP 地址和子网掩码后，主机就可与同网段的其他主机进行通信，但是要与不同网段的主机进行通信，还必须设置默认网关地址。默认网关地址是一个本地路由器地址，用于与本网段之外的主机进行通信。
- 主机名配置：主机名是用于标识一台主机的名称，在网络中主机名具有唯一性。
- DNS 服务器配置：主机作为 DNS 客户端，访问 DNS 服务器来进行域名解析，使用目标主机的域名与目标主机进行通信。

2.4.4　网络连接配置文件

CentOS 7 主要的网络连接配置文件有如下几个。

- /etc/hosts：存储主机名和 IP 地址映射，用来解析无法用其他方法解析的主机名。

- /etc/resolv.conf：与域名解析有关的设置。
- /etc/sysconfig/network-scripts/ifcfg-<接口名称>：对每个网络接口，都有一个相应的接口配置文件，提供该网络接口的特定信息。如果启用 NetworkManager，则接口名称为网络连接名。
- /etc/NetworkManager/system-connections/：保存 VPN、移动宽带、PPPoE 连接配置信息。

网卡的设备名、IP 地址、子网掩码及默认网关等配置信息是保存在网卡的配置文件中的，一块网卡对应一个配置文件，该配置文件位于/etc/sysconfig/network-scripts 目录中，其配置文件名的格式为 ifcfg-<接口名称>。例如，一个网卡配置文件的主要内容如下：

```
TYPE=Ethernet                                      ##网卡类型
BOOTPROTO=dhcp                                      ##自动获得 IP 地址
DEFROUTE=yes
PEERDNS=yes                                         ##是否允许自动修改/etc/resolv.conf 文件
PEERROUTES=yes
IPV4_FAILURE_FATAL=no
IPV6INIT=yes                                        ##是否支持 IPv6
IPV6_AUTOCONF=yes
IPV6_DEFROUTE=yes
IPV6_PEERDNS=yes
IPV6_PEERROUTES=yes
IPV6_FAILURE_FATAL=no
NAME=eno16777736                                    ##该网卡设备名称
UUID=bb75c9b2-fbd6-4c1d-8455-a11e0b7ee967
DEVICE=eno16777736                                  ##该网卡设备名称
ONBOOT=no                                           ##计算机启动时是否启用（激活）该网卡
```

2.4.5　网络连接配置方法

在 CentOS 7 中，网络配置不外乎以下 3 种方法。
- 使用命令行工具进行配置。
- 直接编辑网络相关配置文件。
- 在图形界面使用网络配置工具进行配置。

无论是图形界面配置工具还是命令行配置工具，实际上都是通过修改相关的配置文件来实现的。

在 CentOS 6 中，配置网络连接可直接使用 setup 工具，但在 CentOS 7 中，setup 工具已经不提供网络编辑组件了，取而代之的是 NetworkManager Text User Interface，即 nmtui。

CentOS 7 中还取消了 ifconfig 工具，用 nmcli 进行代替，服务管理工具也升级为 systemd。注意有些 CentOS 6 版本中的网络配置操作在 CentOS 7.x 中行不通了。这里主要介绍 nmtui 及其对应的图形界面工具的基本操作，其他网络配置工具将在第 7 章讲解。

2.4.6　使用 nmcli 命令配置网络

CentOS 7 提供的 nmcli 是 NetworkManager command line interface 的缩写，是一个功能非常丰富和灵活的命令行工具。命令格式为：

nmcli [OPTIONS] OBJECT { COMMAND|help }

其中 OPTIONS 表示选项，OBJECT 表示操作对象，COMMAND 表示操作命令，如果使用 help 命令将显示帮助信息。OBJECT 和 COMMAND 可以用全称也可以用简称，最少可以只用一个字母，建议用前 3 个字母。

这里介绍一下几个常用的可操作对象。

- g[eneral]：NetworkManager 的一般状态和操作。
- n[etworking]：总的网络控制。
- r[adio]：NetworkManager 的无线开关。
- c[onnection]：NetworkManager 的连接。
- d[evice]：由 NetworkManager 管理的设备。

使用最多的对象就是设备（device）和连接（connection），配置之前需要了解这两个对象的区别和联系。device 是网络接口，是物理设备；connection 偏重于逻辑设置。多个 connection 可以应用到同一个 device，但同一时间只能启用其中一个 connection。也就是说，连接可以是一组配置设置，一个单一的设备可以有多个连接，可以在连接之间便捷切换。这样处理的好处是针对每一个网络接口，可以设置多个网络连接，如静态 IP 和动态 IP，再根据需要激活其中一个连接。nmcli 命令会直接添加、删除、修改网卡配置文件，所有配置都永久有效。下面讲解其基本用法，详细用法请进一步查阅帮助文档。

1. 配置管理网络接口（设备）

NetworkManager 支持多种类型的网络接口设备，有有线的、无线的，还有虚拟的。

（1）执行以下命令列出 NetworkManager 识别出的设备列表及其状态：

```
[root@localhost ~]# nmcli device status
设备              类型        状态      CONNECTION
virbr0           bridge      连接的     virbr0
eno16777736      ethernet    已断开     --
virbr0-nic       ethernet    已断开     --
lo               loopback    未管理     --
```

显示结果中有一个名为 virbr0 的虚拟网络接口，这是由于安装和启用了 libvirt（一种虚拟机应用程序接口）后自动生成的。libvirt 在主机上生成一个虚拟网络交换机 virbr0，主机上所有的虚拟机通过这个 virbr0 连起来。默认情况下，virbr0 使用的是 NAT 模式（采用 IP Masquerade），让虚拟机通过主机访问外部网络。这个 virbr0 不是必需的，可以依次执行以下命令关掉它：

```
virsh net-destroy default
virsh net-undefine default
systemctl restart libvirtd
```

其中 default 是 virbr0 所在的虚拟网络名称。

（2）执行以下命令显示某一网络接口（设备）属性：

```
[root@localhost ~]# nmcli dev show eno16777736
GENERAL.设备:                eno16777736
GENERAL.类型:                ethernet
GENERAL.硬盘:                00:0C:29:82:B2:DA
GENERAL.MTU:                1500
GENERAL.状态:                100 (连接的)
GENERAL.CONNECTION:         dhcp
GENERAL.CON-PATH:           /org/freedesktop/NetworkManager/ActiveConnection/0
WIRED-PROPERTIES.容器:       开
IP4.地址[1]:                 192.168.157.129/24
IP4.网关:                    192.168.157.2
```

IP4.DNS[1]:	192.168.157.2
IP4.域[1]:	localdomain
IP6.地址[1]:	fe80::20c:29ff:fe82:b2da/64
IP6.网关:	

（3）使用 nmcli 命令启用（激活）或禁用（关闭）网络接口，这与 ifup（ifconfig up）/ifdowm（ifconfig down）相同。

使用下列命令停用某个接口：

nmcli device disconnect eno16777736

下列命令用来启用某接口：

nmcli device connect eno16777736

一旦禁用网络接口，该接口上所有连接都会失效。一旦启用网络接口，只有该接口上已启用的连接才会生效。

2．配置管理连接

连接是对网络接口的配置。一个网络接口可有多个连接配置，但同时只有一个连接配置生效。配置和管理连接是一项最基本的网络配置工作。

（1）查看连接信息

执行以下命令显示所有连接：

```
[root@localhost ~]# nmcli connection show
```

名称	UUID	类型	设备
virbr0	acf1336e-c329-4d70-8836-2a6bc9429e11	bridge	virbr0
有线连接 1	c08ae109-70eb-4d88-ac88-c63042025dea	802-3-ethernet	--
eno16777736	bb75c9b2-fbd6-4c1d-8455-a11e0b7ee967	802-3-ethernet	--

其中名称（NAME）列的值为网卡配置文件中所定义的 NAME 字段内容，修改配置文件的 NAME 字段，可以更改名称，修改后可以选择重启网络服务（执行 systemctl restart network 命令），或者重读配置文件（执行 nmcli con reload 命令），使其生效。

上例中"有线连接 1"名为"Wired connection 1"，是一个特殊的网络连接，设备（DEVICE）列值为空，说明没有与网络接口绑定，并未生效。

如果上述命令加上选项-a 则仅显示当前激活的连接。

如果要显示某一具体网络连接的配置信息，在该命令后加上一个网卡名称的参数即可。例如：

```
[root@localhost ~]# nmcli connection show eno16777736
```

connection.id:	eno16777736
connection.uuid:	bb75c9b2-fbd6-4c1d-8455-a11e0b7ee967
connection.interface-name:	eno16777736
connection.type:	802-3-ethernet
connection.autoconnect:	no
connection.autoconnect-priority:	0
connection.timestamp:	1479200472
connection.read-only:	no

（2）创建连接

使用指定属性创建连接，命令格式为：

add [save {yes|no}] {option value|[+|-]setting.property value}...

其中 save 决定是否将配置永久保存，默认值为 yes，表示 NetworkManager 将配置保存到磁盘。通过属性名和值（属性名值对）来设置属性，空值（""）用于删除属性值。除了属性之外，可以使用一些属性的短格式名称，即属性别名。如果要将一个条目添加到已有的属性之中，属性名使用前缀+；要从容器（多值）类型的属性中删除一个条目，则属性名使用前缀-，然后指定一个值或要删除条目的索引号（从 0 开始）。前缀+和-只能用于多值属性，如 ipv4.dns、ipv4.addresses、bond.options 等。

下面给出几个创建连接的例子。执行以下命令创建一个新的连接，con-name 定义连接名称（名称可以使用双引号括起来），type 定义连接类型，ifname 指定网络接口，由于未带任何 IP 参数（如 ip、gw），IP 地址会通过 DHCP 自动获取：

```
nmcli connection add con-name Default type Ethernet ifname eno16777736
```

NetworkManager 会创建一个连接，有一个内部参数 autoconnect 默认为 yes，表示开机自动开启连接。NetworkManager 还会将创建的连接设置保存到/etc/sysconfig/network-scripts/ifcfg-*xxx*（*xxx* 为连接名称）文件中。

创建一个新连接，可以使用 ip4 参数指定 IPv4 地址，gw4 指定默认网关，下面给出一个例子：

```
nmcli  connection  add  con-name  NET01  autoconnect  no  type  ethernet  ifname  eno16777736  ip4
192.168.1.10/24 gw4 192.168.1.1
```

可以同时设置多个 IP 地址，用逗号分隔。

（3）激活与禁用连接

创建连接之后没有绑定网络接口，该连接并没有生效。可执行以下命令启用（激活）指定的连接（此处为 NET01），使之生效：

```
nmcli connection up 连接名
```

反之，要禁用某连接，可执行以下命令使之失效：

```
nmcli connection down 连接名
```

同一时间只能有一个连接绑定在一个网络接口上。可以多创建几个连接，以便设置几套配置文件，需要时可以进行临时切换。

（4）删除连接

对于不需要的连接，可以使用以下命令删除：

```
nmcli connection delete 连接名
```

（5）修改连接

可以根据需要使用子命令 modify 修改连接设置：

```
modify [--temporary] [id|uuid|path] ID {option value |[+|-]setting.property value}...
```

--temporary 表示临时修改，不会保存下来。连接可以由其名称、UUID 或 D-Bus 路径来标识，如果 ID 含义不明确，可以考虑使用 id、uuid 或 path。属性设置同上述连接创建。

下面给出几个例子。修改连接的 IP 地址：

```
nmcli connection modify NET01 ipv4.addr 192.168.1.20/24
```

为连接增加一个 IP 地址：

```
nmcli connection modify NET01 +ipv4.addresses 172.10.10.100/16
```

为连接配置网关：

```
nmcli connection modify NET01 ipv4.gateway 192.168.1.1
```

关闭开机自动连接：

```
nmcli connection modify NET01 connection.autoconnect no
```

为连接配置自动获取 IP 地址：

```
nmcli connection modify NET01 ipv4.method auto
```

修改连接配置后，可以选择重启网络服务使之生效：

systemctl restart network

也可以重新加载配置使之生效：

nmcli connection reload

3. 配置主机名

CentOS 7 的主机名保存到/etc/hostname，默认的主机名为 localhost.localdomain。使用命令 hostname 来查看当前主机的名称。使用 hostnamectl 可以设置主机名，命令格式为：

hostnamectl set-hostname 主机名

也可以使用 nmcli 来查看或更改主机名。更改主机名的命令格式为：

nmcli general hostname 主机名

不带主机名参数将用于查看当前主机名。

这里将例中 CentOS 主机名修改为 srv1.abc：

nmcli general hostname srv1.abc

4. 配置 DNS 名称解析

在创建连接时，可以通过属性 ipv4.dns 来设置 DNS 服务器的 IP 地址，通过属性 dns-search 来设置搜索域名。例如：

nmcli con mod NTE01 ipv4.dns "114.114.114.114 8.8.8.8"

默认情况下，当设置通过 DHCP 自动获取 IP 地址时，自动获取 DNS 服务器地址。这是通过属性 ipv4.ignore-auto-dns 来设置，默认 no，如果要阻止 DNS 服务器 IP 地址自动获取，将该属性值设为 yes 即可。

配置文件/etc/resolv.conf 用于保存 DNS 客户端与 DNS 域名解析有关的设置，该文件包含主机的域名搜索顺序和 DNS 服务器的 IP 地址。使用 nameserver 配置项来指定 DNS 服务器的 IP 地址，查询时就按 nameserver 在配置文件中的顺序进行，且只有当第一个 nameserver 指定的域名服务器没有反应时，才用下面一个 nameserver 指定的域名服务器来进行域名解析。使用 search 指定 DNS 搜索域名，解析不完整的名称时默认的附加域名后缀。下面是一个例子：

```
# Generated by NetworkManager
search abc                                    #DNS 搜索域名
nameserver 192.168.0.1                        #DNS 服务器 IP 地址
```

在 CentOS 7 中手动编辑/etc/resolv.conf，之后会发现并没有生效。这实际上是由 NetworkManager 在后台重新覆盖或清除的。修改其配置文件/etc/NetworkManager/NetworkManager .conf 文件，在 main 部分添加"dns=none"语句，执行以下命令重新装载 NetworkManager 配置，使其不再更新 DNS 设置：

systemctl restart NetworkManager.service

5. 控制网络

可以对 NetworkManager 网络进行控制，命令格式为：

nmcli networking {on|off|connectivity} [参数...]

其中 on 或 off 用于开启或禁止由 NetworkManager 控制的连网。当禁止连网时，由 NetworkManager 管理的所有网络接口都不再处于激活状态。

connectivity 用于获取网络连接状态，可以加上参数 check 来重新检查连接状态。

6. 控制无线开关

可以显示无线开关状态，打开或关闭无线开关，命令格式为：

nmcli radio {all|wifi|wwan} [on|off]

其中 wwan 表示移动宽带。

2.4.7 使用文本用户界面工具 nmtui

CentOS 7 默认安装文本用户界面工具 nmtui，可以实现 nmcli 部分功能，只能编辑连接、启用/禁用连接、更改主机名，不过界面更为直观。在命令行状态下执行 nmtui 命令即可打开其主界面，如图 2-10 所示。功能跳转可以用 Tab 键或光标键，按空格或回车键执行。每个子功能完成、退出或取消会直接回到命令行。例如执行"编辑连接"功能，进入相应界面，再执行"编辑"命令，弹出"新连接"对话框（如图 2-11 所示），选择连接类型，根据提示创建一个新的连接。

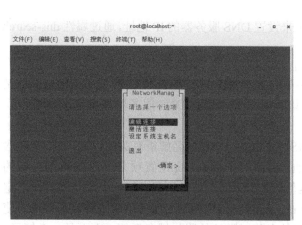

图 2-10 nmtui 主界面

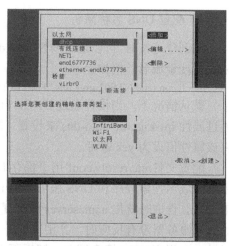

图 2-11 新建连接

也可以编辑已有的连接。选择要编辑的连接（如图 2-12 所示），然后设置具体的选项和参数，如图 2-13 所示。

图 2-12 选择要编辑的连接

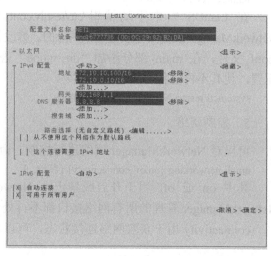

图 2-13 设置具体的选项和参数

2.4.8　直接使用图形界面配置网络

初级用户可以像使用 Windows 系统一样直接使用图形界面工具来完成网络配置。在 CentOS 7 桌面环境中，右击顶部右端下拉箭头，弹出"系统"菜单，列出已有网络接口的当前状态，如图 2-14 所示。单击要操作的网络接口，从列表中可以关闭网络接口，也可以选择要绑定的连接，一旦绑定连接就会启用该网络接口。

单击"有线设置"将弹出图 2-15 所示的界面，左侧列出网络接口，右侧给出选定网络接口的设置，单击连接列表中的某个连接，将绑定该连接并显示该连接基本信息。单击某连接右侧的✿按钮弹出相应的对话框，查看和修改该连接的配置。

在 CentOS 7 图形界面中，用户还可以在终端命令行中执行 nm-connection-editor 命令来启动 NetworkManager 图形界面工具。

图 2-14　网络接口菜单

图 2-15　网络接口设置

2.5　软件安装

随着 Linux 越来越普及，软件安装工具的不断改进，在 Linux 上安装软件已经变得与 Windows 系统上一样便捷。可供 Linux 安装的开源软件非常丰富，Linux 提供了多种软件安装方式，包括从最原始的源代码编译安装到最高级的在线自动安装和更新。

2.5.1　CentOS 软件安装方式

Linux 软件开发完成之后，如果仅限于小范围使用，可以直接使用二进制文件分发。如果要对外发布，要兼顾用户不同的软硬件环境，这就需要制作成软件包分发给用户。所谓软件包，是指将应用程序、配置文件及数据等支持文件打包成一个文件。一般 Linux 发行版都支持特定格式的软件包，CentOS 使用的软件包的格式是.rpm。

rpm 是由 Red Hat 公司提出的一种软件包管理标准，可用于软件包的安装、查询、更新升级、校验、卸载，以及生成.rpm 格式的软件包等，其功能均是通过命令 rpm 结合使用不同的选项来实现的。由于功能十分强大，rpm 已成为目前 Linux 各发行版本中应用最广泛的软件包格式之一。rpm 软件包的名称具有特定的格式，其格式为：

软件名称-版本号（包括主版本和次版本号）.软件运行的硬件平台.rpm

使用软件包管理器可以方便地安装、卸载和升级软件包。当然，使用 rpm 或 Deb 软件包安装也需要考虑依赖性问题，只有应用程序所依赖的库和支持文件都正确安装之后，才能完成软件的安装。现在的软件依赖性越来越强，单纯使用这种软件包安装效率很低，难度也不小，为此人们推出了高级软件包管理工具，还提供有更为先进的软件包管理工具 yum，便于用户更轻松地管理系统中的软件。CentOS 支持多种软件安装方式，主要使用 rpm 软件包，建议用户首选 yum 工具。

1. rpm 工具安装

获得 rpm 安装包后，可以直接使用命令 rpm 工具进行离线安装，无须联网。这种传统的软件安装方式，最大的困难是要自行处理软件依赖性问题。

对 Ubuntu 提供的 Deb 格式软件包，CentOS 不能直接进行安装，需要使用 alien 工具将其转换为 rpm 包格式，再使用 rpm 工具安装。不过最好不要使用这种方式，应尽可能直接获得 rpm 包。

2. yum 工具安装

yum 工具安装是一种软件源安装方式，可以自动获取、安装和更新升级软件包，是首选的软件安装方式。

3. 其他二进制软件包安装

有些软件直接采用二进制包方式发布，常用的格式有.bin 和.run，此类软件在命令行运行安装文件即可，或者在图形界面文件管理器中双击该软件包执行，前提是为该软件包文件赋予可执行权限。

4. 源代码安装

有时不得不采用最原始的源代码安装方式，下载软件源代码进行编译之后再自行安装。例如，有的开发商只提供软件源代码，有的二进制软件包的软件版本不符合自己的要求，或者要对软件多一些定制，一般就要考虑获得源代码，根据软件说明文档编译安装。这种方式最为通用，适用于各种 Linux 发行版，但是安装过程最复杂，难度最大，不过专业一点的 Linux 用户应当尽可能掌握。

2.5.2 使用 rpm 软件包管理

CentOS 使用 rpm 命令实现对 rpm 软件包进行维护和管理，在图形界面中，只需双击 rpm 文件即可自动调用 rpm 安装向导。不过使用 rpm 命令可以得到更多的功能选项。下面介绍其基本用法。

1. 安装 rpm 软件包

安装 rpm 软件包的命令格式为：

rpm -ivh 软件包全路径名

主要使用选项-i 表示安装软件，另外还结合使用选项-v 以显示较详细的安装信息，使用选项-h 显示软件包的 hash 值。

2. 升级 rpm 软件包

若要将某软件包升级为较高版本的软件包，可采用升级安装方式。升级安装使用选项-U 来实现，先卸载旧版，然后再安装新版软件包。为了更详细地显示安装过程，通常也结合使用选项-v 和-h，命令格式为：

rpm -Uvh 软件包文件全路径名

如果指定的 rpm 包以前并未安装，则系统直接进行安装。

3. 查询安装 rpm 软件包

查询 rpm 软件包主要使用选项-q，命令格式为：

rpm -q 软件包名

注意：查询 rpm 软件包应该使用软件包名称，而不是软件包文件的名称。要查询包含某关键字的软件包是否已安装，可结合管道操作符和 grep 命令来实现。例如要在已安装的软件包中，查询包含 mail 关键字的软件包的名称，可执行以下命令：

rpm -qa|grep mail

4. 验证 rpm 软件包

对软件包进行验证可保证软件包是安全的、合法有效的。若验证通过，将不会产生任何输出，否则将显示相关信息，此时应考虑删除或重新安装。验证 rpm 软件包使用选项-V，命令格式为：

rpm -V rpm 包文件名

要验证所有已安装的软件包，使用 rpm-Va 命令。

5. 卸载 rpm 软件包

卸载 rpm 软件包使用选项-e，命令格式为：

rpm -e 软件包名

卸载 rpm 软件包应该使用软件包名称，而不是软件包文件的名称。成功卸载不会有任何信息提示。当有其他软件包依赖于要卸载的软件包时，卸载过程就会产生错误。

2.5.3　通过 yum 管理软件

yum（Yellow dog Updater，Modified）是一个基于 rpm 包的自动升级和软件包管理工具。一些 Linux 应用程序和服务的关联或依赖程序非常多，逐个安装费时费力，而且还容易出差错。yum 则能够从指定的服务器自动下载 rpm 包并且安装，自动计算出程序之间的依赖性关系，并且计算出完成软件安装需要哪些步骤，从而自动地一次安装所有依赖的软件包，无须烦琐地一次次下载和安装。yum 便于管理大量软件的更新。

1. yum 源及其配置

在使用 yum 安装和更新软件之前，必须了解 yum 源（repositories）。yum 旨在解决软件依赖关系问题，yum 源就是软件安装来源或软件仓库，用来存放软件列表信息和软件包。安装有依赖关系的软件时，yum 根据在 yum 源中定义好的路径查找依赖软件，并将依赖软件安装好。

yum 采用客户端/服务器工作机制。服务器端存放所有的 rpm 软件包，然后以相关的功能去分析每个 rpm 文件的依赖性关系，将这些数据记录成列表文件，存放在服务器的某特定目录内。客户端执行软件安装，先下载服务器上记录的依赖性关系列表文件，与本机 rpm 数据库已安装软件数据对比，明确软件的依赖关系，能够判断出哪些软件需要安装，获取所有相关的软件并一次全部下载下来进行安装。依赖性关系列表文件保存在 yum 客户端的 /var/cache/yum 目录中，每次 yum 启动都会通过校验码与 yum 服务器同步更新列表信息。

yum 源可以是 HTTP 网站、FTP 站点或本地站点，其路径格式为：

http://hostname/PATH/TO/REPO
ftp://hostname/PATH/TO/REPO
file:///PATH/TO/REPO

其中 hostname 指主机名，PATH 指路径，REPO 指 yum 源所在路径的父目录。

yum 源主要涉及全局配置和具体的源配置。

/etc/yum.conf 是全局配置文件，对所有软件源都适用。默认的配置说明如下：

[main]
#yum 缓存目录，yum 在此存储下载的 rpm 包和数据库，默认设置为/var/cache/yum
cachedir=/var/cache/yum/$basearch/$releasever
#安装完成后是否保留软件包，0 为不保留（默认值），1 为保留
keepcache=0
#调试信息输出等级，范围为 0-10，默认为 2
debuglevel=2
#yum 日志文件。可以到该日志文件中查询以前所做的更新
logfile=/var/log/yum.log
#是否只安装与系统架构匹配的软件包，1（默认值）表示是，0 表示否
exactarch=1
#是否允许更新陈旧的 rpm 包
obsoletes=1
#是否启用 gpg 的校验，确定 rpm 包的来源安全和完整性
gpgcheck=1
#是否启用插件，默认 1 为允许，0 表示不允许
plugins=1
#允许保留多少个内核包
installonly_limit=5
#bug 管理
bugtracker_url=http://bugs.centos.org/set_project.php?project_id=23&ref=http://bugs.centos.org/bug_report_page.php?category=yum
#指定一个软件包，yum 根据它判断发行版本
distroverpkg=centos-release
......（此处省略），下面提示可将 yum 源配置定义在此，或者以.repo 文件存放在/etc/yum.repos.d 中
PUT YOUR REPOS HERE OR IN separate files named file.repo
in /etc/yum.repos.d

配置文件中用到两个变量，$releasever 引用当前系统的主版本号，一般从以上[main]部分的 distroverpkg 定义中获取；$basearch 表示当前系统的基本架构，如 i386、i486、i586、x86_64、ppc 等。这两个变量根据当前系统的版本架构不同而有不同的取值，这可以方便 yum 升级时选择适合当前系统的软件包。

CentOS 7 在/etc/yum.repos.d 目录下默认有 7 个.repo 文件，每个文件定义不同的 yum 源，其中只有 CentOS-Base.repo 可用，其他暂时都是禁用的，可以根据需要同时启用多个源。下面给出 CentOS-Base.repo 的主要内容并进行解释：

#方括号里面的是软件源的名称，将被 yum 取得并识别，用于区分不同的源，具有唯一性，下面是基本包
[base]

```
#源的描述信息，支持像$releasever、$basearch 这样的变量
name=CentOS-$releasever – Base
#mirrorlist 指定一个镜像服务器的地址列表
mirrorlist=http://mirrorlist.centos.org/?release=$releasever&arch=$basearch&repo=os&infra=$infra
#baseurl 指定一个基地址（源的镜像服务器地址）
#baseurl=http://mirror.centos.org/centos/$releasever/os/$basearch/
#gpgcheck 选项表示此源中下载的 rpm 将进行 gpg 的校验，以确定 rpm 包的来源是有效和安全的
gpgcheck=1
#定义用于校验的 gpg 密钥
gpgkey=file:///etc/pki/rpm-gpg/RPM-GPG-KEY-CentOS-7

#released updates（定义已发布的更新源）
[updates]
name=CentOS-$releasever - Updates
mirrorlist=http://mirrorlist.centos.org/?release=$releasever&arch=$basearch&repo=updates&infra=$infra
#baseurl=http://mirror.centos.org/centos/$releasever/updates/$basearch/
gpgcheck=1
gpgkey=file:///etc/pki/rpm-gpg/RPM-GPG-KEY-CentOS-7
#additional packages that may be useful（定义额外的软件包）
[extras]
name=CentOS-$releasever - Extras
mirrorlist=http://mirrorlist.centos.org/?release=$releasever&arch=$basearch&repo=extras&infra=$infra
#baseurl=http://mirror.centos.org/centos/$releasever/extras/$basearch/
gpgcheck=1
gpgkey=file:///etc/pki/rpm-gpg/RPM-GPG-KEY-CentOS-7
#additional packages that extend functionality of existing packages（扩展现有的包的额外软件包）
[centosplus]
name=CentOS-$releasever -Plus
mirrorlist=http://mirrorlist.centos.org/?release=$releasever&arch=$basearch&repo=centosplus&infra=$infra
#baseurl=http://mirror.centos.org/centos/$releasever/centosplus/$basearch/
gpgcheck=1
#enabled 选项指定此时定义的源是否可用，1 为启用（默认值），0 为禁用
enabled=0
gpgkey=file:///etc/pki/rpm-gpg/RPM-GPG-KEY-CentOS-7
```

以上配置中最重要的只有 3 项，即源名称、源地址（baseurl 或 mirrorlist）、gpgcheck 选项，另外 enabled 选项默认为 1，只有禁用源时才设置为 0，其他都不重要。可以根据需要将baseurl 或 mirrorlist 更改为其他源。国内常用 163 源，请访问其网站 http://mirrors.163.com/.help/centos.html，根据提示进行操作。

2．yum 命令

yum 命令格式为：
yum [选项] [子命令] [包...]
默认情况下，使用它安装软件要求能够联网访问 Internet。

3．使用 yum 安装和卸载软件包

安装指定软件包的命令格式为：
yum install 包 1 [包 2] [...]
例如：
[root@srv1 ~]# yum install php
卸载指定软件包的命令格式为：

yum remove|erase 包 1 [包 2] [...]

如果将子命令改为 autoremove，将同时卸载相关依赖包。

重新安装相同版本的软件包：

yum reinstall 包 1 [包 2] [...]

降级安装软件包：

yum downgrade 包 1 [包 2] [...]

4. 使用 yum 升级软件包

升级指定软件包的语法格式：

yum update 包 1 [包 2] [...]

升级软件包之前先执行 check-update 命令检测已安装包的更新信息，再更新指定包：

yum check-update
yum update php

不指定更新的软件包，将更新全部包：

yum update

5. 使用 yum 查询软件包

最常用的查询子命令是 info，命令格式为：

yum info [...]

不带任何参数将查询资源库中所有可以安装或更新的 rpm 包的信息。

参数使用包名（包名中可带通配符*、？）可以查询资源库中指定包的相关信息，例如：

yum info php

参数使用 update 将查询资源库中所有可以更新的 rpm 包的信息，例如：

yum info updates

参数使用 installed 将查询已经安装的所有的 rpm 包的信息，例如：

yum info installed

参数使用 extras 将列出已经安装的但是不包含在资源库中的 rpm 包的信息，例如：

yum info extras

子命令 list 给出 rpm 包列表，参数同 info。以下命令列出所有以 zip 开头的 rpm 包：

yum list zip*

子命令 search 用于搜索包名（或包描述等）中匹配特定字符的 rpm 包，参数就是要搜索的字符串，命令格式为：

yum search 字符串 1 [字符串 2] [...]

子命令 provides 用于搜索有包含特定文件名的 rpm 包，命令格式为：

yum provides 文件路径

6. 使用 yum 管理缓存

yum 缓存可以带来多种好处，如提高 yum 性能，离线执行 yum 操作（只使用缓存），复制缓存中的软件包以备用。由 yum 配置文件内容可知，使用 yum 下载软件包的默认下载目录由 cachedir 指定。默认情况下，yum 在/var/cache/yum 目录下保存临时文件，每个仓库都有自己的子目录。仓库目录中 packages/子目录包含缓存的软件包。例如目录/var/cache/yum/development/packages 包含从 development 仓库下载的软件包。

（1）启用 yum 缓存

默认情况下，当前版本的 yum 在成功下载和安装软件包后会把下载的文件删除，这样可以减少 yum 占用的磁盘空间。只有启用缓存，yum 才在缓存目录保留下载到的文件。将配置文件 etc/yum.conf 中的 keepcache 选项值设置为 1 即可启用 yum 缓存。

（2）创建 yum 缓存

执行以下命令将服务器上的软件包信息在本地缓存，以提高搜索安装软件的速度：

yum makecache

（3）在只使用缓存的模式下使用 yum

要在没有网络的情况下执行 yum，只要启用了缓存，就可以用选项-C。这样 yum 就不会检查网络上的仓库，只使用缓存。在这个模式中，yum 只能安装已下载并缓存的软件包。例如，要在没有网络连接的时候搜索软件包，应执行如下命令：

yum -C list [...]

要安装软件包，应执行如下命令：

yum -C install <软件包名>

（4）清空 yum 缓存

yum 会把下载的软件包和 header 存储在 cache 中，而不会自动删除。可以使用 yum clean 指令进行清除。命令格式为：

yum clean [packages|headers|metadata|expire-cache|rpmdb|plugins|all]

参数 packages 表示清除 rpm 包文件，headers 表示清除 rpm 头文件，metadata 表示清除包元数据，expire-cache 表示清除过期数据。不带参数表示清除所有缓存文件。

7. 使用 yum 管理仓库

仓库管理的命令格式为：

yum repolist [all|enabled|disabled]

这 3 个参数分别表示列出全部、可用、不可用的仓库。例如：

```
[root@srv1 ~]# yum repolist enabled
已加载插件：fastestmirror, langpacks
Determining fastest mirrors
 * base: mirrors.tuna.tsinghua.edu.cn
 * extras: mirrors.aliyun.com
 * updates: mirrors.aliyun.com
源标识                         源名称                      状态
!base/7/x86_64                CentOS-7 - Base             9,363
!extras/7/x86_64              CentOS-7 - Extras             435
!updates/7/x86_64             CentOS-7 - Updates            391
repolist: 10,189
```

8. 使用光盘作为本地库

如果不能访问 Internet，可以将光盘作为 yum 源。CentOS 7 自带一个使用 DVD 光驱作为 yum 源的配置文件/etc/yum.repos.d/CentOS-Media.repo，其主要配置内容如下：

```
[c7-media]
name=CentOS-$releasever - Media
baseurl=file:///media/CentOS/
        file:///media/cdrom/
        file:///media/cdrecorder/
gpgcheck=1
enabled=1          #默认为 0, 这里改为 1 已启用该源
gpgkey=file:///etc/pki/rpm-gpg/RPM-GPG-KEY-CentOS-7
```

可以设置其中的 baseurl 值（光盘路径），注意将 enabled 值设为 1 以启用该库。下载只需将 CentOS 7 光盘挂载 baseurl 所指定的目录即可，这里以/media/cdrom/为例。将 CentOS 7 安装光盘插入光驱，依次执行以下两个命令：

```
mkdir /media/cdrom
mount /dev/sr0 /media/cdrom
```

接着进行测试，执行 yum repolist enabled 命令查看可用库，再执行 yum clean all 命令清除 yum 的缓存，最后执行 yum makecache 命令创建缓存。

9. 安装第三方 yum 源 EPEL

出于稳定性考虑，CentOS 官方源中自带的软件并不多，因而需要使用一些第三方源，最著名的就是 EPEL 源。EPEL 是企业版 Linux 附加软件包的简称，是一个由 Fedora 特别兴趣小组创建、维护并管理的，针对 RHEL 及其衍生发行版（如 CentOS）的一个高质量附加软件包项目。它的软件包通常不会与企业版 Linux 官方源中的软件包发生冲突，或者互相替换文件。EPEL 源的配置非常简单，首先下载 EPEL 安装包：

```
wget http://dl.fedoraproject.org/pub/epel/epel-release-latest-7.noarch.rpm
```

然后安装该软件包：

```
rpm -ivh epel-release-latest-7.noarch.rpm
```

最后检查是否已添加至源列表：

```
yum repolist
```

2.5.4 使用源代码安装软件

如果 yum、rpm 软件包不能提供所需的软件，就要考虑源代码安装，获取源代码包，进行编译安装。另外源代码包可以根据用户的需要对软件加以定制，有的还允许二次开发。

1. 源代码安装步骤

（1）下载和解压软件包

Linux、UNIX 最新的软件通常以源代码打包形式发布，最常见的是.tar.bz2 和.tar.gz 这种两种压缩包格式。这两种格式的区别在于，前者比后者压缩率更高，后者比前者压缩和解压花费更少的时间。同一个文件，压缩后.bz2 文件比.gz 文件更小，但要以花费更多的时间为代价。两者都使用 tar 工具打包和解压缩，解压缩命令有所不同：

```
tar -jxvf file.tar.bz2
tar -zxvf file.tar.gz
```

选项-j 指示具有 bzip2 的属性，即需要用 bzip2 格式压缩或解压缩。

选项-z 指示具有 gzip 的属性，即需要用 gzip 格式压缩或解压缩。

选项-x 用于解开一个压缩文件。

选项-v 表示在压缩过程中显示文件。

选项-f 表示使用压缩包文件名，注意在 f 之后要跟文件名，不要再加其他选项或参数。

通常将 tar 压缩打包的文件称为 Tarball，这是 UNIX 和 Linux 中广泛使用的压缩包格式。

下载源代码包文件后，首先需要解压缩。Linux 中一般将源代码包复制到/usr/local/src 目录下再解压缩。完成解压缩后，进入解压后的目录下，查阅 INSTALL 与 README 等相关帮助文档，了解该软件的安装要求、软件的工作项目、安装参数配置及技巧等，这一步很重要。安装帮助文档也会说明要安装的依赖性软件。依赖性软件的安装很必要，是成功安装源代码包的前提。

（2）执行 configure 生成编译配置文件 Makefile

源代码需要编译成二进制代码再进行安装。自动编译需要 Makefile 文件，在源代码包中使用 configure 命令生成。多数源代码包都提供一个名为 configure 的文件，它实际上是一个使用 Bash 脚本编写的程序。

该脚本将扫描系统，以确保程序所需的所有库文件都已存在，并做好文件路径及其他所需的设置工作，同时创建 Makefile 文件。

为方便根据用户的实际情况生成 Makefile 文件以指示 make 命令正确编译源代码，configure 通常会提供若干选项供用户选择。每个源代码包中 configure 命令选项不完全相同，实际应用中可以执行命令./configure --help 来查看。不过有些选项比较通用，具体见表 2-1。其中比较重要的就是--prefix 选项，它后面给出的路径就是软件要安装到那个目录，如果不用该选项，默认将安装到/usr/local 目录。

表 2-1   **configure 命令常用选项**

选 项	说 明
--help	提供帮助信息
--prefix=PREFIX	指定软件安装位置，默认为/usr/local
--exec-prefix=PREFIX	指定可执行文件安装路径
--libcdir=DIR	指定库文件安装路径
--sysconfidr=DIR	指定配置文件安装路径
---includedir=DIR	指定头文件安装路径
--disable-FEATURE	关闭某属性
--enable-FEATURE	开启某属性

（3）执行 make 命令编译源代码

make 会依据 Makefile 文件中的设置对源代码进行编译并生成可执行的二进制文件。编译工作主要是运行 gcc 将源代码编译成为可以执行的目标文件，但是这些目标文件通常还需要连接一些函数库才能产生一个完整的可执行文件。使用 make 就是要将源代码编译成为可执行文件，放置在目前所在的目录之下，此时还没有安装到指定目录中。

（4）执行 make install 安装软件

make 只是生成可执行文件，要将可执行文件安装到系统中，还需执行 make install 命令。通常这是最后的安装步骤，make 根据 Makefile 文件中关于 install 目标的设置，将上一步骤所编译完成的二进制文件、库和配置文件等安装到预定的目录中。

源代码包安装的 3 个步骤 configure、make 和 make install 依次执行，其中只要一个步骤无法成功，后续的步骤就无法进行。

另外，执行 make install 安装的软件通常可以执行 make clean 命令卸载。

2．源代码安装示例——nginx

除了 Apache，Linux 系统中还常常使用另一款 Web 服务器软件 nginx，它最显著的特点是对连接高并发业务提供很好的支持。最新版本的 nginx 是以源代码形式发布的，可以到其官网 http://nginx.org/download/上下载 Linux 版本相应的源代码包，有 tar.gz 和 zip 两种格式，这里下载 tar.gz 格式的源代码包，文件以 nginx-version.tar.gz 命名，version 代表版本号，例中版本为 1.9.9。

（1）安装前的准备工作。

出于安全考虑，nginx 不应以 root 身份运行，而应以普通用户和组的身份运行，这里首先创建一个名为 nginx 的组和一个名为 nginx 的用户账户，用于运行 nginx。

创建一个名为 nginx 的组账户：

groupadd nginx

创建一个属于该组的同名用户，不允许该用户登录和创建主目录：

useradd -s /sbin/nologin -g nginx -M nginx

下载最新版本的 nginx 源代码包：

wget -c http://nginx.org/download/nginx-1.9.9.tar.gz

接下来进行编译并安装 nginx。例中将源代码包下载到 root 主目录中。为便于操作，这里以 root 身份登录，如果下载到其他目录，将其复制到 root 主目录中。

（2）执行以下命令对其解压缩：

tar zxvf nginx-1.9.9.tar.gz

完成解压缩后在当前目录下自动生成一个目录（根据压缩包文件命名，此处为 nginx-1.9.9），并将所有文件释放到该目录中。

（3）切换到 nginx-1.9.9 目录：

cd nginx-1.9.9

（4）阅读其中的帮助文件，例中只有 README 文件，其中仅提供文档网址 http://nginx.org，访问该网址，可以跳转到 http://nginx.org/en/docs/configure.html 网页查看通过源码安装 Nginx 的说明。

（5）执行 configure 脚本生成编译配置文件 Makefile：

./configure --user=nginx --group=nginx --prefix=/usr/local/nginx --with-http_stub_status_module --with-http_ssl_module --with-http_gzip_static_module

其中 --user=nginx 指定运行权限的用户；--group=nginx 指定运行权限的用户组；--prefix=/usr/local/nginx 指定安装路径；--with-http_stub_status_module 表示支持 Nginx 状态查询；--with-http_ssl_module 表示启用 SSL 支持；--with-http_gzip_static_module 表示启用 GZIP 功能。

配置过程中可能出现一些错误提示，是否出现错误、出现哪些错误取决于用户当前环境，需要根据提示对问题加以解决，然后重新执行上述脚本。例中安装有 C 和 C++编译环境，否则将给出 "./configure: error: C compiler cc is not found" 的提示，解决方法是执行以下命令安装编译环境：

yum install gcc gcc-c++

然后重新执行上述 configure 脚本。此处又给出以下错误提示：

./configure: error: the HTTP rewrite module requires the PCRE library.

You can either disable the module by using –without-http_rewrite_module

option, or install the PCRE library into the system, or build the PCRE library

statically from the source with nginx by using –with-pcre=<path> option.

这是因为 HTTP rewrite 模块要求安装 PCRE 库，可以屏蔽该模块，这里执行如下命令安装 PCRE 库：

yum install pcre-devel

重新执行上述 configure 脚本。结果例中又给出以下错误提示：

./configure: error: SSL modules require the OpenSSL library.

You can either do not enable the modules, or install the OpenSSL library

into the system, or build the OpenSSL library statically from the source
with nginx by using –with-openssl=<path> option.

这是因为 SSL 模块要求 OpenSSL 库，解决方法是执行以下命令：

yum install openssl-devel

再一次执行上述 configure 脚本，编译成功。

（6）执行命令 make 编译源代码。

（7）执行 make install 安装软件。

至此完成 nginx 的编译安装。

（8）测试 nginx。

如果当前还运行 Apache 服务器，请停止它以免产生冲突：

systemctl stop httpd.service

根据上述设置，nginx 安装在/usr/local/nginx 目录中，可以直接执行其中的命令 nginx 来
启动它：

/usr/local/nginx/sbin/nginx

此时可以使用浏览器访问进行实测，结果正常，如图 2-16 所示。

图 2-16　浏览器访问 Nginx 服务器

可以使用以下命令重新加载配置、重启、停止、退出 nginx 服务：

/usr/local/nginx/sbin/nginx　　-s reload|reopen|stop|quit

3．编写 systemd 单元文件管理 nginx 服务

早期 CentOS 版本中的服务管理脚本在 CentOS 7 中被服务单元文件替换。nginx 作为服
务程序要在 CentOS 7 中使用，需要为其编写一个单元文件以便 systemd 能够管理它。这里仅
列出具体代码，其含义可参见第 5 章。在/usr/lib/systemd/system 或/etc/systemd/system 目录下
创建一个 nginx.service 文本文件，设置如下内容：

```
[Unit]
Description=nginx - high performance web server
Documentation=http://nginx.org/en/docs/
After=network.target remote-fs.target nss-lookup.target

[Service]
Type=forking
PIDFile=/usr/local/nginx/logs/nginx.pid
ExecStartPre=/usr/local/nginx/sbin/nginx -t -c /usr/local/nginx/conf/nginx.conf
ExecStart=/usr/local/nginx/sbin/nginx -c /usr/local/nginx/conf/nginx.conf
```

ExecReload=/bin/kill -s HUP $MAINPID
ExecStop=/bin/kill -s QUIT $MAINPID
PrivateTmp=true

[Install]
WantedBy=multi-user.target

要让 systemd 重新识别此单元文件，通常执行 systemctl daemon-reload 命令重载配置，或者重启系统。这样就可以使用 systemd 来管理 nginx 的启动、重启、随机启动等。例如执行以下命令启动 nginx：

systemctl start nginx.service

执行以下命令使 nginx 能随机启动：

systemctl enable nginx.service

2.6 习　　题

1．简述 Linux 用户与组之间的关系。

2．简述 wheel 组用户的特殊之处。

3．Linux 目录结构与 Windows 有何不同？Linux 目录配置标准有何规定？

4．Linux 文件有哪些类型？

5．文件访问者身份分为哪几种？

6．简述文件访问权限与文件属性。

7．简述 CentOS 7 的网络接口设备命名规则。

8．什么是 NetworkManager？

9．CentOS 软件安装方式有哪几种？

10．创建一个用户，并将其加入组。

11．练习文件和目录的基本操作。

12．熟悉文件访问权限设置的操作。

13．熟悉 nmcli 命令的使用。

14．配置主机名和 DNS 名称解析。

15．熟悉 yum 工具的使用。

16．参照 2.5.4 节的示例使用源代码安装 nginx。

第3章 磁盘存储管理

文件与目录都需要存储到各类存储设备中，而磁盘是最主要的存储设备。操作系统必须以特定的方式对磁盘进行操作，磁盘管理相当重要。磁盘管理建立起原始的数据存储，然后借助于文件系统将原始的数据存储转换为能够存储和检索数据的可用格式。本章在介绍 Linux 磁盘存储基础知识的基础上，结合实际应用，重点介绍 Linux 磁盘与文件系统操作，包括磁盘分区、文件系统、磁盘阵列、逻辑卷、交换空间、磁盘配额，最后介绍文件系统备份。

3.1 磁盘存储概述

磁盘用来存储需要永久保存的数据，常见的磁盘包括硬盘、光盘、闪存（Flash Memory，如 U 盘、CF 存储卡、SD 存储卡）等。这里的磁盘主要指硬盘。

3.1.1 磁盘数据组织

一块硬盘由若干张盘片构成，每张盘片的表面都会涂上一层薄薄的磁粉。硬盘提供一个或多个读写头，由读写磁头来改变磁盘上磁性物质的方向，由此存储计算机中的 0 或 1 的数据。一块硬盘包括盘面、磁道、扇区、柱面等逻辑组件，这是由低级格式化来实现的。低级格式化将空白磁盘划分出柱面和磁道，再将磁道划分为若干个扇区，每个扇区又划分出标识区、间隔区（GAP）和数据区等。目前几乎所有的硬盘都支持 LBA（Logic Block Address，逻辑块地址）寻址方式，将所有的物理扇区都统一编号，按照从 0 到某个最大值排列，这样只用一个序数就确定了一个唯一的物理扇区。

1. 磁盘分区

磁盘在系统中使用都必须先进行分区，然后建立文件系统，才可以存储数据。分区也有助于更有效地使用磁盘空间。每一个分区在逻辑上都可以视为一个磁盘，如图 3-1 所示。

每一个磁盘都可以划分若干分区，每一个分区有一个起始扇区和终止扇区，中间的扇区数量决定了分区的容量。分区表用来存储这些磁盘分区的相关数据，如每个磁盘分区的起始地址、结束地址、是否为活动磁盘分区等。

图 3-1 磁盘分区

2. 高级格式化

磁盘分区在作为文件系统使用之前还需要进行初始化，并将记录数据结构写到磁盘上，这个过程就是高级格式化，实际上就是在磁盘分区上建立相应的文件系统，对磁盘的各个分区进行磁道的格式化，在逻辑上划分磁道。高级格式化是针对低级格式化而言的。

高级格式化与操作系统有关，不同的操作系统有不同的格式化程序、不同的格式化结果、不同的磁道划分方法。当一个磁盘分区被格式化之后，就可以被称为卷（Volume）。

提示： 术语"分区"和"卷"通常可互换使用。就文件系统的抽象层来说，卷和分区的含义是相同的。分区是硬盘上由连续扇区组成的一个区域，需要进行格式化才能存储数据。硬盘上的"卷"是经过格式化的分区或逻辑驱动器。另外还可将一个物理磁盘看作一个物理卷。

3.1.2 Linux 磁盘设备命名

Linux 没有盘符这个概念，通过设备名来访问设备，设备名存放在/dev 目录中。设备名用字母表示不同的设备接口，例如 a 表示第 1 个接口，字母 b 表示第 2 个接口，磁盘设备也不例外。

原则上 SCSI、SAS、SATA、USB 接口硬盘都被视为 SCSI 接口类型，相应的设备文件名均以/dev/sd 开头。这些设备命名依赖于设备的 ID 号码，不考虑遗漏的 ID 号码。例如，3 个 SCSI 设备的 ID 号码分别是 0、2、5，设备名分别是/dev/sda、/dev/sdb 和/dev/sdc；如果再添加一个 ID 号码为 3 的设备，则这个设备将被以/dev/sdc 来命名，ID 号码为 5 的设备将改称/dev/sdd。SATA 硬盘类似 SCSI，在 Linux 中一般用类似/dev/sda 这样的设备名表示。

IDE 硬盘由内部连接来区分，最多可以接 4 个设备。/dev/hda 表示第 1 个 IDE 通道（IDE1）的主设备（master），/dev/hdb 表示第 1 个 IDE 通道的从设备（slave）。按照这个原则，/dev/hdc 和/dev/hdd 为第 2 个 IDE 通道（IDE2）的主设备和从设备。

3.1.3 分区样式

磁盘中的分区表用来存储磁盘分区的相关数据。传统的解决方案是将分区表存储在主引导记录（MBR）内。MBR 全称 Master Boot Record。现在一种新的分区样式被称为 GUID 分区表（GPT），GUID 全称 Globally Unique Identifier。这两种分区样式有所不同，但与分区相关的配置管理任务差别并不大。

1. MBR 分区体系

传统的 PC 架构采用"主板 BIOS 加磁盘 MBR 分区"的组合模式，基于 x86 处理器的操作系统通过 BIOS 与硬件进行通信，BIOS 使用 MBR 分区样式来识别所配置的磁盘。MBR 包含一个分区表，该表说明分区在磁盘中的位置。MBR 分区的容量限制是 2TB，最多可支持 4 个磁盘分区，可通过扩展分区来支持更多的逻辑分区。MBR 分区又被称为 DOS 分区。DOS 分区是最常见也是最复杂的分区体系。

MBR 磁盘分区如图 3-2 所示。一个 MBR 磁盘内最多可以创建 4 个主分区。可使用扩展分区来突破这一限制，可以在扩展分区上划分任意数量的逻辑分区。因为扩展分区也会占用一条磁盘分区记录，所以一个 MBR 磁盘内最多可以创建 3 个主分区与 1 个扩展分区。必须先在扩展分区中建立逻辑分区，才能存储文件。每一个磁盘上只能够有一个扩展分区，它本身不能被赋予一个驱动器号（盘符）。

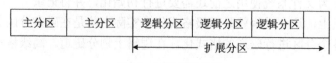

图 3-2　MBR 磁盘分区

MBR 即主引导记录，作用就是检查分区表是否正确，确定哪个分区为引导分区，并在程序结束时把该分区的启动程序（也就是操作系统引导扇区）调入内存加以执行。MBR 不随操作系统的不同而不同，不同的操作系统可能会存在相同的 MBR，即使不同，MBR 也不会夹带操作系统的性质，它具有公共引导的特性。

由于 MBR 最多只能描述 4 个分区项，要在一个硬盘上划分更多的分区，就要使用扩展分区，为此引入 EBR（扩展引导记录）。每个逻辑分区都存在一个类似于 MBR 的 EBR。EBR 结构与 MBR 一样，包括扩展分区表。如果没有扩展分区，就不会有 EBR 和逻辑分区。

2. GPT 分区体系

MBR 分区不能识别大于 2TB 的硬盘空间，也不能有大于 2TB 的分区。随着主板集成技术的发展，硬盘容量突破 2TB，出现"主板 EFI 加硬盘 GPT 分区"的组合模式。2004 年，Microsoft 与 Intel 共同推出一种名为 EFI（Extensible Firmware Interface，可扩展固件接口）的主板升级换代方案。后来基于 EFI 推出新型的 UEFI 接口标准。UEFI 的所有者是一个名为 Unified EFI Form 的国际组织。

不像 BIOS 那样既是固件又是接口，UEFI 只是一个接口，位于操作系统与平台固件之间。UEFI 规范还包含 GPT 分区样式的定义。与 MBR 磁盘分区相比，GPT 磁盘分区具有更多优点，如 GPT 分区容量限制为 18EB（1EB=1024PB=1048576TB），而 MBR 分区最大仅为 2TB；GPT 最多支持 128 个分区；支持唯一的磁盘和分区 ID（GUID）；与 MBR 分区的磁盘不同，在 GPT 磁盘上，至关重要的平台操作数据位于分区中，而不是位于未分区或隐藏的扇区中。

GPT 是 UEFI 方案的一部分，但并不依赖于 UEFI 主板，在 BIOS 主板的 PC 中也可使用 GPT 分区，但只有基于 UEFI 主板的系统支持从 GPT 启动。考虑到兼容性，GPT 磁盘也提供"保护 MBR"区域，让仅支持 MBR 的程序可以正常运行。

GPT 需要操作系统支持。如果没有 EFI 支持，操作系统也只能将 GPT 分区的硬盘当成数据盘，不能从 GPT 分区的硬盘启动。要从 GPT 分区的硬盘启动，则主板使用 EFI、硬盘使用 GPT 分区、操作系统支持 GPT 和 EFI 这 3 个条件缺一不可。目前比较新的 64 位 Linux 系统和 Windows 系统都是支持 EFI 的，所以都是可以从 GPT 分区的硬盘启动的。

3. 选择 GPT 还是 MBR

GPT 作为一种更为灵活、更具优势的分区方式，正在逐步取代 MBR。究竟选择哪种分区样式，可以依据以下原则来决定。
* 如果使用 GRUB legacy 作为引导加载器，必须使用 MBR。
* 如果使用传统的 BIOS，并且双启动中包含 Windows 操作系统（无论是 32 位还是 64 位），必须使用 MBR。
* 如果使用 UEFI 而不是 BIOS，并且双启动中包含 Windows 64 位系统，必须使用 GPT。
* 对 BIOS 不支持 GPT 的计算机，需要使用 MBR。

不属于上述任一情形时，两者都可选择。

建议在使用 UEFI 的情况下选择 GPT，因为有些 UEFI 固件不支持从 MBR 启动。

为了使 GRUB 从一台有 GPT 分区的基于 BIOS 的系统上启动，需要创建一个 BIOS 启动分区，这个分区与/boot 没关系，仅仅是 GRUB 使用，无须建立文件系统并进行挂载。

3.1.4　Linux 分区

磁盘在使用之前需要对磁盘进行分区。Linux 支持 MBR 和 GPT 两种分区样式。GPT 分区可以突破 MBR 的 2TB 容量限制，特别适合大于 2TB 的硬盘分区。

1. 分区编号与分区文件名

如果采用传统的 MBR 分区，一个磁盘最多有 4 个主分区，或者 3 个主分区加一个扩展分区。对每一个磁盘设备，Linux 分配一个 1~16 的编号，这就代表了这块磁盘上面的分区号码，也意味着每一个磁盘最多有 16 个分区，主分区（或扩展分区）占用前 4 个编号（1~4），而逻辑分区占用 5~16 共 12 个编号。

在 Linux 中，磁盘分区的文件名需要在磁盘设备文件名的基础上加上分区编号。这样，SCSI、SAS、SATA、USB 硬盘分区采用/dev/sdxy 这样的形式命名，IDE 硬盘分区采用/dev/hdxy 这样的形式命名，其中 x 表示设备编号（从 a 开始），y 是分区编号（从 1 开始）。

例如第一块 SCSI 硬盘的主分区为 sda1，扩展分区为 sda2，扩展分区下的一个逻辑分区为 sda5（从 5 开始才用来为逻辑分区命名）。

2. Linux 分区类型

Linux 分区还涉及分区类型，分区的类型规定分区上面的文件系统格式。Linux 支持多种文件系统格式，包括 FAT32、FAT16、NTFS、HP-UX 等，其中 Linux Native 和 Linux Swap 是 Linux 特有的分区类型。Linux 至少需要一个 Linux Native 分区和一个 Linux Swap 分区，并且不能将 Linux 安装在 Dos/Windows 分区中。可以将 Linux 安装在一个或多个类型为 Linux Native 的硬盘分区中。

（1）Linux Native 分区

Linux Native 分区是存放系统文件的地方，是最基本的 Linux 分区，用于承载 Linux 文件系统。根（/）分区是其中一个非常特殊的分区，它是整个操作系统的根目录，在安装操作系统时创建。与 Windows 不同，Linux 操作系统可以被安装到多个数据分区中，然后通过挂载（mount）的方式把被挂载到不同的文件系统中供人们使用。如果安装过程中只指定根分区，而没有指定其他数据分区，那么操作系统中的所有文件都将全部被安装到根分区下。

（2）Linux Swap 分区

Swap 分区是 Linux 暂时存储数据的交换分区，它主要用于保存物理内存上暂时不用的数据，在需要的时候再被调进内存。可以将其理解为与 Windows 的虚拟内存一样的技术，区别是在 Windows 下只需要在分区内划分出一块固定大小的磁盘空间作为虚拟内存，而在 Linux 中则可以专门划分出一个分区来存放内存数据。

3.1.5　Linux 文件系统

目录结构是操作系统中管理文件的逻辑方式，对用户来说是可见的；而文件系统是磁盘或分区上文件的物理存放方法，对用户来说是不可见的。文件系统是操作系统在磁盘上组织文件的方法，也就是保存文件信息的方法和数据结构。

不同的操作系统使用的文件系统格式不同。Linux 文件系统格式主要有 ext2、ext3、ext4 等。Linux 还支持 hpfs、iso9660、minix、nfs、vfat（FAT16、FAT32）等文件系统。CentOS 7

弃用 ext，而改用 xfs 作为其默认文件系统。ext4 作为传统的文件系统，主要优点是成熟、稳定，多数 Linux 版本使用 ext 系列的文件系统，这里也会将它与 xfs 一并讲解。

1. ext4 文件系统

ext 是 Extented File System（扩展文件系统）的简称，一直是 Linux 首选的文件系统格式。在过去较长一段时间里，ext3 是 Linux 操作系统的主流文件系统格式。Linux 内核自 2.6.28 版开始正式支持新的文件系统 ext4。

ext4 属于大型文件系统，支持最高 1EB（1048576TB）的分区，最大 16TB 的单个文件，支持无限数量的子目录。ext4 向下兼容 ext3 与 ext2，可将 ext3 和 ext2 的文件系统挂载为 ext4 分区，可以从 ext3 在线迁移到 ext4，而无须重新格式化磁盘或重新安装系统。

ext4 还引入现代文件系统中流行的 Extent 文件存储方式，以取代 ext2/3 使用的块映射（Block Mapping）方式。Extent 为一组连续的数据块，可以提高大型文件的存储效率。

2. xfs：企业级高性能文件系统

ext4、ReiserFS、xfs 等都是大型文件系统。就企业级应用来说，性能最为重要，特别是面临高并发大量、小型文件这种情况。xfs 采用一些优秀的设计思想，如引入分配组（Allocation Group）、B+树、extent 等方法来提高性能，成为一种扩展性高、性能高的文件系统，被 Red Hat Enterprise Linux 7 和 CentOS 7 选作默认文件系统。

作为一个全 64 位的文件系统，xfs 支持最高 18EB（1EB=1048576TB）的分区，最大 9EB 的单个文件，支持特大数量的目录。

xfs 能以接近裸设备 I/O 的性能存储数据。在单个文件系统的测试中，其吞吐量最高可达每秒 7GB，对单个文件的读写操作，其吞吐量可达每秒 4GB。

xfs 文件系统采用优化算法，日志记录对整体文件操作影响非常小。xfs 查询与分配存储空间非常快。xfs 文件系统能连续提供快速的反应时间。

与 ext 系列相比，xfs 支持并行 IO，如果一个文件系统使用的硬盘比较多，而且总线允许并行，则 xfs 有明显的性能优势。

不过，ext3/4 删除文件速度比 xfs 快。由于大量采用缓存，xfs 不用 fsck，但必须保证电源供应，突然断电时 xfs 的损失比 ext3/4 严重，这是由 xfs 的延迟分配所导致的。

3. 建立和使用文件系统的基本步骤

Linux 在安装过程中会自动创建磁盘分区和文件系统。在 Linux 的使用和管理中，往往需要在磁盘中建立和使用文件系统，主要步骤如下。

（1）对磁盘进行分区。

（2）在磁盘分区上建立相应的文件系统。这个过程被称为建立文件系统或者格式化。

（3）建立挂载点目录，将分区挂载到系统相应目录下，就可访问该文件系统。

3.2　创建和管理 Linux 磁盘分区

要想使用磁盘，需要先对其进行分区。磁盘分区需要根据应用需求、磁盘容量来确定分区规划方案，选择分区工具，做好分区准备。

3.2.1　磁盘分区方案

1. 磁盘分区规划

理论上在硬盘空间足够时可以建立任意数量的分区（挂载点），但在实际应用中很少需要大量分区。规划磁盘分区，需要考虑磁盘的容量、系统的规模与用途、备份空间等。

Linux 系统磁盘最基本的分区只需两个，即一个根分区（/）和一个 Swap 分区。如果不用引导分区（/boot），根分区用于存放启动系统所需的文件和系统配置文件，对最新的 Linux 系统，2GB 左右的根分区可以工作得很好。Swap 分区大小一般为物理内存的两倍。这是一种最简单，同时也能满足大部分应用场景的方案。以后需要扩展，可以根据应用场景的需要建立其他分区。

为提高可靠性，系统磁盘可以考虑增加一个引导分区（/boot）。引导分区只是安装启动器（引导文件）的一个分区，而真正的引导文件被存放在根目录下。/boot 分区大概 100MB，位于磁盘的最前面，目的是防止因主板太旧、硬盘太大等导致的无法开机。引导分区不是必需的，如果没有创建引导分区，引导文件就被安装在根分区中。

如果磁盘空间很大，可以按用途划分多个分区，如/home 分区用于存放个人数据，/usr 分区用于存放 Linux 应用软件，/tmp 分区用于存放临时文件，/var 分区用于磁盘剩余空间。在某些情况下，磁盘分区可以被多个操作系统共享。

无论是在系统磁盘上，还是在非系统磁盘上，分区都要被挂载到根目录下，这样才能被使用。

2. 磁盘分区工具

在安装 CentOS 系统的过程中，可以使用可视化图形界面工具 Disk Druid 进行分区操作。

系统安装完成后，如果还要对磁盘分区进行管理，可以使用 fdisk、gdisk 和 parted 这 3 种命令行工具。fdisk 和 gdisk 命令简单易用，分别适合配置 MBR 分区和 GPT 分区，新版本的 fdisk 命令已经可以支持 GPT 分区表。parted 工具的功能更强大，而且可以调整原有分区尺寸，只是操作更复杂一些，MBR 分区和 GPT 分区它都支持。

CentOS 7 分别为 fdisk 和 gdisk 提供相应的基于文本窗口界面的分区工具 cfdisk 和 cgdisk，它们比 fdisk 和 gdisk 的操作界面更为直观，只是与真正的图形界面比还是逊色一些。另外，可以安装专门的图形界面分区工具 gparted 来进行磁盘分区。

3. 磁盘分区准备

磁盘分区操作容易导致数据丢失，建议对重要数据进行备份之后再进行分区操作。

在实际使用过程中，可能需要添加或者更换新磁盘。要安装新的磁盘（热插拔硬盘除外），首先要关闭计算机，按要求把磁盘安装到计算机中，重启计算机，进入 Linux 操作系统后，可执行 dmesg 命令查看新添加的磁盘是否已被识别，如果已被识别，则可进行分区操作。

3.2.2　使用 fdisk 进行分区管理

fdisk 是各种 Linux 发行版本中最常用的分区工具，其功能强大，能被灵活使用。新版本提供的 fdisk 命令可以支持 GPT 分区表。

1. fdisk 简介

fdisk 可以在两种模式下运行，即交互式和非交互式。命令格式为：

fdisk [选项] <磁盘设备名>

fdisk [选项] -l <磁盘设备名>

fdisk -s <分区设备名>

这 3 种格式分别用于更改分区表、列出分区表和分区大小（块数）。主要选项如下。

-l：显示指定磁盘设备的分区表信息。如果没有指定磁盘设备，则显示/proc/partitions 文件中的信息。

-u：在显示分区表时以扇区（512 字节）代替柱面作为显示单位。

-s：在标准输出中以块为单位显示分区的大小。至于设备的名称，对 IDE 磁盘设备，设备名为/dev/hd[a-h]；对 SCSI 或 SATA 磁盘设备，设备名为/dev/sd[a-p]。

-C <数量>：定义磁盘的柱面数。一般情况下不需要对此进行定义。

-H <数量>：定义分区表所使用的磁盘磁头数。一般为 255 或者 16。

-S <数量>：定义整个磁盘的扇区数。

不带任何选项，以磁盘设备名为参数运行 fdisk 就可以进入交互模式，此时可以通过输入 fdisk 程序所提供的子命令完成相应的操作。执行 m 命令即可获得交互命令（具体见表 3-1）的帮助信息。通过这些命令可以对磁盘的分区进行有效的管理。

表 3-1　　　　　　　　　　　　　　　**fdisk 交互命令**

命　令	说　　明	命　令	说　　明
a	更改可引导标志	o	创建一个新的空 DOS 分区表
b	编辑嵌套 BSD 磁盘标签	p	显示硬盘的分区表
c	标识为 DOS 兼容分区	q	退出 fdisk，但是不保存
d	删除一个分区	s	创建一个新的、空的 SUN 磁盘标签
g	创建一个新的空 GPT 分区表	t	改变分区的类型号码
G	创建一个新的空 SGI（IRIX）分区表	u	改变分区显示或记录单位
l	显示 Linux 所支持的分区类型	v	校验硬盘的分区表
m	显示帮助菜单	w	保存修改结果并退出 fdisk
n	创建一个新的 MBR 分区	x	进入专家模式，执行特殊功能

2. 查看现有分区

执行 fdisk -l 命令可查看系统所连接的所有磁盘的基本信息，也可获知未分区磁盘的信息。下面的例子显示磁盘分区查看结果：

```
[root@srv1 ~]# fdisk -l
# 以下为第一个磁盘的信息
磁盘 /dev/sda: 21.5 GB, 21474836480 字节，41943040 个扇区          #磁盘文件名与容量
Units = 扇区 of 1 * 512 = 512 bytes                              #磁盘单元
扇区大小(逻辑/物理): 512 字节 / 512 字节                          #扇区大小（逻辑/物理）
I/O 大小(最小/最佳): 512 字节 / 512 字节                          #I/O 大小（最小/最优）
磁盘标签类型: dos                                                #磁盘卷标类型
磁盘标识符: 0x000ab3b3                                           #磁盘标识符
#以下为该磁盘的分区信息，包括分区设备名称（Device）、是否启动分区（Boot）、起始柱面数（Start）、
```

结束柱面数（End）、分区类型编码（Id）和系统类型（Type）等

设备	Boot	Start	End	Blocks	Id	System
/dev/sda1	*	2048	1026047	512000	83	Linux
/dev/sda2		1026048	41943039	20458496	8e	Linux LVM

#以下为第一个磁盘卷的信息，含扇区数（Sectors）、大小（Size）
磁盘 /dev/mapper/centos-root：18.8 GB, 18756927488 字节，36634624 个扇区
Units = 扇区 of 1 * 512 = 512 bytes
扇区大小(逻辑/物理)：512 字节 / 512 字节
I/O 大小(最小/最佳)：512 字节 / 512 字节
磁盘 /dev/mapper/centos-swap：2147 MB, 2147483648 字节，4194304 个扇区
Units = 扇区 of 1 * 512 = 512 bytes
扇区大小(逻辑/物理)：512 字节 / 512 字节
I/O 大小(最小/最佳)：512 字节 / 512 字节
#以下为第二个磁盘的信息（此时未分区）
磁盘 /dev/sdb：10.7 GB, 10737418240 字节，20971520 个扇区
Units = 扇区 of 1 * 512 = 512 bytes
扇区大小(逻辑/物理)：512 字节 / 512 字节
I/O 大小(最小/最佳)：512 字节 / 512 字节

要查看某一磁盘的分区信息，在 fdisk -1 命令后面加上磁盘名称即可。当然，进入 fdisk 程序的交互模式，执行 p 命令也可查看磁盘分区表。

3. 创建分区

通常使用 fdisk 的交互模式来对磁盘进行分区操作。执行带磁盘设备名参数的 fdisk 命令，进入交互操作界面。一般先执行命令 p 来显示硬盘分区表的信息，然后再根据分区信息确定新的分区规划，再执行 n 命令创建新的分区。下面示范分区创建过程：

```
[root@srv1 ~]# fdisk /dev/sdb
#此处省略部分提示信息
命令(输入 m 获取帮助)：n                          #创建新的 DOS 分区（即 MBR 分区）
Partition type:                                   #选择要创建的分区类型
    p    primary (0 primary, 0 extended, 4 free)  #主分区
    e    extended                                 #扩展分区
Select (default p)：p                             #选择主分区
分区号 (1-4，默认 1)：1                           #选择分区号
起始 扇区 (2048-20971519，默认为 2048)：          #设置起始扇区
将使用默认值 2048
Last 扇区，+扇区 or +size{K,M,G} (2048-20971519，默认为 20971519)：+5G
                                                  #设置结束扇区，也可输入分区大小

分区 1 已设置为 Linux 类型，大小设为 5 GiB
命令(输入 m 获取帮助)：p                          #查看分区信息
磁盘 /dev/sdb：10.7 GB, 10737418240 字节，20971520 个扇区
Units = 扇区 of 1 * 512 = 512 bytes
扇区大小(逻辑/物理)：512 字节 / 512 字节
I/O 大小(最小/最佳)：512 字节 / 512 字节
磁盘标签类型：dos
磁盘标识符：0xaeb02232
#以下为新创建的分区信息
    设备 Boot    Start       End      Blocks   Id  System
/dev/sdb1        2048    10487807    5242880   83  Linux
命令(输入 m 获取帮助)：w                          #保存分区信息并退出
The partition table has been altered!
Calling ioctl() to re-read partition table.
正在同步磁盘。
```

需要注意的是，如果硬盘上有扩展分区，就只能增加逻辑分区，而不能增加扩展分区。在主分区和扩展分区创建完成前是无法创建逻辑分区的。

4. 修改分区类型

新增分区时，系统默认的分区类型为 Linux Native，对应的代码为 83。如果要把其中的某些分区改为其他类型，如 Linux Swap（对应代码为 82）或 NTFS（对应代码为 86）等，则可以在 fdisk 命令的交互模式下通过 t 命令来完成。执行 t 命令改变分区类型时，系统会提示用户要改变哪个分区，改变为什么类型（输入分区类型号码）。可执行 l 命令查询 Linux 所支持的分区类型号码及其对应的分区类型。改变分区类型结束后，执行 w 命令保存并且退出。

5. 删除分区

要删除分区，可以在 fdisk 的交互模式下执行 d 命令，指定要删除的分区编号，最后执行 w 命令使之生效。如果删除扩展分区，则扩展分区上的所有逻辑分区都会被自动删除。

6. 保存分区修改结果

要使磁盘分区的任何修改（如创建新分区、删除已有分区、更改分区类型）生效，必须执行 w 命令保存修改结果，这样在 fdisk 中所做的所有操作都会生效，且不可回退。如果分区表正忙，还需要重启计算机，这样才能使新的分区表生效。只要执行 q 命令退出 fdisk，则当前所有操作均不会生效。正处于使用状态（被挂载）的磁盘分区，不能被删除，分区信息也不能被修改。建议对在用的分区进行修改之前，首先备份分区上的数据。

3.2.3 使用 gdisk 和 fdisk 管理 GPT 分区

大于 2TB 的磁盘必须使用 GPT 分区表。新的 fdisk 支持 GPT，而 gdisk 则是专门用于管理 GPT 分区的。计算机使用 EFI 或在一个多重引导环境中运行时，要注意在任何引导磁盘上，EFI 都需要一个 ESP（扩展固件接口系统分区）。要从一台基于 BIOS 的计算机上的 GPT 进行引导，应该创建一个 BIOS 启动分区。

1. gdisk 简介

gdisk 以非交互式方式运行时，主要显示指定磁盘设备的分区表信息，命令格式为：

gdisk -l 磁盘设备名

gdisk 以交互式方式运行时，与 fdisk 一样，可以列出可用的子命令，以及需要执行相应的子命令。命令格式为：

gdisk -l 磁盘设备名

gdisk 必须指定要操作的磁盘。进入交互状态后，可执行?指令获得交互命令的帮助信息。

2. 使用 gdisk 管理 GPT 分区

使用 gdisk 类似于使用 fdisk。下面的例子是在一个 MBR 磁盘上创建一个 GPT 分区，这种操作会将当前的 MBR 分区格式转换为 GPT：

```
  [root@srv1 ~]# gdisk /dev/sdb
GPT fdisk (gdisk) version 0.8.6
#首先执行分区表扫描并显示分区信息，这里提示是一个 MBR 分区，继续操作会将其转换为 GPT 分区格式
Partition table scan:
  MBR: MBR only
```

```
    BSD: not present
    APM: not present
    GPT: not present
**************************************************************
Found invalid GPT and valid MBR; converting MBR to GPT format.
THIS OPERATION IS POTENTIALLY DESTRUCTIVE! Exit by typing 'q' if
you don't want to convert your MBR partitions to GPT format!
**************************************************************
Command (? for help): n                                  #创建新的 GPT 分区
Partition number (2-128, default 2):
First sector (34-20971486, default = 10487808) or {+-}size{KMGTP}:
Last sector (10487808-20971486, default = 20971486) or {+-}size{KMGTP}: +2G
Current type is 'Linux filesystem'
Hex code or GUID (L to show codes, Enter = 8300):
Changed type of partition to 'Linux filesystem'
Command (? for help): w                              #保存分区信息
Final checks complete. About to write GPT data. THIS WILL OVERWRITE EXISTING
PARTITIONS!!
Do you want to proceed? (Y/N): y
OK; writing new GUID partition table (GPT) to /dev/sdb.
The operation has completed successfully.
```

如果在空白磁盘上创建一个 GPT 分区，则会提示没有任何分区信息。

提示：在 gdisk 中的类型代码以 MBR 类型代码为基础，但要乘以 0x100，例如，一个 Linux 交换分区在 MBR 中类型代码是 0x82，在 gdisk 中则 0x8200。

可以像 fdisk 执行常规分区操作，如用 c 子命令设置分区名称，用 t 子命令改变分区类型代码。

gdisk 也可以执行更多高级管理操作，调整现有的分区配置甚至修复 GPT 磁盘的损坏。例如在 gdisk 交互模式下执行 r 子命令进入恢复和转换操作交互界面（专家模式），进一步执行子命令即可实现备份 GPT 头、将 GPT 转回 MBR 格式等操作。

3. 使用 fdisk 管理 GPT 分区

对已经是 GPT 格式的磁盘，可以像 MBR 磁盘一样使用 fdisk 进行分区操作。对非 GPT 格式的磁盘，可以使用 fdisk 的 g 子命令来创建一个新的空 GPT 分区表，将其转变为 GPT 格式的磁盘，再进行操作。

3.2.4　使用 parted 进行分区管理

parted 也是一款在 Linux 下常用的分区软件，它支持的分区类型范围非常广，可以创建、删除、调整、移动和复制 ext2、ext3、ext4、linux-swap、FAT、FAT32 和 reiserfs 分区，还可以创建、调整和移动 HFS、jfs、ntfs、ufs 和 xfs 分区。

parted 的命令格式为：

parted [选项] [设备名 [命令 [选项...]...]]

选项-h 表示显示帮助信息，-i 表示交互模式，-s 表示脚本模式，-v 表示显示版本信息。设备名就是磁盘设备名称。命令就是 parted 指令，如果没有提供任何命令，则执行 parted 将会进入交互模式。

3.3　创建和使用文件系统

要想在分区上存储数据，首先需要建立文件系统，即格式化磁盘分区。对存储有数据的分区，建立文件系统会将分区上的数据全部删除，应慎重。

3.3.1　在磁盘分区上建立文件系统

1. 查看文件系统类型

file 命令用于查看文件类型，磁盘分区可以视作设备文件，使用选项-s 可以查看块设备或字符设备的类型，这里可用来查看文件系统格式。下面看一个例子。

```
[root@srv1 ~]# file -s /dev/sda1
/dev/sda1: SGI XFS filesystem data (blksz 4096, inosz 256, v2 dirs)
```

以上显示该分区采用 xfs 文件系统。

可以使用 blkid 命令显示文件系统的类型和卷标。

```
[root@srv1 ~]# blkid /dev/sda1
/dev/sda1: UUID="06871477-d23c-4ded-a1cb-5c4a917a2176" TYPE="xfs"
```

2. 使用 mkfs 创建文件系统

建立文件系统通常使用 mkfs 工具，命令格式为：

mkfs　[选项]　[-t 文件系统类型]　[文件系统选项]　磁盘设备名　[大小]

常用的文件系统类型有 ext3、ext4 和 msdos（FAT），而 CentOS 7 推荐使用 xfs。如果没有指定创建的文件系统类型，mkfs 工具默认设置为 ext2。选项-V 表示提供详细输出信息。文件系统选项用于提供针对不同的文件系统的不同参数，这些参数将被传到实际的文件系统创建工具。例如-c 表示在创建之前检查是否有损坏的块，"-l 文件名"表示读取指定文件中的坏块列表，-v 表示提供版本信息。

设备名是分区的文件名（如分区/dev/sda1、/dev/sdb2），大小是指块数量（blocks），即指在文件系统中所使用的块的数量。下例显示分区上建立 ext4 文件系统的实际过程：

```
[root@srv1 ~]# mkfs -t ext4 /dev/sdb1
mke2fs 1.42.9 (28-Dec-2013)
文件系统标签=
OS type: Linux
块大小=4096 (log=2)
分块大小=4096 (log=2)
Stride=0 blocks, Stripe width=0 blocks
327680 inodes, 1310720 blocks
65536 blocks (5.00%) reserved for the super user
第一个数据块=0
Maximum filesystem blocks=1342177280
40 block groups
32768 blocks per group, 32768 fragments per group
8192 inodes per group
Superblock backups stored on blocks:
        32768, 98304, 163840, 229376, 294912, 819200, 884736
Allocating group tables: 完成
```

正在写入 inode 表: 完成

Creating journal (32768 blocks): 完成

Writing superblocks and filesystem accounting information: 完成

以上显示文件系统信息时涉及 Fragment size（片段大小）。为改进数据存储，将块分成多个片段。片段是最小单元，又称分块。目前 ext2/3/4 都不支持这种功能，所以片段大小与块一样。

下例显示分区/dev/sdb2 上建立 xfs 文件系统的实际过程:

```
[root@srv1 ~]# mkfs -t xfs /dev/sdb2
meta-data=/dev/sdb2              isize=256        agcount=4, agsize=131072 blks
         =                       sectsz=512       attr=2, projid32bit=1
         =                       crc=0            finobt=0
data     =                       bsize=4096       blocks=524288, imaxpct=25
         =                       sunit=0          swidth=0 blks
naming   =version 2              bsize=4096       ascii-ci=0 ftype=0
log      =internal log           bsize=4096       blocks=2560, version=2
         =                       sectsz=512       sunit=0 blks, lazy-count=1
realtime =none                   extsz=4096       blocks=0, rtextents=0
```

这里有一个参数 isize 是指索引节点大小，默认值是 256，服务器上推荐值是 512，可用选项-i 指定该参数。

mkfs 只是不同文件系统创建工具（如 mkfs.ext2、mkfs.ext3、mkfs.ext4、mkfs.xfs、mkfs.msdos）的一个前端，mkfs 本身并不执行建立文件系统的工作，而是去调用不同的工具。例如，也可以直接使用 mkfs.xfs 命令创建 xfs 文件系统。如果该分区已有其他文件系统，必须加上选项-f 来覆盖它，否则将会给出相应的提示。mkfs.xfs 命令格式为:

mkfs.xfs -f /dev/sdb2

3. 创建 xfs 文件系统

创建 xfs 文件系统的默认方法是 mkfs.xfs，命令格式为:

mkfs.xfs [-b 块大小选项] [-m 全局元数据选项] [-d 数据分段选项] [-f] [-i 节点选项] [-l 日志分段选项] [-n 命名选项] [-p 配置文件] [-q] [-r 实时分段选项] [-s 扇区大小] [-L 卷标] [-N] [-K] 设备名

下面解释主要选项，其中多数包含子选项。

选项-b 指定文件系统的基础块大小。有效的块大小子选项是 log=value 或 size=value，只能使用其中一个，前者是 log2 值，后者 size 的单位是字节，默认值为 4096b（4 KiB）。

选项-m 定义作用于整个文件系统或者不属于特定功能组的元数据格式选项。可用的子选项有: crc=value（是否启用 CRC 循环校验，默认值 1 表示启用）; finobt=value（是否创建索引节点 B 树，默认值 0 表示不创建）; uuid=value（为新创建的文件系统指定 UUID，默认随机产生一个 UUID）。

选项-f 表示强制覆盖已有文件系统，默认不会强制覆盖。

选项-i 定义文件系统的索引节点大小和其他的索引节点分配参数。例如，大小可以使用 size=value、log=value 和 perblock=value（每块）中的任意一种子选项来表示。

选项-l 定义文件系统的日志分段的位置、大小和其他参数。例如，logdev=device 确定日志分段是否位于独立于数据分段的设备上; size=value 用于指定日志分段的大小。

选项-n 定义文件系统的命名（目录）区域的版本和大小参数。

选项-s 定义文件系统基础扇区大小。默认扇区大小为 512 字节。

上述在分区/dev/sdb2 上建立 xfs 文件系统采用的是默认设置，不带任何选项。这里再给出几个带选项的例子。

指定块和内部日志大小：

mkfs.xfs -b size=1k -l size=10m /dev/sdb1

使用逻辑卷作为外部日志的卷：

mkfs.xfs -l logdev=/dev/sdh,size=65536b /dev/sdc1

指定命令（目录）块：

mkfs.xfs -b size=2k -n size=4k /dev/sdc1

另外也可以使用专门的 xfs 命令 xfs_mkfile 来创建 xfs 文件系统。

4. 使用 mke2fs 创建 ext2/ext3/ext4 文件系统

mke2fs 专门用于建立 ext2/ext3/ext4 文件系统，功能比 mkfs 强大。注意：它不能用于非 ext 格式，如 xfs、fat32。主要用法如下：

mke2fs [-c|-l 文件名] [-b 块大小] [-C 簇大小]

[-i 每索引节点的字节数] [-I 索引节点大小] [-J 日志选项]

[-G 弹性组大小] [-N 索引节点数]

[-m 保留块百分比] [-o 创建者操作系统]

[-g 每组块数] [-L 卷标] [-M 最后一次挂载的目录]

[-O 文件系统选项[,...]] [-r 文件系统版本] [-E 扩展参数[,...]]

[-t 文件系统类型] [-T 使用类型] [-U UUID] [-jnqvDFKSV] 设备名　[块数量]

多数选项和参数意义比较明确，这里不再赘述。

5. 使用卷标表示文件系统

有些场合可以使用卷标（Label）来代替设备名表示某一文件系统（分区）。由于卷标与专用设备绑定在一起，系统总是能够找到对应的文件系统。

使用 mke2fs、mkfs.ext3、mkfs.ext4 命令创建一个新的文件系统时，可使用选项-L 为分区指定一个卷标（不超过 16 个字符）。执行以下命令将为分区/dev/sdb1 赋予一个卷标 DATA：

mkfs.ext4 -L DATA /dev/sdb1

要为一个现有 ext2/3/4 文件系统显示或设置卷标，可使用 e2label 命令，命令格式为：

e2label 设备名　[新卷标]

如果不提供卷标参数，将显示分区卷标；如果指定卷标参数，将改变其卷标。

为 xfs 文件系统设置卷标需要专门的命令，例如：

xfs_admin -L work /dev/sdb2　　　　　　　　　#选项-L 用于创建卷标

xfs_admin -l /dev/sdb2　　　　　　　　　　　#选项-l 用于显示卷标

6. 使用 UUID 表示文件系统

UUID 全称 Universally Unique Identifier，可译为全局唯一标识符，其目的是支持分布式系统。UUID 是一个 128 位标识符，通常显示为 32 位 16 进制数字，用 4 个 "-" 符号连接。与卷标相比，UUID 更具唯一性，这对 USB 驱动器这样的热插拔设备尤其有用。代替文件系统设备名称时采用的形式为 UUID=UUID 号。

可以使用 blkid 命令来查询文件系统的 UUID。

Linux 系统在创建 ext2/3/4 文件系统时会自动生成一个 UUID。

可以使用 tune2fs 来设置和清除 ext2/3/4 文件系统的 UUID。命令格式为：

tune2fs　-U　UUID 号　设备名

当然指定的 UUID 要符合规则。

将选项-U 的参数设置为 random 可直接产生一个随机的新 UUID：

tune2fs -U random /dev/sdb1

如果要清除某文件系统的 UUID，只要将选项-U 的参数设置为 clear 即可：

tune2fs -U clear /dev/sdb1

创建 xfs 文件系统时也会自动生成一个 UUID。每次重新格式化时会自动重新指定 UUID。执行以下命令显示现有的 UUID：

xfs_admin -u 分区名

执行以下命令创建一个新的 UUID：

xfs_admin -U generate 分区名

执行以下命令清除分区（文件系统）的 UUID：

xfs_admin -U nil 分区名

3.3.2 挂载文件系统

建立了文件系统之后，还需要将文件系统连接到 Linux 目录树的某个位置上才能使用，这被称为"挂载"（mount）。文件系统所挂载到的目录称为挂载点，该目录为进入该文件系统的入口。除了磁盘分区之外，其他各种存储设备也需要进行挂载才能使用。

1. 挂载文件系统

在进行挂载之前，应明确以下 3 点。

- 一个文件系统不应该被重复挂载在不同的挂载点（目录）中。
- 一个目录不应该重复挂载多个文件系统。
- 作为挂载点的目录通常应是空目录，因为挂载文件系统后该目录下的内容暂时消失。

Linux 系统提供了专门的挂载点/mnt 和/media，其中/media 用于外部存储设备，建议用户使用这些默认的目录作为挂载点。文件系统的挂载，可以在系统引导过程中自动挂载，也可以使用命令手动挂载。

2. 手动挂载文件系统

使用 mount 命令进行手动挂载，命令格式为：

mount [-t 文件系统类型] [-L 卷标] [-o 挂载选项] 设备名 挂载点目录

其中选项-t 可以指定要挂载的文件系统类型。Linux 支持的类型主要有 ext2、ext3、ext4、vfat（FAT/FAT32 文件系统）、xfs、reiserfs、iso9660（光盘格式）、nfs、cifs、smbfs（后 3 种为网络文件系统类型）。CentOS 默认是不支持挂载 ntfs 格式的，需要安装 ntfs-3g 软件包，使用选项-t ntfs-3g 来挂载 NTFS 分区即可。

如果不指定文件系统类型，mount 命令会自动检测磁盘设备商的文件系统，并以相应的文件类型进行挂载，因此在多数情况下，选项-t 并不是必需的。

选项-o 指定挂载选项，多个选项用逗号分隔，这些选项决定文件系统的功能，常用的挂载选项见表 3-2。有些文件系统类型还有专门的挂载选项。

表 3-2　　　　　　　　　　　　　　常用的文件系统挂载选项

选　　项	说　　明
async	I/O 操作是否使用异步方式，这种方式比同步效率高
auto/noauto	使用选项-a 挂载时是否需要自动挂载

续表

选　　项	说　　明
exec/noexec	是否允许执行文件系统上的执行文件
dev/nodev	是否启用文件系统上的设备文件
suid/nosuid	是否启用文件系统上的特殊权限功能
user/nouser	是否允许普通用户执行 mount 命令挂载文件系统
ro/rw	文件系统是只读的还是可读写的
remount	重新挂载已挂载的文件系统
defaults	相当于 rw、suid、dev、exec、auto、nouse、async 的组合；没有明确指定选项使用它，也代表相关选项默认设置

也可使用 mount -a 命令挂载/etc/fstab 文件（后面专门介绍）中具备 auto 或 defauts 挂载选项的文件系统。

执行不带任何选项和参数的 mount 命令，将显示当前所挂载的文件系统信息。mount 命令不会创建挂载点目录，如果挂载点目录不存在就要先创建。下面的例子显示挂载操作的完整过程。

```
[root@srv1 ~]# mkdir /mnt/doc                #创建一个挂载点目录
[root@srv1 ~]# mount /dev/sdb2 /mnt/doc      #将/dev/sdb2 挂载到/mnt/doc
[root@srv1 ~]# mount                         #显示当前已经挂载的文件系统
sysfs on /sys type sysfs (rw,nosuid,nodev,noexec,relatime,seclabel)
                                             #省略其他文件系统挂载信息
/dev/mapper/centos-root on / type xfs (rw,relatime,seclabel,attr2,inode64,noquota)
/dev/sda1 on /boot type xfs (rw,relatime,seclabel,attr2,inode64,noquota)
/dev/sr0 on /run/media/root/CentOS 7 x86_64 type iso9660 (ro,nosuid,nodev,relatime,uid=0,gid=0,iocharset
=utf8,mode=0400,dmode=0500,uhelper=udisks2)
/dev/sdb2 on /mnt/doc type xfs (rw,relatime,seclabel,attr2,inode64,noquota)
                                             #证明文件系统挂载成功
```

使用 mount 挂载 xfs 文件系统时，可以使用一些性能增强选项来最大程度地发挥出其性能优势。例如：

```
mount -t /dev/sdb2    /mnt/doc -o noatime,nodiratime,osyncisdsync
```

noatime 和 nodiratime 用于选项关闭 atime 更新，因为 atime 更新除了降低文件系统性能之外几乎不起任何作用。osyncisdsync 选项调整 xfs 的同步或异步行为，以便它同 ext 文件系统更一致。

手动挂载的设备在系统重启后需要重新挂载，对硬盘等长期要使用的设备，最好在系统启动时能自动进行挂载。

3. /etc/fstab 配置文件与自动挂载

Linux 使用配置文件/etc/fstab 来定义文件系统的配置。Linux 启动过程中会自动读取该文件中的内容，并挂载相应的文件系统，因此，只需将要自动挂载的设备和挂载点信息加入 fstab 配置文件中即可实现自动挂载。该文件还可设置文件系统的备份频率，以及开机时执行文件系统检查（使用 fsck 工具）的顺序。

可使用文本编辑器来查看和编辑 fstab 配置文件中的内容。这里给出一个例子：

```
/dev/mapper/centos-root                        /      xfs    defaults    0 0
UUID=06871477-d23c-4ded-a1cb-5c4a917a2176 /boot       xfs    defaults    0 0
```

/dev/mapper/centos-swap	swap	swap	defaults	0 0

每一行定义一个系统启动时自动挂载的文件系统，共有 6 个字段，从左至右依次为设备名、挂载点、文件系统类型、挂载选项（参见表 3-2）、是否需要备份（0 表示不备份，1 表示备份）、是否检查文件系统及其检查次序（0 表示不检查，非 0 表示检查及其顺序）。

可将要挂载的文件系统按照此格式添加到该文件中，下例用于自动挂载某硬盘分区：

/dev/sdb2	/mnt/doc	xfs	defaults	0 0

4. /etc/mtab 配置文件

除/etc/fstab 文件之外，系统还有一个/etc/mtab 文件用于记录当前已挂载的文件系统信息。默认情况下，执行挂载操作时系统将挂载信息实时写入/etc/mtab 文件中，只有执行使用选项 -n 的 mount 命令时，才不会写入该文件。执行文件系统卸载也会动态更新/etc/mtab 文件。fdisk 等工具必须读取/etc/mtab 文件，才能获得当前系统中的分区挂载情况。

5. 卸载文件系统

文件系统使用完毕，需要进行卸载，这就要执行 umount 命令，命令格式为：

umount　选项　挂载点目录|设备名

选项-n 表示卸载时不要将信息存入/etc/mtab 文件中；选项-r 表示如果无法成功卸载，则尝试以只读方式重新挂载；选项-f 表示强制卸载，对一些网络共享目录很有用。

执行 umount -a（不带任何参数）命令将卸载/etc/ftab 中记录的所有文件系统。

正在使用的文件系统不能被卸载。如果正在访问的某个文件或者当前目录位于要卸载的文件系统上，应该关闭文件或者退出当前目录，然后执行卸载操作。

3.3.3　检查维护 ext2/ext3/ext4 文件系统

为了保证文件系统的完整性和可靠性，在挂载文件系统之前，Linux 默认会例行检查文件系统状态，因而很少需要用户来执行维护文件系统的工作。

1. 使用 fsck 检验并修复 ext2/ext3/ext4 文件系统

硬件问题造成的宕机可能会带来文件系统的错乱，可以使用磁盘检验工具来维护。fsck 命令用于检测指定分区中的 ext2/ext3/ext4 文件系统，并进行错误修复。命令格式为：

fsck [选项] 设备名

fsck 命令不能用于检测系统中已经挂载的文件系统，否则将造成文件系统的损坏。如果要检查根文件系统，应该从软盘或光盘引导系统，然后对根文件系统所在的设备进行检查。如果文件系统不完整，可以使用 fsck 进行修复。修复完成后需要重新启动系统，以读取正确的文件系统信息。

2. 使用 tune2fs 查看和调整文件系统参数

tune2fs 是 Linux 重要的文件系统调整工具，命令格式为：

tune2fs [-l] [-c 最大挂载次数] [-e 出错行为] [-f] [-i 检查间隔时间] [-j] [-J 日志选项] [-m 保留空间] [-o[^] 挂载选项[,...]] [-r 保留块数] [-u 用户] [-g 组] [-C 挂载次数] [-L 卷标] [-M 最后一次挂载目录] [-O[^]特性[,...]] [-T 最后一次检查时间] [-U UUID]设备名

使用选项-l 可查看详细参数，例如：

tune2fs　-l　/dev/sdb1

Linux 提供文件系统自检功能，默认情况下如果系统检测到文件系统有错误，会设置文

件系统在下次启动的时候执行 fsck 检测。可以通过 tune2fs 自定义自检周期及方式。选项-c 和-C 可以用来设置文件系统在下次重启的时候强制继续执行 fsck。选项-c 设置在文件系统挂载次数达到设定值后运行 fsck 检查文件系统，例如：

tune2fs -c 100 /dev/sdb1

选项-i 设置文件系统的检查间隔时间（d 表示天、m 表示月、w 表示周）。系统在达到时间间隔时，自动检查文件系统。例如：

tune2fs -i 10 /dev/sdb1   #每隔 10 天自动检查文件系统
tune2fs -i 3w /dev/sdb1   #每隔 3 周自动检查文件系统

选项-i 和-c 也可以同时设置在一个文件系统上。

选项-i 和-c 的参数为 0 或-1 时取消自检。例如开机取消自检可以执行以下命令：

tune2fs -i 0 -c 0   设备名

选项-e 设置发现文件系统错误后的处理方法，共有 3 种参数：continue 表示继续执行检测；remount-ro 表示重新以只读方式挂载；panic 表示产生一次系统崩溃。

3. 将 ext2/ext3 文件系统转换为 ext4 文件系统

可以使用以下命令将原有的 ext2 文件系统转换成 ext3 文件系统：

tune2fs   -j   分区设备名

对已经挂载使用的文件系统，不需要卸载就可执行转换。转换完成后，不要忘记将 /etc/fstab 文件中所对应分区的文件系统由原来的 ext2 更改为 ext3。

如果要将 ext3 文件系统转换为 ext4 文件系统，首先使用 umount 命令将该分区卸载，然后执行 tune2fs 命令进行转换，命令格式为：

tune2fs -O extents,uninit_bg,dir_index 分区设备名

完成转换之后最好使用 fsck 命令进行扫描，命令格式为：

fsck -pf   分区设备名

最后使用 mount 命令挂载转换之后的 ext4 文件系统。

3.3.4 检查维护 xfs 文件系统

xfs 文件系统的检查维护有自己专用的一套命令，这些命令的名称都以 xfs 开头。这里列出几个常用的 xfs 命令。

- xfs_admin：调整 xfs 文件系统的各种参数。
- xfs_copy：复制 xfs 文件系统的内容到一个或多个目标系统（并行方式）。
- xfs_db：调试或检测 xfs 文件系统（查看文件系统碎片等）。
- xfs_check：检测 xfs 文件系统的完整性。
- xfs_bmap：查看一个文件的块映射。
- xfs_repair：尝试修复受损的 xfs 文件系统。
- xfs_fsr：碎片整理。
- xfs_quota：管理 xfs 文件系统的磁盘配额。
- xfs_metadump：将 xfs 文件系统的元数据复制到一个文件中。
- xfs_mdrestore：从一个文件中将元数据恢复到 xfs 文件系统。
- xfs_growfs：调整一个 xfs 文件系统大小（只能扩展）。
- xfs_freeze：暂停（-f）和恢复（-u）xfs 文件系统。
- xfs_logprint：打印 xfs 文件系统的日志。

- xfs_mkfile：创建 xfs 文件系统。
- xfs_info：查询文件系统详细信息

例如，使用以下命令检验 xfs 文件系统但不进行修复：

xfs_repair -n 设备名

不带选项-n 将执行修复工作。

使用以下命令查看碎片：

xfs_db -c frag -r 设备名

使用以下命令整理碎片：

xfs_fsr 设备名

3.3.5　文件系统统计

1. 使用 df 检查文件系统的磁盘空间占用情况

可以通过 df 命令获知硬盘被占用多少空间，目前还剩多少空间。选项-a 表示显示所有文件系统的磁盘使用情况，包括 0 块，如/proc 文件系统；选项-h 表示以最适合的单位显示；选项-i 表示显示索引节点信息，而不是块；选项-l 表示显示本地分区的磁盘空间使用情况。

2. 使用 du 查看文件和目录的磁盘使用情况

du 命令显示指定的文件或目录的有关信息，命令格式为：

du [选项] [目录或文件]

如果指定目录名，那么 du 会递归地计算指定目录中的每个文件和子目录的大小。选项-c 表示最后再加上总计（这是默认设置）；选项-s 表示显示各目录的汇总；选项-x 表示只计算同属同一个文件系统的文件。还可以使用与 df 相同的选项（如-h）控制输出格式。

3.3.6　挂载和使用外部存储设备

各种外部存储设备，如光盘、U 盘、USB 移动硬盘等，都需要进行挂载才能使用。用户如果使用 Linux 图形界面，这些设备可自动挂载，并可直接使用。对光盘，插入光盘后，打开光盘即可自动挂载，也可直接使用挂载卷命令；一旦弹出光盘，将自动卸载，同时自动删除相应的挂载点目录。对 U 盘或 USB 移动硬盘，插入之后，打开该盘即可自动挂载，也可直接使用挂载卷命令；要停止使用，应当执行卸载文件卷命令，自动删除相应的挂载点目录并移除设备。这里重点介绍一下光盘和 USB 存储设备的手动挂载和使用。

1. 光盘的挂载和使用

在 CentOS 7 中，SCSI/ATA/SATA 接口的光驱设备使用设备名/dev/sr0 表示。另外，Linux 系统通过链接文件为光驱赋予多个文件名称，常用的有/dev/cdrom。这些名称都指向光驱设备文件，具体可在/dev 目录下查看。使用 mount 命令挂载光盘的命令格式为：

mount /dev/sr0　挂载点目录

下面给出一个例子：

```
[root@srv1 ~]# mkdir /media/mycd                    #创建一个挂载点目录
[root@srv1 ~]# mount /dev/sr0 /media/mycd           #将光盘挂载到该目录
mount: /dev/sr0                                     #写保护，将以只读方式挂载
```

也可加上选项，例如：

mount -t iso9660 /dev/sr0 /media/mycd

进入该挂载点目录，就可访问光盘中的内容了。用 mount 命令装入的是光盘，而不是光驱。当要换一张光盘时，一定要先卸载，再重新装载新盘。

对光盘，如果不进行卸载则无法从光驱中取出光盘。在卸载光盘之前，直接按光驱面板上的弹出键是不会起作用的。卸载的命令格式为：

umount　光驱设备名或挂载点目录

2．光盘镜像文件的制作和使用

通过虚拟光驱使用光盘镜像文件非常普遍。使用镜像文件可减少光盘的读取，提高访问速度。Linux 系统下制作和使用光盘镜像比在 Windows 系统下更方便，不必借用任何第三方软件包。光盘的文件系统为 iso9660，光盘镜像文件的扩展名通常命名为.iso，从光盘制作镜像文件可使用 cp 命令，命令格式为：

cp /dev/sr0　镜像文件名

除了可将整张光盘制作成一个镜像文件外，Linux 还支持将指定目录及其文件制作生成一个 ISO 镜像文件。对目录制作镜像文件，使用 mkisofs 命令来实现，命令格式为：

mkisofs -r -o　镜像文件名　目录路径

ISO 镜像文件在 Linux 图形界面中可以作为压缩包直接被打开使用，在文本模式下可以像光盘一样直接被挂载使用（相当于虚拟光驱），光盘镜像文件的挂载命令格式为：

mount -o loop ISO 镜像文件名　挂载点目录

3．USB 存储设备的挂载和使用

在 CentOS 7 中，U 盘或 USB 移动硬盘等 USB 插入之后即可自动挂载。在图形界面中通过"位置"菜单可打开 USB 存储设备进行浏览，也可直接打开文件管理器来访问 USB 存储设备。在命令行中运行 mount 命令可以查看自动加载 USB 设备，自动生成挂载点目录：

/dev/sdd1 on /run/media/root/59AB-6C0C type vfat (rw,nosuid,nodev,relatime,fmask=0022,dmask=0077, codepage=437,iocharset=ascii,shortname=mixed,showexec,utf8,flush,errors=remount-ro,uhelper=udisks2)

一旦弹出 USB 设备，系统将自动卸载。

由于某些原因，系统可能没有识别 USB 设备，这时需要手动挂载。USB 存储设备主要包括 U 盘和 USB 移动硬盘两种类型。这里以 U 盘为例讲解，USB 移动硬盘采用类似的方法和步骤。

USB 存储设备通常会被 Linux 系统识别为 SCSI 存储设备，使用相应的 SCSI 设备文件名来标识。例如，系统可能会使用/dev/sdcl 这样的名称来标识用户的 USB 存储设备。如果系统上已经连接了其他 SCSI 存储设备，则用户的 USB 存储设备会被标识为其他名称如/dev/sddl 等，在挂载 USB 存储设备之前可以使用 fdisk -1 命令进行查看，以获取设备名称。例如，下面是使用 fdisk -1 命令查到的关于 U 盘的信息：

磁盘 /dev/sdd: 15.7 GB, 15728640000 字节，30720000 个扇区
Units = 扇区 of 1 * 512 = 512 bytes
扇区大小(逻辑/物理)：512 字节 / 512 字节
I/O 大小(最小/最佳)：512 字节 / 512 字节
磁盘标签类型：dos
磁盘标识符：0xc3072e18

创建一个挂载点目录，并将该 U 盘挂载，例如：

mkdir /mnt/usbdisk
mount -t vfat /dev/sdd1 /mnt/usbdisk

挂载成功，进入挂载点目录，就可存取访问 U 盘中的内容了。当不再使用 U 盘时，应卸

载该设备，然后再从物理上移除设备。例如，执行以下命令卸载例中挂载使用的 U 盘：

umount /mnt/usbdisk

3.4 磁盘阵列配置与管理

如果需要对数据加以保护，对存储容量进行扩展，对磁盘存取性能进行提升，可考虑选择磁盘阵列。磁盘阵列可以实现大容量存储，提高存取性能，提供容错功能。

3.4.1 磁盘阵列概述

磁盘阵列（RAID）旨在提高存储可用性，改善性能。磁盘阵列由若干个物理磁盘组成，但对操作系统而言仍是一个逻辑盘，它所存储的数据分布在阵列中多个物理磁盘中。

1．RAID 级别

磁盘阵列技术是一种工业标准，根据不同的技术实现模式分为多个级别（Level），目前工业界公认的标准分别为 RAID 0～5，还有一些在此基础上的组合级别（阵列跨越），如 RAID 10 和 RAID 50。最新的标准还有 RAID 6 和 RAID 7。这里重点介绍较为常用的 RAID 1 和 RAID 5，以及新的 RAID 6。

RAID 1 又称镜像阵列或磁盘镜像。如图 3-3 所示，它将同样的数据写入两个硬盘。两硬盘互为镜像，当其中一个发生故障时，另一个可继续工作，并可在需要时重建阵列。这种类型具有最高的数据安全性，读取速度快，但写入速度慢，磁盘空间利用率最低（只有 50%），适用于关键任务环境和对数据可靠性要求严格的场合。

RAID 5 又称分布奇偶校验阵列，至少需要 3 块硬盘。如图 3-4 所示，以数据的校验位来保证数据的安全，但它不是以单独的硬盘来存放数据的校验位，而是将数据段的校验位交互存放于各个硬盘上。任何一个硬盘损坏，都可以根据其他硬盘上的校验位来重建损坏的数据。它整体性能好，兼顾存取性能、数据安全和存储成本，最适合于输入/输出密度大、读/写比率高的应用场合，最典型的就是事务处理，如 Web 服务器、数据库服务器、在线交易系统。

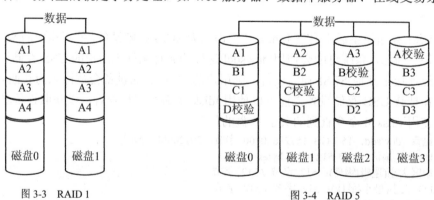

图 3-3 RAID 1   图 3-4 RAID 5

RAID 6 至少需要 4 块硬盘，与 RAID5 相类似，读写数据时会将数据分布读写到所有硬盘上。在写数据时，RAID 5 会对数据进行奇偶校验运算，并将校验信息保存在硬盘上，但是 RAID 6 会比 RAID 5 多保存一份校验信息，所以 RAID 6 的冗余性比 RAID 5 有所提升，可以允许两块硬盘发生损坏。

2. Linux 对 RAID 的支持

磁盘阵列分为硬件 RAID 和软件 RAID。硬件 RAID 利用硬件 RAID 控制器来实现，由集成的阵列卡或专用的阵列卡来控制硬盘驱动器。硬件 RAID 实现不需要占用其他硬件资源，稳定性和速度都比软件 RAID 高，实际应用中都使用硬件 RAID。软件 RAID 利用操作系统提供的软件 RAID 功能来实现。它没有独立的硬件和接口，需要占用一定的系统资源，并且受到操作系统稳定性的影响。软件 RAID 更适合磁盘阵列技术的学习和实验。目前所有的服务器操作系统都可以用于实现软件 RAID。

Linux 操作系统的软件 RAID 是通过 mdadm 工具序来实现的。CentOS 7 的安装程序提供了建立软件 RAID 的方式，用户可以在安装系统的过程中使用可视化图形界面工具 Disk Druid 建立软件 RAID，这种方法比较简单。系统安装完成以后，可以使用 mdadm 工具建立软件 RAID，可以不使用任何配置文件，在命令行设置之后直接使用 RAID 设备。

Linux 将硬件磁盘阵列看作一块实际的大磁盘，其设备文件名为/dev/sd[a-p]。至于软件磁盘阵列，则视其为多重磁盘设备（Multiple Devices，MD），所使用的设备文件名是系统的设备文件，如/dev/md0、/dev/md1。

3. mdadm 工具

mdadm 工具支持的 RAID 级别有 RAID 0、RAID 1、RAID 4、RAID 5、RAID 6 和 RAID 10 等。硬件实现 RAID 只能基于多块硬盘，而 mdadm 是软件实现 RAID，可以基于多块磁盘、磁盘分区及逻辑卷来创建 RAID，也就是说，除硬盘外，分区或逻辑卷也可以作为阵列成员。这样，只要有两个以上的磁盘分区就能设计磁盘阵列，特别方便实验。mdadm 工具还支持磁盘分区在线（文件系统正常使用）替换，类似热拔插。

使用 madam 创建的软件 RAID 对应于/dev/md$n$，n 表示的是第 n 个 RAID。

使用 madam 创建的 RAID 的信息保存在/proc/mdstat 文件中，可以通过 mdadm 命令来查看。mdadm 工具支持多种模式，不同的模式下可执行不同的功能，主要模式见表 3-3。

表 3-3   **mdadm 主要模式**

常用功能	说　　明	选　　项
Assemble（并入）	加入一个以前定义的阵列	-A, --assemble
Build（创建）	创建没有超级块的阵列	-B, --build
Create（创建）	创建新阵列，每个成员设备具有超级块	-C, --create
Manage（管理）	管理阵列，如添加、删除	-a, --add；--re-add；-r, --remove；-f, --fail；--set-faulty；--write-mostly；--readwrite
Monitor（监控）	监控阵列	-F, --follow；--monitor
Grow（扩展）	扩展阵列，改变阵列容量或成员数目	-G, --grow
Misc（其他）	多种内部任务和没有指定特殊模式的操作	-Q, --query；-D, --detail；-E, --examine；-S, --stop

3.4.2　创建和管理 RAID 1 阵列

在实际应用中，人们通常使用两块不同的物理磁盘来创建 RAID。由于 mdadm 工具以磁盘分区作为阵列成员，为方便实验，可用一块硬盘上的多个分区来做磁盘阵列，这里通过虚拟机创建一块虚拟硬盘用于实验。

1. 创建 RAID 1 阵列

（1）准备阵列成员（创建 RAID 分区）。使用 fdisk 或 gdisk 工具在磁盘 dev/sdc 上建立两个相同尺寸的磁盘分区，并将分区类型设置为 Linux RAID（执行 t 命令），并保存分区表（执行 w 命令）。

对 MBR 分区，该类型使用 fd 表示；对 GPT 分区，则使用 fd00 表示。

（2）创建 RAID 设备。使用命令 mdadm 建立 RAID 设备。RAID 设备名称为/dev/md*n*，*n* 为设备编号，该编号从 0 开始。例如执行以下命令进行操作：

```
[root@srv1 ~]# mdadm --create /dev/md0 --level=1 --raid-devices=2 /dev/sdc1 /dev/sdc2
mdadm: Note: this array has metadata at the start and
    may not be suitable as a boot device.   If you plan to
    store '/boot' on this device please ensure that
    your boot-loader understands md/v1.x metadata, or use
    --metadata=0.90
Continue creating array? y
mdadm: Defaulting to version 1.2 metadata
mdadm: array /dev/md0 started.
```

执行过程中有一个该阵列不适合作为启动盘的提示。这是由超级块（superblock）类型决定的，该类型可以使用--metadata（-e）选项来设置，当前默认值是 1.2。只有该值不大于 1.0 时，阵列才可以作为启动盘，存储/boot 分区，例如使用参数--metadata=0.90 指定。

这里阵列设备名为/dev/md0，级别为 1，使用两个磁盘分区/dev/sdc1 和/dev/sdc2。命令格式为：

```
mdadm --create 设备名 --level=级别 --raid-devices=磁盘数量  设备列表
```

（3）检查创建的 RAID。执行以下命令查看刚刚创建的 RAID 详情：

```
[root@srv1 ~]# mdadm --detail /dev/md0
/dev/md0:
           Version : 1.2
     Creation Time : Mon Jan   9 14:31:12 2017
        Raid Level : raid1
        Array Size : 2095104 (2046.34 MiB 2145.39 MB)
     Used Dev Size : 2095104 (2046.34 MiB 2145.39 MB)
      Raid Devices : 2
     Total Devices : 2
       Persistence : Superblock is persistent
       Update Time : Mon Jan   9 14:31:25 2017
             State : clean
    Active Devices : 2
   Working Devices : 2
    Failed Devices : 0
     Spare Devices : 0
              Name : srv1.abc:0   (local to host srv1.abc)
              UUID : 5d694792:7c650c79:e05f2076:61bbfd30
            Events : 17
    Number   Major   Minor   RaidDevice State
       0       8       33        0      active sync   /dev/sdc1
       1       8       34        1      active sync   /dev/sdc2
```

也可用 cat /proc/mdstat 命令查看 RAID 的运行状况：

```
[root@srv1 ~]# cat /proc/mdstat
Personalities : [raid1]
md0 : active raid1 sdc2[1] sdc1[0]
        2095104 blocks super 1.2 [2/2] [UU]
unused devices: <none>
```

（4）设置 mdadm 配置文件/etc/mdam.conf。这一步现在是可选的，没有该文件，mdadm 也能正常工作，因为磁盘阵列信息实际上被存储在磁盘分区的超级块中。可以执行以下命令来生成该配置文件：

```
mdadm --detail --scan > /etc/mdadm.conf
```

这里不创建该文件。

（5）建立文件系统。新建立的 RAID 设备作为一个单独的磁盘设备，需要建立文件系统才能使用。命令格式为：

```
mkfs -t xfs /dev/md0
```

（6）将 RAID 设备挂载到指定的目录中，例如：

```
mkdir /mnt/raid1
mount /dev/md0 /mnt/raid1
```

这样就建立了一个 RAID1 设备，并将该设备挂载到了/mnt/raid1 目录中。至于系统启动自动挂载，与挂载普通分区一样，需要更改/etc/fstab 文件，加上一行内容即可：

```
/dev/md0 /mnt/raid1 xfs defaults 0 0
```

2. 管理 RAID 1 阵列

对于 RAID 1 阵列来说，其中某个成员损坏时，阵列中的数据可以保持完整。为了保证 RAID 设备继续有效（保持容错功能），需要及时更换损坏的设备。这里做一个实验，先模拟磁盘故障，然后讲解更换损坏的成员磁盘的操作步骤。

（1）模拟某成员磁盘发生故障。可执行以下命令将/dev/sdc1 设备设置为故障状态：

```
[root@srv1 ~]# mdadm /dev/md0 --fail /dev/sdc1
mdadm: set /dev/sdc1 faulty in /dev/md0
```

（2）从 RAID 1 阵列中移除故障成员，需要执行以下命令：

```
[root@srv1 ~]# mdadm /dev/md0 --remove /dev/sdc1
mdadm: hot removed /dev/sdc1 from /dev/md0
```

（3）准备一块要替换的磁盘。可以建立与另一个阵列成员相同的 RAID 分区。如果是物理硬盘，可以将它卸下来再换上新的硬盘。这里作为实验，模拟将其修复后，重新加入阵列，也就是直接使用原来的分区/dev/sdc1。

（4）将新的磁盘分区加入阵列中，使用以下命令添加新的 RAID 1 成员。

```
[root@srv1 ~]# mdadm /dev/md0 --add /dev/sdc1
mdadm: added /dev/sdc1
```

此时系统开始自动恢复阵列。可通过/proc/mdstat 文件来获取软磁盘阵列的实时信息：

```
[root@srv1 ~]# cat /proc/mdstat
Personalities : [raid1]
md0 : active raid1 sdc1[2] sdc2[1]
        2095104 blocks super 1.2 [2/1] [_U]
        [======>.............]   recovery = 33.7% (706624/2095104) finish=0.1min speed=176656K/sec
unused devices: <none>                       #说明正在恢复阵列
```

当然也可使用 mdadm --detail /dev/md0 命令查看阵列目前的详细情况。

3.4.3　创建和管理 RAID 5 阵列

这里以使用 4 块磁盘（分区）建立 RAID 5 为例，其中 3 个设备用于建立 RAID，空余一个用作备用磁盘，以测试阵列自动重建。这里用一块硬盘上的多个分区来做实验。

1. 创建 RAID 5 阵列

（1）准备阵列成员（创建 RAID 分区）。使用 fdisk 或 gdisk 工具在磁盘 dev/sdc 上建立 4 个相同尺寸的磁盘分区，并将分区类型设置为 Linux RAID，保存分区表（执行 w 命令）。

（2）使用命令 mdadm 创建 RAID。阵列成员可使用通配符。例如：

```
root@srv1 ~]# mdadm --create /dev/md1 --level=5 --raid-devices=3 --spare-device=1 /dev/sdc[3-6]
mdadm: Defaulting to version 1.2 metadata
mdadm: array /dev/md1 started.
```

（3）使用 mdadm --detail 命令查看/dev/md1，这里给出部分查询结果：

#	[编号]	[主设备号]	[次设备号]	[RAID 设备]		[状态]
	Number	Major	Minor	RaidDevice	State	
	0	8	35	0	active sync	/dev/sdc3
	1	8	36	1	active sync	/dev/sdc4
	4	8	37	2	active sync	/dev/sdc5
	3	8	38	-	spare	/dev/sdc6

（4）对新建立的 RAID 设备建立文件系统：

```
mkfs -t xfs /dev/md1
```

（5）执行相应的命令将 RAID 设备挂载到指定的目录中：

```
mkdir /mnt/raid5
mount /dev/md1 /mnt/raid5
```

如果需要系统启动时自动挂载该 RAID 设备，更改/etc/fstab 文件，添加一行，内容如下：

```
/dev/md1 /mnt/raid5 xfs defaults 0 0
```

2. 管理 RAID 5 阵列

RAID 5 卷具备容错功能，即使其中某一个成员发生严重故障（例如整个硬盘故障），系统还是能够正常运行的。对提供备用磁盘的情况，RAID 5 能够自动重建阵列系统。

（1）利用备用盘重建 RAID 5

这里模拟一下阵列成员故障，观察一下自动重建过程。首先模拟磁盘故障，这里将/dev/sdc5 设置为故障状态：

```
mdadm /dev/md1 --fail /dev/sdc5
```

此时可查看该阵列的详细信息，发现自动开始用备用盘重建，其中 dev/sdc6 自动参与重建阵列，而/dev/sdc6 成为备用磁盘，而且标识出故障状态。

```
[root@Linuxsrv1 ~]# mdadm --detail /dev/md1
....(前面省略)....
```

Number	Major	Minor	RaidDevice	State	
0	8	35	0	active sync	/dev/sdc3
1	8	36	1	active sync	/dev/sdc4
3	8	38	2	spare rebuilding	/dev/sdc6
4	8	37	-	faulty	/dev/sdc5

等待 RAID 重建完毕，再考虑系统替换故障磁盘。

（2）将故障磁盘移除并加入新磁盘

步骤与 RAID 1 相关操作一样。首先准备要替换的磁盘，建立与阵列成员相同的 RAID

分区。然后执行以下命令，从阵列中移除故障成员：

mdadm /dev/md1　--remove /dev/sdc5

最后将新的磁盘加入阵列中。这里模拟将其修复后，重新加入阵列：

mdadm /dev/md1　--add /dev/sdc5

此时使用 mdadm --detail 命令查看/dev/md1，这里给出部分查询结果，一切恢复正常：

Number	Major	Minor	RaidDevice	State	
0	8	35	0	active sync	/dev/sdc3
1	8	36	1	active sync	/dev/sdc4
3	8	38	2	active sync	/dev/sdc6
4	8	37	-	spare	/dev/sdc5

3.4.4　其他常见的 RAID 操作

1．停止 RAID 阵列

当不再使用 RAID 设备时，可以执行以下命令停止 RAID 设备。

mdadm --stop　RAID 设备名

如果该阵列处于挂载状态，停止之前需要先卸载。

2．删除 RAID 阵列

要删除整个软件 RAID 设备时，需要先停止该 RAID 设备，然后使用 mdadm --zero-superblock 命令删除每个阵列成员的元数据。例如：

[root@srv1 ~]# mdadm --stop /dev/md0

mdadm: stopped /dev/md0

[root@srv1 ~]# mdadm --zero-superblock /dev/sdc1

[root@srv1 ~]# mdadm --zero-superblock /dev/sdc2

至此，该 RAID 阵列已经被彻底删除，重启后也不会被自动安装。

3．监控 RAID 阵列

mdadm 的监控模式提供的监控功能，可将紧急事件和严重的错误及时发送给系统管理员。例如执行以下命令，每隔 180 秒对阵列设备检测一次，遇到不正常时间将通知管理员：

mdadm --monitor --mail=admin@abc.com --delay=180 /dev/md0

采用这样的方式，mdadm 命令不会退出，除非强制中止。为此采用一个变通的方法，通过 nohup 命令将此任务转入后台执行，即使用户退出后仍然运行。

nohup mdadm --monitor --mail=admin@abc.com --delay=180 /dev/md0

4．在 RAID 阵列上创建分区

前面的例子都是直接在 RAID 阵列上创建文件系统，即进行格式化。其实软件 RAID 阵列像硬件阵列一样被视为磁盘。使用 fdisk -l 命令查看分区信息，可以发现它是作为磁盘列出的。使用分区工具可以在阵列上直接创建分区。例如使用 fdisk 创建一个分区，显示分区的部分信息如下：

磁盘标签类型：dos

磁盘标识符：0x7dc7e217

设备 Boot	Start	End	Blocks	Id	System
/dev/md0p1	2048	2099199	1048576	83	Linux

注意：这种情形下创建的分区文件名是在阵列名后加上 p 和序号，如/dev/md0p1。当然可以在这个分区上创建文件系统。

3.5　逻辑卷配置与管理

传统的分区都是固定分区，硬盘分区一旦完成，则分区的大小不可改变，要改变分区的大小，只有重新分区。另外也不能将多个硬盘并到一个分区。而逻辑卷管理（Logical Volume Manager，LVM）就能解决这些问题。LVM 是一种基于物理驱动器创建逻辑驱动器的机制，主要用于弹性地调整文件系统的容量，实现动态分区，这对服务器尤其重要。

3.5.1　LVM 概述

1. 逻辑卷简介

服务器大多处于高度可用的动态环境中，调整磁盘存储空间有时不可重新启动系统，采用逻辑卷管理就可满足这种要求。逻辑卷管理是一种将硬盘空间分配成逻辑卷的方法，这样就不必通过磁盘分区来增减磁盘空间。管理员可以随时在逻辑卷中新增或移除磁盘或磁盘分区。逻辑卷可以在系统仍处于运行状态时扩充和缩减，为管理员提供磁盘存储管理的灵活性。Linux 的逻辑卷管理功能非常强大，可以在生产运行系统上面直接在线扩展或缩减硬盘分区，还可以在系统运行过程中跨硬盘移动分区。

2. LUN 简介

不要混淆存储中常用的 LUN（Logical unit number）概念与 LVM。LUN 可译为逻辑单元号，在 SCSI-3 中定义。SCSI 总线上可挂接的设备数量有限，一般为 8 个或 16 个，可用目标 ID（SCSI ID）描述这些设备，设备只要一加入系统，就有一个代号，以便区别设备。LUN ID 就是扩展了的目标 ID。每个目标下都可以有多个 LUN 设备，通常直接简称为 LUN。

计算机在使用 SCSI 标准连接外挂存储时，使用的是总线（Bus）-目标（Target）-LUN 三元寻址方案，总线指的是计算机上有几条 SCSI 总线，有几块 SCSI 卡；目标指的是在该总线上设备的目标地址即常说的 SCSI 地址是多少；LUN 指的是设备在一个目标上分配的逻辑地址，即逻辑单元号。

对存储来说，LUN 是指硬件层分出的逻辑磁盘，如 RAID 可以将一个磁盘阵列分成若干个逻辑磁盘以便于使用，每一个逻辑磁盘对应一个 LUN 号，操作系统仍将这些逻辑磁盘看作物理磁盘。LVM 也将 LUN 视为一个物理磁盘，可以基于 LUN 来建立逻辑卷。

3. 逻辑卷体系

LVM 系统是一个建立在物理存储器上的逻辑存储器体系，如图 3-5 所示。下面描述一下逻辑卷形成过程，并解释相应的概念。

（1）初始化物理卷（Physical Volume，PV）

首先选择一个或多个用于创建逻辑卷的物理存储器，并将它们初始化为可由 LVM 系统识别的物理卷。物理存储器通常是标准磁盘分区，但也可以是整个磁盘，或者是已创建的软件 RAID 卷。

（2）在物理卷上创建卷组（Volume Group，VG）

可将卷组看作由一个或多个物理卷组成的存储器池。在 LVM 系统运行时，可以向卷组添加物理卷，或者从卷组中移除物理卷。卷组以大小相等的“区域”（Physical Extend，简称 PE）为单位分配存储容量，PE 是整个 LVM 系统的最小存储单位，与文件系统的块（block）类似，又被译为“块”，如图 3-6 所示。它影响卷组的最大容量，每个卷组最多可包括 65534 个 PE。在创建卷组时指定该值，默认值为 4MB，卷组最大的容量为 4MB×65534=256GB。

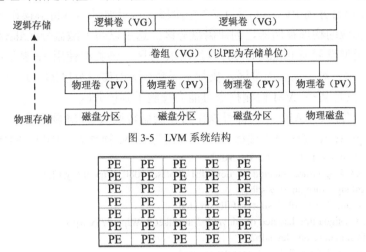

图 3-5　LVM 系统结构

PE	PE	PE	PE	PE
PE	PE	PE	PE	PE
PE	PE	PE	PE	PE
PE	PE	PE	PE	PE
PE	PE	PE	PE	PE
PE	PE	PE	PE	PE
PE	PE	PE	PE	PE

图 3-6　卷组以 PE 为单位

（3）在卷组上创建逻辑卷（Logical Volume，LV）

最后创建逻辑卷，在逻辑卷上建立文件系统，使用它来存储文件。

LVM 调整文件系统的容量实际上是通过交换 PE 来进行数据转换，将原逻辑卷内的 PE 转移到其他物理卷以降低逻辑卷容量，或将其他物理卷的 PE 调整到逻辑卷中以加大容量。

4. 逻辑卷管理工具

CentOS 7 的安装程序提供建立逻辑卷的方式，用户可以在安装系统的过程中使用可视化图形界面工具 Disk Druid 建立逻辑卷，这种方法比较简单。系统安装完成以后，可以使用 lvm2 软件包提供的系列工具来管理逻辑卷。

LVM 要求内核支持并且需要安装 lvm2 这个软件，CentOS 7 内置该软件。lvm2 提供了一组 LVM 管理工具，用于配置和管理逻辑卷。表 3-4 列出逻辑卷管理工具。

表 3-4　　逻辑卷管理工具

常用功能	物 理 卷	卷　组	逻 辑 卷
扫描检测	pvscan	vgscan	lvscan
显示基本信息	pvs	vgs	lvs
显示详细信息	pvdisplay	vgdisplay	lvdisplay
创建	pvcreate	vgcreate	lvcreate
删除	pvremove	vgremove	lvremove
扩充		vgextend	lvextend（lvresize）
缩减		vgreduce	lvreduce（lvresize）
改变属性	pvchange	vgchange	lvchange

3.5.2　创建逻辑卷

按默认选项安装 CentOS 7 时，物理卷被合并成逻辑卷组，唯一的例外是/boot 分区。/boot 分区不能位于逻辑卷组，因为引导加载程序无法读取它。

建立 LVM 通常分为 PV、VG 和 LV 3 个阶段。这里通过实例讲解操作步骤。

（1）准备相应的物理存储器，创建磁盘分区。这里以两个磁盘分区/dev/sdb1 和/dev/sdb2 为例。将分区类型设置为 Linux LVM，对 MBR 分区，该类型使用 8e 表示；对 GPT 分区，则使用 8e00 表示。对于已有的分区，执行 t 子命令更改磁盘分区的 ID。实际上，不修改分区 ID 也可以，只是某些 LVM 检测指令可能会检测不到该分区。

磁盘、磁盘分区、RAID 阵列都可以作为存储器转换为 LVM 物理卷。

（2）使用 pvcreate 命令将上述磁盘分区转换为 LVM 物理卷（PV）。例如：

```
[root@srv1 ~]# pvcreate /dev/sdb1 /dev/sdb2
WARNING: ext4 signature detected on /dev/sdb1 at offset 1080. Wipe it? [y/n]: y
   Wiping ext4 signature on /dev/sdb1.
   Physical volume "/dev/sdb1" successfully created
WARNING: xfs signature detected on /dev/sdb2 at offset 0. Wipe it? [y/n]: y
   Wiping xfs signature on /dev/sdb2.
   Physical volume "/dev/sdb2" successfully created
```

上例中有警告信息，原来是分区上创建有文件系统，在转换为 PV 的过程中将擦除已有的文件系统。如果磁盘分区没有文件系统则不会有上述警告。

（3）执行 pvscan 命令来检测目前系统中现有的 LVM 物理卷信息，结果如下：

```
[root@srv1 ~]# pvscan          # 分别显示每个 PV 的信息与系统所有 PV 的汇总信息
   PV /dev/sda2    VG centos    lvm2 [19.51 GiB / 40.00 MiB free]
   PV /dev/sdb1                 lvm2 [5.00 GiB]
   PV /dev/sdb2                 lvm2 [2.00 GiB]
   Total: 3 [26.51 GiB] / in use: 1 [19.51 GiB] / in no VG: 2 [7.00 GiB]     #统计所有 PV 的数量及容量、正
```
在使用的 PV 的数量及容量、未被使用的 PV 的数量及容量

（4）使用命令 vgcreate 基于上述两个 LVM 物理卷创建一个 LVM 卷组，例如：

```
[root@srv1 ~]# vgcreate -s 32M testvg /dev/sdb1 /dev/sdb2
   Volume group "testvg" successfully created
```

vgcreate 命令格式为：

vgcreate [选项] 卷组名　物理卷名（列表）

其中物理卷名直接使用物理存储器设备名称，要使用多个物理卷，依次列表即可。该命令有很多选项，如-s 用于指定区域（PE）大小，M、G、T 或 m、g、t 分别代表单位为 MB、GB、TB。

（5）执行 vgdisplay 命令显示卷组 testvg 的详细情况，结果如下：

```
[root@srv1 ~]# vgdisplay   testvg
   --- Volume group ---
   VG Name                testvg                                    #卷组名称
（此处省略）
   VG Size                6.94 GiB                                  #该卷组总容量
   PE Size                32.00 MiB                                 #该卷组每个 PE 的大小
   Total PE               222                                       #已经分配使用的 PE 数量和容量
   Alloc PE / Size        0 / 0                                     #该卷组的 PE 数量
   Free   PE / Size       222 / 6.94 GiB                            #未使用的 PE 数量和容量
   VG UUID                658pUa-QQkt-qliO-TVk6-d6tJ-Rjwz-YNHzhL
```

（6）使用 lvcreate 命令基于上述 LVM 卷组 testvg 创建一个 LVM 逻辑卷，例如：

[root@srv1 ~]# lvcreate -l 180 -n testlv testvg
    Logical volume "testlv" created.

lvcreate 命令格式为：

lvcreate　[-l PE 数量|-L 容量]　[-n 逻辑卷名] 卷组名

其中最重要的是指定分配给逻辑卷的存储容量，可以使用选项-l 指定分配的 PE 数量（即多少个 PE，由系统自动计算容量），也可以使用选项-L 直接指定存储容量，M、G、T 或 m、g、t 分别代表单位为 MB、GB、TB，因而可以执行以下命令达到上述命令的效果：

lvcreate –L 5.62G -n testlv testvg

这里是将整个卷组分配给一个逻辑卷，也可将一个卷组分配给多个逻辑卷。未分配卷组空间容量或 PE 数量可通过命令 vgdisplay 来查看。

（7）执行 lvdisplay 命令显示逻辑卷/dev/testvg/testlv 的详细情况，结果如下：

```
[root@srv1 ~]# lvdisplay    /dev/testvg/testlv
    --- Logical volume ---
    LV Path                /dev/testvg/testlv          #逻辑卷的设备名称全称
    LV Name                testlv
    VG Name                testvg
    LV UUID                syQcN8-fuH0-BLuC-dhe9-yMqY-wtrp-XnjDYC
    LV Write Access        read/write
    LV Creation host, time srv1.abc, 2017-01-09 20:59:10 +0800
    LV Status              available
    # open                 0
    LV Size                5.62 GiB                     #逻辑卷的容量
    Current LE             180                          #逻辑卷分配的 PE 数量
    Segments               2
    Allocation             inherit
    Read ahead sectors     auto
    - currently set to     8192
    Block device           253:2
```

至此已经完成逻辑卷的创建过程，需要注意的 LVM 卷组可直接使用其名称来表示，而逻辑卷必须使用设备名称。逻辑卷相当于一个特殊分区，还需建立文件系统并挂载使用。

（8）执行以下命令在逻辑卷上建立文件系统：

mkfs.xfs /dev/testvg/testlv

（9）执行以下命令挂载该逻辑卷：

mkdir /mnt/testlvm   #建立挂载用目录
mount /dev/testvg/testlv /mnt/testlvm   #挂载文件系统

可以执行命令 df 检查当前文件系统的磁盘空间占用情况：

```
[root@srv1 ~]# df
文件系统                1K-块         已用        可用        已用%      挂载点
/dev/mapper/centos-root  18307072    5156852    13150220    29%       /
#此处省略
/dev/mapper/testvg-testlv 5888000    32928      5855072     1%        /mnt/testlvm
```

可发现刚建立的逻辑卷的文件系统名为/dev/mapper/testvg-testlv，也就是说实际上使用的逻辑卷设备位于/dev/mapper/，系统自动建立链接文件/dev/testvg/testlv 指向该设备文件。

如果希望系统启动时自动挂载，更改/etc/fstab 文件，添加如下定义：

/dev/testvg/testlv /mnt/testlvm xfs   defaults   0   0

3.5.3　删除逻辑卷

由于磁盘分区融入逻辑卷，删除逻辑卷并恢复磁盘分区，不能简单地执行逻辑卷删除命令，而是建立逻辑卷的逆过程，需要按照以下流程来处理。

（1）卸载系统 LVM 文件系统。

（2）使用命令 lvremove 删除响应的逻辑卷。

（3）使用命令 vgchange -a n 卷组名，停用相应的卷组。

（4）使用命令 vgremove 删除相应的卷组。

（5）使用命令 pvremove 删除相应的物理卷。

（6）将相应磁盘分区 ID 改回 83 或 8300（Linux 分区）。

3.5.4　动态调整逻辑卷容量

LVM 系统最主要的用途就是弹性调整磁盘容量，基本方法是首先调整逻辑卷的容量，然后对文件系统进行处理。这里介绍动态增加磁盘容量的例子。

（1）准备相应的物理存储器，这里以新添加的磁盘/dev/sdd 为例。如果使用磁盘分区，最好将磁盘分区的 ID 改为 8e 或 8e00（Linux LVM）。

（2）执行以下命令将上述磁盘转换为 LVM 物理卷。

pvcreate /dev/sdd

（3）执行命令 pvscan 检测现有物理卷，可发现/dev/sdd 是新加入且尚未使用的物理卷：

```
[root@srv1 ~]# pvscan
  PV /dev/sdb1    VG testvg    lvm2 [4.97 GiB / 0      free]
  PV /dev/sdb2    VG testvg    lvm2 [1.97 GiB / 1.31 GiB free]
  PV /dev/sda2    VG centos    lvm2 [19.51 GiB / 40.00 MiB free]
  PV /dev/sdd                  lvm2 [20.00 GiB]
  Total: 4 [46.45 GiB] / in use: 3 [26.45 GiB] / in no VG: 1 [20.00 GiB]
```

（4）执行以下命令扩充卷组 testvg：

vgextend testvg /dev/sdd

（5）执行 vgdisplay 命令显示卷组 testvg 的详细情况，下面列出部分信息：

```
[root@srv1 ~]#vgdisplay   testvg
VG Size            26.91 GiB                        #该卷组总容量
  PE Size          32.00 MiB
  Total PE         861                              #该卷组的 PE 数量
  Alloc PE / Size  180 / 5.62 GiB                   #已经分配使用的 PE 数量和容量
  Free  PE / Size  681 / 21.28 GiB                  #尚未使用的 PE 数量和容量
```

与上例建立的卷组相比，不但总容量变大了，而且还有未使用的 PE 共 681 个和未使用的容量 21.28GB。

（6）执行 lvresize 命令基于卷组 testvg 所有剩余空间进一步扩充逻辑卷 testlv：

```
[root@srv1 ~]# lvresize   -L +21.28G /dev/testvg/testlv
    Rounding size to boundary between physical extents: 21.28 GiB
    Size of logical volume testvg/testlv changed from 5.62 GiB (180 extents) to 26.91 GiB (861 extents).
    Logical volume testlv successfully resized.
```

命令 lvresize 的语法很简单，基本上同 lvcreate，也通过选项-l 或-L 指定要增加的容量。

（7）执行命令 lvdisplay 显示逻辑卷 testlv 的详细情况，下面是从中挑出的相关信息：

```
LV Size            26.91 GiB                        #逻辑卷的容量
```

Current LE	861	#逻辑卷分配的 PE 数量

（8）执行以下命令检查该逻辑卷文件系统的磁盘空间占用情况：

```
[root@srv1 ~]# df   /mnt/testlvm
文件系统               1K-块          已用          可用          已用%         挂载点
/dev/mapper/testvg-testlv    5888000       32928       5855072       1%          /mnt/testlvm
```

可以发现虽然逻辑卷容量增加了，但是文件系统容量并没有增加，还需要进一步操作。

（9）调整文件系统容量。

这里使用的是 xfs 文件系统，执行 xfs_growfs 命令调整：

```
xfs_growfs /dev/testvg/testlv
```

再次执行 df 命令检查该逻辑卷文件系统的磁盘空间占用情况：

```
[root@srv1 ~]# df   /mnt/testlvm
文件系统               1K-块          已用          可用          已用%         挂载点
/dev/mapper/testvg-testlv    28203008      33440       28169568      1%          /mnt/testlvm
```

可以发现相应的文件系统容量也增加了，至此已经实现在线扩充容量的目标。

由于 xfs 支持在线调整大小，目标文件系统可以挂载，也可以不挂载。xfs_growfs 的命令格式为：

```
xfs_growfs   [选项] 挂载点
```

对 xfs 文件系统进行扩展，可以指定挂载点、磁盘分区或者逻辑卷（在使用 LVM 时），使用数据块数量来指定新的 xfs 文件系统的大小。可以使用 xfs_info 命令行工具来检查数据块的大小和数量。如果不使用选项-D 来指定大小，xfs_growfs 将会自动扩展 XFS 文件系统到最大的可用大小。

对 ext 系列文件系统，需要使用 resize2f 命令来动态调整文件系统容量。基本用法为：

```
resize2fs [选项] 设备名 [新的容量大小]
```

如果不指定容量大小，那么将扩充为整个逻辑卷的容量。

3.6　配置和管理交换空间

安装 Linux 系统时一般已配置交换空间，以后根据需要可以添加更多的交换空间。

3.6.1　交换空间概述

交换空间（Swap Space）是 Linux 用于暂时补充物理内存，以提供更多内存空间的一种机制。交换空间对内存有限的计算机有所帮助，但不能取代物理内存，因为它位于硬盘上，硬盘的存取速度比内存慢几个数量级。当同时运行很多程序，而它们不能同时都装载进内存时，使用交换空间是一种很有效的手段，缺点是用户在这些程序之间快速切换，可能会有一个明显的延时。

1.　交换空间的大小

Linux 系统最多可以有 32 个交换空间，每个交换空间最大为 64GB。通常情况下，交换空间应大于或等于物理内存的大小，服务器系统则视情况不同需要不同大小的交换空间。特别是数据库服务器和 Web 服务器，随着访问量的增加，对交换空间的要求也会增加，具体配置参见各服务器产品的说明。交换空间的大小可参考表 3-5 来确定。

交换空间的数量对性能也有很大的影响。如果有多个交换空间，交换空间的分配会以轮流的方式操作于所有的交换空间，这样会大大均衡 IO 的负载，加快交换的速度。如果只有一个交换空间，所有的交换操作会使交换空间变得很忙，使系统大多数时间处于等待状态，效率很低。当然，多数情况下只需要一个交换空间。

表 3-5　　　　　　　　　　　　　　**推荐的系统交换空间**

物理内存	推荐的交换空间
不超过 4GB	至少 2GB
4~16GB	至少 4GB
16~64GB	至少 8GB
64~256GB	至少 16GB
256~512GB	至少 32GB

2．交换空间的形式

Linux 支持两种形式的交换空间，即专用磁盘分区和交换文件。磁盘分区效率高，推荐使用，而交换文件更为灵活，但效率低。另外，LVM 逻辑卷作为一种特殊的分区，特别适合用作交换空间。

系统物理内存的调整、需要大量使用内存的操作或运行需要大量内存的程序，往往需要增加交换空间。有 3 种方法可供选择，即创建一个交换分区、创建一个交换文件、在现有的 LVM 逻辑卷上扩展交换空间（推荐使用此种方式）。

3．检查交换空间

在调整交换空间之前，首先需要检查系统是否已经设置了交换空间，原则上，交换空间尽量只设置一个。例如，使用 free 命令查看当前的内存及交换空间情况：

```
[root@srv1 ~]# free -h
              total        used        free      shared  buff/cache   available
Mem:           1.8G        644M        614M         11M        565M        985M
Swap:          2.0G          0B        2.0G
```

使用 swapon -s 命令查看交换空间信息，包括文件和分区的详细信息：

```
[root@srv1 ~]# swapon -s
文件名                    类型        大小 已用 权限
/dev/dm-1                          partition    2097
```

另外，也需要检查系统是否有足够剩余硬盘空间用于提供交换空间。

3.6.2　使用交换分区作为交换空间

交换分区是一种最基本的交换空间形式。

1．基于磁盘分区增加交换空间

（1）准备一个用于交换空间的磁盘分区，分区类型为 Linux Swap。对 MBR 分区，该类型使用 82 表示；对 GPT 分区，则使用 8200 表示。

（2）执行 mkswap /dev/sdb3 命令格式化为新的交换空间。

（3）执行 swapon /dev/sdb3 命令启用该交换空间。

（4）使用 swapon -s 命令查看当前启用的所有交换空间：

```
[root@srv1 ~]# swapon -s
```

文件名	类型	大小	已用	权限
/dev/dm-1	partition	2097148	0	-1
/dev/sdb3	partition	2097148	0	-2

可见新增的交换空间/dev/sdb3 已经启用，只是优先级较低。至此新设置的交换空间都是临时性的，要让它在系统启动时自动启用，还必须在/etc/fstab 文件加上相应的定义：

```
/dev/sdb3     swap                          swap     defaults          0 0
```

2. 删除基于磁盘分区的交换空间

如果不再需要基于分区的交换空间，可以删除它。这里以上例创建的交换空间为例。

（1）执行命令 swapoff /dev/sdb3 停用交换空间。

（2）从/etc/fstab 文件中删除该交换空间的条目。

（3）根据需要删除该分区，或者改变该分区的类型另作他用。

3.6.3 使用逻辑卷作为交换空间

逻辑卷的特性特别适合灵活扩展交换空间，建议尽可能在现有的 LVM 逻辑卷上扩展交换空间。

1. 扩展基于逻辑卷的交换空间

采取默认选项安装 CentOS 7 时，系统会将交换空间建立在 swapoff /dev/mapper/centos-swap 逻辑卷上。可以使用 df -h 和 fdisk -l 命令查看一下当前分区情况，然后使用命令 lvs 列出当前的逻辑卷，可见有一个名为 swap 的逻辑卷位于名为 centos 的逻辑卷组上：

```
[root@srv1 ~]# lvs
  LV      VG      Attr       LSize  Pool Origin Data%   Meta%   Move Log Cpy%Sync Convert
  root    centos -wi-ao---- 17.47g
  swap    centos -wi-a----- 2.00g
```

可以使用 vgdisplay 命令进一步查看 centos 逻辑卷组的信息，这里列出部分信息：

```
  VG Size              19.51 GiB
  PE Size              4.00 MiB
  Total PE             4994
  Alloc PE / Size      4984 / 19.47 GiB
  Free  PE / Size      10 / 40.00 MiB
```

可以发现该逻辑卷组已没有多余的空间用于扩展逻辑卷了。为此需要扩展逻辑卷组，具体步骤如下。

（1）准备一个物理存储器，这里以新添加的磁盘分区/dev/sdb4 为例，将该磁盘分区的 ID 改为 8e 或 8e00（Linux LVM）。

（2）执行以下命令将上述磁盘转换为 LVM 物理卷：

```
pvcreate /dev/sdb4
```

（3）执行以下命令扩展卷组 centos：

```
vgextend centos /dev/sdb4
```

（4）执行 vgdisplay 命令显示卷组 centos 的详细情况。

（5）为现有逻辑卷 swap 增加空间（这里增加 512MB）：

```
lvresize   -L +512M /dev/centos/swap
```

至此已完成逻辑卷 swap 的空间扩展。

（6）停用基于该逻辑卷的交换空间：

swapoff /dev/centos/swap

（7）重新建立交换空间：

mkswap /dev/centos/swap

（8）执行以下命令启用扩展的逻辑卷用于交换空间：

[root@srv1 ~]# swapon -va

swapon /dev/mapper/centos-swap

swapon: /dev/mapper/centos-swap：找到交换区签名：版本为 1，页面大小为 4，相同字节顺序

swapon: /dev/mapper/centos-swap：页大小=4096，交换区大小=2684354560，设备大小=2684354560

由于该交换空间已在/etc/fstab 文件中定义，这里使用选项-a 将/etc/fstab 文件中所有设置为 swap 的设备启动为交换空间。当然也可直接启用该交换空间：

swapon   /dev/centos/swap

请读者以上例的逆操作将其还原，缩减基于逻辑卷的交换空间。

2. 创建用于交换空间的逻辑卷

也可以创建逻辑卷用作交换空间，下面给出基本步骤。

（1）创建一个逻辑卷（使用 lvcreate 命令）。

（2）使用 mkswap 命令格式化新的交换空间。

（3）在/etc/fstab 文件中添加相应条目，让系统启动时自动挂载该文件系统。

（4）执行 swapon -va 命令启用扩展的逻辑卷用于交换空间。

（5）执行 cat /proc/swaps 或者 free 命令检查基于逻辑卷的交换空间是否被正常启用。

3.7 管理磁盘配额

多个用户可共同使用同一磁盘空间，为防止某个用户或组（一组用户）占用过多的磁盘空间，可通过设置磁盘配额（Disk Quota）对其可用存储空间进行限制。磁盘配额既可减少磁盘空间的浪费，又可避免不安全因素，可谓一举两得，对服务器磁盘管理尤其有用。

3.7.1 Linux 磁盘配额概述

Linux 磁盘配额只能针对整个文件系统（或整个磁盘分区）进行设置，该分区所有目录或文件都受配额限制，但是不能针对某个具体目录进行设置。另外，要注意 VFAT 文件系统并不支持 Linux 磁盘配额功能。Linux 磁盘配额可以针对用户设置，也可针对组设置，但是root 账户不受磁盘配额限制，磁盘配额只适用于普通用户或组。

在 Linux 系统中，磁盘配额的限制项目有以下两种类型。

● 磁盘容量限制：限制用户能使用的磁盘块数（block）。实际应用中多使用此类型。

● 文件数量限制：限制用户能使用的索引节点数（inode）。

Linux 磁盘配额除了直接针对服务器主机的使用空间进行限制外，还可针对一些网络服务来限制磁盘空间的使用。例如，Web 服务器用它限制用户的网页空间容量，邮件服务器用它限制用户邮箱容量，文件服务器用它限制用户最大的可用网络硬盘空间的容量。

3.7.2 启用 Linux 磁盘配额功能

在应用配额限制之前，首先要启用配额功能，包括设置要启用配额的文件系统（分区）、

启用配额服务等，下面以启用磁盘分区/dev/sdb3 的配额功能为例，讲解具体实现步骤。

（1）检查是否安装有 quota 软件包。CentOS 7 系统默认安装该软件包。

（2）修改/etc/fstab 配置文件，对要设置配额的磁盘分区，在挂载项中加上特定挂载选项以启用磁盘配额功能，然后重启系统使之生效。其中 usrquota 表示启用用户配额，grpquota 表示启用组配额，例中修改的挂载项如下：

```
/dev/sdb3    /mnt/testquota    xfs    defaults,usrquota,grpquota        1    1
```

这里使用的挂载点为/mnt/testquota，要创建该目录。

如果只是临时测试磁盘配额，可运行以下命令在手动挂载时加入对配额的支持：

```
mount -o usrquota,grpquota /dev/sdb3 /mnt/testquota
```

对已经挂载的文件系统，可以运行以下命令手动重新挂载，以加入对配额的支持：

```
mount -o remount,usrquota,grpquota /usr/mydoc
```

（3）对 ext 系列的文件系统，必须运行 quotacheck 命令扫描文件系统并生成磁盘配额文件。例如：

```
quotacheck -cvug /mnt/testquota
```

Linux 在文件系统挂载点目录中使用磁盘配额文件来存储该文件系统的配额设置值和目前磁盘使用量等信息，有两个配额文件：aquota.user 存储用户配额，aquota.group 存储组配额信息。配额文件通过每个用户或组的限制值来规范磁盘使用空间。

初次启用配额功能时，必须初始化磁盘配额文件。这需要执行命令 quotacheck，其中选项-c 用来新建配额文件；选项-v 表示显示扫描过程的信息；选项-u 表示检查用户配额并更新 aquota.user；选项-g 表示检查组配额并更新 aquota.group。

Linux 分析整个文件系统中每个用户或组拥有的文件总数与总容量，再将这些数据记录到相应的配额文件（aquota.user 和 aquota.group）。可以在挂载点目录中查看这两个文件。

在已经启用了磁盘配额功能或者已经挂载的文件系统上运行 quotacheck 命令，可能会遇到问题，此时可以根据提示信息使用选项-f 或-m 等强制执行。

对 xfs 文件系统，配额结构包含在元数据和日志中，配额检查是默认启动的。不要运行 quotacheck 命令。

（4）执行 quotaon 命令开启该文件系统的磁盘配额。例如：

```
[root@srv1 ~]# quotaon /mnt/testquota
quotaon: Enforcing group quota already on /dev/sdb3
quotaon: Enforcing user quota already on /dev/sdb3
```

quotaon 命令用来开启配额。如果要开启特定文件系统的配额，需要加上该挂载点作为参数。而使用选项-a，将开启当前挂载的所有设置有配额选项的文件系统的配额。可使用选项-u 针对用户开启配额；使用选项-g 针对组开启配额；默认仅开启用户配额。

如果要停用配额，只需执行命令 quotaoff，其参数和选项与 quotaon 命令类似。

3.7.3　设置用户和组配额限制值

启用文件系统的配额之后，还需要针对用户和组设置具体的配额限制值。

1．磁盘配额限制值概述

Linux 的磁盘配额限制值分为以下两种。

• 硬性限制值（hard）：用户和组可以使用的磁盘容量或文件数量绝对不允许超过这个限制值。一旦超过该限制值，系统就会锁住该用户的磁盘使用权。

● 软性限制值（soft）：用户和组可以使用的磁盘容量或文件数量在某个宽限期（grace period）内可以暂时超过这个限制值。如果超过软性限制值并且低于硬性限制值，用户每次登录系统时会收到警告信息，同时给出一个宽限期，超过宽限期将被停止磁盘使用权。不过如果用户在宽限期内将容量降低到软性限制值之下，则宽限期自动终止。

硬性限制值、软性限制值及其宽限期的关系如图 3-7 所示。

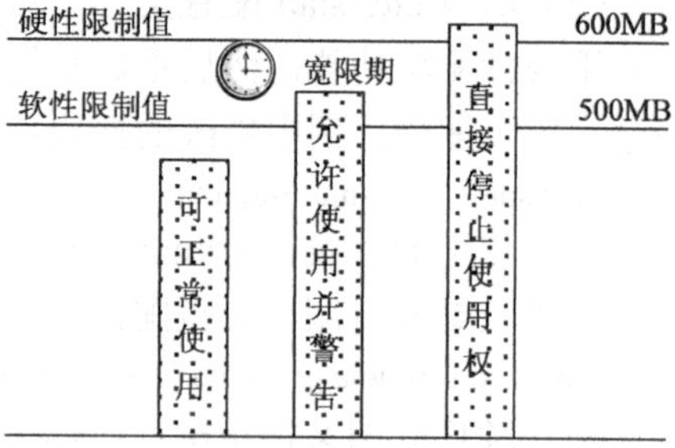

通常使用命令 edquota 来设置磁盘配额限制值，命令格式为：

图 3-7　磁盘配额限制值

edquota [-u 用户名] [-g 组名] [-f 文件系统]

该命令会自动调用默认的编辑器 vi 来编辑配额限制值。可以使用选项-f 来指定要设置的文件系统（可用设备名或挂载点目录表示），否则将设置所有启用磁盘配额的文件系统。

2. 磁盘配额限制值设置

接下来通过实例讲解磁盘配额限制值的设置。

（1）设置用户配额限制值。要编辑用户（如 zhong）的配额限制值，执行以下命令：

edquota -u zhongxp

这将自动调用默认的编辑器 vi 来编辑限制值，要编辑的内容如下：

Disk quotas for user zhong (uid 1000):

Filesystem	blocks	soft	hard	inodes	soft	hard
/dev/sdb3	0	0	0	0	0	0

其中 Filesystem 表示要设置限制的文件系统，blocks 表示该用户已经使用的数据块（容量，单位是 KB），inodes 表示用户已经使用的节点数（文件数），其后面的 soft 和 hard 分别表示相应的软性限制值和硬性限制值（单位是 KB）。

对用户进行磁盘容量的限制时，需要修改 blocks 列后面的 soft 和 hard 列的数值；要对文件数量进行限制，可以修改 inodes 列后面的 soft 和 hard 列的数值。可以同时对这两项都做出限制，默认为 0 表示不受限制。此处修改为：

Disk quotas for user zhong (uid 1000):

Filesystem	blocks	soft	hard	inodes	soft	hard
/dev/sdb3	0	200000	300000	0	0	0

（2）设置组配额限制值。要编辑某个组（如 testgroup）的配额限制值，可执行以下命令：

edquota -g testgroup

设置方法与用户配额设置类似，在 vi 编辑器中修改、保存即可。

（3）设置宽限期。当使用的空间超过软性限制值时，系统会给出一个宽限期，默认为 7 天。可以使用以下命令来修改这一期限：

edquota -t

执行该命令将打开默认编辑器 vi，显示如下内容：

Grace period before enforcing soft limits for users:

Time units may be: days, hours, minutes, or seconds

Filesystem	Block grace period	Inode grace period
/dev/sdb3	7days	7days

管理员可修改数据块和节点数的宽限器，可用秒、分钟、小时、天、周、月表示。

（4）复制配额设置。edquota 命令还可用来复制配额设置，命令格式为：

edquota -p 模版账户 -u 用户名 -g 组名

将某个配置好的账户作为模板，复制到由选项-u 和-g 指定的用户和组。

3.7.4　检查磁盘配额情况

磁盘配额生效后，受限制的用户的磁盘使用就不能超过限制。可通过磁盘配额报表来了解磁盘使用情况。配额报表有两类，一类是针对用户或组的报表，另一类是针对整个文件系统的报表。

1. 查看用户或组的磁盘使用情况

使用 quota 命令查看用户或组的磁盘使用情况，命令格式为：

quota [-v] [-s] [-u 用户名] [-g 组名]

其中选项-v 表示显示每个用户在文件系统中的配额值；-s 表示使用 1024 为倍数来指定单位，会显示如 M（代表 MB）之类的单位；-u 表示查看用户，如果要查看组，应使用选项-g。如果不指定用户或组，将查看当前用户的情况。下面是一个查看某用户配额使用情况的例子：

```
[root@srv1 ~]# quota -vs   -u zhong
Disk quotas for user zhong (uid 1000):
     Filesystem   space   quota   limit   grace   files   quota   limit   grace
     /dev/sdb3    0K      196M    293M            0       0       0
```

2. 查看文件系统的磁盘使用情况

使用 repquota 命令针对文件系统使用情况报表。要查看所有启用磁盘配额的文件系统的磁盘使用情况，使用以下命令：

```
[root@srv1 ~]# repquota -a
*** Report for user quotas on device /dev/sdb3
Block grace time: 7days; Inode grace time: 7days
                        Block limits              File limits
User            used    soft    hard    grace    used    soft    hard    grace
----------------------------------------------------------------------------
root      --    0       0       0                3       0       0
```

要查看指定文件系统的磁盘使用情况，使用以下命令：

repquota 文件系统（设备名或挂载点目录）

该命令还可加上一些选项，例如-v 表示显示详细信息；-u 表示显示用户的配额使用（默认设置）；-g 表示组的配额使用；-s 表示使用 M、G（分别代表 MB、GB）为单位显示结果。

3. 查看 xfs 文件系统的配额信息

使用 xfs_quota 命令可以查看和控制 xfs 文件系统的配额。通常使用选项-x 进入专家模式，可以检查和控制 xfs 配额。它提供一些子命令，如 state 用于显示整体状况，print 列出文件系统的配额情况，enable 用于启用配额检测，disable 用于停止配额检测。

```
[root@srv1 ~]# xfs_quota -x
xfs_quota> print
Filesystem              Pathname
/                       /dev/mapper/centos-root
/boot                   /dev/sda1
/mnt/testquota          /dev/sdb3 (uquota, gquota)
```

3.8　文件系统备份

备份就是保留一套后备系统，做到有备无患，是系统管理员最重要的日常管理工作之一。恢复就是将数据恢复到事故之前的状态。为保证数据的完整性，需要对系统进行备份。

3.8.1　数据备份概述

在 Linux 操作系统中，按照要备份的内容，备份分为系统备份和用户备份。系统备份就是对操作系统和应用程序的备份，便于在系统崩溃以后能快速、简单、完全地恢复系统的运行。最有效的方法是仅备份那些对系统崩溃后恢复所必需的数据。用户备份不同于系统备份，原因是用户的数据变动更加频繁一些。用户备份应该比系统备份更加频繁，可采用自动定期运行某个程序的方法来备份数据。实际备份工作中主要采用以下两种方案。

- 单纯的完全备份：定时为系统进行完全备份，需要恢复时以最近一次的完全备份数据来还原。这是最简单的备份方案，但由于每次备份时，都会将全部的文件备份下来，每次备份所需时间较长，适合数据量不大或者数据变动频率很高的情况。
- 完全备份结合差异备份：以较长周期定时进行完全备份，其间则进行较短周期的差异备份。例如每周六晚上做 1 次标准备份，每天晚上做 1 次差异备份。需要恢复时，先还原最近一次完全备份的数据，接着再还原该完全备份后最近 1 次的增量备份。如果周三出现事故，则可将数据恢复到周二晚上的状态，即先还原上周六的完全备份，再还原本周二的差异备份。

3.8.2　使用存档工具进行简单备份

与多数 Linux 版本一样，CentOS 主要提供两个存档工具 tar 和 dd，其中 tar 使用更广泛一些。这些存档工具可以用于简单的数据备份。

1. 使用 tar 命令进行存档

直接保存数据会占用很大的空间，所以常常压缩备份文件，以便节省存储空间。tar 是用于文件打包的命令行工具，可以将一系列文件归档到一个大文件中，也可以将档案文件解开以恢复数据。作为常用的备份工具，tar 的命令格式为：

tar [选项] 档案文件　文件或目录列表

例如要备份用户 zxp 主目录中的文件，可以执行以下命令：

tar -czvf zxpbak.tar /home/zxp

要恢复使用 tar 命令备份过的文件（解开档案文件），可使用选项-x。例如：

tar -xzvf zxpbak.tar

默认情况下，tar 将文件恢复到当前工作目录，也可以使用选项-C 指定要恢复到的目录。

2. 使用命令 dd 进行存档

dd 是一种文件转移命令，用于复制文件，并在复制的同时进行指定的转换和格式处理，如何转换取决于选项和参数。它使用 if 选项指定输入端，of 选项指定输出端。

dd 常被用来制作光盘映像（光盘必须是 iso9660 格式），例如执行以下命令：

dd if=/dev/cdrom of=cdrom.iso

3.8.3　使用 dump 和 restore 实现备份和恢复

dump 是一个较为专业的备份工具，能备份任何类型的文件，甚至是设备，支持完全备份、增量备份和差异备份，支持跨多卷磁带备份，保留所备份文件的所有权属性和权限设置，能正确处理从未包含任何数据的文件块（空洞文件）。restore 是对应的恢复工具。CentOS 7 默认没有安装 dump 和 restore 这两个工具，可分别执行 yum install dump 和 yum install restore 命令安装。

1．使用命令 dump 备份

在用 dump 做备份时，需要指定一个备份级别，它是 $0\sim9$ 之间的一个整数。级别为 N 的转储会对从上次进行的级别小于 N 的转储操作以来修改过的所有文件进行备份，而级别 0 就是完全备份。通过这种方式，可以很轻松地实现增量备份、差异备份，甚至每日备份。

例如以下命令统计完全备份/dev/sda1 所需的空间，以防磁带或磁盘空间不足：

dump　-0s /dev/sda1

级别 0 表示完全备份，选项-s 表示统计备份所需空间。

选项-f 指定备份文件的路径和名称，-u 表示更新数据库文件/etc/dumpdates（将文件的日期、存储级别、文件系统等信息都记录下来）。例如：

dump -0u –f /tmp/boot.dump /boot

如果不使用-u，所有存储都会变为级别 0，因为没有先前备份过当前文件系统的记录。

使用级别 1 只会备份完全备份后有变化的文件。

要实现增量备份，第 1 次备份时可选择级别 0，以后每次做增量备份时就可以依次使用级别 1、级别 2、级别 3 等：

dump -0u –f /tmp/boot0.dump /boot
dump -1u –f /tmp/boot1.dump /boot
dump -2u –f /tmp/boot2.dump /boot
dump -3u –f /tmp/boot3.dump /boot

要实现差异备份，可先选择级别 0 做完整备份，然后每次都使用大于 0 的同一级别，如每次都用级别 1：

dump -0u –f /tmp/boot0.dump /boot
dump -1u –f /tmp/boot1.dump /boot
dump -1u –f /tmp/boot2.dump /boot
dump -1u –f /tmp/boot3.dump /boot

dump 可以将备份存储在磁带上。Linux 通常用/dev/st0 代表倒带设备，而用/dev/nst0 代表非倒带设备，例如：

dump 0f /dev/nst0 /boot

使用倒带设备存储时，磁带用完后会自动倒带并接着存储，覆盖以前的数据，这样就存在丢失已有数据的风险。

2．使用 restore 命令恢复

使用 restore 命令从 dump 备份中恢复数据可以采用两种方式，即交互式和直接恢复。管理员可以决定恢复整个备份，或者只恢复需要的文件。

恢复数据之前，要浏览备份文件中的数据，可以使用如下命令（选项-t 表示查看）：

restore -tf/tmp/boot.dump

要恢复一个备份，可以使用如下命令（选项-r 表示重建）：

restore -rf/tmp/boot.dump

使用以下命令可以进入交互式恢复模式：

restore -if/tmp/boot.dump

3.8.4 xfs 文件系统的备份和恢复

CentOS 7 默认使用的是 xfs 文件系统，提供 xfsdump 和 xfsrestore 专门工具协助备份和恢复 xfs 文件系统中的数据。xfsdump 按 inode（索引节点）顺序备份一个 xfs 文件系统。与传统的 UNIX 文件系统不同，xfs 不需要在备份前被卸载；对使用中的 xfs 文件系统做备份，就可以保证镜像的一致性。这与 xfs 对快照的实现不同，xfs 的备份和恢复过程是可以被中断然后继续的，无须冻结文件系统。xfsdump 甚至提供了高性能的多线程备份操作。将一次备份拆分成多个数据流，每个数据流可以被发往不同的目的地。

例如对整个分区/boot 进行备份：

```
[root@srv1 ~]# xfsdump -f /opt/dump_boot /boot
xfsdump: using file dump (drive_simple) strategy
xfsdump: version 3.1.4 (dump format 3.0) - type ^C for status and control
============================= dump label dialog =============================
please enter label for this dump session (timeout in 300 sec)
 -> dump_boot
session label entered: "dump_boot"        #设置会话标签
------------------------------- end dialog -------------------------------
xfsdump: level 0 dump of srv1.abc:/boot
#此处省略
============================= media label dialog =============================
please enter label for media in drive 0 (timeout in 300 sec)
 -> drive0
media label entered: "drive0"             #设置介质标签
------------------------------- end dialog -------------------------------
xfsdump: creating dump session media file 0 (media 0, file 0)
#此处省略
xfsdump: Dump Summary:
xfsdump:     stream 0 /opt/dump_boot OK (success)
xfsdump: Dump Status: SUCCESS
```

以上为交互会话模式，系统会提示用户输入会话标签和介质标签。可以用下面的命令运行，这样系统就不会出现会话模式，即以非交互式进行备份：

```
xfsdump  -f  /opt/dump_boot  /boot  -L  dump_boot  -M  drive0
```

恢复之前可以查看备份文件的内容：

```
xfsrestore -f /opt/dump_boot -t
```

执行以下命令恢复上述备份：

```
xfsrestore   -f   /opt/dump_boot /boot
```

另外，也可以对每个目录或文件进行备份和恢复操作：

```
restore -if /tmp/boot.dump
```

3.8.5 光盘备份

CentOS 安装有 cdrecord 软件包，可以用来创建和管理光盘介质。使用光盘进行数据备份，需要首先建立一个光盘映像文件，然后将该映像文件写入光盘中。

例如要将/boot 目录的数据备份到光盘映像文件中，可以使用如下命令：

mkisofs -r -o /tmp/home.iso /home

上述命令会在/tmp 目录中建立一个名为 home.iso 的映像文件，该文件包含/boot 目录的所有内容。其中选项-r 表示支持长文件名，-o 表示输出。默认情况下，mkisofs 命令也会保留所备份文件的所有权属性和权限设置。

除了使用 mkisofs 命令，还可以使用 dd 命令建立光盘映像，例如：

dd if=/dev/sdal of=/tmp/boot.iso

在 dd 命令中，if 参数指定输入文件，of 参数指定输出文件。dd 命令的 if 参数必须是文件，而不能是一个目录，这里进行/boot 目录的备份时，实际使用的参数是/dev/sdal，即/boot 目录对应的磁盘分区。

刻录机在 Linux 中被识别为 SCSI 设备，即使该设备实际上是 IDE 设备。在实际刻录光盘之前，可以使用以下命令对刻录设备进行检测，获取光盘刻录机的 SCSI 设备识别号，以便在刻录光盘的工具中使用。

cdrecord -scanbus

上述命令现实的结果每一项的前 3 个数字分别指 SCSI 总线、设备标识和 LUN（逻辑单元号，Logical Unit Number），运行 cdrecord 刻录需要这 3 个数字。

使用 cdrecord 命令将 ISO 文件刻录为光盘的语法格式为：

cdrecord -v -eject <speed=刻录速度> <dev=刻录机设备识别号> <ISO 文件名>

-eject 表示刻录完毕后弹出光盘。例如刻录机设备识别号为 0,1,0，将映像文件刻录到空白光盘中的命令如下：

cdrecord -v dev=0,1,0　home.iso

3.9　习　　题

1．Linux 磁盘设备是如何命名的？Linux 分区又是如何命名的？
2．简述分区样式 MBR 与 GPT。
3．简述 Linux 建立和使用文件系统的基本步骤。
4．比较 ext4 与 xfs 文件系统。
5．挂载文件系统之前应注意什么？
6．Linux 中 USB 存储设备的挂载有什么特点？
7．Linux 如何支持软件 RAID？
8．逻辑卷有什么作用？建立逻辑卷需要哪几个阶段？
9．交换空间有什么作用？增加交换空间有哪几种方法？
10．Linux 磁盘配额有什么特点？
11．如何规划文件系统备份？
12．创建一个磁盘分区，建立 xfs 文件系统，并将它挂载到某目录中。
13．建立一个 RAID 1 阵列，模拟故障并更换一个成员磁盘。
14．参照 3.5.4 节的操作步骤，动态增加逻辑卷空间。
15．参照 3.6.2 节的操作步骤，增加一个分区作为交换空间。
16．创建一个磁盘配额，并进行测试。
17．使用 xfsdump 和 xfsrestore 练习 xfs 文件系统的备份与恢复。

第 4 章　Linux 进程、内核与硬件管理

Linux 操作系统涉及一些更高级、更深入的系统配置管理操作。本章讲解的主要内容是进程管理、计划任务管理、内核管理和硬件管理。

4.1　Linux 进程管理

Linux 系统上所有运行的任务都可以被称为一个进程，每个用户任务、每个应用程序或服务也都可以被称为进程。就管理员来说，没有必要关心进程的内部机制，而要关心进程的控制管理。管理员应经常查看系统运行的进程，对异常的和不需要的进程，应及时将其结束，让系统更加稳定地运行。

4.1.1　Linux 进程概述

1．进程的概念

程序本身是一种包含可执行代码的静态文件。进程由程序产生，是动态的，是一个运行着的、要占用系统运行资源的程序。多个进程可以并发调用同一个程序，一个程序可以启动多个进程。每一个进程还可以有许多子进程。为区分不同的进程，系统给每一个进程都分配了一个唯一的进程标识符（进程号，简称 PID）。PID 是一个 1～32768 的正整数，其中编号为 1 的一般是初始化进程，其他的进程从 2 开始依次编号，当用完了 32768 之后，从 2 重新开始。Linux 是一个多进程的操作系统，每一个进程都是独立的，都有自己的权限及任务。

2．父进程与子进程

能启动另一个进程的进程是父进程，被启动的进程就是该父进程的子进程。进程在 Linux 中呈树状结构，初始化进程是根节点，其他的进程均有父进程。

重建新进程要使用 fork。fork 有两种典型的用法。一种用法是，一个进程创建一个自身的副本，每个副本都可以在另一个副本执行其他任务的同时处理各自的某个操作，一般的守护进程就是这种用法。另一种用法是，一个进程想要执行另一个程序，首先调用 fork 创建一个自身的副本，然后另一个副本（通常为子进程）调用 exec 将自身替换成新的程序，Shell 程序就是这种用法。出于效率的考虑，Linux 引入了写时复制的技术，只有进程空间中的隔离的内容需要发生变化时，才会将父进程的内容复制一份给子进程。在 fork 之后、exec 之前两个进程使用的是同一物理空间（内存区），子进程的代码段、数据段、堆栈段都指向父进程的物理空间，也就是说，虽然两者虚拟空间不同，但是对应的是同一个物理空间。

3．进程分类

Linux 的进程大体可分为以下 3 种类型。

- 交互进程：在 Shell 下通过执行程序所产生的进程，可在前台或后台运行。
- 批处理进程：一个进程序列。
- 守护进程：又称监控进程，是指那些在后台运行，并且没有控制终端的进程，通常可以随着操作系统的启动而运行，也可将其称为服务。例如 httpd 是 Apache 服务器的守护进程。守护进程最重要的特性是后台运行，其次守护进程必须和其运行前的环境隔离开来。

4.1.2　查看进程

Linux 使用进程控制块（Process Control Block，PCB）来标识和管理进程。一个进程主要有以下几个参数。

- PID：进程号（Process ID），用于唯一标识进程。
- PPID：父进程号（Parent PID），创建某进程的上一个进程的进程号。
- USER：启动某个进程的用户 ID 和该用户所属组的 ID。
- STAT：进程状态，进程可能处于多种状态，如运行、等待、停止、睡眠、僵死等。
- PRIORITY：进程的优先级。
- 资源占用：包括 CPU、内存等资源的占用信息。

每个正在运行的程序都是系统中的一个进程，要对进程进行调配和管理，就需要知道现在的进程情况，这可以通过查看进程来实现。

1．ps 命令

ps 命令是最基本的进程查看命令，可确定有哪些进程正在运行、进程的状态、进程是否结束、进程是否僵死、哪些进程占用了过多的资源等。ps 命令最常用的还是监控后台进程的工作情况，因为后台进程是不与屏幕键盘这些标准输入进行通信的。其基本用法为：

ps [选项]

常用的选项有：a 表示显示系统中所有用户的进程；x 表示显示没有控制终端的进程及后台进程；–e 表示显示所有进程；r 表示只显示正在运行的进程；u 表示显示进程所有者的信息；–f 按全格式显示（列出进程间父子关系）；–l 按长格式显示。注意有些选项之前没有连字符（–）。如果不带任何选项，则仅显示当前控制台的进程。

最常用的是使用选项组合 aux，例如：

```
[root@srv1 ~]# ps aux
USER     PID  %CPU %MEM  VSZ     RSS    TTY   STAT  START  TIME  COMMAND
root      1   0.0  0.3   126248  6912   ?     Ss    08:56  0:03  /usr/lib/systemd/systemd
root      2   0.0  0.0   0       0      ?     S     08:56  0:00  [kthreadd]
root      3   0.0  0.0   0       0      ?     S     08:56  0:00  [ksoftirqd/0]
#以下省略
```

其中，USER 表示进程的所有者；PID 是进程号；%CPU 表示占用 CPU 的百分比；%MEM 表示占用内存的百分比；VSZ 表示占用虚拟内存的数量；RSS 表示驻留内存的数量；TTY 表示进程的控制终端（值"?"说明该进程与控制终端没有关联）；STAT 表示进程的运行状态（R 代表准备就绪状态，S 是可中断的休眠状态，D 是不可中断的休眠状态，T 是暂停执行，Z 表示不存在但暂时无法消除，W 表示无足够内存页面可分配，<表示高优先级，N 表示低优先级，L 表示内存页面被锁定，s 表示创建会话的进程，l 表示多线程进程，+表示是一个前台进程组）；START 是进程开始的时间；TIME 是进程已经执行的时间；COMMAND 是进程对应的程序名称和运行参数。

通常情况下系统中运行的进程很多，可使用管道操作符和 less（或 more）命令来查看：

ps aux|less

还可使用 grep 命令查找特定进程。若要查看各进程的继承关系，可使用 pstree 命令。

2．top 命令

ps 命令仅能静态地输出进程信息，而 top 命令用于动态显示系统进程信息，可以每隔一短时间刷新当前状态，还提供一组交互式命令用于进程的监控。命令格式为：

top [选项]

选项-d 指定每两次屏幕信息刷新之间的时间间隔，默认为 5s；-s 表示 top 命令在安全模式中运行，不能使用交互命令；-c 表示显示整个命令行而不只是显示命令名。如果在前台执行该命令，它将独占前台，直到用户终止该程序为止。

在 top 命令执行过程中可以使用一些交互命令。例如：按空格将立即刷新显示；按<Ctrl>+<L>组合键擦除并且重写。

这里给出一个简单的例子：

```
[root@srv1 ~]# top
top - 11:04:11 up   2:07,   2 users,   load average: 0.01, 0.04, 0.05
Tasks: 487 total,   2 running, 485 sleeping,   0 stopped,   0 zombie
%Cpu(s):   7.8 us,   2.0 sy,   0.0 ni, 90.1 id,   0.0 wa,   0.0 hi,   0.0 si,   0.0 st
KiB Mem :   1868660 total,     66164 free,     683748 used,   1118748 buff/cache
KiB Swap:   2097148 total,   2097148 free,           0 used.   972228 avail Mem
   PID USER      PR  NI    VIRT    RES    SHR S  %CPU %MEM     TIME+ COMMAND
  3038 root      20   0  251300  64956  13912 S   6.9  3.5   0:46.92 Xorg
  4197 root      20   0  574632  24072  14464 S   2.6  1.3   0:06.30 gnome-terminal-
  3717 root      20   0 1532644 221236  48280 S   1.0 11.8   1:33.43 gnome-shell
  1049 root      20   0  317748   6472   5008 S   0.7  0.3   0:10.03 vmtoolsd
  6067 root      20   0  146424   2432   1432 R   0.7  0.1   0:00.14 top
  3830 root      20   0  378036  18820  14652 S   0.3  1.0   0:10.15 vmtoolsd
     1 root      20   0  126248   6912   3932 S   0.0  0.4   0:03.31 systemd
     2 root      20   0       0      0      0 S   0.0  0.0   0:00.02 kthreadd
//以下省略
```

首先显示的是当前进程的统计信息，包括用户（进程所有者）数、负载平均值、任务数、CPU 占用、内存和交换空间的已用和空闲情况。然后逐条显示各个进程的信息，其中 PID 是进程号；USER 表示进程的所有者；PR 表示优先级；NI 表示 nice 值（负值表示高优先级，正值表示低优先级）；VIRT 表示进程使用的虚拟内存总量（单位为 kb）；RES 表示进程使用的、未被换出的物理内存大小（单位为 kb）；SHR 表示共享内存大小；S 表示进程状态（参见命令 ps 显示的 STAT）；%CPU 和%MEM 分别表示 CPU 和内存占用的百分比；TIME+表示进程使用的 CPU 时间总计（精确到 0.01 秒）；COMMAND 是进程对应的程序名称和运行参数。

3．pstree 命令

pstree 命令以树状图方式展现进程之间的派生关系，显示效果比较直观。基本用法为：

pstree [选项] [参数]

-a 表示显示每个进程的完整指令，包含路径、参数或常驻服务的标识；-p 表示显示 PID；-u 表示显示进程所有者；-l 表示采用长列格式显示树状图；-h 表示列出树状图时，特别标明执行的程序。

这个工具特别适合查找进程之间的相关性。进程的关联要使用连接符（正负号等），一般使用 ASCII 码。选项-A 表示以 ASCII 字符显示连接；-U 表示使用 UTF-8 字符显示连接；-G 表示使用 VT100 终端机的字符。

可以使用 PID 或进程所有者作为参数，这样 pstree 从指定的 PID 或进程所有者所属的第一个进程开始显示进程树状图。如果不指定任何参数，则会从系统启动时的第一个进程开始显示之后的所有进程。这里给出一个简单的例子：

```
[root@srv1 ~]# pstree -Aup
systemd(1)-+-ModemManager(1117)-+-{ModemManager}(1145)
           |                     `-{ModemManager}(1147)
           |-NetworkManager(1230)-+-dhclient(1548)
           |                       |-{NetworkManager}(1316)
           |                       `-{NetworkManager}(1336)
           #以下省略
```

括号()中列出 PID 和该进程的所有者，如果该进程的所有者与父进程相同，则不会显示，否则就会明确列出。

从以上输出内容可以发现，所有的进程都起始于 systemd，它的 PID 是 1，是由 Linux 内核启动的第一个进程。

pstree 输出的信息比较多，建议与 more 或 less 命令配合使用。

4.1.3 Linux 进程基本管理

1. 启动进程

启动进程需要运行程序。启动进程有两个主要途径，即手动启动和调度启动。

由用户在 Shell 命令行下输入要执行的程序来启动一个进程，即为手动启动进程。其启动方式又分为前台启动和后台启动，默认为前台启动。若在要执行的命令后面跟随一个符号"&"，则为后台启动，此时进程在后台运行，Shell 可继续运行和处理其他程序。在 Shell 下启动的进程就是 Shell 进程的子进程，一般情况下，只有子进程结束后，才能继续父进程，如果是从后台启动的进程，则不用等待子进程结束。

调度启动是事先设置好程序要运行的时间，当到了预设的时间后，系统自动启动程序。后面将专门介绍调度启动的方法。

2. 进程的挂起及恢复

通常将正在执行的一个或多个相关进程称为一个作业（job）。一个作业可以包含一个或多个进程。作业控制指的是控制正在运行的进程的行为，可以将进程挂起并可以在需要时恢复进程的运行，被挂起的作业恢复后将从中止处开始继续运行。

在运行进程的过程中使用<Ctrl>+<Z>组合键可挂起当前的前台作业，将进程转到后台。此时进程默认是停止运行的，如果要恢复进程执行，有两种选择，一种是用 fg 命令将挂起的作业放回到前台执行，另一种是用 bg 命令将挂起的作业放到后台执行。

3. 结束进程的运行

当需要中断一个前台进程的时候，通常是使用<Ctrl>+<C>组合键；但是对一个后台进程，就必须求助于 kill 命令。该命令可以结束后台进程。遇到进程占用的 CPU 时间过多，或者进程已经挂死的情形，就需要结束进程的运行。当发现一些不安全的异常进程时，也需要强行终止该进程的运行。

kill 命令是通过向进程发送指定的信号（signal）来结束进程的，命令格式为：

kill [-s,--信号|-p] [-a] PID...

Linux 进程间相互通信的方法有多种，信号便是其中最为简单的一种，它用以指出某事件的发生。在 Linux 系统中，内核程序会根据具体的软硬件情况发出不同的信号来通知进程某个事件的发生。要赋予某个已经处于后台的进程某些动作时，直接向该进程发送一个信号即可。常用信号名称与编号见表 4-1。

表 4-1 Linux 信号

编 号	信 号 名	说 明
1	SIGHUP	在用户终端连接（正常或非正常）结束时发出。通常是在终端的控制进程结束时，通知同一会话内的各个作业，这时它们与控制终端不再关联。对与终端脱离关系的守护进程，这个信号用于通知它重新读取配置文件，类似重新启动
2	SIGINT	用于通知前台进程组终止进程，相当于使用<Ctrl>+<C>组合键来中断一个进程的进行
9	SIGKILL	用来立即结束程序的运行。本信号不能被阻塞、处理和忽略。如果管理员发现某个进程终止不了，可尝试发送这个信号
15	SIGTERM	用于终止程序运行。与 SIGKILL 不同的是，该信号可以被阻塞和处理。通常用来要求程序自己正常退出，Shell 命令 kill 默认产生这个信号。如果进程终止不了，才会尝试使用 SIGKILL
19	SIGSTOP	暂停进程的执行，该进程还未结束，只是暂停执行。相当于使用<Ctrl>+<X>组合键来暂停一个程序的进行。本信号不能被阻塞、处理或忽略

kill 命令的选项-s 指定需要送出的信号，既可以是信号名也可以是对应的编号。默认为 TERM 信号（值 15）。选项-p 指定 kill 命令只是显示进程的 pid，并不真正送出结束信号。

可以使用 ps 命令获得进程的进程号。为了查看指定进程的进程号，可使用管道操作和 grep 命令相结合的方式来实现。例如，要查看 xinetd 进程对应的进程号，可执行以下命令：

ps -e|grep xinetd

信号 SIGKILL（值为 9）用于强行结束指定进程的运行，适合于结束已经挂死而没有能力自动结束的进程，这属于非正常结束进程。

假设某进程（PID 为 3456）占用过多 CPU 资源，使用命令 kill 3456 并没有结束该进程，这就需要执行 kill -9 3456 命令强行将其终止。

由于 kill 命令后面必须加上 PID，所以通常 kill 都会配合 ps 或 pstree 等命令来使用，比较麻烦一些。为此 Linux 下还提供一个 killall 命令，能直接使用进程的名字而不是 PID 作为参数。

另外，使用 killall 命令，如果系统存在同名的多个进程，这些进程将全部被结束运行。

4. 使用 nohup 不挂断地运行命令

在 Linux 中要让某个程序在后台运行，通常在命令结尾加上&符号来让它自动运行。这比较适合守护进程，对于普通应用程序，即使使用&结尾，如果终端关闭，则程序也会被关闭。为了让普通应用程序能在后台运行，就要使用 nohup 这个命令。nohup 命令基本用法如下：

nohup 命令 [参数...] [&]

nohup 忽略所有挂断（SIGHUP）信号。可以在注销后使用 nohup 命令运行后台中的程序。要运行后台中的 nohup 命令，添加&到命令的尾部。例如有个脚本 start_test.sh 需要在后台运行，并且希望在后台能够一直运行，那么就可以使用以下命令：

nohup /root/start_test.sh &

如果不将 nohup 命令的输出重定向，输出将附加到当前目录的 nohup.out 文件中。如果当前目录的 nohup.out 文件不可写，输出重定向到$HOME/nohup.out 文件中。

注意：nohup 并不支持 bash 内置的指令，因此需要 nohup 运行的必须是外部指令。

5. 管理进程的优先级

每个进程都有一个优先级参数用于表示 CPU 占用的等级，优先级高的进程更容易获取 CPU 的控制权，更早地执行。进程优先级可以用 nice 值表示，范围一般为-20~19，-20 为最高优先级，19 为最低优先级，系统进程默认的优先级值为 0。

命令 nice 可用于设置进程的优先级，命令格式为：

nice　[-n] [命令 [参数]...]

n 表示优先级值，默认值为 10；命令表示进程名；参数是该命令所带的参数。

命令 renice 则用于调整进程的优先级，范围也是-20~19，不过只有 root 权限才能使用，命令格式为：

renice　[优先级]　[PID] [进程组] [用户名称或 ID]

可以修改某进程号的进程的优先级，或者修改某进程组下所有进程的优先级，还可以按照用户名或 ID 修改该用户的所有进程的优先级。

4.1.4　服务与守护进程

Linux 的服务可以随系统启动自动启动，在系统运行过程中也可以实现对某服务的启动、停止或重启服务。对不需要的服务，应当及时关闭。当然服务是一种特殊的进程，往往将其称为守护进程。

1. 服务与守护进程的概念

在 Linux 系统中，有些程序在启动之后持续在后台运行，等待用户或其他应用程序调用，此类程序就是服务（service）。大多数服务都是通过守护进程（daemon）实现的。守护进程名称一般要在末尾加个小写字母 d，而服务名称不用加。

守护进程一旦开启，就在后台运行并时刻监视着系统前台，一旦前台发出指令或请求，守护进程立即做出响应以提供相应的服务。

客户端发出的各种网络通信请求，在服务器端是由各种守护进程来处理的，如 Web 服务 http、文件服务 nfs 等。守护进程还用于完成许多系统任务，如作业调度进程 crond，打印进程 lpd 等。可以这样说，守护进程是服务的具体实现。

Linux 系统启动时会自动启动很多守护进程（系统服务），向本地用户或网络用户提供系统功能接口，直接面向应用程序和用户。但是开启不必要的或者本身有漏洞的服务，会给操作系统本身带来安全隐患。

Linux 守护进程按照功能可以区分为系统守护进程与网络守护进程。前者又被称为系统服务，是指那些为系统本身或者系统用户提供的一类服务，主要用于当前系统，如提供作业调度服务的 cron 服务。后者又被称为网络服务，是指供客户端调用的一类服务，主要用于实现网络访问，如 Web 服务、文件服务等。

按照服务启动的方法与执行时的特性，还可以将 Linux 服务分为独立服务（Standalone

Service）与临时服务（Transient Service）。独立服务一经启动，将始终在后台执行，除非关闭系统或强制中止。多数服务属于此种类型。临时服务只有当客户端需要时才会被启动，使用完毕就会结束。Linux 还提供一种特殊的超级服务 xinetd，用于管理其他服务。

2. Linux 网络服务定义文件/etc/services

作为网络操作系统，Linux 主要用作网络服务器，提供 Web、FTP、电子邮件等 Internet 网络服务。Linux 使用 Internet 网络服务文件/etc/services 来定义网络服务名和它们对应使用的端口号及协议。Internet 服务一般都是通过指定的端口号来标识的，例如 Web 服务运行在 80 端口。服务器根据设置自动分配端口来提供服务。

/etc/services 文件中的每一行对应一种服务，由 4 个字段组成，分别表示服务名、所用端口号、协议名和别名，命令格式为：

服务名　端口/协议名　[别名...]　　[#注释]

下面列出这个文件的部分内容：

ftp-data	20/tcp		
ftp-data	20/udp		
ftp	21/tcp		
ftp	21/udp	fsp fspd	
ssh	22/tcp		# The Secure Shell (SSH) Protocol
ssh	22/udp		# The Secure Shell (SSH) Protocol
telnet	23/tcp		

一般不要修改该文件，默认都是 Internet 标准的设置。一旦修改，可能会造成系统冲突，使用户无法正常访问资源。Linux 系统的端口号的范围为 0~65535，不同范围有不同的意义，具体分为以下 3 个范围。

● 公认端口（端口 0~1023）：用于服务和应用程序，如 Web 服务、POP3/SMTP、Telnet 等。通过为服务器应用程序定义公认端口，可以将客户端应用程序设定为请求特定端口及其相关服务的连接。

● 已注册端口（端口 1024~49151）：分配给用户进程或应用程序。这些进程主要是用户选择安装的一些应用程序，而不是已经分配了公认端口的常用应用程序。这些端口在没有被服务器资源占用时，可由客户端动态选用为源端口。

● 动态或私有端口（端口 49152~65535）：又被称为临时端口，往往在开始连接时被动态分配给客户端应用程序。客户端一般很少使用动态或私有端口连接服务（只有一些点对点文件共享程序使用）。

另外，有些服务和应用程序可能既使用 TCP，又使用 UDP。例如，DNS 同时采用公认端口号 TCP 53 和 UDP 53，通过低开销的 UDP，DNS 可以很快响应很多客户端的请求；但有的时候，发送被请求的信息时需要满足 TCP 可靠性要求。

虽然/etc/services 文件主要定义服务和端口的对应关系，但是在实际应用中，网络服务一般通过自己的配置文件自行定义端口，服务最终采用的方案仍然是自己的端口定义配置文件。/etc/services 只是记录了 Internet 标准端口设置，在该文件中定义的服务名可以作为配置文件中的参数使用。最典型的应用是防火墙或路由器在配置安全策略时，使用该文件定义的服务名代替端口，如用 www 代替 80。当需要调整端口设置时，在/etc/services 中修改服务的端口定义即可。

4.2　计划任务管理

Linux 可以将任务配置为在指定的时间点、时间区间，或者系统负载低于特定水平时自动运行，这实际上是一种进程的调度启动。这种计划任务管理作为一种例行性安排，通常被用于执行定期备份、监控系统、运行指定脚本等工作。计划任务有两类，一类是周期性执行，另一类是执行一次之后就不再执行。与多数 Linux 版本一样，CentOS 提供 cron、at 和 batch 等计划任务管理工具。

4.2.1　使用 cron 安排周期性任务

cron 用来管理周期性重复执行的作业任务调度，非常适合日常系统维护工作。计划任务分为系统的计划任务和用户自定义的计划任务。cron 服务每分钟都检查/etc/crontab 文件、etc/cron.d 目录和/var/spool/cron 目录中的变化。如果发现改变，就将其载入内存。这样一来，更改 cron 任务调度配置后，就不必重新启动 cron 服务。/var/spool/cron 目录下的任务需要通过 crontab -e 命令来创建，存放在 cron.d 目录下的是任务配置文件，而不是可执行文件。通过命令创建的一般为用户任务，通过配置文件定义的则为系统级任务。

1. 使用配置文件/etc/crontab 定义系统级周期性任务

cron 主要使用配置文件/etc/crontab 来管理系统级任务调度。默认情况下，CentOS 7 中的该配置文件内容如下：

```
SHELL=/bin/bash                          #默认 Shell 环境
PATH=/sbin:/bin:/usr/sbin:/usr/bin       #运行命令的默认路径
MAILTO=root                              #执行结果以邮件形式发送到此处指定的用户
# For details see man 4 crontabs
# Example of job definition:
# .---------------- minute (0 - 59)
#|  .------------- hour (0 - 23)
#|  |  .---------- day of month (1 - 31)
#|  |  |  .------- month (1 - 12) OR jan,feb,mar,apr...
#|  |  |  |  .---- day of week (0 - 6) (Sunday=0 or 7) OR sun,mon,tue,wed,thu,fri,sat
#|  |  |  |  |
# *  *  *  *  * user-name   command to be executed      #定义任务调度
```

#分钟（m）小时（h）日期（dom）月份（mon）星期（dow）用户身份（user）要执行的命令（command）

与以前版本的 CentOS 不同，CentOS 7 默认没有定义任何调度任务。管理员可以参照上述指定的格式自定义调度任务。下面具体解释一下各字段的含义。

前 5 个字段用于表示计划时间，数字取值范围：分钟（0～59），小时（0～23），日期（1～31），月份（1～12），星期（0～7，0 或 7 代表星期日）。尤其要注意以下几个特殊符号的用途：星号"*"为通配符，表示取值范围中的任意值；连字符"-"表示数值区间；逗号","用于多个数值列表；正斜线"/"用来指定间隔频率。在某范围后面加上"/整数值"表示在该范围内每跳过该整数值执行一次任务。例如"*/3"或者"1-12/3"用在"月份"字段表示每 3 个月，"*/5"或者"0-59/5"用在"分钟"字段表示每 5 分钟。

第 6 个字段表示执行任务命令的用户身份，例如 root。

最后一个字段就是要执行的命令。

　　Linux 系统中预设有许多例行任务，cron 服务默认开机自动启动。通常 cron 服务的监测周期是 1 分钟，它每分钟会读取配置文件/etc/crontab 的内容，根据其中的定义执行任务。

　　2．在 etc/cron.d 目录中定义个别的周期性任务

　　/etc/crontab 配置文件适合全局性的计划任务，如果要定制更为灵活、更具个性的计划任务，则可以考虑在/etc/cron.d/目录中添加自己的配置文件，格式同/etc/crontab，文件名可以自定义。例如添加一个文件 backup 用于执行备份任务，内容如下：

```
# 每月第 1 天 4:10AM 执行自定义脚本
10  4  1 *  *   root /scripts/backup.sh
```

对于需要定期执行的软件，可以在此使用一个新的 cron 配置文件。

　　CentOS 7 默认在该目录下创建有 3 个配置文件，可以查看该目录：

```
[root@srv1 ~]# ls -l /etc/cron.d
总用量 12
-rw-r--r--. 1 root root 128 7 月  27 2015 0hourly
-rw-r--r--. 1 root root 108 9 月  18 2015 raid-check
-rw-------. 1 root root 235 3 月   6 2015 sysstat
```

其中 0hourly 比较特别，配置内容如下：

```
# Run the hourly jobs
SHELL=/bin/bash
PATH=/sbin:/bin:/usr/sbin:/usr/bin
MAILTO=root
01 * * * * root run-parts /etc/cron.hourly
```

可见，它的内容几乎与/etc/crontab 一样，只是已经定义了一个调度任务，具体功能是每到整点 1 分，系统以 root 身份执行 run-parts 脚本来运行 etc/cron.hourly 目录中的调度任务脚本。run-parts 是一个 Shell 脚本，用于遍历目标文件夹并执行第一层目录下的可执行权限的文件。这样/etc/cron.hourly 目录中必须存放可直接执行的脚本，而不能是像/etc/crontab 和/etc/cron.d/中的文件那样的设置格式。

　　CentOS 7 默认提供了/etc/cron.daily、/etc/cron.weekly 和/etc/cron.monthly 目录，分别用于每日、每周和每月的任务调度。不过，与 etc/cron.hourly 不同，这 3 个目录由 anacron 执行，而 anacron 的执行方式则由/etc/cron.hourly/0anacron 决定，在 4.2.2 节会详细介绍。

　　3．使用 crontab 命令为普通用户定制任务调度

　　上述两种配置是系统级的，只有 root 用户能够通过/etc/crontab 文件和/etc/cron.d/目录来定制 cron 任务调度。普通用户只能使用 crontab 命令创建和维护自己的 cron 配置文件。该命令的基本用法为：

```
crontab [-u 用户名] [ -e|-l|-r ]
```

选项-u 指定要定义任务调度的用户名，没有此选项则为当前用户；-e 用于编辑用户的 cron 调度文件；-l 用于显示 cron 调度文件的内容；-e 用于删除用户的 cron 调度文件。

　　没有列入/etc/cron.deny 文件中的 Linux 用户可以直接执行命令 crontab -e 进入 vi 的编辑界面，每行定义一个任务调度，格式与/etc/crontab 类似，只是少一个用户身份字段，编辑完成后输入:wqb 保存并退出。

　　crontab 命令生成的 cron 调度文件位于/var/spool/cron/目录，以用户账户名命名。例如，执行以下命令，系统将打开文本编辑器定义任务调度,任务调度文件保存为/var/spool/

cron/zhong：

```
crontab -u zhong -e
```

4. 控制对 cron 的访问

可通过/etc/cron.allow 和/etc/cron.deny 文件来限制用户对 cron 服务的使用。这两个控制文件的格式都是每行一个用户，不允许空格。如果控制文件被修改了，不必重启 cron 服务。

如果 cron.allow 文件存在，只有其中列出的用户才被允许使用 cron，并且忽略 cron.deny 文件的设置；如果 cron.allow 文件不存在，所有在 cron.deny 中列出的用户都被禁止使用 cron。CentOS 7 默认只保留/etc/cron.deny。root 用户不受这两个控制文件的制约，总是可以使用 cron。

4.2.2　使用 anacron 唤醒停机期间的调度任务

1. anacron 概述

cron 用于自动执行常规系统维护，可以很好地服务于全天候运行的 Linux 系统，但是，遇到停机等问题，因为不能定期运行 cron，可能会耽误本应执行的系统维护任务。例如，早期 Linux 版本使用/etc/crontab 配置文件来启用每周要定期启动的调度任务，默认设置为：

```
22  4  *  *  0  root  run-parts /etc/cron.weekly
```

这表示每周日 4 时 22 分运行/etc/cron.weekly 目录下的任务脚本，假如每周需要执行一项备份任务，一旦到周日 4 时 22 分因某种原因未执行，过期就不会重新执行。在 Linux 中，可以使用 anacron 工具来解决这个问题。

anacron 并非要取代 cron，而是要扫除 cron 存在的盲区。anacron 只是一个程序而非守护进程，可以在启动计算机时运行 anacron，也可以通过 cron 启动该程序。默认 anacron 也是每个小时由 cron 执行一次，anacron 检测相关的调度任务有没有被执行，如果有超期未执行，就直接执行，执行完毕或没有需执行的调度任务时，anacron 就停止运行，直到下一时刻被执行。

2. 配置 anacron

4.2.1 节中提到过，CentOS 7 默认在/etc/cron.d/0hourly 配置文件中设置每到整点 1 分以 root 身份执行 run-parts 脚本来运行 etc/cron.hourly 目录中的调度任务脚本。etc/cron.hourly 目录有一个名为 0anacron 的脚本文件，内容如下：

```
#!/bin/sh
# Check whether 0anacron was run today already
if test -r /var/spool/anacron/cron.daily; then
    day=`cat /var/spool/anacron/cron.daily`
fi
if [ `date +%Y%m%d` = "$day" ]; then
    exit 0;
fi
# Do not run jobs when on battery power
if test -x /usr/bin/on_ac_power; then
    /usr/bin/on_ac_power >/dev/null 2>&1
    if test $? -eq 1; then
    exit 0
    fi
fi
/usr/sbin/anacron -s
```

将/etc/cron.daily 中的 anacron 文件名之前加个 0，目的是让 anacron 最先执行。该脚本最后一行最为关键，表示开始连续执行各项调度任务，依据时间记录文件判断是否执行调度任务。具体要执行的任务则由/etc/anacrontab 配置文件，其主要内容如下：

```
SHELL=/bin/sh
PATH=/sbin:/bin:/usr/sbin:/usr/bin
MAILTO=root
# the maximal random delay added to the base delay of the jobs
RANDOM_DELAY=45          #随机给予最大延迟时间，单位是分钟
# the jobs will be started during the following hours only
START_HOURS_RANGE=3-22  #在指定的时间范围内开始执行，这里表示 3 时至 22 时之间会启动
#period in days    delay in minutes    job-identifier    command
#期限（天数）      延迟时间（分钟）     任务标识符         命令
1    5           cron.daily          nice run-parts /etc/cron.daily
7    25          cron.weekly         nice run-parts /etc/cron.weekly
@monthly 45      cron.monthly        nice run-parts /etc/cron.monthly
```

anacron 任务调度定义包括以下 4 个字段。

● 期限（天数）：anacron 比较当前与时间戳（/var/spool/anacron/内的时间记录文件，默认有 cron.daily、cron.weekly、cron.monthly，分别对应 3 个任务，每执行完相关的任务就记录当时的时间）相差的天数，如果超过此处指定的天数，就准备开始执行，否则就不执行后续的命令。

● 延迟时间（分钟）：一旦确定超过期限天数，就要执行调度任务，为避免立即启动可能带来的问题，需要延迟执行的时间。这里以分钟为时间单位。

● 任务标识符：用于标明该项任务的名称，通常与后续的目录资源名称相同。

● 命令：这是实际要进行的指令串，都是通过 run-parts 来处理，含义参考/etc/cron.d/0hourly。

就上述设置来看，以 cron.daily 调度任务为例，期限为 1 天，从/var/spool/anacron/cron.daily 中取出最近一次执行 anacron 的时间戳，两相比较，若差异天数为 1 天以上（含 1 天），就准备启动；默认延迟 5 分钟，加 RANDOM_DELAY 参数设置为 45 分钟，实际的延迟时间是 5~50 分钟，START_HOURS_RANGE 设置开始时间范围为 3~22 点，如果计算机未关机，一般就会在 03:05~03:50 之间执行 run-parts /etc/cron.daily 命令，该命令前面有个 nice 命令，表示将该进程的 nice 值设置为 10（默认值为 10）。执行完毕后，anacron 关闭。读者可据此分析 cron.weekly、cron.monthly 的启动过程。

提示：anacron 不可以定义频率在 1 天以下的调度任务。不应该将每小时执行一次的 cron 任务转换为 anacron 形式。

3．anacron 与 cron 结合

与早期版本启用/etc/crontab 配置文件来启动/etc/cron.hourly、/etc/cron.daily、/etc/cron.weekly 和/etc/cron.monthly 中的脚本不同，CentOS 7 通过 anacron 来解决每天、每周和每月要定期启动的调度任务。cron 每分钟会读取/etc/cron.d/0hourly 的配置信息，每小时第 1 分钟执行/etc/cront.hourly/0anacron 脚本启动 anacron，anacron 根据/etc/anacrontab 的配置执行/etc/cron.daily、/etc/cron.weekly 和/etc/cron.monthly 目录中的调度任务脚本。

管理员可以根据需要将每小时、每日、每周和每月执行要执行任务的脚本放在上述目录中。例如，要建立一个每周执行一次备份的任务，可以为这个任务建立一个脚本文件

backup.sh，然后将该脚本放到/etc/cron.weekly 目录中。

　　这里再次以一个例子强调 anacron 的作用。如果将每个周日需要执行的备份任务在/etc/crontab 中配置，一旦周日因某种原因未执行，过期就不会重新执行。但如果配置好/etc/anacrontab，并将备份任务置于/etc/cron.weekly/目录下，那么该任务就会定期执行，几乎会在一周内执行一次。

4.2.3　使用 at 和 batch 工具安排一次性任务

　　cron 根据时间、日期、星期、月份的组合来调度对重复作业任务的周期性执行，有时也需要安排一次性任务，在 Linux 系统中通常使用 at 工具在指定时间内调度一次性任务。另外 batch 工具用于在系统平均载量降到 0.8 以下时执行一次性的任务。这两个工具都由 at 软件包提供，由 at 服务（守护进程名为 atd）支持。

　　1．at

　　CentOS 7 默认安装 at 软件包，并自动启动 at 服务。下面讲解配置 at 作业，在某一指定时间内调度一项一次性作业任务的步骤。

　　（1）在命令行中执行 at 命令进入作业设置状态。at 后面跟时间参数，即要执行任务的时间，可以是下面格式中任何一种。

　　● HH:MM：某一时刻，如 05:00 代表 5:00 AM。如果时间已过，就会在第 2 天的这一时间执行。

　　● MMDDYY、MM/DD/YY 或 MM.DD.YY：日期格式，表示某年某月某天的当前时刻。

　　● 月日年英文格式：如 January 15 2015，年份可选。

　　● 特定时间：midnight 代表 12:00 AM；noon 代表 12:00 PM；teatime 代表 4:00 PM。

　　● now +：从现在开始多少时间以后执行，单位是 minutes、hours、days 或 weeks。如 now +3 days 代表命令应该在 3 天之后的当前时刻执行。

　　（2）出现 at>提示符，进入命令编辑状态，设置要执行的命令或脚本。可指定多条命令，每输入一条命令，按<Enter>键。

　　（3）需要结束时按<Ctrl>+<D>组合键退出。

　　（4）可根据需要执行命令 atq 查看等待运行（未执行）的作业。

　　（5）如果需要取消 at 作业，可以在 atrm 命令后跟 atq 命令输出的作业号，将该 at 作业删除。

　　下面给出一个简单的 at 配置实例：

```
[root@srv1 ~]# at now + 10minutes
#指定作业任务
at> ps
at> ls
at> <EOT>
job 2 at Thu Jan 26 22:13:00 2017
#查询未执行 at 作业
[root@srv1 ~]# atq
2       Thu Jan 26 22:13:00 2017 a root
#删除 at 作业
[root@srv1 ~]# atrm 2
[root@srv1 ~]# atq
```

与 cron 类似，可以通过/etc/at.allow 和/etc/at.deny 文件来限制用户对 at 服务的使用。CentOS 7 默认只保留/etc/at.deny。root 不受这两个控制文件的制约，总是可以使用 at。

2. batch

batch 与 at 一样使用 atd 守护进程，主要执行一些不太重要及消耗资源比较多的维护任务。配置和管理 batch 作业的过程与 at 作业类似。执行 batch 命令后，at>提示符就会出现，编辑要执行的命令即可。

4.3　内核管理

内核是 Linux 操作系统最重要的组件，用来管理计算机中所有的软硬件资源，以及提供操作系统的基本能力。Linux 的许多功能都是由内核提供的。作为管理员，应当了解配置和管理内核的方法。

4.3.1　Linux 内核概述

Linux 内核具有两大特点，一是支持模块化，以适应不断发展的计算机硬件，二是支持内核模块的动态装载和卸载。

1. 查看内核版本

使用 uname 命令查看目前执行的内核版本信息，该命令提供几个选项，如-r 显示内核发行版本，-a 或--all 可以显示所有信息，例如：

```
[root@srv1 ~]# uname -a
Linux srv1.abc 3.10.0-327.el7.x86_64 #1 SMP Thu Nov 19 22:10:57 UTC 2015 x86_64 x86_64 x86_64
GNU/Linux
```

上述命令显示的信息依次为内核名称（Linux）、主机名（srv1.abc）、内核发行版本（3.10.0-327.el7.x86_64）、内核编译版本与时间（#1 SMP Thu Nov 19 22:10:57 UTC 2015）、机器硬件（x86_64）、处理器类型（x86_64）、硬件平台（x86_64）、操作系统名称（GNU/Linux）。

内核发行版本最为关键，例中 3.10.0-327 表示主版本为 3；次版本为 10（稳定的版本）；而修订版本为 0；附版本为 327。

执行以下命令查看当前 CentOS 发行版本：

```
[root@srv1 ~]# cat /etc/centos-release
CentOS Linux release 7.2.1511 (Core)
```

执行以下命令查看当前 CentOS 发行版本上游来源：

```
[root@srv1 ~]# cat /etc/centos-release-upstream
Derived from Red Hat Enterprise Linux 7.2 (Source)
```

2. Linux 内核的组成部分

完整的 Linux 内核包含以下 3 个部分。

● 内核核心文件：内核通常以 bzImage（压缩的内核映像）文件类型存储在 Linux 系统中。当启动 Linux 系统时，引导装载程序会将该文件直接装载到内存，以启动内核与整个操作系统。CentOS 的内核核心文件名称为 vmlinuz-KERNEL_VERSION（内核版本编号），存储于/boot 目录中。

● 内核模块：Linux 内核的功能可以编译到内核核心文件中，或者单独成为内核模块。在运行期间，系统动态地装载或者卸除这些模块。CentOS 的内核模块集中存储在 /usr/lib/modules/KERNEL_VERSION 目录中，文件扩展名为.ko（kernel object，内核对象）。内核模块目录与内核核心版本一定要严格匹配。

● ramdisk 映像文件：ramdisk 可译为基于内存的磁盘设备。Linux 内核会先创建一个基于内存的虚拟文件系统 rootfs，然后挂载真正的文件系统，再执行初始化进程。在早期 Linux 版本中，内核装载 initrd（Initial RAM Disk）映像作为一个临时的根文件系统，然后执行 initrd 中的 linuxrc 文件，挂载真正的根文件系统并卸载 initrd 映像。initrd 就是一个文件系统映像。现在的 Linux 版本改用 initramfs（Init Ram filesystem）映像，这是一个 cpio 格式的内存文件系统。内核将 initramfs 映像直接释放到 rootfs 目录中，并执行其中的初始化程序。

initramfs 通常独立于内核，在 GURB 启动配置中需要指定 initramfs 文件的路径。其版本必须与内核版本一致。initramfs 也可以与内核合并为一个文件，这样就不需要指定 initramfs 路径。

有的 Linux 系统还安装有内核源码，存放于/usr/src/linux 或/usr/src/kernels 目录。CentSO 7 默认没有安装，用户需要自行安装。

3. Linux 内核模块

可以在编译内核时将某些功能编译成模块。内核允许在启动 Linux 系统后动态地装载或者卸除这些内核模块，让用户不用重新编译内核，就可以动态地启用或者停用某一项功能。作为内核模块的程序主要是硬件的驱动程序，以及一些软件提供的内核功能。

在 CentOS 7 系统中，用于集中存放内核模块的目录是/usr/lib/modules/KERNEL_VERSION /kernel，其中 KERNEL_VERSION 代表内核版本。不同类型的模块在该目录下按不同的子目录分类存储，主要子目录有 arch（有关硬件平台）、crypto（加密算法）、drivers（硬件设备驱动程序）、fs（有关文件系统）；lib（各种模块所需要用到的链接库）、net（有关网络）、sound（声卡驱动）。

Linux 内核模块文件的命名方式通常为模块名称.ko。模块文件是执行文件，扩展名为.ko，文件名部分就是模块名称，例如 ipv6.ko。

4.3.2　管理内核模块

如果当前的操作系统不支持某个新的硬件设备，那么有两种解决方案，一种是重新编译内核，并加入最新的硬件驱动程序源码；另一种是将该硬件的驱动程序编译成内核模块，在开机启动时装载该模块。重新编译内核的工作量较大，因而多数情况下会选择将驱动程序编译为内核模块。

Linux 自动管理内核模块，systemd 已经基本将系统启动会用到的模块全部载入了。当 Linux 需要使用某一项功能或需要驱动某一个硬件设备时，它会自动地装载该模块；当 Linux 认为不需要使用某个模块时，它就会自动地将其卸载。Linux 也允许手动地装载或卸载内核模块，这对自定义内核模块特别有用。

从 CentOS 6 开始使用 udev 装载机制，所有必需的模块的装载均由 udev 自动完成。如果不需要任何额外的模块，就没有必要在任何配置文件中添加启动时装载的模块。但是，有些情况下可能需要在系统启动时装载某个额外的模块，或者将某个模块列入黑名单，以便使系统正常运行。

1. 查看内核模块信息

使用 modinfo 命令可以查看每一个内核模块的信息，命令格式为：

modinfo [选项] 模块文件名 [参数]

如果使用选项-F 指定字段名，系统仅显示指定字段的信息，否则显示全部信息。选项-0 表示对各项信息不分开显示，否则每一项信息占一行。模块可提供参数（以 parm 字段显示），装载模块时指定某些参数以影响模块执行结果。

2. 查看已装载的内核模块

使用 lsmod 命令可以查看 Linux 系统当前装载了哪些内核模块，例如：

```
[root@srv1 ~]# lsmod
Module                  Size   Used by
binfmt_misc            17468   1
tcp_lp                 12663   0
nls_utf8               12557   1
isofs                  39844   1
bnep                   19704   2
bluetooth             372944   5 bnep
#以下省略
```

该命令显示的信息有 3 项，即模块名（Module）、装载到内存时所占的空间（Size，单位是字节）和使用该模块的模块（Used by），有多个模块时用逗号隔开。命令 lsmod 会显示所有已经装载的内核模块，要查看具体的内核模块，可使用管道操作搭配命令 grep。

3. 手动装载或卸载模块

可以使用 insmod 命令手动地装载内核模块，命令格式为：

insmod [模块文件名] [参数=值...]

最好先检查该模块是否已被装载，若未被装载，再进行装载操作。下面给出一个例子：

```
[root@srv1 ~]# lsmod |grep ip_vs                    #检查是否已经被装载
[root@srv1 ~]# insmod/lib/modules/3.10.0-327.el7.x86_64/kernel/net/netfilter/ipvs/ip_vs.ko    #装载
[root@srv1 ~]# lsmod|grep ip_vs                     #检查是否被成功装载到内核
ip_vs                 140944   0
nf_conntrack          105745   8 ip_vs,nf_nat,nf_nat_ipv4,nf_nat_ipv6,xt_conntrack,nf_nat_masquerade_ipv4,nf_
conntrack_ipv4,nf_conntrack_ipv6
libcrc32c              12644   2 xfs,ip_vs
```

模块文件名必须用完全路径。

要装载的模块本身带有参数时，要在 insmod 命令中以"参数=值"的形式提供。

需要手动卸载模块时，可以使用 rmmod 命令，命令格式为：

rmmod [-f] [-w] [-s] [-v] [模块名]

其中选项-s 表示要将卸载模块的信息记录到系统日志中。

4. 使用 modprobe 装载模块并自动处理依赖关系

有些模块之间存在相互依赖关系，要装载一个模块，可能要先装载一个或多个其他模块，同样，要卸载一个模块，可能先卸载一个或多个其他模块。要成功装载或卸载存在相互依赖关系的模块，必须根据其相互依赖关系，按顺序处理。其中/usr/lib/modules/KERNEL_VERSION

/modules.dep 文件记录了模块之间的依赖关系。

要手工装载或卸载这些模块比较麻烦，Linux 提供 modprobe 工具用于自动装载或卸载所有必须用到的模块。使用 modprobe 装载模块可定义装载模块时的参数，命令格式为：

modprobe [-C 配置文件] [模块名] [参数=值…]

配置文件是指内核模块配置文件，默认为/etc/modprobe.d 目录下的配置文件。

使用 modprobe 卸载模块只需使用选项-r，命令格式为：

modprobe –r [模块名…]

选项-l 表示显示符合条件的模块文件路径；-t 定义匹配特定目录的条件；-a 表示显示所有符合条件的模块文件路径。命令格式为：

modprobe -l -t <目录名> [-a <模块名>…]

实际上 modprobe 根据模块依赖关系配置文件中的定义装载或卸载所需的模块。这些配置文件存储在/usr/lib/modules/KERNEL_VERSION 目录。该目录有若干名为 modules.*的文件，即模块依赖关系配置文件。modules.dep 是主要的模块依赖性数据文件，一旦新增自定义内核，可以使用 depmod -a 命令来自动搜集模块依赖性信息，更新 modules.dep 文件。

通过 modprobe 装载的内核模块均在当前的计算机内有效，计算机重新启动后需要重新装载才有效。如果要让系统开机启动后自动装载自定义内核模块，则需要执行以下操作步骤（这里以一个 netbr 模块为例）。

（1）在/etc/sysconfig/modules 目录中新建一个.modules 脚本文件（这里命名为 netbr.modules），并添加如下语句：

```
#！ /bin/sh
/sbin/modinfo -F filename netbr > /dev/null 2>&1        #检查该模块文件是否存在
if [ $? -eq 0 ]; then                                   #如果存在该模块文件
    /sbin/modprobe netbr
fi
```

（2）为该脚本文件增加可执行权限：

chmod 755 /etc/sysconfig/modules/netbr.modules

（3）执行命令 systemctl reboot 重启系统即可。

5．系统启动时装载内核模块

systemd 读取/etc/modules-load.d 目录中的配置装载额外的内核模块。配置文件名称通常为/etc/modules-load.d/<程序名>.conf。格式很简单，一行一个要读取的模块名，而空行及第一个非空格字符为 "#" 或 ";" 的行会被忽略。

6．配置内核模块配置文件

内核模块配置文件/etc/modprobe.d/*.conf 用于配置自定义内核模块的值，主要功能是设置模块默认的参数，指定装载或卸载模块时要执行的任务，以及设置模块别名。

insmod、rmmod、modprobe 工具根据/etc/modprobe.d/*.conf 的具体配置装载或卸载内核模块。每一台计算机所需要的模块不尽相同。内核模块配置文件中，一行代表一条模块的设置数据。alias 用来定义模块别名；options 用来设置模块默认的参数；install 和 remove 分别定义使用 insmod 或 modprobe 等工具装载和卸载模块时执行的命令；include 用于嵌入其他内核模块配置文件。

4.3.3 配置内核参数以定制系统功能

Linux 的功能都是由内核提供的，要定制具体的功能，最根本的方式就是改写 Linux 内核源码，然后重新编译，这种方式有一定难度，需要熟悉 Linux 内核开发，并不适合管理员。另一种更为简单可行的方式是通过配置 Linux 内核参数来改变内核的部分功能。配置内核参数又有两种方式，一是直接编辑/proc 目录下的文件，二是使用 sysctl 工具。

1. 编辑/proc 目录中的内核参数文件

Linux 提供一个名为 procfs 的文件系统，启动 Linux 后，procfs 就将内核的信息挂载到/proc 目录。可以通过/proc 下的文件来了解目前 Linux 内核所提供的信息。

提示：/proc 目录的内容由 procfs 文件系统产生，该文件系统主要是将 Linux 内核中的数据以文件与目录的方式呈现出来，提供给用户或应用软件调用。procfs 对应位于内核中的数据，/proc 目录的一切都是存储于内存而非磁盘上的数据，所以/proc 目录中的文件大小都显示为 0。procfs 又被称为虚拟文件系统，代表 procfs 中的数据不是被存储在磁盘中的。

/proc 目录包含若干目录与文件。其中以数字作为名称的目录，存放着某一个进程标识符（PID）的内部信息，如/proc/1 存储 PID 1 的进程内部信息；而其他文件用于分类存储内核中的某些信息，如/proc/cpuinfo 文件存储计算机 CPU 的信息。

/proc 目录中的多数文件都只能读取，而/proc/sys 中的文件则存储着可以修改的信息。/proc/sys 中的每一子目录存储重要的内核参数，例如 dev 提供设备信息，fs 存储与文件系统有关的信息，kernel 提供内核本身的信息，net 存储与网络相关的信息，vm 是关于虚拟内存的信息。例如：

```
[root@srv1 ~]# ls /proc/sys
abi  crypto  debug  dev  fs  kernel  net  sunrpc  vm
```

这些目录中的每一个文件实际上是对应某一个内核的参数的文件，可被称为内核参数文件。修改这些文件的内容就可以修改内核的功能。例如，直接修改/proc/sys/kernel/hostname 的内容就可以立即更改主机名：

```
[root@srv1 ~]# cat /proc/sys/kernel/hostname          #查看当前主机名
srv1.abc
[root@srv1 ~]# echo "srv1.abc.com" > /proc/sys/kernel/hostname     #修改主机名
[root@srv1 ~]# hostname
srv1.abc.com                                          #当前主机名已更改
```

不过，内核参数是存储在内存中的数据，修改内核参数属于临时修改，在关闭系统时就会丢失。为确保每次开机都能够调用所设置的内核参数，必须在 Linux 启动过程中，重新修改/proc/sys 相关文件，以确保开机后能拥有所需的参数。要解决开机自动更改参数，可以编写一个 bash 脚本（授予执行权限），加入更改内核参数语句，例如：

```
echo "srv1.abc.com" > /proc/sys/kernel/hostname
```

然后创建一个 systemd 服务单元来开机启动时执行该脚本，具体方法请参见第 5 章。

2. 使用 sysctl 配置内核参数

sysctl 工具可以用来查看和设置内核参数。也可以将 sysctl 配置的内核参数存储为文件，之后让 Linux 使用 sysctl 读取这个文件，这样就可以确保每一次开机时都可以调用到所配置的参数。

（1）sysctl 定义的内核参数名称

sysctl 使用的内核参数名称与/proc/sys 的文件路径名称不同。不过可以利用/proc/sys 目录下的文件路径名称转换为 sysctl 的内核参数名称，具体方法是将/proc/sys/路径去掉，然后将剩下的路径名称中的 "/" 符号换成 "." 符号。例如/proc/sys/kernel/hostname 转换为 sysctl 使用的内核参数名称，就是 kernel.hostname。

（2）使用 sysctl 查看内核参数

使用 sysctl -a 命令可以查看所有的内核参数，当然可通过管道操作利用 grep 命令从中筛选出所需的参数。要查看某一个具体参数的值，命令格式为：

sysctl 内核参数名

（3）使用 sysctl 修改内核参数

使用 sysctl 修改内核参数的命令格式为：

sysctl -w 参数名=值

注意：等号两边不能有空白。选项-w 表示临时改动某个指定参数。例如修改主机名的命令为：

sysctl -w kernel.hostname=Linuxsrv1

（4）通过编辑 sysctl 配置文件永久性配置内核参数

使用 sysctl 命令修改内核参数也是临时性的，所修改的参数将在关机时失效，下一次启动 Linux 又将恢复成默认值。要想永久性修改内核参数，可以在/usr/lib/sysctl.d/00-system.conf（这是默认配置文件，也可以在/etc/sysctl.conf 或/etc/sysctl.d/*.conf 文件中设置，这将覆盖默认文件的设置）中定义内核参数。

配置文件中每一行以 "参数名=值" 的语法格式配置一个内核参数，符号 "#" 表示注释内容。修改 sysctl 配置文件内容并保存之后，Linux 并不会立即调用配置文件中的内核参数。可以重新启动 Linux 使新的参数值生效。如果不想重启系统就使内核参数修改生效，就可以使用命令 sysctl 调用配置文件，命令格式为：

sysctl -p [配置文件]

这里的配置文件是指 sysctl 的配置文件。

4.4　硬件管理

Linux 对硬件支持非常完善，能检测并自动设置所安装的大多数设备，但是管理员有必要了解硬件设备的管理。目前 Linux 版本基本上都通过 udev 来管理所有的硬件管理了。

4.4.1　设备文件与设备识别号

Linux 为每一个外部设备提供一个设备文件，当用户读取设备文件时，Linux 就会读取该设备文件代表的外部设备。Linux 在/dev/目录中存储所有的设备文件。严格地讲，Linux 并不是为某一外部设备提供一个设备文件，而是以连接外部设备的端口（Port）为依据提供设备文件。Linux 将所有设备文件分成块设备文件与字符设备文件两大类。

实际上 Linux 内核并不关心/dev 目录下的设备文件名，而是设备识别号。Linux 通过设备的类型识别号来识别具体的设备，它为每一种类型的外部设备提供一组唯一的识别号。每一个设备拥有主、次两个识别号。主识别号帮助操作系统查找设备驱动程序代码、区分设备种类，次识别号用于区分同一类设备的不同个体，从 0 开始编号，1 就是第二个设备。识别号无法修改，除非修改 Linux 内核源码，并且重新编译内核。

使用 cat /proc/devices 命令查看当前已经装载的设备驱动程序的主设备号。

每一个设备文件也会记录其主要号码与次要号码，当使用 ls -1 查看设备文件的信息时，可查看其主识别号与次识别号。请看下面的例子，第 5 列、第 6 列两列是设备的主、次识别号，最后一列显示的是设备文件名：

```
[root@srv1 ~]# ls -l /dev/sda*
brw-rw----. 1 root disk 8,  0 1 月   20 11:33 /dev/sda
brw-rw----. 1 root disk 8,  1 1 月   20 11:33 /dev/sda1
brw-rw----. 1 root disk 8,  2 1 月   20 11:33 /dev/sda2
```

4.4.2　创建设备文件

需要增加额外的设备，或者因误删某设备文件造成 Linux 无法使用外部设备，都需要创建设备文件。通常使用 mknod 命令创建新的设备文件。

使用 mknod 建立设备文件时必须知道该设备的类型、主识别号与次识别号，命令格式为：
mknod　[选项]　设备文件名　类型　主识别号　次识别号
其中类型用 b（块设备）或 c（字符设备）表示。下例创建一个新的磁盘阵列设备：
mknod md1 b 9 1

只要提供的主识别号与次识别号正确，Linux 就允许以该设备文件来访问外部设备。专业地讲，设备文件应称为设备节点（Device Node），mknod 就是创建设备节点的意思。

4.4.3　通过 udev 自动创建和管理设备文件

udev 是 Linux 内核的设备管理器，用于自动地创建和管理外部设备的设备文件。

1. udev 简介

自内核 2.6 版开始，Linux 增加了 udev 子系统。udev 可以为每一个外部设备提供一个专用的设备文件，让管理员指定哪个硬件设备使用哪一个设备文件，而且允许动态创建或删除设备文件，节省根文件系统的节点数量。udev 对设备的管理是全自动的，除了自动产生设备文件外，还会自动删除那些已经卸载的外部设备的设备文件。在最新的内核版本中，udev 已经代替了以前的 devfs（devfs 挂载于/dev 目录下的专门文件系统）和 hotplug 等功能，意味着它要负责管理/dev 中的设备节点，同时处理所有用户空间发生的硬件添加、删除事件，以及某些特定设备所需的固件装载。

udev 由 3 个部分组成，即 libudev 函数库、udevd 守护进程（现在已经集成到 systemd 中）和管理工具 udevadm。

2. udev 规则

udev 通过定义一个规则来产生匹配设备属性的设备文件，这些设备属性可以是内核设备名称、厂商名称、型号、序列号或磁盘大小等。规则文件（.rule）用于配置某一硬件设备的设备文件的规则。以 root 身份编写并保存在/etc/udev/rules.d/目录中的规则文件用于自定义 udev 规则。各种软件包提供的规则文件则位于/usr/lib/udev/rules.d/目录中，不要修改。

udev 会按照文件名的顺序读取每一个规则文件，并判断是否符合其中定义的规则。如果/etc/udev/rules.d/和/usr/lib/udev/rules.d 这两个目录中有同名文件，则前者的文件优先。规则文件中每一条规则语法格式如下：

    KEY=VALUE[,KEY=VALUE]...NAME=VALUE[,SYMLINK=VALUE]...

"KEY=VALUE"用来指定条件，KEY 为条件的名称，而 VALUE 是条件的值。"NAME=VALUE"指定设备文件的名称，VALUE 是设备文件的名称。如果需要产生符号链接文件，可使用"SYMLINK=VALUE"定义。下面是一个声卡规则文件：

    SUBSYSTEM!="sound", GOTO="sound_end"
    ACTION=="add|change", KERNEL=="controlC*", ATTR{../uevent}="change"
    ACTION!="change", GOTO="sound_end"

udev 自动探测规则文件的变化，所以修改会立即生效，无须重启 udev。但已接入设备的规则不会自动触发。像 USB 这类热插拔设备，也许需要重新插拔才能使新规则生效，也可能需要卸载并重新装载内核的 ohci-hcd 和 ehci-hcd 模块，以重新挂载所有 USB 设备。

3. CentOS 7 的 udev 运行机制

在 CentOS 6 中，/dev 目录下的设备文件是由 udev 根据/sys 目录下由内核探测输出的信息而创建的。内核中提供一个名为 sysfs 的虚拟文件系统，用来提供内核记录的周边设备的位置、名称、序号、主要号码、次要号码等信息。Linux 会将 sysfs 文件系统挂载到/sys 目录中，udev 则通过 libsysfs 链接库读取/sys 目录中的信息。

在 CentOS 7 中，/dev 目录是由 systemd 和 udev 联合创建的，主要由 systemd 识别硬件并完成设备节点的自动创建。udev 已不再是一个独立的包，而是 systemd 包中的一个工具。systemd 提供有与硬件相关的设备单元（device unit），用于封装存在于 Linux 设备树中的设备。但是设备单元只会在 udev 匹配到特定规则后自动触发生成，并且设备单元中也没有特殊的 [device] 节用于硬件的特殊配置选项。每一个使用 udev 规则标记的设备都将会在 systemd 中作为一个设备单元出现。

CentOS 7 系统在启动过程中实现硬件初始化。启动过程中，内核探测可用的硬件，一旦发现新硬件，systemd-udevd 进程负责装载相应的驱动并使硬件可用。systemd-udevd 会读取/usr/lib/udev/rules.d 中的 udev 规则文件及/etc/udev/rules.d 目录中的自定义规则文件，匹配到特定规则后自动触发，生成相应的设备单元文件。然后自动装载内核模块，将模块的状态和硬件信息写入/sys 目录，设备会自动转化为相应的设备单元，如/dev/sda1 等价于 dev-sda1.device。

systemd-udevd 执行的工作不是一次性的，而是一直监控设备的热插拔。当某个设备接入时，systemd 可以自动去启动设备单元、挂载单元（mount unit）、自动挂载单元（automount unit），对设备进行识别和挂载等。

udev 中与 systemd 相关的规则位于/lib/udev/rules.d/99-systemd.rules 文件中，当匹配到特定条件或者设备时，通过 ENV{} 输出环境变量等。

通常不用设置 udev，只有不希望使用 Linux 预先提供的配置，才需要更改相关配置文件，这些配置文件都被置于/etc/udev 目录中。

4. udevadm 的使用

udevadm 是一个 udev 的管理工具，可以用来监视和控制 udev 运行时的行为，请求内核事件，管理事件队列，以及提供简单的调试机制。udevadm 主要命令有 info（查询 sysfs 或者 udev 的数据库）、trigger（从内核请求事件）、settle（查看 udev 事件队列，如果所有的事件已被处理则退出）、control（修改 udev 后台的内部状态信息）和 monitor（监控内核的 udev 事件）。下面给出执行 udevadm monitor 显示的部分结果（有 USB 设备插入）：

```
monitor will print the received events for:
UDEV - the event which udev sends out after rule processing
KERNEL - the kernel uevent
KERNEL[1013.664490] remove        /devices/virtual/net/lo/queues/rx-0 (queues)
UDEV   [1013.697138] remove        /devices/virtual/net/lo/queues/rx-0 (queues)
KERNEL[1013.944275] remove        /kernel/slab/nf_conntrack_ffff880077b49200 (slab)
UDEV   [1013.946501] remove        /kernel/slab/nf_conntrack_ffff880077b49200 (slab)
KERNEL[1014.381307] add /devices/pci0000:00/0000:00:11.0/0000:02:03.0/usb1/1-1(usb)
KERNEL[1014.416101] add        /devices/pci0000:00/0000:00:11.0/0000:02:03.0/usb1/1-1/1-1:1.0 (usb)
UDEV   [1014.445516] add        /devices/pci0000:00/0000:00:11.0/0000:02:03.0/usb1/1-1 (usb)
KERNEL[1014.536995] add        /module/usb_storage (module)
UDEV   [1014.538355] add        /module/usb_storage (module)
```

4.4.4 监测硬件设备

要取得硬件的状态信息，除查看内核的事件信息外，还可以查看/proc 目录中的相关文件。

1. 内核事件信息

不管是 Linux 驱动硬件设备，还是硬件设备的状态改变了，内核都会将这些信息存储为内核事件信息。可以通过 Linux 的内核事件信息来取得硬件信息。可以使用命令 dmesg 取得 Linux 保存的内核事件信息。需要注意的是，命令 dmesg 只能取得最后 16KB 的内核事件信息，如果 Linux 启动了很久，则 dmesg 可能无法读取内核启动时所产生的信息。此时，可以查询/var/log/dmesg 这个记录文件。Linux 会把此次开机过程中内核产生的信息存储在/var/log/dmesg 文件中。

2. 查看/proc 目录中的相关文件

Linux 的/proc 目录中有许多文件都存储跟硬件相关的信息，例如：/proc/devices 提供 Linux 已驱动的硬件设备表；/proc/cpuinfo 提供内核检测到的 CPU 信息；/proc/diskstats 提供磁盘状态信息；/proc/meminfo 提供内存使用状况信息。

3. 使用 dmidecode 命令获取 Linux 服务器硬件信息

dmidecode 的作用是将 DMI 数据库中的信息解码，以可读的文本方式显示。DMI 全称 Desktop Management Interface，是一个帮助收集计算机系统信息的管理系统，充当管理工具和系统层之间接口的角色。它建立了标准的可管理系统，更加方便计算机厂商和用户对系统的了解。dmidecode 遵循 SMBIOS/DMI 标准，其输出的信息包括 BIOS、系统、主板、处理器、内存、缓存等。

4.4.5 管理 PCI 设备

Linux 内核将所有检测到的 PCI 设备信息存储在/proc/bus/pci/devices 文件中，管理员可以直接打开这个文件，查看所有已安装的 PCI 设备信息（主要是设备的标识符）。

1. 查看 PCI 设备

要获知每一个 PCI 设备的详细信息，可以使用 lspci 工具查看目前系统安装的 PCI 设备信息。lscpi 命令可以列出 PCI 总线的相关信息，以及连接在 PCI 总线上的其他硬件设备的信息，如 VGA 适配器、USB 端口信息、SATA 控制器信息等。

执行 lspci 时，系统默认会从/proc/bus/pci 目录中取得内核检测到的所有 PCI 设备信息，然后通过/usr/share/hwdatalpci.ids 查询出该 PCI 设备的名称，最后显示该 PCI 设备的名称。

2．配置 PCI 设备

配置 PCI 设备，例如修改 PCI 设备的制造商标识符（Vender ID）、设备标识符（Device ID）或 I/O 地址等设置，必须使用 setpci 工具，命令格式为：

```
setpci [选项] 设备 操作
```

4.4.6　管理 USB 设备

由于热插拔技术能够让管理员更轻松地管理硬件设备，因此，这些设备将成为未来计算机外部设备的主流。所谓的热插拔设备，指的是那些可以在开机状态下自由地安装或者卸载的设备。USB 是目前最常见且最方便的热插拔设备。可以使用该软件提供的 lsusb 来查看所有 USB 设备的信息：

```
[root@srv1 ~]# lsusb
Bus 002 Device 002: ID 0e0f:0003 VMware, Inc. Virtual Mouse
Bus 002 Device 003: ID 0e0f:0002 VMware, Inc. Virtual USB Hub
Bus 001 Device 001: ID 1d6b:0002 Linux Foundation 2.0 root hub
Bus 002 Device 001: ID 1d6b:0001 Linux Foundation 1.1 root hub
```

4.5　习　　题

1．Linux 进程分为哪几种类型？
2．Linux 支持哪些类型的任务调度？
3．简述 anacron 的作用和运行机制。
4．Linux 内核由哪几个部分组成？
5．配置 Linux 内核参数有哪些方法？
6．简述 Linux 设备文件与设备识别号。
7．简述 udev 的概念和用途。
8．执行 top 命令动态显示系统进程信息。
9．使用 crontab 命令为普通用户定制任务调度。
10．配置一个 at 作业，并进行测试。
11．使用 lsmod 命令查看当前装载的内核模块。
12．使用 sysctl 工具临时修改 Linux 主机名。
13．查看/proc 目录中的相关文件来获得硬件状态信息。

第 5 章 systemd 管理与系统启动

systemd 是为改进传统系统启动方式而推出的 Linux 系统管理工具,现已成为大多数 Linux 发行版的标准配置。它的功能非常强大,除了被用于系统启动管理和服务管理之外,还可被用于其他系统管理任务。Linux 系统启动过程比较复杂,虽然是自动完成的,但管理员应当了解这个过程,以便进行相关设置,诊断和排除故障。本章重点讲解如何使用 systemd 管控系统和服务,并在分析系统启动流程的基础上讲解启动过程管理和故障排除。

5.1 systemd 与系统初始化

Linux 系统启动过程中,当内核启动完成并装载根文件系统后,就开始用户空间的系统初始化工作。Linux 有 3 种系统初始化方式,分别是来源于 UNIX 的 System V initialization(简称 sysVinit 或 SysV)、旨在替代 sysVinit 的 UpStart 方式和最新的 systemd 方式。这 3 种方式分别由 CentOS 5、CentOS 6 和 CentOS 7 所采用。systemd 旨在克服 sysVinit 固有的缺点,提高系统的启动速度,并逐步取代 UpStart。根据 Linux 惯例,字母 d 是守护进程,systemd 是一个用于管理系统的守护进程,因而不能写作 system D、System D 或 SystemD。

5.1.1 sysVinit 初始化方式

传统的 sysVinit 是一个基于运行级别(Runlevel)的系统。运行级别就是操作系统当前正在运行的功能级别,用来设置不同环境下所运行的程序和服务。sysVinit 使用运行级别和对应的链接文件(位于/etc/rc*n*.d/目录中,*n* 为运行级别,分别链接到/etc/init.d 中的 init 脚本)启动和关闭系统服务。这种 init 启动脚本兼容 LSB(Linux Standards Base)规范。

/etc/inittab 是相当重要的文件,init 进程启动后第一时间找到它,根据它的配置初始化系统,设置系统运行级别及进入各运行级别对应的要执行的命令。假设当前 inittab 中设置的默认运行级别是 5,则 init 进程会运行/etc/init.d/rc5 命令,该命令会依据系统服务的依赖关系遍历执行/etc/rc5.d/目录中的脚本或程序。/etc/rc5.d/目录中的文件实际都是指向/etc/init.d/目录下对应的脚本或程序的软链接,以 S 开头的表示启动,以 K 开头的表示停止,并且 S 或 K 后面的两位数字字代表了服务的启动顺序,具体由服务依赖关系决定。管理员可以通过定制/etc/inittab 配置文件来建立所需的系统运行环境。

sysVinit 初始化方式原理简单,易于理解,可以依靠 Shell 脚本控制服务启动,服务脚本编写比较容易。

sysVinit 启动是线性、顺序的,启动过程比较慢。例如一个 S18 的服务必须等待 S17 启动完成才能启动;如果一个启动花费时间长,后面的服务即使完全无关,也必须等待。另一个不足之处就是不能根据需要来启动服务。例如为节省系统资源,管理员要求插入 U 盘时再启动 USB 控制的服务,sysVinit 就不支持这种即插即用的服务。

5.1.2　Upstart 初始化方式

sysVinit 是以运行级别为核心，依据服务间依赖关系的初始化方式。UpStart 旨在取代这种方式，是基于事件机制的启动系统，它使用事件来启动和关闭系统服务。运行级别虽然会影响服务的启动，但不是关键，事件驱动才是关键。系统服务的启动、停止等均是由事件触发的，它们同时又可作为事件源触发其他服务。事件可以由系统内部产生，也可以由用户提供。运行级别的改变也可以被看作事件。Upstart 更加灵活，不仅能在运行级别改变的时候启动或停止服务，也能在接收到系统发生其他改变的信息时启动或停止服务。

Upstart 使用/etc/init/目录中的系统服务配置文件决定系统服务何时启动，何时停止。Upstart init 守护进程读取/etc/init/目录下的作业配置文件，并使用 inotify 监控它们的改变。配置文件名必须以.conf 结尾，可放在/etc/init/下的子目录中。每个文件定义一个服务或作业，其名称采用路径名。例如，定义在/etc/init/cron.conf 中的作业就被称为 cron.conf，而定义在/etc/init/net/apache.conf 的作业被称为 net/apache。这些文件必须是纯文本且不可执行的。

系统的所有服务和任务都是由事件驱动的，Upstart 是并行的，只要事件发生，服务就可以并发启动。这种方式更优越，可以充分利用计算机多核的特点，大大减少启动所需的时间，提高系统启动速度。

在 CentOS 6 系统中，sysVinit 和 UpStart 是并存的，UpStart 主要解决服务的即插即用。针对服务顺序启动慢的问题，UpStart 将相关的服务分组，让组内的服务顺序启动，组之间的服务并行启动。

5.1.3　systemd 初始化方式

前两种系统初始化方式都需要由 init 进程（一个由内核启动的用户级进程）来启动其他用户级进程或服务，最终完成系统启动的全部过程。init 始终是第一个进程，其 PID 始终为 1，它是系统所有进程的父进程。systemd 系统初始化使用 systemd 取代 init，作为系统第一个进程。systemd 不通过 init 脚本来启动服务，而采用一种并行启动服务的机制。

systemd 使用单元文件替换之前的初始化脚本。Linux 以前的服务管理是分布式的，由 sysVinit 或 UpStart 通过/etc/rc.d/init.d/目录下的脚本进行管理，允许管理员控制服务的状态。采用 systemd，这些脚本就被服务单元文件所替代。单元有多种类型，不限于服务，还包括挂载点、文件路径等。systemd 的单元文件主要被存放在/usr/lib/systemd/system/和/etc/systemd/system/目录中。

systemd 使用启动目标（Target）替代运行级别。前两种系统初始化方式使用运行级别代表特定的操作模式，每个级别可以启动特定的一些服务。启动目标类似于运行级别，又比运行级别更为灵活，它本身也是一个目标类型的单元，可以更为灵活地为特定的启动目标组织要启动的单元，如启动服务，装载挂载点等。

systemd 是 Linux 系统中最新的系统初始化方式，主要的设计目标是克服 sysVinit 固有的缺点，尽可能地快速启动服务，减少系统资源占用，为此实现了并行启动的模式。并行启动最大的难点是解决服务之间的依赖性，systemd 使用类似缓冲池的办法加以解决。

与 UpStart 相比，systemd 更进一步提高了并行启动能力，极大地缩短了系统启动时间。UpStart 采用事件驱动机制，服务可以暂不启动，当需要的时候才通过事件触发其启动，以尽可能启动更少的进程；另外，不相干的服务也可以并行启动，但是有依赖关系的服务还是必须先后启动，这还是一种串行执行。systemd 能更进一步提高并发性，即便对那些 UpStart 认为存在相互依赖而必须串行的服务，也可以并发启动。

systemd 与 sysVinit 兼容，支持并行化任务，按需启动守护进程，基于事务性依赖关系精密控制各种服务，非常有助于标准化 Linux 的管理。systemd 提供超时机制，所有的服务有 5 分钟的超时限制，以防系统被卡。

5.2　systemd 的概念和运行机制

systemd 旨在为系统的启动和管理提供一套完整的解决方案。

5.2.1　systemd 的主要概念和术语

1. 核心概念：单元（unit）

早期 CentOS 版本中的服务管理脚本在 CentOS 7 中被服务单元文件替换。系统初始化需要启动后台服务，需要完成一系列配置工作（如挂载文件系统），其中每一步骤或每一项任务都被 systemd 抽象为一个单元（unit），一个服务、一个挂载点、一个文件路径都可以被视为单元。单元由相应的配置文件进行识别和配置，一个单元需要一个对应的单元文件。

目前常见的单元类型见表 5-1。

表 5-1　　　　　　　　　　　　　　**systemd 单元类型**

单元类型	配置文件扩展名	说　　明
service（服务）	.service	定义系统服务。这是最常用的一类，与早期 Linux 版本/etc/init.d/目录下的服务脚本的作用相同
device（设备）	.device	定义内核识别的设备。每一个使用 udev 规则标记的设备都会在 systemd 中作为一个设备单元出现
mount（挂载）	.mount	定义文件系统挂载点
automount（自动挂载）	.automount	用于文件系统自动挂载设备
socket（套接字）	.socket	定义系统和互联网中的一个套接字，标识进程间通信用到的 socket 文件
swap（交换空间）	.swap	标识管理用于交换空间的设备
path（路径）	.path	定义文件系统中的文件或目录
swap（交换空间）	.swap	标识管理用于交换空间的设备
timer（定时器）	.timer	用来定时触发用户定义的操作，以取代 atd、crond 等传统的定时服务
target（目标）	.target	用于对其他单元进行逻辑分组，主要用于模拟实现运行级别的概念
snapshot（快照）	.snapshot	快照是一组配置单元，保存了系统当前的运行状态

2. 依赖关系

虽然 systemd 能够最大限度地并发执行很多有依赖关系的工作，但是一些任务存在先后依赖关系，无法并发执行。为解决这类依赖问题，systemd 的单元之间可以彼此定义依赖关系。可以在单元文件中使用关键字来描述单元之间的依赖关系。如单元 A 依赖单元 B，可以在单元 B 的定义中用 require A 来表示。这样 systemd 就会保证先启动 A 再启动 B。

3．systemd 事务

systemd 能保证事务完整性。此事务概念与数据库中的有所不同，旨在保证多个依赖的单元之间没有循环引用。例如单元 A、B、C 之间存在循环依赖，systemd 将无法启动任意一个服务。为此 systemd 将单元之间的依赖关系分为两种，即 required（强依赖）和 wants（弱依赖），systemd 将去除 wants 关键字指定的弱依赖以打破循环。若无法修复，则 systemd 会报错。systemd 能自动检测和修复这类配置错误，极大地减轻管理员的排错负担。

4．启动目标（Target）和运行级别（Runlevel）

systemd 可以创建不同的状态，状态提供了灵活的机制来设置启动配置项。这些状态是由多个单元文件组成的，systemd 将这些状态称为启动目标（target，或译为目标）。

运行级别就是操作系统当前正在运行的功能级别。Linux 使用运行级别来设置不同环境下所运行的程序和服务。Linux 标准的运行级别为 0～6。前面提到过，CentOS 7 使用 systemd 代替 init 程序来开始系统初始化过程，使用启动目标的概念来代替运行级别。

运行级别之间是相互排斥的，不可能多个运行级别同时启动，但是多个启动目标可以同时启动。启动目标提供了更大的灵活性，可以继承一个已有的目标，并添加其他服务来创建自己的目标。

systemd 启动系统时需要启动大量的单元。每一次启动都要指定本次启动需要哪些单元，显然非常不方便，于是使用启动目标来解决这个问题。启动目标就是一个单元组，包含许多相关的单元。启动某个目标时，systemd 就会启动其中所有的单元。从这个角度看，启动目标这个概念类似于一种状态，启动某个目标就好比启动到某种状态。

CentOS 7 预定义了一些启动目标，与之前版本的运行级别有所不同。为了向后兼容，systemd 也让一些启动目标映射为 sysVinit 的运行级别，具体的对应关系见表 5-2。

表 5-2　　　　　　　　　　运行级别和 systemd 目标的对应关系

传统运行级别	systemd 目标	说　　明
0	runlevel0.target，poweroff.target	关闭系统。不要将默认目标设置为此目标
1, s, single	runlevel1.target，rescue.target	单用户模式。以 root 身份开启一个虚拟控制台，主要用于管理员维护系统
2, 4	runlevel2.target，runlevel4.target，multi-user.target	用户定义/域特定运行级别。不支持 NFS。除不启用网络功能外，与级别 3 相同
3	runlevel3.target，multi-user.target	多用户模式，非图形化。用户可以通过多个控制台或网络登录
5	runlevel5.target，graphical.target	多用户模式，图形化。通常继承运行级别 3 的并启动图形化界面
6	runlevel6.target，reboot.target	重启系统。不要将默认目标设置为此目标
Emergency	emergency.target	紧急 Shell

类似于运行级别 3 的 multi-user.target（多用户目标）和对应运行级别 5 的 graphical.target（图形目标）是最常用的两个目标。rescue.target 和 emergency.target 主要用于系统维护和故障排除，后面将进一步讲解。

5.2.2　systemd 单元文件

systemd 对服务、设备、套接字和挂载点等进行控制管理，都是由单元文件实现的。例如，一个新的服务程序要在 CentOS 7 中使用，就需要为其编写一个单元文件以便 systemd 能够管理它，在配置文件中定义该服务启动的命令行语法，以及与其他服务的依赖关系等。

在 CentOS 7 中，这些配置文件主要被保存在以下目录中（按优先级由低到高顺序列出）。

- /usr/lib/systemd/system/：每个服务最主要的启动脚本，类似于之前的/etc/init.d/。
- /run/systemd/system/：系统执行过程中所产生的服务脚本。
- /etc/systemd/system/：由管理员建立的脚本，类似于之前/etc/rc.d/rc*n*.d/Sxx 类的功能。

1. 单元文件格式

配置文件就是普通的文本文件，可以用文本编辑器打开。先来查看一个配置文件（sshd.service）的内容：

```
# /usr/lib/systemd/system/sshd.service
[Unit]
Description=OpenSSH server daemon
Documentation=man:sshd(8) man:sshd_config(5)
After=network.target sshd-keygen.service
Wants=sshd-keygen.service
[Service]
EnvironmentFile=/etc/sysconfig/sshd
ExecStart=/usr/sbin/sshd -D $OPTIONS
ExecReload=/bin/kill -HUP $MAINPID
KillMode=process
Restart=on-failure
RestartSec=42s
[Install]
WantedBy=multi-user.target
```

单元文件主要包含单元的指令和行为信息。整个文件分为若干节（Section，也可译为区段）。每节的第一行是用方括号表示的节名，如[Unit]。每节内部是一些定义语句，每个语句实际上是由等号连接的键值对（指令=值）。注意等号两侧不能有空格，节名和指令名都是大小写敏感的。

[Unit]节通常是配置文件的第一节，用来定义单元的通用选项，配置与其他单元的关系。常用的字段（指令）如下。

- Description：提供简短描述信息。
- Requires：指定当前单元所依赖的其他单元。这是强依赖，被依赖的单元无法启动时，当前单元也无法启动。
- Wants：指定与当前单元配合的其他单元。这是弱依赖，被依赖的单元无法启动时，当前单元可以被激活。
- Before、After：指定当前单元启动的前、后单元。
- Conflicts：定义单元之间的冲突关系。列入此字段中的单元如果正在运行，此单元就不能运行，反之亦然。

[Install]节通常是配置文件的最后一个节，用来定义如何启动，以及是否开机启动。常用的字段（指令）如下。

- Alias：当前单元的别名。
- RequiredBy：指定被哪些单元所依赖，这是强依赖。

- WantedBy：指定被哪些单元所依赖，这是弱依赖。

其他节往往与单元类型有关。例如，[Mount]节用于挂载点类单元的配置，[Service]节用于服务类单元的配置。关于单元文件的完整字段清单，请参考官方文档。

2．编辑单元文件

系统管理员必须掌握单元文件的编辑。有时候需要修改已有的单元文件，遇到以下情形还需要创建自定义的单元文件。

- 需要自己创建守护进程。
- 为现有的服务另外创建一个实例。
- 引入 sysVinit 脚本。

下面以 emacs.service 为例示范创建单元文件的步骤，前提是已经准备好自定义服务的执行文件。

（1）在/etc/systemd/system/目录创建单元文件。

touch /etc/systemd/system/emacs.service

（2）修改该文件权限，确保只能被 root 用户编辑：

chmod 664 /etc/systemd/system/emacs.service

（3）在该文件中添加配置信息：

[Unit]
Description=Emacs:theextensible,self-documentingtexteditor
[Service]
Type=forking
ExecStart=/usr/bin/emacs--daemon
ExecStop=/usr/bin/emacsclient--eval"(kill-emacs)"
Environment=SSH_AUTH_SOCK=%t/keyring/ssh
Restart=always
[Install]
WantedBy=default.target

（4）通知 systemd 该服务已添加，并开启该服务。

systemctl daemon-reload
systemctl start emacs.service

对于新创建的或修改过的单元文件，必须让 systemd 重新识别此配置文件，通常执行 systemctl daemon-reload 命令重载配置。

建议手动创建的单元文件存放在/etc/systemd/system/目录下。单元文件也可以作为附加的文件被放置到一个目录下面，例如创建 sshd.service.d/custom.conf 文件定制 sshd.service 服务，在其中加上自定义的配置。

还可以创建 sshd.service.wants/和 sshd.service.requires/子目录，用于包含 sshd 关联服务的软连接。在系统安装时自动创建此类软连接，也可以手工创建软连接。

5.2.3　单元文件与启动目标

在讲解单元文件与启动目标的对应关系之前，有必要简介一下传统的服务启动脚本是如何对应运行级别的。

1．传统的方案：服务启动脚本对应运行级别

传统的方案要求开机启动的服务启动脚本对应不同的运行级别。因为需要管理的服务数

量较多，所以 Linux 使用 rc 脚本统一管理每个服务的脚本程序，将所有相关的脚本文件存放在/etc/rc.d/目录下。系统的各运行级别在/etc/rc.d/目录中都有一个对应的下级目录。这些运行级别的下级子目录的命名方法是 rcn.d，n 表示运行级别的数字。

不过，/etc/rc.d/rcn.d/目录中存放的是指向/etc/rc.d/init.d/目录中脚本程序的符号链接，而实际的脚本程序被保存在/etc/rc.d/init.d/目录中。这些符号链接的命名规则比较特别：

- 如果脚本是用来启动一个服务的，其符号链接的名称就以字母 S 开头。
- 如果脚本是用来停止一个服务的，其符号链接的名称就以字母 K 开头。
- 字母 S 或 K 之后是一个数字，表示脚本的执行顺序。
- 执行顺序数字后通常是符号链接所指向的脚本文件的名称。

这些脚本的执行顺序非常重要，因为某些程序或服务的启动可能依赖于其他程序。例如没有配置网络接口，就无法启动 DNS 服务。

Linux 启动或进入某运行级别时，对应脚本目录中用于启动服务的脚本将自动运行；离开该级别时，用于停止服务的脚本也将自动运行，以结束在该级别中运行的服务。当然，也可在系统运行过程中手动执行服务启动脚本来管理服务，如启动、停止或重启服务等。

2. systemd 的方案：单元文件对应启动目标

systemd 使用启动目标的概念来代替运行级别。它将基本的单元文件存放在/usr/lib/systemd/system/目录下，不同的启动目标（相当于以前的运行级别）要装载的服务等单元的配置文件则以软链接方式映射到/etc/systemd/system/目录下对应的启动目标子目录下，如 multi-user.target 装载的单元的配置文件链接到/etc/systemd/system/multi-user.target.wants/目录下。下面列出该目录下的部分文件：

```
[root@srv1 ~]# ls -l /etc/systemd/system/multi-user.target.wants/
总用量 0
lrwxrwxrwx. 1 root root 41 11 月  9 22:46 abrt-ccpp.service -> /usr/lib/systemd/system/abrt-ccpp.service
lrwxrwxrwx. 1 root root 37 11 月  9 22:45 abrtd.service -> /usr/lib/systemd/system/abrtd.service
#以下省略
```

以上输出明确显示了这种映射关系。原本在/etc/init.d/目录下的启动文件，被/lib/systemd/system/下相应的单元文件所取代。例如其中的/lib/systemd/system/atd.service 用于定义 atd 的启动等相关的配置。

使用 systemctl disable 命令来禁止某服务开机自动启动，例如禁用 sshd 服务：

```
[root@srv1 ~]# systemctl disable sshd.service
Removed symlink /etc/systemd/system/multi-user.target.wants/sshd.service.
```

这表明禁止开机自动启动就是删除/etc/systemd/system/下相应的链接文件。

可以使用 systemctl enable 命令来启用某服务开机自动启动，例如启用 sshd 服务：

```
[root@srv1 ~]# systemctl enable sshd.service
Created symlink from /etc/systemd/system/multi-user.target.wants/sshd.service to /usr/lib/systemd/system/sshd.service.
```

这表明启用开机自动启动就是在当前启动目标的配置文件目录（/etc/systemd/system/multi-user.target.wants/）中建立一个/usr/lib/systemd/system/目录中对应单元文件的软链接文件。

sshd 要在/etc/systemd/system/multi-user.target.wants/目录下创建链接文件是由 sshd 单元文件 sshd.service 中[Install]节中的 WantedBy 字段定义所决定的：

```
WantedBy=multi-user.target
```

在/etc/systemd/system 目录下有多个*.wants 子目录，放在该子目录下的单元文件等同于在[Unit]节中的 Wants 字段，即该单元启动时还需启动这些单元。例如，可简单地将自己写的 foo.service 文件放入 multi-user.target.wants/子目录下，这样每次都会被系统默认启动。

3．理解 target 单元文件

启动目标使用 target 单元文件描述，target 单位文件扩展名是.target，创建 target 单元文件的唯一目的是将其他 systemd 单元文件通过一连串的依赖关系组织在一起。

这里以 graphical.target 单元文件为例进行分析。graphical.target 单元用于启动一个图形会话，systemd 会启动像 GNOME 显示管理（gdm.service）、账户服务（accounts-daemon）这样的服务，并且会激活 multi-user.target 单元。multi-user.target 单元又会启动必不可少的 NetworkManager.service、dbus.service 服务，并激活 basic.target 单元，从而最终完成带有图形界面的系统启动。

先来看一下/etc/systemd/system/graphical.target.wants/下的文件列表：

```
[root@srv1 ~]# ls -l /etc/systemd/system/graphical.target.wants/
总用量 0
lrwxrwxrwx. 1 root root 47 11 月   9 22:45 accounts-daemon.service -> /usr/lib/systemd/system/accounts-daemon.service
lrwxrwxrwx. 1 root root 44 11 月   9 22:46 rtkit-daemon.service -> /usr/lib/systemd/system/rtkit-daemon.service
```

这表明 graphical.target 单元启动时，会自动启动 accounts-daemon.service 和 rtkit-daemon.service 单元。

执行 systemctl cat graphical.target 命令查看/usr/lib/systemd/system/graphical.target 单元文件的内容，这里列出相关的部分：

```
[Unit]
Description=Graphical Interface
Documentation=man:systemd.special(7)
Requires=multi-user.target
Wants=display-manager.service
Conflicts=rescue.service rescue.target
After=multi-user.target rescue.service rescue.target display-manager.service
AllowIsolate=yes
```

通过其中的定义可知，graphical.target 对 multi-user.target 强依赖；对 display-manager.service（显示管理服务）弱依赖；在 multi-user.target、rescue.service 、rescue.target 和 display-manager.service 启动之后才启动；与 rescue.service 或 rescue.target 之间存在冲突，如果 rescue.service 或 rescue.target 正在运行，graphical.target 就不能运行，反之亦然；允许使用命令 systemctl isolate 切换到启动目标 graphical.target。

再继续查看 usr/lib/systemd/system/multi-user.target 文件的相关内容：

```
[Unit]
Description=Multi-User System
Documentation=man:systemd.special(7)
Requires=basic.target
Conflicts=rescue.service rescue.target
After=basic.target rescue.service rescue.target
AllowIsolate=yes
```

从中发现 multi-user.target 对 basic.target 强依赖；在 basic.target、rescue.service 和 rescue.target 启动之后才启动；与 rescue.service 或 rescue.target 之间存在冲突；允许使用 systemctl isolate 命令切换到此启动目标。

最后查看 usr/lib/systemd/system/basic.target 的相关内容：

```
[Unit]
Description=Basic System
Documentation=man:systemd.special(7)
Requires=sysinit.target
After=sysinit.target
Wants=sockets.target timers.target paths.target slices.target
After=sockets.target paths.target slices.target
```

发现 multi-user.target 对 sysinit.target 强依赖并在 sysinit.target 启动之后才启动。

这样，graphical.target 会激活 multi-user.target，而 multi-user.target 又会激活 basic.target，basic.target 又会激活 sysinit.target，从而嵌套组合了多个目标，完成复杂的启动管理。

5.2.4　CentOS 7 的 systemd 兼容性

systemd 被设计成尽可能向后兼容 sysVinit 和 UpStart，对之前 CentOS 系统上/etc/init.d/ 目录下的服务脚本，CentOS 7 的 systemd 也能对其进行管理。但是，systemd 也存在一些不兼容的问题，如有限支持运行级别；不支持脚本个性化参数；无法判断从命令行启动的特定服务的状态是启动还是运行的；不继承任何上下文环境，每个服务得到的是纯净的上下文环境。

5.3　systemd 基本管理操作

systemd 已逐渐发展成为一个多功能系统环境，能处理非常多的系统管理任务，甚至被看作一个操作系统。这里讲解 systemd 基本管理操作。

5.3.1　systemctl 命令

systemd 最重要的命令行工具是 systemctl，主要负责控制 systemd 系统和服务管理器。命令格式为：

systemctl [选项...] 命令 [单元文件名...]

不带任何选项和参数运行 systemctl 命令，系统将列出已启动（装载）的所有单元，包括服务、设备、套接字、目标等。

执行不带参数的 systemctl status 命令，系统将显示系统当前状态。

systemctl 命令的部分选项提供长格式和短格式，如--all 和-a。列出单元时，--all（-a）表示列出所有装载的单元（包括未运行的）。显示单元属性时，该选项会显示所有的属性（包括未设置的）。

systemd 还可以控制远程系统，管理远程系统主要是通过 SSH 协议，只有确认可以连接远程系统的 SSH，在 systemctl 命令后面添加选项-H 或者--host，再加上远程系统的 ip 或者主机名作为参数。例如，下面的命令将显示指定远程主机的 httpd 服务的状态：

systemctl -H root@srvb.abc.com status httpd.service

5.3.2　单元管理

单元管理是 systemd 最基本、最通用的功能。单元管理的对象可以是所有单元、某种类型的单元、符合条件的部分单元、某一具体单元。

1．单元的活动状态

在执行单元管理操作之前，有必要了解单元的活动状态。

活动状态用于指明单元是否正在运行。systemd 对此有两类表示形式。

（1）高级表示形式（共有 3 个状态）

- active（活动的）：表示正在运行。
- inactive（不活动的）：表示没有运行。
- failed（失败的）：表示运行不成功。

（2）低级表示形式

单元激活状态的低级表示形式，其值依赖于单元类型。常用的状态主要有以下几个。

- running：表示一次或多次持续地运行，如 vsftpd。
- exited：表示成功完成一次性配置，仅运行一次就正常结束，目前已没有该进程运行。
- waiting：表示正在运行中，不过还须再等待其他事件才能继续处理。
- dead：表示没有运行。
- failed：表示运行失败。
- mounted：表示成功挂载（文件系统）。
- plugged：表示已接入（设备）。

高级表示形式是对低级表示形式的归纳，前者是主活动状态，后者是子活动状态。

2．查看单元

（1）使用 systemctl list-units 列出所有已装载（Loaded）的单元，下面给出部分结果：

```
UNIT                                    LOAD   ACTIVE SUB      DESCRIPTION
proc-sys-fs-binfmt_misc.automount       loaded active waiting  Arbitrary Executable
sys-module-fuse.device                  loaded active plugged  /sys/module/fuse
boot.mount                              loaded active mounted  /boot
accounts-daemon.service                 loaded active running  Accounts Service
kdump.service                           loaded active exited   Crash recovery kernel
● mdmonitor.service                     loaded failed failed   Software RAID monitoring
LOAD    = Reflects whether the unit definition was properly loaded.
ACTIVE = The high-level unit activation state, i.e. generalization of SUB.
SUB     = The low-level unit activation state, values depend on unit type.
165 loaded units listed. Pass --all to see loaded but inactive units, too.
```

这个命令的功能与不带任何选项参数的 systemctl 相同，只显示已装载的单元。显示结果指示单元的状态，共有 5 栏，各栏含义如下。

- UNIT：单元名称。
- LOAD：指示单元是否正确装载，即是否加入 systemctl 可管理的列表中。值 loaded 表示已装载，not-found 表示未发现。
- ACTIVE：单元激活状态的高级表示形式，来自 SUB 的归纳。
- SUB：单元激活状态的低级表示形式，其值依赖于单元类型。
- DESCRIPTION：单元的描述或说明信息。

（2）列出所有单元，包括没有找到配置文件的或者运行失败的。命令格式为：

systemctl list-units --all

（3）加上选项--failed 列出所有运行失败的单元。例如：

```
[root@srv1 ~]# systemctl list-units --failed
  UNIT                    LOAD    ACTIVE SUB      DESCRIPTION
• mdmonitor.service       loaded failed failed Software RAID monitoring and management
```

（4）加上选项--state 列出特定状态的单元。

该选项的值来源于上述 LOAD、SUB 或 ACTIVE 栏所显示的装载状态或活动状态。--state= 给出状态值，后面不能有空格。例如以下命令列出没有找到配置文件的所有单元：

```
[root@srv1 ~]# systemctl list-units --all --state=not-found
  UNIT                          LOAD        ACTIVE    SUB  DESCRIPTION
• apparmor.service              not-found inactive dead apparmor.service
• ip6tables.service             not-found inactive dead ip6tables.service
• iptables.service              not-found inactive dead iptables.service
• syslog.target                 not-found inactive dead syslog.target
```

又如执行以下命令列出正在运行的单元：

```
systemctl list-units --state=active
```

执行以下命令列出没有运行的单元：

```
systemctl list-units --all --state=dead
```

请注意，涉及没有找到配置文件的或者运行失败的单元时一定要使用选项--all。

（5）加上选项--type 列出特定类型的单元。例如列出已装载的设备类单元：

```
systemctl list-units --type=device
```

选项--type 的短格式为-t，空格之后加参数，不用等号。例如列出服务类单元：

```
systemctl list-units   -t service
```

（6）显示某单元的所有底层参数。例如：

```
systemctl show httpd.service
```

3. 查看单元的状态

systemctl 提供 status 命令，用于查看特定单元的状态。例如：

```
[root@srv1 ~]# systemctl status sshd
• sshd.service - OpenSSH server daemon
   Loaded: loaded (/usr/lib/systemd/system/sshd.service; enabled; vendor preset: enabled)
   Active: active (running) since  五  2017-02-17 09:59:01 CST; 5h 8min ago
     Docs: man:sshd(8)
           man:sshd_config(5)
 Main PID: 1808 (sshd)
   CGroup: /system.slice/sshd.service                  #CGroup 进程的 CGroup 信息
           └─1808 /usr/sbin/sshd -D
2 月  17 09:59:01 srv1.abc systemd[1]: Started OpenSSH server daemon.
2 月  17 09:59:01 srv1.abc systemd[1]: Starting OpenSSH server daemon...
2 月  17 09:59:02 srv1.abc sshd[1808]: Server listening on 0.0.0.0 port 22.
2 月  17 09:59:02 srv1.abc sshd[1808]: Server listening on :: port 22.
```

查看单元是否正在运行，处于活动状态：

```
systemctl is-active   参数
```

查看单元运行是否失败：

```
systemctl is-failed   参数
```

上述 3 个命令的参数可以是单元名列表（空格分隔），也可以是表达式，使用通配符。

4. 单元状态转换操作

systemctl 提供多种命令用于转换特定单元的状态。

- start：启动单元使之运行。
- stop：停止单元运行。
- restart：重新启动单元使之运行。
- reload：重载单元的配置文件而不重启单元。
- try-restart：如果单元正在运行就重启单元。
- reload-or-restart：如有可能，就重载单元的配置文件，否则重启单元。
- reload-or-try-restart：如有可能重载单元的配置文件，不然，若正在运行则重启单元。
- kill：杀死单元，以结束单元的进程运行。

这些命令后面可以跟一个或多个单元名作为参数，多个参数用空格分隔，单元名的扩展名可以不写。例如以下命令重启 cups.path 和 atd.service：

```
systemctl restart cups atd
```

使用 systemctl 的 start、restart、stop 和 reload 命令时，不会输出任何内容。

5. 管理单元依赖关系

单元之间存在依赖关系，如 A 依赖于 B，就意味着 systemd 在启动 A 的时候，同时会去启动 B。使用 systemctl list-dependencies 命令列出指定单元的所有依赖，例如：

```
systemctl list-dependencies cups
```

以上命令的输出结果之中，有些依赖是 target（启动目标）类型，默认不会展开显示。如果要展开 target 类单元，就需要使用选项--all。

5.3.3　单元文件管理

单元文件管理也是单元管理的一部分，考虑到它的重要性，这里专门介绍。

1. 单元文件的状态

单元文件状态决定单元能否启动运行，而单元状态是指当前的运行状态（是否正在运行）。从单元文件的状态是无法得知该单元状态的。可以使用 systemctl list-unit-files 命令列出所有安装的单元文件，下面给出部分列表：

```
UNIT FILE                          STATE
proc-sys-fs-binfmt_misc.automount  static
dev-hugepages.mount                static
tmp.mount                          disabled
cups.path                          enabled
```

该列表显示每个单元文件的状态，主要状态值列举如下。

- enabled：已建立启动连接，将随系统启动而启动，即开机时自动启动。
- disabled：没建立启动连接，即开机时不会自动启动。
- static：该单元文件没有[Install]部分（无法执行），只能作为其他单元文件的依赖。
- masked：该单元文件被禁止建立启动连接，无论如何都不能启动。因为它已经被强制屏蔽（不是删除），这比 disabled 更严格。

2. 列出单元文件（可用单元）

执行以下命令列出系统中所有已安装的单元文件，也就是列出所有可用的单元：

```
systemctl list-unit-files
```

该命令无需选项--all。加上选项--state 列出指定状态的单元文件，该选项的值来源于上述 STATE 栏所显示的状态值。例如执行以下命令列出开机时不会自动启动的可用单元：

    systemctl list-unit-files --state=disabled

加上选项--type 或-t 列出特定类型的可用单元。例如以下命令列出可用的服务单元：

    systemctl   list-unit-files --type=service

3. 查看单元文件状态

systemctl 提供的 status 命令在显示特定单元的状态时，也会显示对应的单元文件的状态。还有一个 is-enabled 命令专门用于检查指定的单元文件是否允许开机自动启动。

4. 单元文件状态转换操作

systemctl 提供几个命令用于转换特定单元文件的状态。enable 为单元文件建立启动连接，设置单元开机自动启动；disable 删除单元文件的启动连接，设置单元开机不自动启动；mask 将单元文件连接到/dev/null，禁止设置单元开机自动启动；unmask 允许设置单元开机自动启动。

5. 编辑单元文件

除了直接使用文本编辑器编辑单元文件外，systemctl 还提供专门的命令 edit 来打开文本编辑器编辑指定的单元文件。不带选项表示编辑一个临时片段，完成之后退出编辑器时会自动写到实际位置。要直接编辑整个单元文件，应使用选项--full，例如：

    systemctl edit sshd --full

一旦修改配置文件，要让 systemd 重新装载配置文件，可执行以下命令：

    systemctl daemon-reload

然后执行以下命令重新启动，使修改生效：

    systemctl restart 单元文件

5.3.4 启动目标管理

1. 查看当前的启动目标

以前执行 runlevel 命令，可以显示当前系统处于哪个运行级别。CentOS 7 则使用 systemctl 查看当前正处在哪个启动目标：

```
[root@srv1 ~]# systemctl list-units --type=target
UNIT                      LOAD    ACTIVE SUB      DESCRIPTION
basic.target              loaded active active Basic System
cryptsetup.target         loaded active active Encrypted Volumes
getty.target              loaded active active Login Prompts
graphical.target          loaded active active Graphical Interface
##以下省略
20 loaded units listed. Pass --all to see loaded but inactive units, too.
```

2. 切换到不同的目标

以前使用 init 命令加上级别代码参数切换到不同的运行级别。CentOS 7 则使用 systemctl 工具在不重启的情况下切换到不同的目标，命令格式为：

    systemctl isolate 目标名.target

3. 管理默认启动目标

通过 systemctl set-default 命令可以将某个目标设置成默认目标。例如：

systemctl set-default graphical.target

该命令将/etc/systemd/system/default.target 重新链接到/usr/lib/systemd/system/graphical.target。
CentOS 7 使用 systemctl get-default 命令列出当前的默认目标。

4. 进入系统救援模式和紧急模式

执行以下命令进入系统救援模式（单用户模式）：

systemctl rescue

这将进入最小的系统环境，以便于修复系统。根目录以只读方式挂载，不激活网络，只
启动很少的服务。注意进入这种模式需要 root 密码。

如果连救援模式都进入不了，可以执行以下命令进入系统紧急模式：

systemctl emergency

这种模式也需要 root 密码登录，不会执行系统初始化，完成 GRUB 启动，以只读方式挂
载根目录，不装载/etc/fstab，非常适合文件系统故障的处理。

5.3.5 系统电源管理

使用 systemctl 可以替换以前的电源管理命令，原有的命令依旧可以使用，但是建议尽量
不用。systemctl 和这些命令的对应关系见表 5-3。

表 5-3　　　　　　　　　　　　　　systemd 电源管理命令

功　能	原　命　令	systemd 命令
关机（停止系统）	hatl	systemctl　halt
关机（关闭系统电源）	poweroff	systemctl　poweroff
重启系统	reboot	systemctl　reboot
挂起（暂停系统）	pm-suspend	systemctl　suspend
休眠系统（快照）	pm-hibernate	systemctl　hibernate
暂停并休眠系统	pm-suspend-hybrid	systemctl　hybrid-sleep

5.4　使用 systemd 管理 Linux 服务

在 CentOS 7 中使用 systemctl 命令管理和控制服务，Linux 服务作为一种特定类型的单元，
配置管理操作大大简化。传统的 service 命令和 chkconfig 命令依然可以使用，这主要是出于
兼容的目的，应尽量避免使用。

5.4.1 Linux 服务状态管理

传统的 Linux 服务状态管理方法有两种。一种是使用 Linux 服务启动脚本来实现启动服
务、重启服务、停止服务和查询服务等功能。命令格式为：

/etc/init.d/服务启动脚本名　{start|stop|status|restart|reload|force-reload}

CentOS 7 已经不再支持这种用法，因为不再提供 Linux 服务启动脚本。

另一种方法是使用 service 命令简化服务管理，功能和参数与使用服务启动脚本相同，命令格式为：

service 服务启动脚本名 {start|stop|status|restart|reload|force-reload}

CentOS 7 仍然支持 service 命令，不过已经不再支持这种方法，而是将其重定向到相应的 systemctl 命令，例如：

[root@srv1 ~]# service sshd stop
Redirecting to /bin/systemctl stop   sshd.service

systemcl 主要依靠 service 类型的单元文件来实现服务管控，当然使用的也是 systemctl 命令。用户在任何路径下均可通过该命令来实现服务状态的转换，如启动、停止服务。systemctl 用于服务管理的命令格式为：

systemctl [选项...] 命令 [服务名.service...]

使用 systemctl 命令时，可以写全服务名的扩展名，也可以忽略。单元管理操作已经详细讲过了，这里不再赘述。表 5-4 给出传统 service 命令与 systemctl 命令的对应关系。

表 5-4　　　　　　　传统 **service** 命令与 **systemctl** 命令的对应关系

功能	传统 service 命令	systemctl 命令
启动服务	service 服务名 start	systemctl start 服务名.service
停止服务	service 服务名 stop	systemctl stop 服务名.service
重启服务	service 服务名 restart	systemctl restart 服务名.service
查看服务运行状态	service 服务名 status	systemctl status 服务名.service
重载服务的配置文件而不重启服务	service 服务名 reload	systemctl reload 服务名.service
条件式重启服务	service 服务名 condrestart	systemctl tryrestart 服务名.service
重载或重启服务		systemctl reload-or-restart 服务名.service
重载或条件式重启		systemctl reload-or-try-restart 服务名.service
查看服务是否激活（正在运行）		systemctl is-active 服务名.service
查看服务启动是否失败		systemctl is-failed 服务名.service
杀死服务		systemctl kill 服务名.service

5.4.2　配置服务启动状态

在以前的 Linux 版本中，经常需要设置或调整某些服务在特定运行级别是否启动，这可以通过配置服务的启动状态来实现，chkconfig 和 ntsysv 工具可以实现该功能。在 CentOS 7 中，这些命令仍然可用，不过只能管理传统的 sysVinit 服务，例如：

[root@srv1 ~]# chkconfig
注意：该输出结果只显示 SysV 服务，并不包含原生 systemd 服务。SysV 配置数据可能被原生 systemd 配置覆盖。
如果您想列出 systemd 服务,请执行 'systemctl list-unit-files'。
欲查看对特定 target 启用的服务请执行
'systemctl list-dependencies [target]'。
netconsole   0:关 1:关 2:关 3:关 4:关 5:关 6:关
network   0:关 1:关 2:开 3:开 4:开 5:开 6:关

在 CentOS 7 中应使用 systemctl 命令来设置服务的开机启动，这已经在单元文件管理操作部分讲解。表 5-5 给出相关的传统 chkconfig 命令与 systemctl 命令的对应关系。

表 5-5　　　　　**传统 chkconfig 命令与 systemctl 命令的对应关系**

功　　能	传统 chkconfig 命令	systemctl 命令
查看所有可用的服务	chkconfig --list	systemctl list-unit-files --type=service
查看某服务是否能开机自启动	chkconfig --list 服务名	systemctl is-enabled 服务名.service
设置服务开机自动启动	chkconfig 服务名 on	systemctl enable 服务名.service
禁止服务开机自动启动	chkconfig 服务名 off	systemctl disable 服务名.service
禁止某服务设定为开机自启		systemctl mask 服务名.service
取消禁止某服务设定为开机自启		systemctl unmask 服务名.service
加入自定义服务	chkconfig　--add　服务名	（1）创建相应的单元文件 （2）systemctl daemon-reload
删除服务	chkconfig　--del　服务名	（1）systemctl stop　服务名.service （2）删除相应的单元文件

5.4.3　创建自定义服务

在以前的 Linux 版本中，如果想要建立系统服务，就要在/etc/init.d/目录下创建相应的 bash 脚本。现在有了 systemd，要添加自定义服务，就要在/usr/lib/systemd/system/目录中编写服务单元文件，单元文件的编写前面介绍过。服务单元文件的重点是[Service]节，该节常用的字段（指令）如下。

• Type：配置单元进程启动时的类型，影响执行和关联选项的功能，可选的关键字包括 simple（默认值，表示进程和服务的主进程一起启动）、forking（进程作为服务主进程的一个子进程启动，父进程在完全启动之后退出）、oneshot（与 simple 相似，只是进程在启动单元之后随之退出）、dbus（与 simple 相似，但随着单元启动后只有主进程得到 D-Bus 名字）、notify[与 simple 相似，但随着单元启动之后，一个主要信息被 sd_notify()函数送出]、idle（与 simple 相似，实际执行进程的二进制程序会被延缓，直到所有的单元的任务完成，主要是避免服务状态和 shell 混合输出）。

• ExecStart：指定启动单元的命令或者脚本，ExecStartPre 和 ExecStartPost 节指定在 ExecStart 之前或者之后用户自定义执行的脚本。Type=oneshot 允许指定多个希望顺序执行的用户自定义命令。

• ExecStop：指定单元停止时执行的命令或者脚本。

• ExecReload：指定单元重新装载时执行的命令或者脚本。

• Restart：如果设置为 always，服务重启时进程会退出，会通过 systemctl 命令执行清除并重启的操作。

• RemainAfterExit：如果设置为 true，服务会被认为是在活动状态。默认值为 false，这个字段只有设置有 Type=oneshot 时才需要配置。

5.5　使用 systemd 实现计划任务管理

某些任务需要定期执行、开机启动后执行，或者是在指定的时间执行，以前需要通过 cron 服务来实现这些计划任务管理，现在 systemd 提供的定时器也能胜任这些工作，并且使用方式更为灵活。

5.5.1 systemd 定时器简介

前面在介绍 systemd 单元时，提到一种名为 timer（定时器）的单元类型，用来定时触发用户定义的操作，以取代 cron 等传统的定时服务。

1. 定时器单元文件

以.timer 为后缀的 systemd 单元文件封装了一个由 systemd 管理的定时器，用于支持基于定时器的启动。每个定时器单元都必须有一个与其匹配的服务单元（.service），用于在特定的时间启动。具体的任务则在服务单元中指定。

与其他单元文件相似，定时器通过相同的路径（默认为/usr/lib/systemd/system/）装载，不同的是其中包含[Timer]节。该节定义何时及如何激活定时事件，常用字段如下。

- OnActiveSec：设置该单元自身被启动多久之后才运行。
- OnBootSec：设置开机启动完成（内核开始运行）之后多久才运行。
- OnStartupSec：设置当 systemd 首次启动（内核启动初始化进程）之后多久才运行。
- OnUnitActiveSec：设置该定时器所激活的那个服务单元（后面介绍）最后一次启动后，间隔多久再运行一次。
- OnUnitInactiveSec：设置该定时器所激活的那个服务单元（后面介绍）最后一次停止后，间隔多久再运行一次。

上述字段定义的是相对时间，即相对于特定时间点之后的时间间隔。可以组合使用上述字段来定义。时间间隔可以使用时间单位 us（微秒）、ms（毫秒）、s（秒）、m（分）、h（时）、d（天）、w（周），默认是 s。还可以同时使用多个时间单位。如果定时器单元在启动时已经超过 OnBootSec 或 OnStartupSec 指定的时间，系统会立即启动所匹配的单元。但是对使用其他字段定义的定时器，超过了就等于错过了，不会尝试去补救。如果给某个字段赋予一个空字符串，则表示撤销该字段之前已设置的所有定时器。

- OnCalendar：设置要运行任务的实际时间（系统时间），使用的是绝对时间。可以多次使用此字段来设置多个定时器。如果被赋予一个空字符串，则表示撤销该字段之前已设置的所有定时器。

- Persistent：此段仅对 OnCalendar 字段定义的定时器有意义。如果设为"yes"，则表示将匹配单元的上次触发时间永久保存，当定时器单元再次被启动时，如果匹配单元本应该在定时器单元停止期间至少被启动一次，那么将立即启动匹配单元，这样就不会因为关机而错过必须执行的任务，能够实现类似 anacron 的功能。默认值为"no"。

- Unit：设置该定时器单元所匹配的单元，也就是要被该定时器启动的单元。默认值是与此定时器单元同名的服务单元（仅单元文件扩展名不同），一般来说不需要设置，除非要使用不同的单元名。

2. 定时器类型

- 单调定时器（monotonic timer）：即从一个时间点过一段时间后激活定时任务。所谓单调时间，是指从开机那一刻（零点）起，只要系统正在运行，该时间就不断地单调均匀递增，永远不会往后退。OnBootSec 和 OnActiveSec 是常用的单调定时器。

● 实时定时器：通过日历事件激活（类似于 cronjobs）定时任务。使用 OnCalender 来定义实时定时器。

3. 匹配单元文件

每个.timer 文件所在目录都要有一个匹配的.service 文件。.timer 文件用于激活并控制.service 文件。.service 文件中不需要包含 [Install]节，因为这由定时器单元接管。必要时通过在定时器的[Timer]节指定选项 Unit 来控制一个与定时器不同名的服务单元。

4. 定时器管理操作

可以像其他 systemctl 单元一样对定时器进行管理操作，需要加上扩展名.timer，否则将视为服务（.service）类型的单元。例如：

systemctl status systemd-tmpfiles-clean.timer

systemctl 还提供专门的命令用于列出定时器单元，例如：

```
[root@srv1 ~]# systemctl list-timers
NEXT          LEFT      LAST          PASSED        UNIT                    ACTIVATES
日 2017-02-19 10:34:01 CST  22h left 六 2017-02-18 10:34:01 CST   1h 44min ago systemd-tmpfiles-
clean.timer systemd-tmpfiles-clean.service
```

其中 UNIT 栏为定时器，ACTIVATES 栏为该定时器要启动的服务。

该命令只列出所有已启动的定时器单元，要列出所有定时器（包括非活动的），则需要加上选项--all。

一个由定时器启动的服务的状态经常处于非活动状态（inactive），除非它当前正在被触发运行。如果一个定时器不再同步，它可能会删除/var/lib/systemd/timers/下对应的 stamp-*文件。这些空文件只用于表示每个定时器上次运行的时间。删除后，将在下次定时器运行时自动重建。下列命令将列出所有已安装的定时器。

systemctl   list-unit-files --type=timer

5. systemd 定时器替代 cron 服务

多数情况下 systemd 定时器可以替代 cron 服务。它与 cron 相比具有如下优势。

● 有助于调试。任务可以不依赖于它们的定时器单独启动，可以简化调试。另外，所有的 systemd 的服务运行都会被记录到 systemd 日志，任务也不例外，便于调试。

● 每个任务可配置运行于特定的环境中。

● 每个任务可以与 systemd 的服务相结合，充分利用 systemd 的优势。

不过，systemd 定时器并没有内置邮件通知功能（cron 有 MAILTO），也没有内置与 cron 相似的 RANDOM_DELAY（随机延时）功能来指定一个数字用于定时器延时执行。

5.5.2　创建 systemd 定时器

要使用 systemd 的定时器，关键是要创建一个定时器单元文件和一个配套的服务单元文件，然后启动这些单元即可。

1. 创建单调定时器

单调定时器适合按照相对时间的计划任务管理，这里以一个定期备份任务为例，要求开机（系统启动）后 1 小时开始执行一次，自从第一次执行后每周都要执行一次。

（1）编写一个定时器单元文件，可将其命名为 boot_backup.timer，保存在/etc/systemd/system 目录中。内容如下：

```
[Unit]
Description=Run boot backup weekly and on boot
[Timer]
OnBootSec=1h
OnUnitActiveSec=1w
[Install]
WantedBy=multi-user.target
```

（2）编写一个配套的服务单元文件，可将其命名为 boot_backup.service，保存在/etc/systemd /system 目录中。内容如下：

```
[Unit]
Description=Backup boot
[Service]
Type=simple
ExecStart=/usr/local/bin/boot_backup
```

这里要将 Type 值设置为 simple（也是默认值）。如果设置为 oneshot，该服务单元仅执行一次，之后就会退出，系统会关掉定时器。ExecStart 定义要执行的任务。

（3）编写任务脚本文件，这里是一个简单的引导区备份脚本/usr/local/bin/boot_backup，仅仅用于示范，内容如下：

```
#!/usr/bin/bash
xfsdump  -f  /opt/dump_boot  /boot  -L  dump_boot  -M  drive0
```

还应授予该脚本执行权限，可执行以下命令来实现：

```
chmod +x /usr/local/bin/boot_backup
```

（4）由于创建新的单元文件，执行 systemctl daemon-reload 命令重新装载单元文件。

（5）分别执行以下命令使新建的定时器能开机启动，并启动定时器：

```
systemctl enable boot_backup.timer
systemctl start boot_backup.timer
```

启动的是.timer 文件，而不是.service 文件。因为配套的 service 文件由 timer 文件启动。

可以执行以下命令列出定时器：

```
[root@srv1 ~]# systemctl list-timers
NEXT          LEFT        LAST        PASSED    UNIT                      ACTIVATES
日 2017-02-19 12:26:46 CST   13min left n/a   n/a boot_backup.timer       boot_backup.service
一 2017-02-20 11:41:51 CST   23h left    日 2017-02-19 11:41:51 CST   31min ago systemd-tmpfiles-
clean.timer systemd-tmpfiles-clean.service
```

2. 创建实时定时器

实时定时器适合按照日历时间的计划任务管理，这里也以一个定期备份任务为例，要求每周执行一次（如时间为周日 2 点），且上次未执行就立即执行。实现步骤与上述单调定时器一样，只是将定时器单元文件修改即可。其内容符合实时定时器，修改如下：

```
[Unit]
Description=Run boot backup weekly
[Timer]
OnCalendar=sun,02:00
Persistent=true
[Install]
WantedBy=multi-user.target
```

5.6　Linux 系统启动过程分析

了解 Linux 系统启动过程有助于进行相关设置，诊断和排除故障。systemd 是一种系统初始化方式，也是 Linux 系统的第 1 个用户进程（进程号为 1）。内核准备就绪后运行 systemd，systemd 的任务是运行其他用户进程，挂载文件系统，配置网络，启动守护进程等。

5.6.1　Linux 启动过程

Linux 系统从启动到提供服务的基本过程为：首先机器加电，然后通过 MBR 或者 UEFI 装载 GRUB，再启动内核，由内核启动服务，最后开始对外服务。就 CentOS 7 来说，系统启动要经历以下 4 个主要阶段。

1. BIOS 或 UEFI 初始化

BIOS 或 UEFI 初始化，运行 POST 开机自检，并选择引导（启动）设备。

BIOS 完成加电自检（POST）之后，按照 CMOS 设置搜索处于活动状态并且可以引导的设备。引导设备可以是软盘、CD-ROM、硬盘、U 盘等。Linux 通常从硬盘上引导。

UEFI 系统的启动遵循 UEFI 平台初始化标准。此阶段，UEFI 从加电开始依次执行 SEC（安全验证）、PEI（EFI 前期初始化）、DXE（驱动执行环境）和 BDS（引导设备选择）。

2. 启动引导装载程序（Boot Loader）

对 BIOS 启动来说，选择引导设备之后，就读取该设备的 MBR（主引导记录）引导扇区。MBR 位于磁盘第一个扇区（0 柱面 0 磁头 1 扇区）中。如果 MBR 中没有存储操作系统，就需要读取启动分区的第一个扇区（引导扇区）。当 MBR 装载到内存之后，BIOS 将控制权交给 MBR。接着 MBR 启动引导装载程序，由引导装载程序引导操作系统。

对 UEFI 启动来说，支持 UEFI 的主板的 ROM 中存放 EFI Shell 程序，能够识别存储介质上的分区信息和文件系统，并从指定的 EFI/boot/目录下查找.efi 文件并执行。.efi 文件主要任务就是启动引导装载程序，剩下的操作系统装载任务则交由引导装载程序完成。

常用的引导装载程序有 GRUB、ILIO 和 easyBCD。CentOS 7 使用 GRUB2 作为默认引导装载程序。装载引导装载程序的配置文件包括/etc/grub.d/*、/etc/default/grub 和/boot/grub2/grub.cfg。

3. 装载内核

引导装载程序 GRUB2 载入 Linux 系统内核（Kernel）文件，紧接着 Linux 就会将内核文件解压缩到内存中，并且利用内核的功能开始检测和驱动各个硬件设备，包括存储设备、CPU、网络接口等。至此内核开始接管以后的工作。

为方便硬件开发商和其他内核功能开发者，Linux 内核可动态载入内核模块（如驱动程序），这些内核模块存放在/lib/modules/目录中。在开机启动过程中，内核必须挂载根目录，这样才能读取到这些内核模块，以实现载入驱动程序等功能。为避免影响磁盘中的文件系统，系统启动过程中根目录以只读方式被挂载。

假设当前 Linux 系统安装在 SATA 磁盘中，可以通过 BIOS 的 INT 13 获取引导装载程序和内核文件来开机启动，然后内核开始接管系统并且侦测硬件，并尝试挂载根目录来访问其他的驱动程序。但是内核根本不识别 SATA 磁盘，因而需要装载 SATA 驱动程序，否则根本就无法挂载根目录。SATA 驱动在/lib/modules/目录内，如果无法挂载根目录，则不能读取/lib/modules/目录中的驱动程序。为此 Linux 通过虚拟文件系统来解决这个问题。

Linux 内核会创建一个基于内存的虚拟文件系统 rootfs（根文件系统）。以前的方案是 initrd（Initial RAM Disk），现在改用 initramfs（Init Ram filesystem）。这两者实际上都是映像文件，能通过引导装载程序载入到内存中，然后会被解压缩并且在内存中模拟出一个根目录，其中提供可执行程序来载入启动所最需的内核模块（也包括 SATA 磁盘驱动程序），装载内核模块完毕，就会帮助内核重新启动初始化程序来继续后续的启动流程。

initrdr 使用的是基于内存的磁盘设备 ramdisk，会将内存伪装成磁盘，当系统启动后再次用到 ramdisk 上的驱动程序时，它仍会再一次将其装载到内存中，但是它本身就位于内存中，因此会浪费资源和时间。CentOS 7 使用 initramfs，升级为基于内存的文件系统 ramfs，这样就不用再一次装载到内存中了。

initramfs 主要包括系统启动过程会用到的内核模块，如 SCSI、virtio、RAID 等与磁盘相关的模块。在内核完整地载入后，就要开始执行系统的第一个进程 systemd。

此阶段装载内核并完成内核自身的初始化，基本过程小结如下。

（1）监测可识别的所有硬件设备。

（2）装载硬件驱动程序（可能借助于基于内存的虚拟文件系统 rootfs）。

（3）以只读方式挂载根文件系统。

（4）运行用户空间的第一个应用程序。

4. 系统初始化

内核在完成核内引导以后，CentOS 7 使用 systemd 代替之前版本的 init 程序来开始系统初始化过程。在启动过程中，systemd 最主要的功能就是准备 Linux 系统运行环境，包括系统的主机名称、网络设置、语言处理、文件系统格式，以及其他系统服务、应用服务的启动等。所有的这些任务都会通过 systemd 的默认启动目标（/etc/systemd/system/default.target）来配置。systemd 依次执行以下任务来完成系统的最终启动。

（1）systemd 执行 initrd.target 所有单元，包括挂载/etc/fstab。其实 initramfs 就是一个小型的根目录，也通过 systemd 进行管理，执行 initrd.target 单元来启动，而 initrd.target 需要读入 basic.target、sysinit.target 等硬件检测、内核功能启用，然后开始让系统顺利运行。

（2）从 initramfs 根文件系统切换到磁盘根目录。也就是卸载 initramfs 的小型文件系统，实际挂载系统的根目录。

（3）systemd 执行默认启动目标单元，单元文件为/etc/systemd/default.target。CentOS 7 默认启动目标会到/usr/lib/systemd/system/目录去获取 multi-user.target（文本界面环境）或 graphical.target（图形界面环境）。假设使用 graphical.target，接着 systemd 会去/etc/systemd/system/graphical.target.wants 和/usr/lib/systemd/system/graphical.target.wants/目录中查看单元文件以决定下一步行动。graphical.target 必须完成 multi-user.target 之后才能进行，而完成 graphical.target 之后，还得启动 display-manager.service 才行。

（4）systemd 执行 sysinit.target 初始化系统及 basic.target 以准备操作系统。sysinit.target 会完成基本的内核功能，载入文件系统、存储设备的驱动等。执行 basic.target 则会成为一个最基本的操作系统，主要载入 firewalld 防火墙，载入 CPU 的微指令功能，启动与设置 SELinux

的安全上下文等。

（5）systemd 启动 multi-user.target 单元所定义的本机与服务器服务。

（6）systemd 执行 multi-user.target 单元所定义的/etc/rc.d/rc.local。这是为了兼容之前的 Linux 版本，后面将具体介绍。

（7）systemd 执行 multi-user.target 单元指定的 getty.target（提供 tty 界面）及登录服务。

（8）systemd 执行 graphical 所需的服务。此阶段开始载入用户管理服务（accounts-daemon .service）和图形界面管理员（gdm.service）等，启动图形界面来让用户以图形界面登录。如果系统的 default.target 指向 multi-user.target，那么此步骤就不会执行。用户可以使用文本界面的方式登录。

5.6.2　检测和分析 systemd 启动过程

systemd 提供了一个专门工具 systemd-analyze，可以用来检测和分析启动过程，可以找出在启动过程中出错的单元，然后跟踪并改正引导组件的问题。下面列出一些常用的 systemd-analyze 命令。

执行以下命令查看启动耗时，即内核空间和用户空间启动时所花的时间。

systemd-analyze time

执行以下命令查看正在运行的每个单元的启动耗时，并按照时长排序。

systemd-analyze blame

执行以下命令检查所有系统单元是否有语法错误。

systemd-analyze verify

执行 systemd-analyze critical-chain 命令分析启动时的关键链，查看严重消耗时间的单元列表。结果如下：

```
graphical.target @30.560s
└─multi-user.target @30.560s
  └─libvirtd.service @25.095s +2.759s
    └─remote-fs.target @25.075s
      └─remote-fs-pre.target @25.074s
        └─iscsi-shutdown.service @25.000s +65ms
          └─network.target @24.999s
            └─network.service @24.065s +932ms
              └─NetworkManager.service @17.461s +520ms
                └─firewalld.service @10.498s +6.959s
                  └─basic.target @10.486s
                  ##以下省略
```

不带参数将显示当前启动目标的关键链。结果按照启动耗时进行排序，"@" 之后是单元启动的时间（从系统引导到单元启动的时间），"+" 之后是单元启动消耗的时间。

可以指定参数来显示指定单元的关键链：

systemd-analyze critical-chain sshd.service

命令 systemd-analyze plot 可以将整个启动过程写入一个.svg 格式文件，便于以后查看和分析。例如：

systemd-analyze plot > boot.svg

5.7 Linux 系统启动配置与故障排除

从以上分析的 Linux 启动的过程来看，管理员可配置管理的有两个环节，一是引导装载程序配置，二是 systemd 相关配置。

5.7.1 系统初始化配置

以前的 CentOS 版本根据/etc/inittab 配置文件的设置依次执行 etc/rc.d/rc.sysinit（初始化系统的环境）、/etc/rc.d/rc（建立并初始化运行级别环境）和/etc/rc.d/rc.local（完成定制的初始化计划）。现在由 systemd 执行初始化，主要变化列举如下。

• 默认的运行级别（在/etc/inittab 文件中设置）被默认的启动目标（/etc/systemd/system/default.target）所替代，通常使用 graphical.target（图形界面）或者 multi-user.target（多用户命令行）的符号链接。

• 启动脚本的位置以前是/etc/init.d/目录，符号连接到不同的运行级别目录（如/etc/rc3.d/、/etc/rc5.d/等），现在的位置是/lib/systemd/system/和/etc/systemd/system/目录。

• 相关配置文件的位置，以前 init 进程的配置文件是/etc/inittab，各种服务的配置文件被存放在/etc/sysconfig/目录；现在配置文件主要被存放在/lib/system/目录中，在/etc/system/目录中的修改可以覆盖原始设置。

• Linux 系统完成启动后要自动执行某些程序或脚本，以前是将这些程序或脚本的绝对路径名称写入/etc/rc.d/rc.local 文件中。新的 systemd 环境建议直接编写一个 systemd 单元文件，用于开机自动执行所需的程序或脚本，然后执行 systemctl enable 命令来启用它。

不过，systemd 也对传统的/etc/rc.d/rc.local 提供支持，这是由内置的 rc-local.service 服务单元来实现的。该单元文件的主要内容为：

```
[Unit]
Description=/etc/rc.d/rc.local Compatibility
ConditionFileIsExecutable=/etc/rc.d/rc.local
After=network.target
[Service]
Type=forking
ExecStart=/etc/rc.d/rc.local start
TimeoutSec=0
RemainAfterExit=yes
```

该服务会根据/etc/rc.d/rc.local 是否具有可执行权限来决定是否启动。但是默认/etc/rc.d/rc.local 不具有可执行的权限，因此这个服务不会被执行。要使用/etc/rc.d/rc.local 来实现开机启动脚本，只需授予其可执行权限，这样每次开机都会去执行其中的脚本。命令格式为：

```
chmod a+x /etc/rc.d/rc.local
```

5.7.2 引导装载程序 GRUB2 配置

1. GRUB 概述

在系统启动过程中，从引导装载程序开始，到装载内核之前都由 GRUB 负责。内核被保存在/boot/，通过 GRUB 将内核装载到内存。GRUB 全称 GRand Unified Bootloader，作为一种多重操作系统启动管理器，除引导 Linux 之外，也可在多操作系统共存时管理多重操作系统的引导。可对 GRUB 进行配置管理来实现对系统启动选项的控制，干预系统的启动。

CentOS 7 使用的版本是 GRUB2。GRUB2 实际上是一个微型的操作系统，可以识别一些常用的文件系统，GRUB2 运行时会读取自己的配置文件/boot/grub2/grub.cfg。

2．GRUB2 配置文件分析

在 CentOS 7 中，GRUB2 的主要配置文件是/etc/grub2.cfg，这是一个指向/boot/grub2/grub.cfg 文件的符号链接。另外还有一个通用设置文件/etc/default/grub，一个/etc/grub.d/目录存放多种配置模板。/etc/grub2.cfg 实际上是由 grub2-mkconfig 工具使用/etc/grub.d/中的模板和/etc/default/grub 中的设置自动生成的。因而不要直接去修改/etc/grub2.cfg。如果确有必要修改 GRUB2 的配置，可以通过修改/etc/default/grub 中的设置和/etc/grub.d/目录中的模板，再执行 grub2-mkconfig 重新生成/etc/grub2.cfg 文件。

这里给出/etc/grub2.cfg 文件默认的部分设置内容：

```
#首先执行/etc/grub.d/00_header 脚本，主要与基础设置、环境有关
### BEGIN /etc/grub.d/00_header ###
set pager=1
if [ -s $prefix/grubenv ]; then
  load_env
fi
#此处省略
### END /etc/grub.d/00_header ###
#此处省略
#开始执行 /etc/grub.d/10_linux 脚本，主要针对实际的 Linux 内核的启动环境
### BEGIN /etc/grub.d/10_linux ###
menuentry 'CentOS Linux (3.10.0-327.el7.x86_64) 7 (Core)' --class centos --class gnu-linux --class gnu --class os
--unrestricted $menuentry_id_option 'gnulinux-3.10.0-327.el7.x86_64-advanced-7e458752-6a5e-47bc-abff-b853ee5450a7' {
        load_video
        set gfxpayload=keep
        insmod gzio
        insmod part_msdos
        insmod xfs
        set root='hd0,msdos1'
        if [ x$feature_platform_search_hint = xy ]; then
          search  --no-floppy  --fs-uuid  --set=root  --hint-bios=hd0,msdos1  --hint-efi=hd0,msdos1
--hint-baremetal=ahci0,msdos1 --hint='hd0,msdos1'  06871477-d23c-4ded-a1cb-5c4a917a2176
        else
          search --no-floppy --fs-uuid --set=root 06871477-d23c-4ded-a1cb-5c4a917a2176
        fi
        linux16 /vmlinuz-3.10.0-327.el7.x86_64 root=/dev/mapper/centos-root ro crashkernel=auto rd.lvm.lv=
centos/root rd.lvm.lv=centos/swap rhgb quiet LANG=zh_CN.UTF-8
        initrd16 /initramfs-3.10.0-327.el7.x86_64.img
}
menuentry 'CentOS Linux (0-rescue-958633770db3402e88773a19763aa40e) 7 (Core)' --class centos --class
gnu-linux --class gnu --class os --unrestricted $menuentry_id_option 'gnulinux-0-rescue-958633770db3402e88773a19763
aa40e-advanced-7e458752-6a5e-47bc-abff-b853ee5450a7' {
#此处省略
        linux16  /vmlinuz-0-rescue-958633770db3402e88773a19763aa40e  root=/dev/mapper/centos-root  ro
crashkernel=auto rd.lvm.lv=centos/root rd.lvm.lv=centos/swap rhgb quiet
```

initrd16 /initramfs-0-rescue-958633770db3402e88773a19763aa40e.img
}
#此处省略
END /etc/grub.d/10_linux
BEGIN /etc/grub.d/20_linux_xen
END /etc/grub.d/20_linux_xen
BEGIN /etc/grub.d/20_ppc_terminfo
END /etc/grub.d/20_ppc_terminfo
BEGIN /etc/grub.d/30_os-prober
END /etc/grub.d/30_os-prober
BEGIN /etc/grub.d/40_custom

可以发现/etc/grub2.cfg 通过### BEGIN /etc/grub.d/00_header ###这种格式按照顺序调用/etc/grub.d 目录里面的脚本文件，以实现不同的功能。

其中有两个 menuentry 字段定义的是启动菜单入口，因此启动时会看见两个默认选项，一个是普通模式，一个是救援模式。menuentry 后面有一对大括号，其中都是启动项，每个启动项以 TAB 标记开头。这里介绍其中 3 个比较重要的启动项。

（1）set root='hd0,msdos1'

set root 用于指定 GRUB2 配置文件所在的磁盘，使用 GRUB2 磁盘编码。GRUB2 主程序最重要的任务之一就是从磁盘中装载内核，它必须识别磁盘。GRUB2 对磁盘的编码设置与传统的 Linux 磁盘是不同的，它使用如下代码方式。

● hd0,1：表示由 GRUB2 自动判断分区格式。

● hd0,msdos1：表示此磁盘为传统的 MBR 分区。

● hd0,gpt1：表示此磁盘为 GPT 分区。

硬盘用 hd 表示，后面以搜索顺序为编号，第一个搜到的为 0 号，第二个为 1 号，依次类推。每个磁盘的第一个分区代号为 1，依序类推，分区号加在分区类型后边，如 gpt3。第二块磁盘的第 3 个 GPT 分区表示为 hd1,gpt3。

（2）linux16 /vmlinuz-... root=/dev/mapper/centos-root...

linux16 用于定义 Linux 内核文件及系统执行时所附加的参数，指定内核的位置、根分区的位置、以只读方式挂载根分区、字符集、键盘布局、语言、rhgb（以图形化方式显示启动过程）、quiet（启动过程出现错误提示）等。

（3）initrd16 /initramfs-3.10...

initrd16 定义 initramfs 文件名，通过 initrd16 将启动相关的驱动和模块解压到内存，再读取根分区的数据。

3．编辑/etc/default/grub 以设置主要环境

默认情况下/etc/default/grub 文件的内容如下：
GRUB_TIMEOUT=5　　　#设置进入默认启动项的等候时间（如果改为-1，每次启动时需手动确认才可以）
GRUB_DISTRIBUTOR="$(sed 's, release .*$,,g' /etc/system-release)" #GRUB 发布者名称
GRUB_DEFAULT=saved #设置默认启动菜单项，按 menuentry 顺序。比如要默认从第 3 个菜单项启动，数字改为 2，若设为 saved，则默认为上次启动项
GRUB_DISABLE_SUBMENU=true　　　#设置是否屏蔽子菜单，默认屏蔽
GRUB_TERMINAL_OUTPUT="console"　　#设置终端输出，默认使用控制台终端，不使用图形界面。主要设置有：console、serial、gfxterm、vga_text
GRUB_CMDLINE_LINUX="crashkernel=auto rd.lvm.lv=centos/root rd.lvm.lv=centos/swap rhgb quiet" #手动添加内核启动参数到菜单条目中，也就是上述 menuentry 括号内 linux16 后续的参数

```
GRUB_DISABLE_RECOVERY="true"        #设置是否创建修复模式菜单项，默认不创建
```
修改/etc/default/grub 文件之后，必须执行 grub2-mkconfig 命令重新生成 grub.cfg 文件：
```
grub2-mkconfig -o /boot/grub2/grub.cfg
```
再重启系统即可生效：
```
systemctl reboot
```

4. 修改/etc/grub.d 目录下的配置文件

/etc/grub.d 目录中有很多数字开头的脚本文件，按照从小到大的顺序执行。主要的脚本文件列举如下。

● 00_header 主要用于配置最基本的开机界面，它还会调用/etc/default/grub 配置文件。

● 10_linux 用来配置不同的内核，自动搜索当前系统，建立当前系统启动菜单。

● 20_ppc_terminfo 用于设置 tty 控制台。

● 30_os_prober 用于设置其他分区中的系统（适合硬盘中有多个操作系统的情形）。该脚本默认设置会搜索找其他磁盘分区中可能含有的操作系统，然后将搜到的操作系统加入启动菜单。如果要禁止这样做，则可以在/etc/default/grub 文件中加上语句"GRUB_DISABLE_OS_PROBER=true"。

● 40_custom 和 41_custom 是用户自定义的配置。通常在 40_custom 文件中手动加上启动菜单项。

修改这些文件后，要使之生效，也要执行 grub2-mkconfig 命令。

5. 动态修改 GRUB 引导参数

进入 GRUB2 界面后，可以使用特殊按键<e>来修改引导参数，这样可以在系统启动过程中修改内核的参数，也就是传一个参数给内核。下面示范操作过程。

（1）当系统启动时，主控制台上会显示如图 5-1 所示的开始界面。用户可以根据提示在多个内核版本中选择一个内核。CentOS 7 安装之后默认会提供两个内核，分别提供了两个启动入口，即正常系统入口和救援模式。如果选中正常入口（非救援模式），则再提供两种选择，一是按下<e>键进入 GRUB 编辑模式，可以编辑所选条目；二是按下<c>键进入命令行模式。

图 5-1　GRUB2 开始界面

（2）按下<e>键进入 GRUB 编辑模式。进入 GRUB 编辑模式之后，通过临时修改内核参数，根据需要进入特殊模式，这对系统启动排故很有帮助。这里以 rescue 模式为例。按向下

箭头找到以 linux16 开头的那一行，如图 5-2 所示。在行尾先输入一个空格，再输入一个 s 字符，这实际上是修改传给内核的参数，将转入 rescue 模式（类似于以前的 Linux 单用户模式）。

图 5-2　GRUB2 编辑界面

（3）按<Ctrl>+<x>组合键启动系统，进入指定的模式。此处为 rescue 模式，如图 5-3 所示。输入管理员密码就可以登录，然后进行特殊操作。在这种模式下，执行命令 systemctl default 或者按<Ctrl>+<D>组合键可以启动进入普通模式。

与普通模式相比，rescue 模式装载的服务较少，启动也快。可以执行 systemctl 命令列出已启动的单元来进行验证，如图 5-4 所示。

图 5-3　进入 rescue 模式

图 5-4　列出启动的 systemd 单元

6. 设置 GRUB 密码

由上例得知，任何人不需密码都能进入 GRUB 编辑模式，这具有相当大的安全隐患，为此可以设置 GRUB 口令，只有拥有口令的用户才能修改 GRUB 参数。方法是修改 GRUB 配置文件，设定密码，以防止非法者进行 GRUB 编辑。

（1）编辑/etc/grub.d/00_header 文件，在末尾添加以下内容后保存该文件：

```
cat << EOF
set superusers='admin'
password admin 123456
EOF
```

（2）执行 grub2-mkconfig 命令重新生成 grub.cfg 文件：

```
grub2-mkconfig -o /boot/grub2/grub.cfg
```

（3）重新启动系统，在 GRUB 开始界面中按下<e>键进入 GRUB 编辑模式，输入用户和密码。

以上设置的密码是明文的，GRUB 可对这个密码进行加密。具体方法是先使用工具 grub2-mkpasswd-pbkdf2 生成加密的密码：

[root@srv1 ~]# grub2-mkpasswd-pbkdf2

输入口令：

Reenter password:

PBKDF2 hash of your password is grub.pbkdf2.sha512.10000.23F55645D299C2281D6E732C23E646961D925EC426934A78315E507D68FB1C8D7D7A9A2ACBA9B05AA5EE0E5705F5EB41F67190E80833399E7DF0AFBC7CE6B98F.603C9A2BF70BE7D7D35F36F1136DD5943C1D0465DC22E5D3FADA447E8D5BE9EC6969C3EB6CB5F909D485A39098A4ACBE200675957AAA3F800E5CE92CAFAB83FA

　　然后将/etc/grub.d/00_header 文件的 password 语句中的密码更换成上述以 grub.pbkdf2.sha 开头的密文。最后执行 grub2-mkconfig 命令重新生成 grub.cfg 文件。

5.7.3　系统启动进入特殊模式

　　如果引导装载程序能正常工作，能执行初始化程序，可以考虑进入救援（rescue）模式、紧急救援（emergency）模式或 Shell 引导界面，进行常规的故障排除。救援模式适合服务的故障排除，紧急救援适合文件系统的修复。

　　1．进入救援（rescue）模式修复系统

　　救援模式类似于之前的单用户模式。进入该模式之后，系统会完成基本的初始化，需要输入 root 密码登录。这种模式不启动服务，但装载文件系统，适用于某服务设置故障的修补。

　　在当前正常运行的系统中，执行 systemctl isolate rescue.target 或 systemctl rescue 命令可切换到救援模式。但这种情况不常用，通常是遇到启动故障时才进入救援模式。具体方法是动态修改 GRUB 引导参数。

　　（1）启动系统进入 GRUB2 界面后，按下<e>键进入 GRUB 编辑模式。

　　（2)按向下箭头找到以 linux16 开头的那一行,在行尾先输入一个空格,再输入 s 或 single, 也可以是 systemd.unit=rescure.target。

　　（3）按<Ctrl>+<x>组合键启动系统，进入 rescue 模式。

　　（4）输入管理员密码登录，然后进行排故操作。

　　2．进入紧急救援（emergency）模式修复系统

　　紧急救援模式也需要 root 密码登录，没有执行系统初始化，完成 GRUB 启动，以只读方式挂载根目录，不装载/etc/fstab，非常适合文件系统故障处理。

　　在当前正常运行的系统中，执行 systemctl isolate emergency.target 或 systemctl emergency 命令可切换到救援模式。这种情况也不常用，通常是遇到启动故障时才进入紧急救援模式。具体方法是动态修改 GRUB 引导参数。与上例救援模式相似，需要在以 linux16 开头的那一行行尾先输入一个空格，再输入 emergency 或者 systemd.unit=emergency.target。

　　3．进入 Shell 引导界面

　　与上述两种方式相比，直接进入 Shell 引导界面不做任何初始化，只是提供一个 Shell 界面而已。具体方法是动态修改 GRUB 引导参数。与救援模式相似，需要在以 linux16 开头的那一行中使用"init=/bin/bash"或"init=/bin/sh"替换"rhgb quiet"。按<Ctrl>+<x>组合键启动系统，进入这种引导界面。"rhgb quiet"表示图形化界面启动，这里会用 Shell 替代默认的 daemon 进程。

　　这种模式不需要 root 密码而拥有 root 权限，由于将第一个进程改为 bash，也不能使用

systemd 工具，没有完整地操作该系统环境，只能用于少部分系统修复工作。

4. 重置 root 密码

一旦忘记 root 用户密码，就无法执行任何面向整个系统的变更工作。不过 Linux 中很容易使用 root 账户重置密码。具体方法如下。

（1）启动系统进入 GRUB2 界面后，按下<e>键进入 GRUB 编辑模式。

（2）按向下箭头找到以 linux16 开头的那一行，在行尾先输入一个空格，再输入"rd.break console=tty0"。

（3）按<Ctrl>+<x>组合键启动系统。

（4）执行以下命令重新挂载文件系统：

mount -o remount,rw /sysroot

（5）执行以下命令改变系统目录为临时挂载目录：

chroot /sysroot

（6）执行 passwd 命令修改 root 密码。

（7）在根目录下创建相关文件（用于重新标记 SELinux 环境值）：

touch /.autorelabel

（8）执行 exit 命令退出 chroot 环境，再执行 exit 重启系统。

如果在 VMWare 虚拟机上操作不成功，可以尝试将 linux16 开头的那一行中的"rhgb quiet"先删除。

rd.break 这种方法一般用于修改 root 密码或者出现重大问题，临时中断运行，未装载任何文件系统，比上述救援模式还要精简。

如果使用 rd.break 不能进入系统启动，则可以向内核传递"init=/bin.bash"或"nit=/bin/sh"参数，使用 Shell 替代默认的 daemon 进程来重置 root 密码。参照上一小节的操作进入 Shell 引导界面，再继续以下步骤。

（1）执行以下命令以可写方式重新挂载根目录：

mount -o remount,rw /

（2）执行以下命令修改 root 密码：

passwd root

（3）如果系统启动了 SELinux，必须执行以下命令，否则将无法正常启动系统：

touch /.autorelabel

（4）执行 exec /sbin/init 命令启动系统，或者执行 exec /sbin/reboot 命令重启系统。

5.7.4 进入 CentOS 救援环境修复系统

当根目录所在的文件系统损坏时，或启动管理程序 GRUB 损坏后，系统无法启动，实际上是无法启动内核或者无法执行系统初始化。此时就不能使用上述依赖 GRUB 的救援模式，而要使用救援环境（rescue enviroment）来修复 Linux 系统故障。这种方式提供从系统硬盘以外的来源（光盘、U 盘等）引导一个小型 Linux 环境的能力，引导成功以后再对硬盘上的错误进行修改和恢复。

1. 进入救援环境

可以通过以下方式进入救援环境。

● 从 Linux 安装光盘的第 1 张盘引导系统。

- 从 boot.iso 映像制作的引导光盘引导系统。
- 从 bootdisk.img 映像制作的安装引导盘引导系统。

这里以最常用的第一种方式为例进行介绍。

（1）将 CentOS 7 安装光盘放到光驱中，引导系统并修改计算机 BIOS 设置，以便从光盘引导计算机。

提示：这里涉及模拟系统故障，观察故障信息并使用救援环境进行修复。注意不要在生产系统上操作，推荐在 **VMware** 虚拟机环境完成该系列实验。VMware 虚拟机环境下默认开机界面停留时间可能太短，不便于按<F2>或<Esc>键调整启动选项，解决的方法是编辑相应的虚拟机配置文件（.vmx），在末尾加上 bios.forceSetupOnce="TRUE"或者 bios.bootDelay="*xxxx*"（单位毫秒）。例如 bios.bootDelay="5000"即开机界面停留 5 秒钟。

（2）出现图 5-5 所示的界面，选择"Troubleshooting"，按回车键。

（3）出现图 5-6 所示的界面，选择"Rescue a CentOS system"，按回车键。

图 5-5　选择"Troubleshooting"

图 5-6　选择"Rescue a CentOS system"

（4）出现"Press the <Enter> key to begin installation process"提示界面，按回车键继续。

（5）启动安装程序，出现图 5-7 所示的界面，提示救援环境试图寻找硬盘中安装的 Linux 系统，并将它挂载到/mnt/sysimage 目录，需要选择下一步如何处理。

若要修改硬盘中的任一配置文件，选择 1（Continue）；若不需要修改任何配置文件，但需读取硬盘的 Linux 环境，选择 2（Read-Only mount）；若手动挂载文件系统，选择 3（Skip to shell）直接跳过寻找并挂载硬盘的步骤；选择 4（Quit）将退出当前环境并重启系统。

（6）这里输入 1 并按回车键，成功将硬盘中的 Linux 挂载到/mnt/sysimage 目录，如图 5-8 所示。

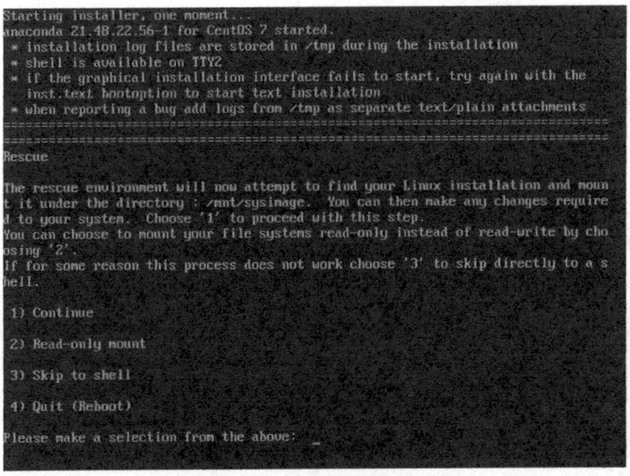

图 5-7　进入救援环境

图 5-8　将系统成功挂载到/mnt/sysimage 目录

（7）按回车键提供一个 Shell 供管理员使用。

完成以上操作后，执行 exit 命令退出 Shell 并重新启动系统。

CentOS 7 的救援环境提供很多管理工具，便于修复系统的严重错误。这些管理工具以磁盘与文件系统管理工具为主，还包括 systemd 工具、网络配置工具、Shell 命令、vi 编辑器、进程管理工具、rpm 软件安装工具等。成功挂载硬盘的 Linux 系统会自动加入硬盘中相关的目录，便于直接执行硬盘中的 Linux 各种工具程序与命令。

2. 使用 chroot 改变根目录

进入救援环境后，正在运行的系统来自光盘载体。当前环境下一切都是由引导光盘提供的，根分区就是光盘里面的/，而硬盘上的分区全部被挂载到/mnt/sysimage/目录。有些管理工具（最典型的是重新安装 GRUB2 的 grub2-install）必须在硬盘环境中执行，这就需要使用 chroot 修改救援环境的根目录。chroot 的含义是"change to root"，"root"代表的是根目录。chroot 的作用是改变程序运行时所引用的根目录位置，即将某个特定目录作为程序的虚拟根目录。可以执行以下命令来进入硬盘所在的系统：

chroot /mnt/sysimage

完成系统修复之后，执行 exit 命令退出 chroot 环境。需要注意的是，在 chroot 环境中，读不到光盘中的文件。

3. 实例：进入救援环境并修复损坏的主引导记录（MBR）

对 MBR 磁盘来说，硬盘的 0 柱面、0 磁头、1 扇区称为主引导扇区。它的大小是 512 字节，包括 3 个部分。第 1 部分为 pre-boot 区（预启动区），占 446 字节。它存放的是主引导程序，负责从活动分区中装载并运行主引导程序。第 2 部分是分区表，占 64 个字节。第 3 部分是 magic number（幻数），就是一种硬盘有效标识，占 2 个字节，固定值为 55AA。

硬盘主引导记录被破坏后，无法使用 GRUB 来引导 Linux 系统，这是一种常见的系统故障，解决的方法是修复主引导记录。

为便于实验操作，可以先模拟一下损坏 GRUB 的环境。首先执行以下命令备份 MBR：

dd if=/dev/sda of=/root/mbr.bak count=1 bs=512

然后执行以下命令破坏 MBR 记录：

dd if=/dev/zero of=/dev/sda count=1 bs=446

这样将复制/dev/zero 文件下的内容到/dev/sda，并将块 block 设为 446 字节，即将 MBR 中的前 446 字节全部变成 0，显然破坏引导装载器程序 GRUB。重启系统后会出现黑屏，有一个光标在闪烁，并且停在那里。

具体修复过程参见前述进入救援环境的步骤。当完成第 7 步进入救援环境后，执行以下命令改变根目录环境：

chroot /mnt/sysimage

然后执行以下命令将 GRUB 信息写入磁盘主引导记录中：

grub2-install /dev/sda

执行 exit 命令退出 chroot 环境，再执行一次 exit 命令退出救援环境并重启系统。

5.8　习　　题

1．Linux 系统初始化有哪几种方式？每种方式有什么特点？
2．什么是 systemd 单元？
3．systemd 单元文件有何作用？
4．简述单元文件与启动目标的关系。
5．target 单元文件是如何实现复杂的启动管理的？
6．为什么要注意区分单元管理与单元文件管理？
7．systemd 定时器有哪两种类型？各有什么用途？
8．Linux 启动过程分哪几个阶段？
9．简述 systemd 系统初始化过程。
10．GRUB 的主要作用是什么？
11．在 CentOS 中，救援模式与救援环境有什么区别？
12．参照 5.3 节的内容，重点熟悉单元管理与单元文件管理的 systemctl 命令的操作。
13．参照 5.5.2 节的内容，创建一个单调定时器。
14．在 Linux 系统启动过程中分别进入救援模式和紧急救援模式。
15．在 Linux 系统启动过程中尝试重置 root 密码。
16．在 Linux 系统启动过程中进入 CentOS 救援环境。

第 6 章　系统性能监测与日志管理

性能监测着重于计算机系统资源监测，是对系统进行预防性维护的必要工作。可通过分析检测数据来了解系统存在哪些瓶颈，应采取何种措施来调整或更新受影响的资源。日志可以记录系统运行过程中发生的事件，有助于管理员进行系统事件的分析和故障的排除，是一个必不可少的安全手段和系统维护工具。CentOS 7 除了运行传统的系统日志服务 rsyslog 外，还同时运行一种新的 systemd-journald 系统服务。本章讲解 Linux 系统的日常监管，内容包括系统性能监测和系统日志管理两个方面。

6.1　系统性能监测

系统性能监测与调整是 Linux 系统管理员日常维护工作中的一项非常重要的内容。Linux 系统提供多种性能监测工具来帮助管理员完成系统监测工作。

6.1.1　性能监测简介

要衡量一个系统的性能状态，可以从系统的响应时间及系统吞吐量两个角度来进行分析。响应时间是指从发出请求的时刻到用户获得返回结果所需要的时间。吞吐量是指在给定时间段内系统完成的交易数量。系统的吞吐量越大，系统的处理能力也就越强。

管理员进行性能监测的一个主要任务就是找出系统的性能瓶颈所在，然后有针对性地进行调整。性能瓶颈是指那些对系统的性能起决定性影响的因素。不同的应用系统，性能瓶颈也有所不同。繁忙的文件服务器的性能瓶颈大多是磁盘子系统，大量用户在线的应用程序服务器的性能瓶颈可能是 CPU 子系统，而各种 Internet 网络服务器的性能瓶颈通常是网络带宽。需要进行监测的系统资源主要是 CPU、内存、磁盘和网络。

要对系统性能进行分析，必须借助一些性能监测工具，如 mpstat、sar、iostat、vmsint 和 top 等。mpstat 提供 CPU 相关数据；sar 用于收集、报告并存储系统活动的信息；iostat 提供 CPU 使用率及硬盘吞吐效率的数据；vmstat 可对虚拟内存、进程、CPU 活动的总体情况进行统计；top 是一个非常优秀的交互式综合性能监测工具。

6.1.2　CPU 性能监测

CPU 决定着系统的运算能力，系统内所有的程序指令都是经过 CPU 处理的。由于 Linux 自身是一个多用户、多任务的操作系统，因此 CPU 同时处理着来自不同优先等级的程序，如果同时执行过多的程序，CPU 就有可能形成系统的性能瓶颈。

关于 CPU 的总体性能情况，可以使用 sar 命令进行查看。sar 命令的命令格式为：
sar [选项] [采样间隔] [采样次数]
采样的时间间隔单位是秒。管理员可以根据需要按照一定的采样间隔收集一定时期的性能数据并进行分析，以了解系统的性能状况。为更准确地评估系统的性能，应该分析一段时间内而不是单纯某个具体时刻的性能数据。例如每隔 5 秒收集一次 CPU 性能数据，共收集 3 次：

```
[root@srv1 ~]# sar 5 3
Linux 3.10.0-327.el7.x86_64 (srv1.abc)    2017 年 02 月 21 日  _x86_64_  (1 CPU)
08 时 58 分 58 秒    CPU    %user    %nice    %system   %iowait    %steal    %idle
08 时 59 分 03 秒    all     6.85     0.00      1.61      0.20      0.00     91.33
08 时 59 分 08 秒    all     9.70     0.00      1.82      0.00      0.00     88.48
08 时 59 分 13 秒    all    15.72     0.00      3.14      0.00      0.00     81.13
平均时间:            all    10.69     0.00      2.18      0.07      0.00     87.06
```

上述信息列出采样时间，并对 CPU 的使用率进行分类统计，最后一行是平均值。其中 %user 表示用户进程的 CPU 时间占用率；%nice 表示用户进程的 nice 操作（特权进程）的 CPU 时间占用率；%system 表示系统进程的 CPU 时间占用率；%iowait 表示等待磁盘 I/O 所消耗的 CPU 时间占用率；%steal 表示虚拟设备的 CPU 时间占用率；%idle 表示 CPU 空闲时间所占百分比。

sar 命令显示 CPU 总的性能情况，对有多处理器系统或者多核心的处理器，可以使用 mpstat 命令分别查看各个 CPU 的情况。命令格式为：

mpstat [-P CPU 编号|ALL] [采样间隔] [采样次数]

通过选项-P 来指定要查看的 CPU，CPU 编号从 0 开始。例如，查看第 1 个 CPU：

```
[root@srv1 ~]# mpstat -P 0
Linux 3.10.0-327.el7.x86_64 (srv1.abc)    2017 年 02 月 21 日  _x86_64_  (1 CPU)
09 时 00 分 09 秒 CPU  %usr  %nice  %sys %iowait  %irq  %soft  %steal  %guest  %gnice  %idle
09 时 00 分 09 秒    0   9.41  2.46  16.49 18.44  0.00   0.08    0.00    0.00    0.00   53.12
```

该命令提供的信息比 sar 多 4 种，%irq 列表示硬中断的 CPU 时间占用率，%soft 列表示软中断的 CPU 时间占用率，%guest 表示运行虚拟处理器的 CPU 时间占用率，%gnice 表示客户（虚拟机）nice 操作的 CPU 时间占用率。

6.1.3 内存性能监测

计算机的内存容量是一定的，当所需要的内存数量超过物理内存的容量时，系统会使用虚拟内存的分页技术和交换技术，即将程序进程的一部分或全部转移到硬盘上，以便为新的进程腾出空间。当分页和交换不太频繁时，系统是完全可以接受的，当频繁地进行分页和交换时，系统性能就会受到影响，从而形成性能瓶颈。

1. 使用 free 命令显示系统的各种内存情况

free 命令可以用来查看内存和虚拟内存的使用情况，默认单位 KB，这里给出一个实例：

```
[root@srv1 ~]# free
              total      used       free     shared   buff/cache   available
Mem:        1868660    591208     99288      2364    1178164      1073020
Swap:       2097148         0    2097148
```

Mem 行显示的是物理内存，total 列显示物理内存总量，used 列显示使用量（分配给缓存使用的数量，其中可能部分缓存并未实际使用），free 列表示可用量（未被分配的内存），shared 列显示多个进程共享的内存，buff 列显示系统分配但未被使用的缓冲（用作缓冲区的内存数量），cache 列显示系统分配但未被使用的缓存（用作高速缓存的内存数量）。

提示：buff 与 cache 都占用内存，但有明显的区别。buff（buffer）是块设备的读写缓存区，是存放待写到磁盘上的数据的内存，是物理级的。它根据磁盘的读写设计，将分散的写操作集中进行，以减少磁盘碎片和反复寻道，提高性能。cache 一般被译为缓存，是作为页面高速缓存的内存，属于文件系统，存放从磁盘读取后待处理的数据。它将读取过的数据保存起来，重新读取时若命中（找到需要的数据）就不去读硬盘，若没有命中就读硬盘。当然其中的数据根据读取频率进行组织，系统会将最频繁读取的内容放在最容易找到的位置。

Swap 行显示交换空间内存的使用状态，前 3 列分别显示交换的总量（total），使用量（used）和可用的空闲交换区（free）。

要通过 free 进行一段时间的内存使用监测，可以使用选项-s 指定一个时间间隔（单位为秒）进行持续的监测，例如：

free -s 3

2. 使用 vmstat 命令全面监测内存

要全面监测内存性能，可以使用 vmstat 命令。vmstat 命令可以用于显示物理内存和虚拟内存的有关状态，同时也可以显示 CPU 的有关信息。例如：

```
[root@srv1 ~]# vmstat
procs -----------------memory---------------------swap-------------io-------------system--------------cpu-----
 r  b   swpd   free   buff  cache    si   so    bi   bo    in   cs   us sy id wa st
 5  0      0  99364   248 1177936     0    0   950   25   154  285    3  3 91  3  0
```

vmstat 命令监测的数据比较多，分成几大类来显示。

• procs（进程）部分的 r、b 列分别显示准备就绪等待运行的进程数量和处于不可中断的休眠状态的进程数量。所谓不可中断的休眠状态，是指进程收到任何信号都不会被唤醒成为可运行状态，将一直等待硬件状态的改变。

• memory（内存）部分的 swpd、free、buff 和 cache 列分别显示虚拟内存的使用量、空闲物理内存、内存缓冲区和高速缓存的大小。

• swap（交换）部分的 si 和 so 列分别显示每秒交换到磁盘和从磁盘中读取的字节数。

• io（输入输出）部分的 bi 和 bo 列分别显示每秒写入块设备和从块设备中读取的块数。

• system（系统）部分的 in 和 cs 列分别显示每秒中断（包括时钟中断）和上下文切换（context switches）的次数。当一个进程用完时间片或者被更高优先级的进程抢占时间块后，它会被转到 CPU 的等待运行队列中，同时让其他进程在 CPU 上运行。这个进程切换的过程被称作上下文切换。过多的上下文切换会造成系统很大的开销。

• cpu 部分是显示占用 CPU 时间的百分比，us 表示用户进程时间，sy 表示系统进程时间，id 表示空闲时间，wa 表示等待时间，st 表示虚拟机占用的时间。

vmstat 命令也可以指定数据采样间隔和采样次数，命令格式为：

vmstat　[采样间隔] [采样次数]

6.1.4　磁盘 I/O 性能监测

由于磁盘设备的运行速度比 CPU 的指令处理速度慢很多，因此涉及磁盘操作的部分是整个进程执行过程中最慢的操作。尽管磁盘自身硬件技术如转速、缓存等不断提高，但是磁盘读写依然很容易形成系统性能的瓶颈。

iostat 工具可以对系统的磁盘操作活动进行监测，并报告磁盘活动统计情况，包括数据吞

吐量和传输请求等数据。命令格式为:

iostat [选项] [采样间隔] [采样次数]

下面给出一个简单的例子:

```
[root@srv1 ~]# iostat
Linux 3.10.0-327.el7.x86_64 (srv1.abc)      2017 年 02 月 21 日   _x86_64_   (1 CPU)
avg-cpu:   %user   %nice %system %iowait   %steal   %idle
           2.54    0.34    2.69    2.61     0.00    91.82


Device:            tps     kB_read/s    kB_wrtn/s    kB_read    kB_wrtn
sda               16.53      857.66        22.67     1277538     33771
scd0               0.01        0.04         0.00          66         0
dm-0              13.58      838.51        21.30     1249006     31723
dm-1               0.09        0.85         0.00        1268         0
sdb                0.15        1.07         0.00        1591         0
```

默认情况下,iostat 命令按磁盘设备(Device 列)来显示汇总的使用情况,并显示 CPU 使用情况(avg-cpu 部分)。如果加上选项-d,将只统计磁盘使用情况。关于磁盘的数据使用情况,具体的统计数据包括 5 项:tps 表示每秒发送到设备上的 I/O 请求次数;kB_read/s 和 kB_wrtn/s 分别表示设备每秒读取和写入数据的块数;kB_read 和 kB_wrtn 分别表示设备读取和写入数据的总块数。

如果要查看磁盘中分区的使用情况,可以使用选项-p 指定分区。

选项-t 表示在每次的统计结果中显示时间。如果要改变磁盘使用统计单位块,使用选项 -k 以 KB 代替块,-m 以 MB 代替块。

另外还可以使用 sar -b 命令统计 I/O 和传输速率。默认以 10 分钟作为一个间隔显示最近一段时间以来的数据。统计内容包括 5 项:tps 表示每秒从物理磁盘 I/O 请求的次数(多个逻辑请求会被合并为一个 I/O 磁盘请求,一次传输的大小不确定),rtps 和 wtps 分别表示每秒钟读请求和写请求的次数,bread/s 和 bwrtn/s 分别表示每秒钟从磁盘读取和写入磁盘的数据的块数。

6.1.5　通过 top 实现综合监测

top 命令是一个非常优秀的交互式性能监测工具,可以在一个统一的界面中按照用户指定的时间间隔刷新显示包括内存、CPU、进程、用户数据、运行时间等的性能信息。命令格式为:

top -hv|-bcHisS -d 刷新间隔 -n 刷新次数 -p pid [, pid...]

选项-p pid 表示只显示指定的 pid 进程信息。top 命令运行结果如下:

```
[top - 09:24:57 up 28 min,   2 users,   load average: 0.23, 0.13, 0.14
Tasks: 484 total,    2 running, 482 sleeping,    0 stopped,    0 zombie
%Cpu(s): 11.8 us,   2.4 sy,   0.0 ni, 85.8 id,   0.0 wa,   0.0 hi,   0.0 si,   0.0 st
KiB Mem :  1868660 total,      97024 free,     592268 used,   1179368 buff/cache
KiB Swap:  2097148 total,  2097148 free,          0 used.   1071716 avail Mem
   PID USER      PR  NI    VIRT    RES    SHR S %CPU %MEM     TIME+ COMMAND
  3038 root      20   0  218220  31868   9200 S  8.6  1.7   0:12.05 Xorg
  4197 root      20   0  574336  23676  14448 S  3.3  1.3   0:03.09 gnome-terminal-
  3717 root      20   0 1514780 205416  48168 S  1.0 11.0   0:25.92 gnome-shell
  4679 root      20   0  146424   2428   1432 R  0.7  0.1   0:00.16 top
  1066 root      20   0    4376    596    496 S  0.3  0.0   0:01.96 rngd
```

1 root	20	0	126248	6912	3932 S	0.0	0.4	0:02.44 systemd
2 root	20	0	0	0	0 S	0.0	0.0	0:00.01 kthreadd

##以下省略

第 1 行（top）显示系统运行时间、用户数及负载的平均值信息。

第 2 行（Tasks）显示进程的概要信息，分别是当前进程总数、正在运行的进程数、正在休眠的进程数、已停止的进程数和僵死的进程数。

第 3 行[%Cpu(s)]显示 CPU 占用百分比，分别是用户进程、系统进程、改变过优先级的用户进程、空闲状态、等待 I/O、硬件中断、软件中断和虚拟设备所占的 CPU 百分比。

第 4 行（KiB Mem）显示物理内存信息，分别是物理内存总量、未被使用的物理内存数量、已使用的物理内存数量、用作缓冲区的内存数量。

第 5 行（KiB Swap）显示虚拟内存信息，分别是虚拟内存总量、空闲的虚拟内存数量、已使用的虚拟内存数量、用作缓存的虚拟内存数量。

最后一部分是每个进程的性能统计信息，每个进程有 12 项信息，即 PID（进程 ID）、USER（执行进程的用户）、PR（优先级）、NI（nice 值）、VIRT（进程使用的虚拟内存大小）、RES（进程使用的物理内存大小）、SHR（共享内存）、S（进程状态）、%CPU（占用 CPU 百分比）、%MEM（使用物理内存的百分比）、TIME+（使用 CPU 的时间）、COMMAND（进程的名称）。

6.1.6　系统性能优化

系统性能优化的基本步骤可以归纳为：使用监测工具监视系统的活动；分析得到的性能数据，找出不能满足性能要求的环节；分析造成性能降低的原因，采取相应的优化措施。

提高系统性能常用的办法是从硬件配置上提高性能，例如使用多个硬盘建立 RAID，使用尽可能大的物理内存，使用多处理器系统等。

如果只是进行 Linux 默认的安装，而不对其中涉及性能的选项进行具体详细的配置，系统的性能往往不会达到最优化的效果。通过对内核的调整可以使系统整体性能达到最优。建议在调整内核的时候，先将内核升级到一个比较新的内核版本，一般来说，新的内核版本对性能方面有更多的选项给予支持。为使性能达到最优，应该根据自己的需要，主动舍弃一些占用资源太多的功能，配置一个适合自己的自定义内核。

目前系统 CPU 使用率高是 I/O 等待所造成的，并非由于 CPU 资源不足。用户应检查系统中正在进行 I/O 操作的进程，并进行调整和优化。

系统的空闲内存少不一定说明系统性能有问题，这需要结合 si 和 so（内存和磁盘的页面交换）两个指标进行分析。当物理内存足以存放所有进程的数据时，物理内存和磁盘（虚拟内存）是不应该存在频繁的页面交换操作的，只有当物理内存不能满足需要时，系统才会把内存中的数据交换到磁盘中。由于磁盘对数据的存取速度比内存慢很多，所以如果存在大量的页面交换，系统的性能必然会受到很大影响。

6.2　配置和使用 rsyslog 系统日志

Linux 提供多种日志文件，实现系统审计、监测追踪和事件分析，有助于故障排除。一直以来 syslog 都是 Linux 标配的日志记录工具，负责采集日志并分类存放。其日志不仅可以保存在本地，还可以通过网络发送到另一台计算机上。rsyslog 是 syslog 的多线程增强版，也是 CentOS 7 默认的日志系统。rsyslog 负责写入日志，logrotate 负责备份和删除旧日志，以及更新日志文件。

6.2.1　系统日志文件

rsyslog 主要用来收集系统产生的各种日志，日志文件被默认放在/var/log/目录下。在这些日志中，有些是自动启动运行的，有些是需要手动启动的，有些是系统的日志，有些是特定应用程序的日志。

例如/var/log/boot.log 用来存储服务启动与停止的信息；/var/log/dmesg 存储系统启动时显示在屏幕上的内核信息，包含系统中硬件状态的检测信息；/var/log/messages 提供大多数日志信息；/var/log/secure 存储与系统安全有关的信息。

还有几个与用户登录有关的日志比较重要。/var/log/lastlog 保存每个用户的最后一次登录信息；/var/log/wtmp（二进制文件）保存所有用户的登录、退出、系统启动、重启、宕机等记录；/var/log/btmp 用于保存用户登录失败的日志记录。

日志文件由 rsyslog 服务维护，/var/log/目录中包含各种特定于某些服务的日志文件。例如 Apache 服务器或者 Samba 将自己的日志文件写入/var/log/目录中对应的子目录中。

6.2.2　系统日志配置

rsyslog 服务使用日志消息的设备和优先级来确定如何进行处理。这通过/etc/rsyslog.conf文件和/etc/rsyslog.d/*.conf 文件进行配置。默认情况下，/etc/rsyslog.d/目录中扩展名为.conf的配置文件会被包含到/etc/rsyslog.conf 文件中，管理员可以在该目录中存放自定义 rsyslog 配置文件。

1. 日志配置文件格式

默认的/etc/rsyslog.conf 主文件的部分内容如下：
```
#### RULES ####
# Log all kernel messages to the console.
# Logging much else clutters up the screen.
##将内核信息发送到系统控制终端/dev/console
#kern.*                                                  /dev/console
# Log anything (except mail) of level info or higher.
# Don't log private authentication messages!
###将除邮件、授权和定时任务以外的其他 info 级别的信息记入/var/log/messages 日志文件中
*.info;mail.none;authpriv.none;cron.none                 /var/log/messages
# The authpriv file has restricted access.
authpriv.*                                               /var/log/secure
# Log all the mail messages in one place.
mail.*                                                   -/var/log/maillog
# Log cron stuff
cron.*                                                   /var/log/cron
# Everybody gets emergency messages
*.emerg                                                  :omusrmsg:*
# Save news errors of level crit and higher in a special file.
uucp,news.crit                                           /var/log/spooler
# Save boot messages also to boot.log
local7.*                                                 /var/log/boot.log
```

该文件使用"#"作为注释符号，每一行都代表一条设置值。其中从"#### RULES ####"开始定义日志消息保存位置的相关指令。命令格式为：

日志设备.优先级　　　目标

同一行中允许出现多个"日志设备.优先级"，但必须使用分号进行分隔。接下来讲解这 3 部分的定义规则。

（1）日志设备（facility）

日志设备定义日志记录来自哪个子系统，即信息来源，也可以理解为日志类型。表 6-1 列出日志中的所有设备。

表 6-1　　　　　　　　　　　　　　　　**日志设备**

日志设备	说　　明	日志设备	说　　明
authpriv	安全/授权	mail	电子邮件系统
cron	at 或 cron 定时执行任务	news	网络新闻系统
daemon	守护进程	syslog	syslogd 内部
ftp	ftp 守护进程	user	一般用户级别
kern	内核	uucp	UUCP 系统
lpr	打印系统	local$N$	保留

如果使用多个日志设备，可以使用逗号分隔，还可以使用通配符"*"表示所有日志设备。kern 的日志信息不能由用户空间的进程产生。

（2）优先级（priority）

优先级代表日志信息的严重性程度，表 6-2 按由轻微到严重的顺序列出所有级别。

表 6-2　　　　　　　　　　　　　　**日志信息优先级**

信息来源	说　　明	信息来源	说　　明
debug	调试排错信息，仅对程序开发人员有用	err	一般的错误信息
info	一般信息，可以忽略	crit	关键状态信息
notice	正常提示信息	alert	需特别注意的警报信息，一般要迅速更正
warn	可能是有问题的警告信息	emerg	最严重，紧急状况，一般是系统不可用

优先级向上匹配，每一个低级别都包括更高级别。级别越低，信息的数量就越多。直接使用优先级，将记录等于或高于该优先级的信息，例如 err 相当于 err+crit+alert+emerg。要避免这种情况，可考虑使用运算符，例如"=优先级"表示等于该优先级；"!优先级"表示除了该优先级之外的所有级别。

还可以使用通配符"*"表示所有信息，"none"表示忽略所有信息。

（3）目标（Target）

目标定义如何处理接收到的信息，通常是将信息发往何处，也就是一种处理方式。主要有以下几种目标。

● 将信息存储到指定文件：用文件名表示，必须使用绝对路径，如/var/log/messages。路径名前加符号"-"表示忽略同步文件，不将日志信息同步刷新到磁盘上（使用写入缓存），这样可以提高日志写入性能，但是增加系统崩溃后丢失日志的风险。

● 将信息发送到指定设备：用设备名表示，例如指定到/dev/lpl，就是将信息发送到打印机进行打印；指定到/dev/console，就是将信息发送到本地主机的终端。

- 将信息发给某个用户：用用户名表示，将信息发送到指定用户的终端上。多个用户需要使用逗号隔开，而通配符"*"表示所有用户。
- 将信息发送到命名管道：用"|程序"形式表示，将信息重定向到指定程序。
- 将信息发送到远程主机：远程主机的名称前必须加"@"。

2．日志配置文件示例

可以根据实际需要来定制系统日志配置文件。在/etc/rsyslog.conf 文件中添加一行日志定义，将所有 info 优先级的日志记录到/var/log/log_test.log，可执行以下命令：

```
*.info                              /var/log/log_test.log
```

保存该文件，然后执行以下命令使修改后的配置立即生效：

```
killall -HUP rsyslogd
```

该命令向 rsyslogd 守护进程发出一个 HUP 信号来告知 rsyslogd 守护进程完成了对 rsyslog.conf 的修改，使 rsyslogd 重新读取 rsyslog.conf 配置文件。

或者执行重启 rsyslog 服务的命令使修改生效：

```
systemctl restart rsyslog.service
```

3．使用 logger 工具测试

可以使用 logger 工具进行测试。例如要模拟 kern.info 信息，可以使用如下命令：

```
logger –p user.info "test info"
```

然后查看/var/log/log_test.log 日志文件内容看是否"test info"日志记录，确认日志设置修改是否成功。logger 是一个 Shell 命令接口，可以模拟产生各类 rsyslog 信息，从而测试 rsyslog 配置是否正确。

logger 命令可以发送消息到 rsyslog 服务。默认将优先级为 notice 的消息发送给用户设备（user），除非通过选项-p 指定日志设备及优先级。测试对 rsyslog 配置的更改特别有用。

6.2.3　日志文件轮转

所有的日志文件都会随着时间的推移和访问次数的增加而迅速变大，因此必须对日志文件进行定期清理，以免造成磁盘空间的浪费，同时也节省查看日志所用的时间。为了能在释放磁盘空间的同时不影响系统的运行，最简单的方式是使用 echo 命令清空日志文件的内容，命令格式如下：

```
echo > 日志文件
```

但是这种方式过于粗放，一种更为科学的方式是使用日志轮转服务 logrotate 来自动实现日志文件的定期清理，以免将日志文件系统填满。轮转日志文件，会对轮转下来的日志文件进行重命名（通常加上轮转日期），然后会创建新的日志文件，并通知系统对它执行写操作。轮转若干次之后（通常轮转 4 次），原日志文件会被丢弃以释放磁盘空间。

CentOS 7 系统默认安装有 logrotate，logrotate 的执行由 crond 服务实现。在/etc/cron.daily 目录中有一个名为 logrotate 的脚本文件可以启动 logrotate 程序。cron 作业每日运行一次 logrotate 程序，以查看是否有任何日志需要轮转。

轮转的基本配置文件为/etc/logrotate.conf，默认配置如下：

```
# rotate log files weekly                              ##每周清理一次日志文件
weekly
```

```
# keep 4 weeks worth of backlogs                    ##保存 4 个轮换日志
rotate 4
# create new (empty) log files after rotating old ones   ##清除旧日志，同时创建新的空日志
create
# use date as a suffix of the rotated file          ##使用日期为后缀的回滚文件
dateext
# uncomment this if you want your log files compressed   ##日志文件使用压缩格式
#compress
```

6.2.4　查看和分析系统日志条目

系统日志服务产生的记录文件中的每一行就是一条信息，每一行包含的字段主要有信息发生的日期、时间、主机、产生信息的软件、软件或者软件组件的名称（可以省略）、PID（进程标识符，可以省略）、信息内容。

日志文件记录按时间顺序排列，开头显示最早的消息，末尾显示最新的消息。

通常使用 tail 工具来监控日志文件。它输出指定文件的最后 10 行，并实时滚动显示最新的日志记录。命令格式为：

tail -f　日志文件

6.2.5　集中式日志服务

Linux 的系统日志服务允许将信息传递到另一台 Linux 主机，即将一台 Linux 主机作为日志服务器，而其他 Linux 主机充任日志客户端，由日志服务器保存所有日志客户端产生的信息，从而实现在日志服务器上集中查看和分析日志记录。具体实现方案如下。

（1）在作为日志客户端的计算机上设置适当的信息传送到日志服务器。此时，需在"目标"字段中使用@指定日志服务器的计算机名称或 IP 地址。

（2）修改日志服务器的/etc/sysconfig/rsyslog 配置文件中"SYSLOGD_OPTIONS"参数定义，加入"-r"，改为：

SYSLOGD_OPTIONS="-m 0 -r"

（3）重新启动日志服务器与客户端的系统日志服务。

6.3　配置和使用 systemd 日志

systemd 日志由 systemd-journald 守护进程实现。它提供一种改进的日志管理服务，可以收集来自内核、启动过程早期阶段的日志，系统守护进程在启动和运行中的标准输出和错误信息，以及 syslog 的日志。它将这些消息写入一个结构化的事件日志中，便于集中查看和管理。有些 rsyslog 无法收集的日志，systemd-journald 能记录下来。

6.3.1　查看 systemd 日志条目

systemd 将日志数据存储在带有索引的结构化二进制文件中。此数据包含与日志事件相关的额外信息，如原始消息的设备和优先级。日志是经历过压缩和格式化的二进制数据，所以查看和定位的速度很快。可以使用 journalctl 命令查看所有日志（内核日志和应用日志）。

journalctl 命令按照从旧到新的时间顺序显示完整的系统日志条目。它以加粗文本突出显示级别为 notice 或 warning 的信息，以红色文本突出显示级别为 error 或更高级的消息。

要利用日志进行故障排除和审核，就要加上特定的选项和参数，按特定条件和要求来搜索并显示 systemd 日志条目。下面分类介绍常用的日志查看操作。

1．按条目数查看日志

执行以下命令显示最新的 10 个日志条目：

journalctl -n

加上参数则指定显示最新条目的个数。

执行以下命令实时滚动显示最新日志（最新的 10 条）：

journalctl -f

2．按类别查看日志

使用选项-p 指定日志过滤级别，以下命令显示指定级别 err 和比它更高级别的条目：

journalctl -p err

只查看内核日志（不显示应用日志）：

journalctl -k

查看指定服务的日志：

journalctl /usr/lib/systemd/systemd

3．按时间范围查看日志

查找具体时间的日志时，可以使用两个选项--since（自某时间节点开始）和--until（到某时间节点为止）将输出限制为特定的时间范围，两个选项都接受格式为 YYYY-MM-DD hh:mm:ss 的时间参数。如果省略日期，则命令会假定日志为当天；如果省略时间部分，则默认为自 00:00:00 起的一整天，除了日期和时间字段外，这两个选项还接受 yesterday、today 和 tomorrow 作为有效日期的参数。例如以下命令输出当天记录的所有日志条目：

journalctl --since today

以下命令查看 2016 年 12 月 20 日 20:30:00 到 2017 年 2 月 13 日 12:00:00 的日志条目：

journalctl --since "2016-12-20 20:30:00" --until "2017-02-13 12:00:00"

4．指定日志显示格式

还可以定制要显示的日志输出模式，这要使用选项-o 加上适当的参数来实现。例如以 JSON 格式（单行）输出：

journalctl -o json

改用以 JSON 格式（多行）输出，可读性更好：

journalctl -o json-pretty

显示最详细的日志信息：

journalctl -o verbose

日志默认分页输出，使用选项--no-pager 改为正常的标准输出：

journalctl --no-pager

5．组合查询日志

可以组合成多个选项进行查询。例如，查询显示与 systemd 单元文件 sshd.service 启动，并且 PID 为 1182 的进程相关的所有日志条目。

journalctl _SYSTEMD_UNIT=sshd.service _PID=1182

6.3.2　保存 systemd 日志

默认情况下，systemd 日志被集中保存在/run/log/journal/system.journal 文件中，系统重启时它会被自动清除。也就是说，默认情况下并不会持久化保存 systemd 日志。要持久化保存 systemd 日志，需要执行以下操作。

（1）在/var/log 下新建一个名为 journal 的文件夹，用于存放 systemd 日志：

mkdir /var/log/journal

（2）设置/var/log/journal 目录由 root 用户和组 systemd-journal 所有：

chown root:systemd-journal /var/log/journal

（3）设置/var/log/journal 目录权限为 2775：

chmod 2755 /var/log/journal

（4）执行以下命令重启 journal 服务使设置生效：

systemctl restart systemd-journald

或者以 root 用户身份将特殊信号 USR1 发送到 systemd-journald 进程。

killall -USR1 systemd-journald

重启系统之后，可以通过 journalctl -b 仅显示系统自上一次启动以来的日志消息。

journalctl -b -1

配置持久化保存 systemd 日志，系统启动后就可以立即使用历史数据。不过，并非所有数据都被永久保留，该日志具有一个内置的日志轮转机制，会在每个月触发。在默认情况下，日志的大小不能超过文件系统的 10%，也不能造成文件系统的可用空间低于 15%。可以在/etc/systemd/journald.conf 配置文件中修改这些设置值。

6.4　习　　题

1．需要监测的系统资源主要有哪些？

2．在 Linux 中常用性能监测工具有哪些？

3．简述系统性能优化的基本步骤。

4．解释 rsyslog 系统日志中的 3 个概念——日志设备、优先级和目标。

5．rsyslog 系统日志是如何轮转的？

6．systemd 日志主要收集哪些信息？

7．如何持久化保存 systemd 日志？

8．运行 top 命令进行性能的综合监控。

9．参照 6.2.2 节的示例，配置 rsyslog 系统日志并进行测试。

10．熟悉 systemd 日志条目查看命令。

第 7 章　网络配置与管理

Linux 网络操作系统主要用于网络的管理与控制，组网能力非常强大，支持网络服务和应用。第 2 章第 4 节讲解了网络连接的基本配置管理，本章进一步介绍网络连接的高级配置管理、网络测试与监控、IP 路由配置和 IPsec 虚拟专用网。

7.1　网络连接配置进阶

Linux 主机要与其他主机进行连接和通信，首先必须对网络连接进行配置，这是基础网络配置。前面介绍过 nmcli 工具的使用，这里再补充介绍网络连接的高级功能实现。

7.1.1　使用 ip 命令管理网络连接

与之前版本相比，CentOS 7 提供 ip 命令替代传统的 ifconfig 和 route，用 ip neighbour 命令代替传统的 arp -n。Linux 的 ip 命令基本整合了 ifconfig 与 route 这两个命令，并提供更多增强功能，可以用来管理 Linux 主机的路由、网络设备、策略路由和隧道。它是 iproute2 套件中的一个重要命令，大多数 Linux 发行版预装 iproute2 工具，CentOS 7 也不例外。

1. ip 命令简介

命令格式为：
ip [OPTIONS] OBJECT { COMMAND|help }
语法格式与 nmcli 非常相似，其中 OPTIONS 为选项，OBJECT 为对象，COMMAND 为命令，如果使用 help 命令将显示帮助信息。OBJECT 和 COMMAND 可以用全称也可以用简称，最少可以只用一个字母，建议用前 3 个字母。参数中含有空格或其他特殊符号时，可以加上引号使其作为一个整体。ip 命令管理的对象非常多，最常用的有以下 3 个。

- link：用于管理网络设备（网络接口），如 MTU、MAC 地址的设置。
- address：主要用于设置与 IP（或 IPv6）有关的各项参数，如子网掩码。
- route：用于查看和设置路由。

其他对象有 addrlabel（IPv6 协议地址标签）、l2tp（L2TP 隧道)、maddress（多播地址）、monitor（监控网络连接信息）、mroute（多播路由缓存条目）、mrule（多播路由策略数据库中的规则）、neighbour（管理 ARP 或 NDISC 缓存条目）、netns（管理网络名称空间）、ntable（管理邻居的缓存操作）、tcp_metrics（管理 TCP 度量）、tunnel（IP 隧道）、tuntap（管理 TUN/TAP 设备）和 xfrm（管理 IPSec 策略）。

针对这些不同的对象，ip 命令也提供相应的命令别名，如 ip-address、ip-link、ip-xfrm，使用这些别名则不用再加上对象命令。

至于操作命令，主要取决于所管理的对象类型，add（添加）、delete（删除）和 show/list（显示/列表）是最常见的命令。这里重在网络连接配置，主要讲解 ip link 和 ip address 命令。

2. 使用 ip link 命令管理网络设备

这里的设备与 NetworkManager 的设备概念是一致的，一般就是网络接口（网卡），可以是物理设备，也可以是虚拟接口。

（1）显示网络设备信息

运行 ip link 或 ip link show 显示当前网络设备及其 MAC 地址、MTU 设置、运行状态。例如：

```
[root@srv1 ~]# ip link show
1: lo: <LOOPBACK,UP,LOWER_UP> mtu 65536 qdisc noqueue state UNKNOWN mode DEFAULT
    link/loopback 00:00:00:00:00:00 brd 00:00:00:00:00:00
2: eno16777736: <BROADCAST,MULTICAST,UP,LOWER_UP> mtu 1500 qdisc pfifo_fast state UP mode
DEFAULT qlen 1000
5: virbr0: <NO-CARRIER,BROADCAST,MULTICAST,UP> mtu 1500 qdisc noqueue state DOWN mode
DEFAULT
    link/ether 00:00:00:00:00:00 brd ff:ff:ff:ff:ff:ff
6: virbr0-nic: <BROADCAST,MULTICAST> mtu 1500 qdisc pfifo_fast state DOWN mode DEFAULT qlen
500
```

可以加上设备名称作为参数来显示指定的设备信息。加上选项-s 会列出接口的相关统计信息，包括接收（RX）及传送（TX）的包数量等。

（2）设置和更改网络设备属性

set 用于设置和更改网络设备属性，它的参数较多，常用的有 up/down（启用或禁用设备）、mtu（设置最大传输单元 MTU）、alias（设置别名）。例如激活某网络接口：

```
ip link set virbr0 up
```

（3）配置管理虚拟设备

使用 ip link add 或 ip link delete 命令添加或删除虚拟网络设备。可配置的虚拟网络设备类型非常多，如 bridge（以太网桥）、veth（虚拟以太网接口）、vlan（虚拟局域网接口）。例如以下命令基于 eth0 设备创建一个新的 VLAN 接口：

```
ip link add link eth0 name eth0.10 type vlan id 10
```

3. 使用 ip address 命令管理协议地址

ip address 与第 3 层网络有关，主要用于设置与 IP 有关的各项参数，包括 netmask（子网掩码）、broadcast（广播）等。

（1）显示协议地址信息

直接运行 ip address 或 ip address show 命令，系统将显示当前网络设备的协议地址信息。可以加上设备名称作为参数来显示指定设备的协议地址信息。例如：

```
[root@srv1 ~]# ip address show eno16777736
2: eno16777736: <BROADCAST,MULTICAST,UP,LOWER_UP> mtu 1500 qdisc pfifo_fast state UP qlen
1000
    link/ether 00:0c:29:82:b2:da brd ff:ff:ff:ff:ff:ff
    inet 172.10.10.100/16 brd 172.10.255.255 scope global eno16777736
       valid_lft forever preferred_lft forever
    inet 172.10.0.10/16 brd 172.10.255.255 scope global secondary eno16777736
       valid_lft forever preferred_lft forever
    inet6 fe80::20c:29ff:fe82:b2da/64 scope link
       valid_lft forever preferred_lft forever
```

输出的前两行与 ip link 的输出相同，显示的是网络设备信息。接着是 IP 地址和 IPv6 地址、广播地址及其他的地址属性，如范围（scope）、标志（flag）和标签（label）。

（2）为网络设备添加或删除协议地址

命令格式为：

ip address { add|del } IFADDR dev 设备名

其中 IFADDR 为接口地址字符串，可以包括以下几个参数。

● local ADDRESS：这是默认参数（可以省略 local），指定接口的地址。IPv4 地址使用点号进行分隔，而 IPv6 地址使用冒号分隔。

● peer ADDRESS：点对点接口远端的地址。

● broadcast ADDRESS：接口的广播地址。可以使用符号+和-代替广播地址。使用+，ip address 显示的是广播地址；使用-，则显示网络地址。broadcast 可简写为 brd。

● label NAME：为每个地址设置一个字符串作为标签。为兼容 Linux-2.0 的网络别名，标签格式必须以设备名开头，接着一个冒号，如 eth0:1。

● scope SCOPE_VALUE：设置地址的有效范围，用于内核为数据包设置源地址。预设范围值包括 global（全局有效，默认设置）、site（局部有效，仅支持 IPv6，仅允许本主机的连接）、link（仅允许自我连接）、host（主机内部有效，仅允许本主机内部的连接）。

上述参数中用到的 IP 地址可以跟着一个斜杠和表示掩码位数的十进制数字。下面给出一个例子：

ip addr add 192.168.10.1/24 broadcast　+　dev eno16777736

（3）清除协议地址

使用 ip address flush 命令可以清除协议地址。例如执行以下命令将清除指定接口 eno16777736 的所有地址信息：

ip address flush eno16777736

4．使用 ip neighbor 管理 ARP 缓存项

ip neighbor 可用来代替 arp -n 显示静态的 ARP 项，ip nei add 用于添加静态 ARP 项，ip nei delete 用于删除静态 ARP 项。

7.1.2　NetworkManager 与 network 脚本

以前的 CentOS 版本中，默认使用 network 脚本配置网络。network 脚本通常是指 /etc/init.d/network 及所有由它调用的已安装脚本。CentOS7 默认使用 NetworkManager 管理系统的网络，network 仍然能够与它在系统中并存且相互协作。习惯于使用 network 脚本的管理员仍可继续使用它。管理员应弄清两者的差别和联系。

1．NetworkManager 与 network 脚本的关系

在 CentOS 7 中，首先启动 NetworkManager，此时/etc/init.d/network 会使用 NetworkManager 进行检查，以避免破坏 NetworkManager 的连接。NetworkManager 旨在作为使用 sysconfig 配置文件的主要应用程序，而/etc/init.d/network 扮演一个备用角色。当 NetworkManager 运行时，多数情况下 network 脚本会调用 NetworkManager 去完成网络配置任务；NetworkManager 没有运行时，network 脚本就按照传统方式管理网络。

NetworkManager 是动态的、事件驱动的网络管理服务，而 network 脚本不是事件驱动的，

它可采用以下方式运行。

- 手动（运行 systemctl start|stop|restart network 命令之一）。
- 如果启用 network 服务（systemctl enable network），则会在引导时自动运行。

这是一个手动过程，不会与任何引导后发生的事件互动。

2．NetworkManager 与 ifup/ifdown 脚本的关系

在 CentOS 7 中，用户仍然可以手动调用 ifup 和 ifdown 脚本来启用或禁用网络接口。如果启用 NetworkManage，则 ifup 和 ifdown 脚本会询问 NetworkManager，在 ifcfg 文件的"DEVICE="行中发现的网络接口是否由 NetworkManager 管理。调用 ifup 脚本有以下几种处理情形。

- 如果该设备由 NetworkManager 管理且未处于连接状态，则 ifup 会要求 NetworkManager 启动该连接。
- 如果该设备由 NetworkManager 管理，且它已经处于连接状态，则不需要任何操作。
- 如果该设备不由 NetworkManager 管理，那么 ifup 脚本会使用传统的非 NetworkManager 机制启动该连接。

调用 ifdown 脚本的情形一样，只是要终止该连接。

3．停用 NetworkManager 服务

传统的 network 脚本特别适合服务器上网络设置固定不变的场合，还有些场合不宜启用 NetworkManager，如 NetworkManager 与著名的云计算平台 OpenStack 的网络组件 Neutron 之间就存在冲突。可以根据需要停用 NetworkManager，只用传统的 network 来管理网络。

（1）停用 NetworkManager 服务：

```
systemctl disable NetworkManager
systemctl stop NetworkManager
```

（2）手动编辑网卡配置文件（ifcfg-接口名文件）。

（3）重启 network 服务：

```
systemctl network restart
```

7.1.3 使用 sysconfig 文件进行网络配置

多数网络配置信息被保存在/etc/sysconfig/目录中，全局设置使用/etc/sysconfig/network 文件，具体网络接口的配置信息被保存在/etc/sysconfig/network-scripts/目录下的 ifcfg-ifname 文件中。如果启用 NetworkManager，则 ifname 为网络连接名；如果停用 NetworkManager 且启用 network 服务，则 ifname 为网络接口名。但是 VPN、移动宽带及 PPPoE 配置被保存在/etc/NetworkManager/目录中，这些特殊连接的具体配置信息被保存在/etc/NetworkManager/system-connections/目录中。CentOS 7 默认使用 NetworkManager 管理网络。在配置文件里手动设置的参数通常会被 NetworkManager 覆盖。

1．ifcfg 文件与 NetworkManager

使用 NetworkManager 工具编辑网络连接后，ifcfg 文件会有相应的改动；在 CentOS 7 中手动修改 ifcfg 文件后，也可以使用 NetworkManager 工具查看新的配置。但是，不论是用 NetworkManager 工具还是直接修改 ifcfg 文件，要让新的配置生效，都需要装载连接配置文

件并重新启用连接。

可以以 root 身份执行以下命令让 NetworkManager 重新读取所有连接的配置文件：

nmcli connection reload

也可以执行以下命令，仅重新载入指定的连接文件（有变化的）：

nmcli con load /etc/sysconfig/network-scripts/ifcfg-ifname

该命令可以接受多个文件名。另外重启系统、NetworkManager 或 network，都会重新载入所有连接的配置文件。

在 CentOS 7 中使用 nmcli 这样的工具做出的配置更改不要求重载连接配置，但要求断开关联的网络接口，然后再重新连接，依次执行以下两条命令即可：

nmcli dev disconnect　接口名称

nmcli con up　连接名称

修改 ifcfg-ifname 文件后，重启 network 服务也会使之生效，通常 network 脚本会调用 NetworkManager 去完成网络配置任务。停用 NetworkManager 之后，network 将接管 ifcfg-ifname，此时 ifname 就被视为网络接口名。

NetworkManager 不会触发任何 network 脚本。在启用 NetworkManager 的前提下，使用 ifup 命令，network 脚本会尝试触发 NetworkManager，这一点上一节已经介绍过。ifup 脚本是一个通用脚本，可完成一些任务，并调用具体接口脚本，如 ifup-ethX、ifup-wireless、ifup-ppp 等。用户手动运行命令"ifup 接口名"，系统会首先查找名为/etc/sysconfig/network-scripts/ifcfg-接口名的文件，如果存在 ifcfg 文件，ifup 会在其中查找 TYPE 关键字，以确定要调用的脚本类型。

2. ifcfg 文件与 network 脚本

系统引导时，/etc/init.d/network 会读取所有 ifcfg 文件，并检查每个包含"ONBOOT=yes"的文件，确定是否已在 ifcfg 列出的设备中启动 NetworkManager。如果 NetworkManager 正在启动或已经启动那个设备，则不需要对相应的文件进行任何操作，然后检查下一个包含"ONBOOT=yes"的文件。如果 NetworkManager 尚未启动那个设备，则初始化脚本（initscripts）会继续采用传统方式运行，并为该 ifcfg 文件调用 ifup。

最终的结果是在启动后，系统会使用 NetworkManager 或 initscripts 启动所有包含"ONBOOT=yes"的 ifcfg 文件。这样可保证在 NetworkManager 无法处理某些传统的网络类型（如 ISDN 或模拟拨号调制解调器），以及 NetworkManager 尚不支持的新应用程序时，仍可使用 initscripts 正常启动它们。

提示：不要在 ifcfg 文件的同一位置保存其备份文件。脚本会逐一运行 ifcfg-*，只有扩展名.old、.orig、.rpmnew、.rpmorig 和.rpmsave 除外。不要将备份文件保存在/etc/目录。

7.1.4　网络接口的绑定与组合

在 CentOS 7 中，NetworkManger 网络管理功能强大，设备和连接的概念使网络配置更为灵活方便。连接是任意创建的，类型多样，包括 bond、bridge、vlan、wifi、bluetooth、ethernet、vpn 等，这为管理员配置多网络接口（网卡）带来极大的方便。可以创建一个特殊类型的连接，将两个或多个网络接口组成一个虚拟的网络接口。这些技术手段主要有绑定（Bond）、组合（Team）与桥接（Bridge）。这里涉及多网络接口操作，请确认实验用的主机至少有两个网卡，如果采用 VMware 虚拟机，增加网卡会很方便。

1. 配置网络接口的绑定

网络接口绑定（捆绑）是将多个网络接口逻辑地连接到一起。这样做有两个目的，一是通过冗余、弹性实现故障转移，避免网络接口的单点故障，提高服务器网络可用性；二是提高带宽以提高吞吐率。

IP 地址并不是在物理网卡上设置的，而是将两个或多个物理网卡聚合成一个虚拟的网卡，在虚拟网卡上设置地址，而外部网络访问本机时，访问的就是这个虚拟网卡的地址。虚拟网卡接收到数据后，再经过两个网卡的负载交给服务器处理。

NetworkManger 的绑定实现方法非常简单，就是先创建一个 bond 类型的虚拟连接作为主连接，再基于要加入绑定的若干接口创建它的从连接，每个从连接关联各自的网络接口。

在具体配置操作之前有必要了解一下绑定模式。绑定模式决定网络接口之间的关系。共有 7 种模式，见表 7-1。其中 active-backup、balance-tlb 和 balance-alb 不需要交换机支持，最为常用的是 balance-rr、active-backup 和 balance-alb，默认的模式则是 balance-rr。

表 7-1   绑定模式

编 码	模 式	说　明
0	balance-rr	平衡轮询模式，提供负载平衡和容错能力，但需要交换机支持。以轮循的方式依次传输所有接口的包，如第 1 个包走 eth0，下一个包就走 eth1，一直循环下去，直到最后一个传输完毕。出现数据包无序到达的问题时，网络吞吐量会受到影响
1	active-bac kup	冗余备份模式，仅提供容错能力。只有一个接口处于活动状态，当一个失效时，另一个接口立即由备份接口转换为主接口。优点是提供高网络连接的可用性，缺点是资源利用率较低
2	balance-x or	XOR 策略平衡模式，提供负载平衡和容错能力，但需要交换机支持。基于指定的传输 HASH 策略传输数据包，目的地通过 MAC 地址来决定，因此在"本地"网络配置下工作得较好
3	broadcast	广播模式，具有很好的容错机制。一个数据包会复制多份分别发送到从接口，只在每个从接口上传输每个数据包
4	802.3ad	802.3ad 模式是 IEEE 标准，具有很好的互操作性。提供负载平衡和容错能力，但需要交换机支持。基于多个从接口创建一个聚合组，所有接口在聚合操作时，要用同样的速率和双工模式，任何连接都不能使用多于一个接口的带宽
5	balance-tl b	传输负载平衡模式，提供负载平衡和容错能力。在每个从接口上根据当前的负载分配外出流量。根据 MAC 地址进行均衡，在"网关"型配置下，该模式会通过单个接口来发送所有流量；在"本地"型网络配置下，该模式以相对智能的方式来均衡多个本地网络节点。如果正在接受数据的从接口出故障，另一个从接口接管它的 MAC 地址。该模式的接口可以有不同的速率
6	balance-al b	适应性负载均衡模式，提供负载平衡和容错能力。该模式包含 balance-tlb 模式，增加针对 IPV4 流量的接收负载均衡。接收负载均衡是通过 ARP 协商实现的

接下来，示范将两块网卡绑定的操作过程。为方便实验，采用不依赖于交换机支持的冗余备份模式 active-backup（又称主备模式）将一个网卡配置为另一个网卡的备用网卡。

（1）查看系统中可用的网络接口，建议执行 ip link 命令。这里可用的两个网卡分别是 eno16777736 和 eno33554992。

（2）执行以下命令添加一个类型为 bond 的连接：

```
[root@srv1 ~]# nmcli con add type bond con-name bond_test ifname bond_test mode active-backup
成功添加的连接 'bond_test'（7019027e-d670-4941-ad80-4d4841f8e9c5）。
```

此处的连接名为 bond_test，关联的设备（网卡）是 bond_test，绑定模式是 active-backup。由于 bond_test 设备不存在，系统将同时创建一个名为 bond_test 的虚拟设备。与其他类型的连接一样，默认会设置连接开机自动启用（激活）。

（3）为上述连接 bond_test 添加两个类型为 bond-slave 的从连接 bond_test-slave-1 和 bond_test-slave-2，分别关联网卡 eno16777736 和 eno33554992：

```
[root@srv1 ~]# nmcli con add type bond-slave con-name bond_test-slave-1 ifname eno16777736 master bond_test
成功添加的连接 'bond_test-slave-1'（648691c3-5497-4f15-a6c9-97488166630c）。
[root@srv1 ~]# nmcli con add type bond-slave con-name bond_test-slave-2 ifname eno33554992 master bond_test
成功添加的连接 'bond_test-slave-2'（40928740-f0d2-48f3-9e23-ad5de946b8d0）。
```

这里如果不指定从连接名，系统会自动命名 bond-slave-eno16777736 和 bond-slave-eno33554992。至此 bond_test 已成为上述两个从连接的主连接。执行 nmcli con show 命令来查看，可以发现增加了 3 个与绑定有关的连接。

（4）为连接 bond_test 配置 IP、网关、DNS 和开机启动方式等。这个 bond 类型的连接可以作为一个常规的网络连接来使用，这里简单地设置 IP 地址：

```
nmcli conn modify bond_test ipv4.addresses "192.168.1.5/24"
nmcli conn modify bond_test ipv4.method manual
```

注意：这种特殊连接有限支持 DHCP 方式。DHCP 方式经测试，切换之后，不能直接起作用，除非重新启用从连接。

不要为从连接设置 IP 等，因为它们从属于主连接，是主连接的逻辑组成部分。

（5）依次执行下列命令，启用（激活）两个从连接和一个主连接：

```
nmcli connection up bond_test-1
nmcli connection up bond_test-2
nmcli connection up bond_test
```

启用从连接时会关联相应的网卡，并自动断开这些网卡上原有的连接。

（6）执行以下命令来查看当前的绑定状态和信息：

```
[root@srv1 ~]# cat /proc/net/bonding/bond_test
Ethernet Channel Bonding Driver: v3.7.1 (April 27, 2011)
Bonding Mode: fault-tolerance (active-backup)              #绑定模式
Primary Slave: None
Currently Active Slave: eno16777736                       #处于活动状态的从接口
MII Status: up
MII Polling Interval (ms): 100
Up Delay (ms): 0
Down Delay (ms): 0
Slave Interface: eno16777736                              #从接口
MII Status: up
Speed: 1000 Mbps
Duplex: full
Link Failure Count: 1
Permanent HW addr: 00:0c:29:82:b2:da
Slave queue ID: 0
Slave Interface: eno33554992                              #从接口
MII Status: up
Speed: 1000 Mbps
Duplex: full
Link Failure Count: 1
Permanent HW addr: 00:0c:29:82:b2:e4
Slave queue ID: 0
```

（7）进行测试。

断开其中的一个接口，例如：

nmcli dev dis eno16777736

执行 cat /proc/net/bonding/bond_test 命令，如果结果中出现如下信息，说明当前活动的接口已经切换到另一个网卡：

Currently Active Slave: eno33554992

恢复 eno16777736 连接之后，它就又加入绑定中，作为一个备用的从接口。

执行 ip add show bond_test 命令查看其 IP 信息，此处为 192.168.1.5，再执行 ping 命令测试连通性，若成功则说明一切正常。

2．配置网络接口的组合

NIC 组合又称链路聚合，可以将其理解成绑定 bond 的增强版，将两个或多个网络接口聚合在一起成为一个组。在 CentOS 7 中，组合是由 teamd 守护进程来提供服务的。

下面示范将两块网卡绑定的操作过程。为方便实验，采用不依赖于交换机支持的冗余备份模式 active-backup 将一个网卡配置为另一个网卡的备用网卡。

（1）查看系统中可用的网络接口，建议执行 ip link 命令。这里可用的两个网卡分别是 eno16777736 和 eno33554992。

（2）执行以下命令创建一个类型为 team 的连接：

```
[root@srv1 ~]# nmcli con add type team con-name team_test ifname team_test config '{"runner":{"name":"activebackup"}}'
成功添加的连接 'team_test'（f76345a9-4c56-4df1-bb70-dc67f4fe9be5）。
```

此处的连接名为 team_test，关联的设备（网卡）是 team_test，组合方法是 activebackup。由于 team_test 设备不存在，系统将同时创建一个名为 team_test 的虚拟设备。与其他类型的连接一样，默认会设置连接开机自动启用（激活）。

与 bond 类型的连接不同，组合类型由 JSON 格式定义，具体的 JSON 语法格式如下：

```
'{"runner":{"name":"METHOD"}}'
```

runner 指定所使用的处理器，METHOD 就是组合方法，可以是 broadcast、activebackup、roundrobin、loadbalance 或者 lacp。

（3）为上述连接 team_test 添加两个类型为 team-slave 的从连接 team_test-port1 和 team_test-port2，分别关联网卡 eno16777736 和 eno33554992：

```
[root@srv1 ~]# nmcli con add type team-slave con-name team_test-port1 ifname eno16777736 master team_test
成功添加的连接 'team_test-port1'（b5e7721d-0b37-4c78-8f6d-37c5cecaf39e）。
[root@srv1 ~]# nmcli con add type team-slave con-name team_test-port2 ifname eno33554992 master team_test
成功添加的连接 'team_test-port2'（a0bd6764-e02b-427c-8f95-ae3489fdad6f）。
```

这也相当于将从设备添加到主设备，形成一个网卡聚合。

至此 team_test 已成为上述两个从连接的主连接。以上命令会在/etc/sysconfig/network-scripts/目录下创建相应的配置文件。执行 nmcli con show 命令来查看，可以发现增加了 3 个与组合（team）有关的连接。

（4）为主连接 team_test 配置 IP、网关、DNS 和开机启动方式等。这个 team 类型的连接可以作为一个常规的网络连接来使用，不过 IP 地址有限支持 DHCP 方式。这里简单地设置 IP 地址：

```
nmcli conn modify team_test ipv4.addresses "192.168.1.10/24"
nmcli conn modify team_test ipv4.method manual
```

不要为从连接设置 IP 等，因为它们从属于主连接，是主连接的逻辑组成部分。

（5）依次执行下列命令，启用（激活）两个从连接和一个主连接：

```
nmcli connection up team_test-port1
```

```
nmcli connection up team_test-port2
nmcli connection up team_test
```

启用从连接时系统会关联相应的网卡，并自动断开这些网卡上原有的连接。

（6）执行以下命令验证网卡组合的 IP 地址信息：

```
[root@srv1 ~]# ip add show team_test
7: team_test: <NO-CARRIER,BROADCAST,MULTICAST,UP> mtu 1500 qdisc noqueue state DOWN
    link/ether 62:f0:36:88:06:8e brd ff:ff:ff:ff:ff:ff
    inet 192.168.1.10/24 brd 192.168.1.255 scope global team_test
        valid_lft forever preferred_lft forever
```

（7）测试网卡组合。可以使用 teamdctl 命令检查网卡组合的配置功能：

```
[root@srv1 ~]# teamdctl team_test state
setup:
    runner: activebackup                          ##组合方法
ports:                                            ##端口列表
    eno16777736                                   ##第一个端口（从设备）
        link watches:
            link summary: up
            instance[link_watch_0]:
                name: ethtool
                link: up
                down count: 0
    eno33554992                                   ##第二个端口（从设备）
        link watches:
            link summary: up
            instance[link_watch_0]:
                name: ethtool
                link: up
                down count: 0
runner:
    active port: eno16777736
```

继续查看组合各端口（从接口）的信息：

```
[root@srv1 ~]# teamnl team_test ports
 3: eno33554992: up 1000Mbit FD
 2: eno16777736: up 1000Mbit FD
```

查询当前的活动端口：

```
[root@srv1 ~]# teamnl team_test getoption activeport
2
```

尝试将当前活动的端口断开连接：

```
nmcli dev dis eno16777736
```

再次执行 teamnl team_test ports 命令，可以发现端口列表中已不再包括 eno16777736。

```
[root@srv1 ~]# teamnl team_test ports
 3: eno33554992: up 1000Mbit FD
```

再次查询当前的活动端口，其已被变为 3 号：

```
[root@srv1 ~]# teamnl team_test getoption activeport
3
```

再次激活该端口后，eno16777736 加入组合中，但当前激活的仍是 eno33554992。

7.1.5　网桥的创建与管理

与网络接口的绑定和组合一样，在 CentOS 7 中也可以通过创建一个特殊类型的连接来实现网桥。

1. Linux 网桥简介

网桥也叫桥接器，是一种网络设备，用来将两个或多个数据链路层的节点进行互连，以使不同网段上的网络设备可以互相访问。如图 7-1 所示，当使用网桥连接两个网段时，网桥收到来自网段 1 的 MAC 帧，首先要检查其目标地址，如果该帧是发往网段 2 上某一节点的，网桥则将它转发到网段 2；如果是发往网段 1 上某一节点的，网桥则不进行转发。最简单的二层交换机就具有网桥功能，它有若干个网口，并且这些网口是桥接起来的，与交换机相连的若干主机就能通过交换机的报文转发而互相通信。网桥的每个端口与一个网段相连，在同一个逻辑网段转发数据包，用网桥连接起来的网络位于同一个 IP 子网。实际上，Linux 网桥也能被配置成多个逻辑网段，这相当于交换机中划分多个 VLAN。

Linux 操作系统可以实现软网桥，主要有两个用途，一是将一个物理主机上的多台虚拟机互连起来；二是将主机上的多个网络接口进行桥接，充当简单的交换机功能。

用于虚拟机配置的网桥解决方案是创建虚拟网桥设备，在网桥上创建多个虚拟的网络接口，每个网络接口再与虚拟机的网卡相连，网桥连接到物理网卡，从而让虚拟机通过物理网卡与外部网络进行通信，如图 7-2 所示。网桥是在内核中虚拟出来的，可以将主机上真实的物理网卡（如 eth0、eth1），或虚拟网卡（vnet0、vnet1）桥接起来。桥接的网卡就相当于网桥上的端口。端口收到的数据包都提交给这个虚拟的"网桥"，让其进行转发。

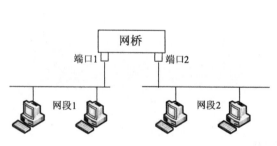

图 7-1　网桥示意图

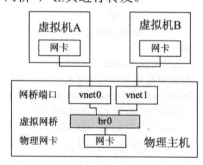

图 7-2　虚拟网桥

网桥其实是不用配置 IP 的，给网桥配置 IP 地址，是为了方便网桥所在的主机和网桥所桥接的网卡（包括虚拟网卡）进行通信。一般会配成同一个网段的 IP 地址。桥接在网桥上的网卡（包括物理网卡和虚拟网卡）不能配置 IP 地址，但是其对应的虚拟机可以配置 IP 地址。如果和网桥的 IP 是同一个网段，网桥所在的物理主机和这个网桥上桥接的网卡所对应的虚拟主机就可以进行通信了。在 Linux 中创建虚拟机时，为了方便主机与其虚拟机进行通信，常用到网桥，并且常给网桥配置 IP 地址。

2. 创建 Linux 网桥

NetworkManger 的桥接实现方法非常简单，与上述绑定和组合类似，就是先创建一个bridge 类型的虚拟连接作为主连接，再基于要连接网桥的若干个网络接口创建它的从连接，每个从连接关联各自的网络接口，每个网络接口作为网桥的一个端口。

接下来，示范将两块网卡进行桥接的操作过程。

（1）准备可用的网络接口，这里分别是 eno16777736 和 eno33554992。

（2）执行以下命令创建一个类型为 bridge 的连接：

```
nmcli con add type bridge con-name br_test ifname br_test
```

此处的连接名为 br_test，关联的设备（网卡）是 br_test。由于 br_test 设备不存在，系统将同时创建一个名为 br_test 的虚拟设备。默认会设置该连接开机自动启用（激活）。

（3）为上述连接 br_test 添加两个类型为 bridge-slave 的从连接 br_test-slave-1 和 br_test-slave-2，分别关联网卡 eno16777736 和 eno33554992：

```
nmcli con add type bridge-slave con-name br_test-slave-1 ifname eno16777736 master br_test
nmcli con add type bridge-slave con-name br_test-slave-2 ifname eno33554992 master br_test
```

至此 br_test 已成为上述两个从连接的主连接，这样就将两个网卡添加到网桥。以上命令会在/etc/sysconfig/network-scripts/目录下创建相应的 ifcfg 配置文件。

（4）执行以下命令关闭该网桥的 STP（生成树协议）：

```
nmcli con modify br_test bridge.stp no
```

这对于简单的网络环境（只有一个路由器）很有必要，还可减少数据包污染。

（5）为新建网桥（br_test）配置 IP、网关、DNS 和开机启动方式等。

默认方式创建的网桥设置是通过 DHCP 获取 TCP/IP 配置，开机自动启动。

原来两个网卡变成网桥上的两个逻辑端口，已成为网桥的一部分，因而不再需要设置 TCP/IP。关联原来网卡的连接也不再需要了，可以考虑删除这些相关连接。

（6）依次执行下列命令，启用（激活）两个从连接和一个主连接（网桥）：

```
nmcli con up br_test-slave-1
nmcli con up br_test-slave-2
nmcli con up br_test
```

启用从连接时系统会关联相应的网卡（设备），并自动断开这些网卡上原有的连接。如果主连接（网桥）没有更改配置，也可以不执行该命令。

此时查看当前处于活动状态的连接，可以发现两个网卡都已连接到网桥 br_test 上：

```
[root@srv1 ~]# nmcli con show -a
名称                UUID                                      类型            设备
br_test-slave-2    b20fd4a3-7a3f-498c-a999-ac4ad2b6b097    802-3-ethernet  eno33554992
br_test            583639bf-f0dc-4483-b40d-ffde7ffd2ad2    bridge          br_test
virbr0             f9f62c54-8004-421a-a84b-532787e73de2    bridge          virbr0
br_test-slave-1    9ce5d828-a6f4-4bac-bf3d-8426e0b51146    802-3-ethernet  eno16777736
```

也可以使用 brctl 命令来查看当前网桥。

7.2　网络测试与监控

为便于网络测试和查找网络故障，Linux 系统内置了一些网络测试工具。

7.2.1　网络测试工具

1．ping 命令

人们非常频繁地使用 ping 命令检测网络是否连通以及连通的质量。它通过向被测试的目的主机发送 ICMP 数据包并获取回应数据包，以测试当前主机到目的主机的网络连接状态。命令格式为：

> ping　[-c 数量] [-s 包大小] [-W timeout]　目的主机

选项-c 用于指定向目的主机地址发送报文数，默认不停地发送 ICMP 数据包（如果要让 ping 停止发送 ICMP 数据包，需要按<Ctrl>+<C>组合键强行终止）；-s 用于指定发送 ICMP 数据包的大小，以字节为单位（默认为 56B）；-W 用于设置等待接收回应数据包的间隔时间，以秒为单位。

2. traceroute 命令

traceroute 是路由跟踪实用程序，用于确定 IP 数据包访问目的主机所采取的路径。它用 IP 生存时间（TTL）字段和 ICMP 错误消息来确定从一个主机到网络上其他主机的路由。它通过向目标发送不同 IP 生存时间（TTL）值的 ICMP 回应数据包，来确定到目标所采取的路由。要求路径上的每个路由器在转发数据包之前至少将数据包上的 TTL 递减 1。当数据包上的 TTL 减为 0 时，路由器应该将 ICMP 已超时的消息发回源主机。基本用法为：

> traceroute [选项]　目的主机

3. ss 命令

以前主要用 netstat 来显示网络连接和正在侦听的端口等信息，现在改用 ss 命令了。这是因为打开的 socket 数量很多时，netstat 就会变得很慢。ss 是 socket state 的缩写，用于查看系统中 socket 的状态。除了显示类似于 netstat 的信息外，ss 还能显示 TCP 和状态信息。

ss 也是 iproute2 套件中的一个重要命令，命令格式为：

> ss [选项]　[过滤器]

常用的选项包括：-t 表示 TCP 协议；-u 表示 UDP 协议；-l 表示 Listen 状态的连接；-a 表示所有的连接；-n 表示以数字格式显示地址和端口号；-p 表示显示相关的程序及 PID；-m 显示内存用量；-o 显示计时器信息。常用选项组合有-tan、-tanl、-tanlp、-uan 等。例如：

```
[root@srv1 ~]# ss -tan
State      Recv-Q Send-Q       Local Address:Port          Peer Address:Port
LISTEN     0      5            192.168.122.1:53            *:*
LISTEN     0      128          *:22                        *:*
LISTEN     0      128          127.0.0.1:631               *:*
LISTEN     0      100          127.0.0.1:25                *:*
```

TCP 的常见状态有 LISTEN（监听）、ESTABLISHED（已建立连接）、FIN_WAIT_1（主动关闭）、FIN_WAIT_2（主动关闭）、SYN_SENT（等待连接请求）、SYN_RECV（确认连接请求）、CLOSED（连接结束）。

ss 的功能强大之处体现在过滤器，可以根据 socket 的状态来进行过滤，也可通过端口与 IP 地址进行过滤。命令格式为：

> FILTER := [state TCP-STATE] [EXPRESSION]

例如以下命令显示所有已建立的 SSH 连接：

> ss -o state established '(dport = :ssh or sport = :ssh)'

以下命令列出与 HTTP 服务器连接处于 FIN-WAIT-1 状态的所有 TCP sockets：

ss -o state fin-wait-1 '(sport = :http or sport = :https)' dst 193.233.7/24

7.2.2   网络性能监测

网络性能监测主要是考查网卡的吞吐量是否过载，使用 sar 工具加上选项-n 就可以进行网络活动统计，命令格式为：

sar -n {DEV|EDEV|NFS|NFSD|SOCK|ALL}

不同的参数显示不同的内容，DEV 表示统计所有网络设备的活动，NFS 表示统计 NFS 客户端活动，NFSD 表示统计 NFS 服务器端活动，SOCK 表示统计 Socket 连接，而 ALL 表示统计所有 5 类活动。这里主要介绍统计两类活动。

1．查看网络设备活动

参数 DEV 表示统计所有网络设备的活动，这里给出一个例子：

```
[root@srv1 ~]# sar -n DEV
Linux 3.10.0-327.el7.x86_64 (srv1.abc)        2017 年 02 月 27 日    _x86_64_   (1 CPU)
08 时 59 分 04 秒        LINUX RESTART
09 时 00 分 01 秒    IFACE    rxpck/s  txpck/s   rxkB/s    txkB/s   rxcmp/s   txcmp/s   rxmcst/s
09 时 10 分 01 秒 eno33554992  0.25    0.52     0.02     0.04     0.00      0.00      0.00
09 时 10 分 01 秒 eno16777736  0.51    0.08     0.05     0.01     0.00      0.00      0.00
09 时 10 分 01 秒        lo    0.01    0.01     0.00     0.00     0.00      0.00      0.00
##此处省略
平均时间:      IFACE   rxpck/s  txpck/s   rxkB/s    txkB/s   rxcmp/s   txcmp/s   rxmcst/s
平均时间: eno33554992  232.12  209.34   17.04    15.53    0.00      0.00      0.00
平均时间: eno16777736  214.83  219.26   16.11    16.08    0.00      0.00      0.00
平均时间:        lo    0.03    0.03     0.00     0.00     0.00      0.00      0.00
```

其中 IFACE 表示网络接口卡设备名；rxpck/s 和 txpck/s 分别表示每秒收到和发送的包数；rxKB/s 和 txKB/s 分别表示每秒收到和发送的数据字节数；rxcmp/s 和 txcmp/s 分别表示每秒收到和发送的压缩包数；rxmcst/s 表示每秒收到的多播包数。

2．统计网络设备的错误包

参数 EDEV 表示统计所有网络设备失败包的情况，例如：

```
[root@srv1 ~]# sar -n EDEV
Linux 3.10.0-327.el7.x86_64 (srv1.abc)        2017 年 02 月 27 日    _x86_64_   (1 CPU)
08 时 59 分 04 秒        LINUX RESTART
09 时 00 分 01 秒 IFACE rxerr/s txerr/s coll/s rxdrop/s txdrop/s txcarr/s rxfram/s rxfifo/s txfifo/s
09 时 10 分 01 秒 eno33554992 0.00  0.00  0.00   0.00    0.00    0.00    0.00    0.00    0.00
09 时 10 分 01 秒 eno16777736 0.00  0.00  0.00   0.00    0.00    0.00    0.00    0.00    0.00
09 时 10 分 01 秒        lo   0.00  0.00  0.00   0.00    0.00    0.00    0.00    0.00    0.00
```

其中 IFACE 表示网络接口卡设备名；rxerr/s 和 txerr/s 分别表示每秒收到和发送的错误包数；coll/s 表示每秒钟发送的冲突包数；rxdrop/s 和 txdrop/s 分别表示每秒接收和发送过程中因 Linux 空间不够而丢弃的包数；txcarr/s 表示每秒发送过程中的载波错误数；rxfram/s 表示每秒钟收到的帧序列错误数；rxfifo/s 和 txfifo/s 分别表示每秒接收和发送 FIFO（先进先出）泛滥的错误包数。

7.2.3   网络监视器

使用网络监视器可以截获网络通信数据包，便于精确地监测和进行更深入的分析。

tcpdump 是可以将网络中传送的数据包完全截获下来提供分析的常用命令行工具。它支持针对网络层、协议、主机、网络或端口的过滤，并提供 and、or、not 等逻辑语句来过滤信息。命令格式为：

  tcpdump [选项〕[-c 数量][-F 文件名] [-i 网络接口] [-r 文件名] [-s snaplen] [-T 类型] [w 文件名] [表达式]

  tcpdump 使用表达式定义过滤报文的条件，如果一个报文满足表达式的条件，它将捕获该报文。如果没有给出任何条件，则网络上所有的信息包将会被截获。表达式作为一种正则表达式，主要使用关键字和运算符来定义，主要有以下几类。

  • 关于类型的关键字，主要有 host（默认值）、net、port，分别定义主机、网络、端口等条件。例如 host 192.168.0.1 用来限制 IP 地址为 192.168.0.1，port 23 指明端口号是 23。

  • 关于传输方向的关键字，主要包括 src、dst、dst or src、dst and src。例如 src 192.168.0.1 指明数据包中源地址是 192.168.0.1。默认为 src or dst，即源或目的均可。

  • 关于协议的关键字，主要包括 fddi、ip、arp、rarp、tcp、udp 等。Fddi 表示在 FDDI 网络上的特定的网络协议，实际上它是 ether（以太网）的别名，可以将 fddi 协议包当作以太网的包进行处理和分析。如果没有指定任何协议，则 tcpdump 监听所有协议的数据包。

  • 其他关键字，如 gateway（网关）、broadcast（广播）、less（小于）、greater（大于）。

  • 逻辑运算符，包括与运算（and、&&）、或运算（or、||）、非运算（not、!）。

可以将这些关键字组合起来定义过滤条件，这里举几个例子来说明。

要捕获主机 192.168.0.1 除与主机 192.168.0.3 之外所有主机通信的 IP 包：

tcpdump ip host 192.168.0.1 and ! 192.168.0.3

要获取主机 192.168.0.1 接收或发出的 telnet 包：

tcpdump tcp port 23 host 192.168.0.1

不加任何选项可以运行 tcpdump 命令，如果利用丰富的选项，则可以根据需要捕获并显示包信息。例如：-a 表示将网络地址和广播地址转变成名称；-e 表示输出数据链路层的头部信息；-n 表示不将网络地址转换成名称；-v 表示输出更详细的信息，如在 IP 包中可以包括 ttl 和服务类型的信息；-vv 表示输出详细的报文信息；-c 表示在收到指定的包数后 tcpdump 自动停止；-i 用于指定监听的网络接口，人们经常使用这一选项。只有熟悉 TCP/IP 协议才可以准确分析捕获的包。

7.3　配置 IP 路由

路由是网络的基本功能，作为网络操作系统，Linux 支持多种路由配置。路由通常在路由设备上配置，对 Linux 服务器来说，路由配置并不是必需的。但是，如果 Linux 服务器配置有多个网络接口，同时连接多个不同子网，就需要为每个网络接口配置路由。另外，也可将 Linux 服务器配置为软件路由器，以取代硬件路由器设备。

7.3.1　IP 路由与路由器

从数据传输过程看，路由是数据从一个节点传输到另一个节点的过程。在 TCP/IP 网络中，携带 IP 报头的数据报，沿着指定的路由传送到目的地。同一网络区段中的计算机可以直接通信，不同网络区段中的计算机要相互通信，则必须借助于 IP 路由器。

1. IP 路由器

路由器是在互联网络中实现路由功能的主要节点设备。典型的路由器通过局域网或广域网连接到两个或多个网络。路由器将网络划分为不同的子网（也称为网段），每个子网内部的数据包传送不会经过路由器，只有在子网之间传输数据包才经过路由器，这样提高了网络带宽的利用率。路由器还能用于连接不同拓扑结构的网络。

路由器可以是专门的硬件设备，一般被称为专用路由器或硬件路由器；也可以由软件来实现，一般被称为主机路由器或软件路由器。另外，网络地址转换（NAT）甚至网络防火墙都可以被看作一种特殊的路由器。

支持 TCP/IP 的路由器称为 IP 路由器。在 TCP/IP 网络中，IP 路由器在每个网段之间转发 IP 数据包，又叫 IP 网关。每一个节点都有自己的网关，IP 包头指定的目的地址不在同一网络区段中，就会将数据包传送给该节点的网关。

Linux 主机用作软件路由器，至少需要安装两个网络接口。软件路由器既可以实现路由的功能，又可以提供其他网络服务。当软件路由器用于连接内网和外网时，还会涉及 NAT 和防火墙，这将在下一章专门讲解。本节主要讲解标准的路由功能。

2. 路由选择过程

路由功能指选择一条从源到目的路径并进行数据包转发。如果按路由发送数据包，经过的节点出现故障，或者指定的路由不准确，数据包就不能到达目的地。位于同一子网的主机（或路由器）之间采用广播方式直接通信，只有不在同一子网中，才需要通过路由器转发。路由器至少有两个网络接口，同时连接至少两个网络。对大部分主机来说，路由选择很简单，如果目的主机位于同一子网，就直接将数据包发送到目的主机，如果目的主机位于其他子网，就将数据包转发给同一子网中指定的网关（路由器）。

3. IP 路由表

路由器靠路由表来确定数据包的流向。路由表也被称为路由选择表，由一系列被称为路由的表项组成，其中包含有关互联网络的网络 ID 位置信息。当一个节点接收到一个数据包时，查询路由表，判断目的地址是否在路由表中，如果是，则直接发送给该网络，否则转发给其他网络，直到最后到达目的地。除了路由器使用路由表之外，网络中的主机也使用路由表。在路由网络中，相对于路由器而言，非路由器的普通计算机一般被称为主机。

不同的网络协议，路由表的结构略有不同。TCP/IP 协议对应的是 IP 路由表，IP 路由表实际上是相互邻接的网络 IP 地址的列表。每一个路由表项主要包括以下信息。

- 目的地址：路由的目的地址，需要子网掩码来配套确定。
- 网关地址：转发路由数据包的 IP 地址，一般就是下一个路由器的地址。在路由表中查到目的地址后，数据包被发送到此 IP 地址，由该地址的路由器接收数据包。该地址可以是本机网卡的 IP 地址，也可以是同一子网的路由器的地址。
- 接口：指定转发数据包的网络接口，也就是要路由的数据包从哪个接口被转发出去。
- 路由度量标准（Metric）：指路由数据包到达目的地址所需的相对成本。典型的度量标准指到达目的地址所经过的路由器数目，此时又常常被称为路径长度、跳数、跃点数（Hop Count），本地网内的任何主机，包括路由器，值为 1，每经过一个路由器，该值再增加 1。如果到达同一目的地址有多个路由，度量标准值低的为最佳路由，优先选用。

如果在路由表中没有找到其他路由，系统使用默认路由。默认路由简化主机的配置。默认路由的网络地址和网络掩码均为 0.0.0.0。TCP/IP 协议配置中一般称默认路由为默认网关。

通常设置路由目的地为网络地址，即网络路由。也可将路由目的地设置为某主机地址，这就是主机路由，显然主机路由的子网掩码为 255.255.255.225。

在 Linux 系统中，路由表都是由内核维护的，内核将路由表数据保存在内存中。一旦重启系统，甚至重启网络服务，都会初始化路由表。

4．Linux 的路由表

从 Linux-2.2 开始，内核将路由归纳到许多路由表中，并对这些表进行编号（1~255）。可以在/etc/iproute2/rt_tables 文件中为路由表命名。默认情况下，所有的路由都会被写入表 main（编号 254）中。在进行路由查询时，内核只使用路由表 main。

实际上，还有另外一个极为重要的路由表 local，用于保存本地和广播路由。不过这个表是不可见的，内核会自动维护它。

每一部主机都有自己的路由表，在 Linux 主机上可以使用 route 命令来查看当前路由表信息。例如：

```
[root@srv1 ~]# route
Kernel IP routing table
Destination     Gateway          Genmask          Flags  Metric  Ref    Use Iface
default          192.168.1.1      0.0.0.0          UG     100     0        0 eno33554992
192.168.0.0      0.0.0.0          255.255.255.0    U      100     0        0 eno16777736
192.168.1.0      0.0.0.0          255.255.255.0    U      100     0        0 eno33554992
192.168.122.0    0.0.0.0          255.255.255.0    U      0       0        0 virbr0
```

其中 Destination 表示路由目的地，默认路由用 0.0.0.0 表示（可显示为 default）；Gateway 表示网关地址；Genmask 指目的地的子网掩码；Flags 是路由标志，标志 U 表示路由项启用，H 表示主机路，G 表示路由指向网关，C 表示缓存的路由项，R 表示恢复动态路由产生的项，！表示拒绝的路由项；Metric 表示路由度量（成本）；Ref 表示路由项引用次数；Iface 表示转发接口。注意 Linux 内核没有使用 Use 表示路由项被查找的次数。

现在建议使用 ip route 命令代替 route 命令，下面是查看路由表的一个例子：

```
[root@srv1 ~]# ip route
default via 192.168.1.1 dev eno33554992    proto static    metric 100
192.168.0.0/24 dev eno16777736    proto kernel    scope link    src 192.168.0.1    metric 100
192.168.1.0/24 dev eno33554992    proto kernel    scope link    src 192.168.1.1    metric 100
192.168.122.0/24 dev virbr0    proto kernel    scope link    src 192.168.122.1
```

ip route 命令显示的是路由定义语句，每个路由记录占一行。不过，有时某些记录可能会超过一行，例如被克隆出来的路由或者包含一些额外信息记录。

5．启用 Linux 内核路由转发功能

默认情况下 CentOS 7 中的内核支持 IP 数据包转发，各个网络接口之间能够转发数据包，这是 Linux 主机作为 IP 路由器的前提。可以执行以下命令查看是否启用 IP 转发功能：

```
[root@localhost ~]# sysctl net.ipv4.ip_forward
net.ipv4.ip_forward = 1
```

如果值为 0，则不允许转发，需要改为 1，具体方法请参见第 4 章。

7.3.2 静态路由与动态路由

配置路由信息主要有两种方式，即手动指定（静态路由）和自动生成（动态路由）。在实际应用中，有时采用静态路由和动态路由相结合的混合路由方式。一种常见的情形是主干网络上使用动态路由，分支网络和最终用户使用静态路由；另一种情况是，高速网络上使用动态路由，低速连接的路由器之间使用静态路由。

1. 静态路由

当网络的拓扑结构或链路的状态发生变化时，网络管理员要手动修改路由表中相关的静态路由信息。

静态路由的主要优点有：完全由管理员精确配置，网络之间的传输路径被预先设计好；路由器之间不需进行路由信息的交换，相应的网络开销较小；网络中不必交换路由表信息，安全保密性高。

静态路由的不足也很明显，如对因网络变化而发生的路由器增加、删除、移动等情况，无法自动适应。要实现静态路由，必须为每台路由器计算出指向每个网段的下一个跃点，如果规模较大，管理员将不堪重负，而且容易出错。

静态路由的网络环境设计和维护相对简单，并且非常适用于那些路由拓扑结构很少有变化的小型网络环境。有时出于安全方面的考虑，也可以采用静态路由。

2. 动态路由

动态路由通过路由协议在路由器之间相互交换路由信息，自动生成路由表，并根据实际情况动态调整和维护路由表。路由器之间通过路由协议相互通信，获知网络拓扑信息。路由器的增加、移动及网络拓扑的调整，网络中的路由器都会自动适应。如果存在到目的站点的多条路径，即使一条路径发生中断，路由器也能自动选择另外一条路径传输数据。

动态路由的主要优点是伸缩性和适应性，具有较强的容错能力。其不足之处在于：复杂程度高，频繁交换的路由信息增加了额外开销，这对低速连接来说无疑难以承受。

动态路由适用于复杂的中型或大型网络，也适用于经常变动的互联网络环境。

路由协议是特殊类型的协议，能跟踪路由网络环境中所有的网络拓扑结构。它们动态维护网络中与其他路由器相关的信息，并依此预测可能的最优路由。主流的路由协议包括 BGP（Border Gateway Protocol，边界网关协议）、EIGRP（Enhanced Interior Gateway Routing Protocol，增强的内部网关路由协议）、EGP（Exterior Gateway Protocol，外部网关协议）、IGRP（Interior Gateway Routing protocol，内部网关路由协议）、OSPF（Open Shortest Path First，开放最短路径优先）和 RIP（Routing Information Protocol，路由信息协议）。

3. RIP

RIP 和 OSPF 是最常用的路由协议。这里介绍较为简单的 RIP。RIP 属于距离向量路由协议，适合在小型到中型互联网络中交换路由选择信息。RIP 只是同相邻的路由器互相交换路由表，交换的路由信息比较有限，仅包括目的网络地址、下一跃点及距离。

如图 7-3 所示，RIP 路由器之间不断交换路由表，直至饱和状态。

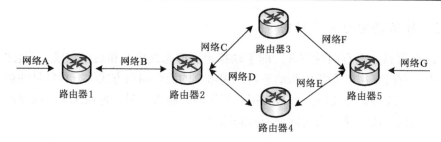

图 7-3　RIP 路由器之间交换路由表（箭头表示交换方向）

整个过程如下。

（1）开始启动时，每个 RIP 路由器的路由选择表只包含直接连接的网络。例如，路由器 1 的路由表只包括网络 A 和 B 的路由，路由器 2 的路由表只包括网络 B、C 和 D 的路由。

（2）RIP 路由器周期性地发送公告，向邻居路由器发送路由信息。很快，路由器 1 就会获知路由器 2 的路由表，将网络 B、C 和 D 的路由加入自己的路由表，路由器 2 也会进一步获知路由器 3 和路由器 4 的路由表。

（3）随着 RIP 路由器周期性地发送公告，最后所有的路由器都将获知到达任一网络的路由。此时，路由器已经达到饱和状态。

除了周期性公告之外，RIP 路由器还支持触发更新。例如，路由器检测到连接或路由器失败时，它将更新自己的路由表并发送更新的路由，每个接收到触发更新的路由器修改自己的路由表，并向相邻路由器公告更改过的路由。

RIP 目前有两个版本——RIP 版本 1 和 RIP 版本 2。RIP 版本 2 支持定时更新和触发器更新，支持简单的明文口令认证，支持不同的路由域。

RIP 的最大优点是配置和部署相当简单。RIP 的最大缺点是不能将网络扩大到大型或特大型互联网络。RIP 路由器使用的最大跃点计数是 15 个，16 个跃点或更大的网络被认为是不可达到的。当互联网络的规模变得很大时，每个 RIP 路由器的周期性公告可能导致大量的通信。另一个缺点是需要较高的恢复时间。

7.3.3　配置静态路由

通常不需要在 Linux 服务器或客户端中配置静态路由，除非它们需要路由器功能。在 CentOS 7 系统中有多种方法配置静态路由。

1. 使用 ip route 命令配置静态路由

在 CentOS 7 中，推荐使用 ip route 代替 route 来显示和配置路由。可以使用 add、change 和 replace 子命令来添加新的路由，修改已有的路由和替换已有的路由。每个路由由一系列参数组成，常用参数列举如下。

- to PREFIX（TYPE）：定义路由的目标前缀或类型。默认类型为 unicast（单播地址）。其他类型主要有 local、broadcast、nat、multicast。还有一个特殊的前缀 default（默认路由），它等于 IPv4 的 0/0 或 IPv6 的::/0。
- metric（或 preference）NUMBER：定义路由的路由度量或优先值。
- dev NAME：定义转发设备（接口）。
- via ADDRESS：指定下一跳路由器的地址。

- src ADDRESS：在向目的地址发送数据包时选择的源地址。
- nexthop NEXTHOP：设置多路径路由的下一跳地址。
- scope SCOPE_VAL：路由前缀覆盖的范围。对经过网关的 unicast 路由，设置为 global；对直连的 unicast 路由和广播路由，设置为 link；对本地路由，就设置为 host。
- protocol RTPROTO：本条路由的路由协议识别符。

下面给出几个例子。

添加一条经过网关 192.168.0.1 到网络 10.0.0.0/24 的路由：

ip route add 10.0.0.0/24 via 192.168.0.1

修改到上述路由，使其经过设备 dummy：

ip route change 10.0.0.0/24 dev dummy

增加一条多路径默认路由，让 ppp0 和 ppp1 分担负载：

ip route add default scope global nexthop dev ppp0 nexthop dev ppp1

使用子命令 delete 删除路由，它与上述 add 使用相同的参数，不过语法略有不同，可以使用关键词（to、tos、preference 和 table）来选择要删除的路由。例如，删除上一小节命令加入的多路径路由：

ip route del default scope global nexthop dev ppp0 nexthop dev ppp1

使用子命令 show 或 list 查看路由表的内容，flush 删除符合某些条件的路由，get 可以获得到达目的地址的一个路由及它的确切内容。

2. 通过 ifcfg 文件配置静态路由

使用 ip route 命令添加的路由暂存于内存中，要保存路由表信息，就需要使用静态路由配置文件。Linux 的静态路由配置被存储在/etc/sysconfig/network-scripts/route-ifname 文件中。如果启用 NetworkManager，则 ifname 为网络连接名；如果采用传统方式，停用 NetworkManager 且启用 network 服务，则 ifname 为网络接口名。例如/etc/sysconfig/network-scripts/route-NETA 文件存放的是 NETA 连接（可以绑定到 eno16777736 接口）的静态路由。该配置文件有两种格式，即 IP 命令参数和网络/掩码指令。

采用 ip 命令参数格式，每行定义一项路由，命令格式为：

网络 IP 地址/网络长度 via 网关 IP 地址 dev 网络接口名称

参数 dev 是可选的，此处的/etc/sysconfig/network-scripts/route-NETA 文件的内容如下：

172.18.0.0/16 via 172.16.0.10

如果采用网络/掩码指令形式，每一项路由包括 3 个参数：

ADDRESS*N*=目的地址
NETMASK*N*=子网掩码
GATEWAY*N*=网关地址

其中每个参数后面的 *N* 表示路由项序号。此处的 route-eno16777736 文件的内容可改为：

ADDRESS0=172.18.0.0
NETMASK0=258.258.0.0
GATEWAY0=172.16.0.10

无论采用哪种格式，要使静态路由生效，必须装载连接配置文件并重新启用（激活）相应的连接。如果停用 NetworkManager，则重启 network 服务，无须激活连接。

3. 使用 nmcli 命令配置静态路由

可以使用 nmcli 命令为以太网连接配置静态路由，这时要用到 ipv4.routes 属性。例如：

nmcli con mod NETA +ipv4.routes "192.168.20.0/24 192.168.0.1"

这样将 192.168.20.0/24 子网的流量指向位于 192.168.0.1 的网关，同时根据连接名称生成相应的 route-连接名文件。要使路由生效，应激活该连接。在启用 NetworkManager 的前提下，上述通过 ifcfg 文件配置静态路由，路由生效后也会为网络连接设置 ipv4.routes 属性。

4．配置实例之一：最简单的路由网络

一个路由器连接两个网络是最简单的路由方案。因为路由器本身同两个网络直接相连，不需要路由协议即可转发要路由的数据包，只需设置简单的静态路由。这里给出一个简单的例子，网络拓扑结构如图 7-4 所示。为便于理解，图中标明每个路由接口的 IP 地址。

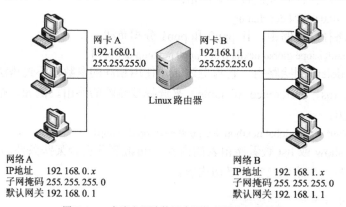

图 7-4　一个路由器连接两个网络的网络拓扑结构

（1）为充当路由器的 Linux 主机上两个网络接口配置 IP 地址，可以不用配置默认网关。

（2）执行 ip route 命令查看路由表，部分结果如下：

192.168.0.0/24 dev eno16777736　proto kernel　scope link　src 192.168.0.1　metric 100
192.168.1.0/24 dev eno33554992　proto kernel　scope link　src 192.168.1.1　metric 100

这两条记录说明系统自动添加了两个网络的路由表项。

（3）确认启用 Linux 内核包转发功能。

（4）将网络 A 和网络 B 中的计算机的默认网关分别设置为 Linux 路由器与这两个网络连接的接口的 IP 地址，此处为 192.168.0.1 和 192.168.1.1。

（5）使用 ping 命令测试两个网络中的计算机之间的连通性。

5．配置实例之二：手动添加静态路由

上述方案非常简单，网络中只有一个路由器，该路由器直接与两边的网络相连，路由器直接将包转发给目的主机，不用手动添加路由。如果遇到更为复杂的网络，要跨越多个网络进行通信，每个路由器必须知道那些并未直接相连的网络的信息，当向这些网络通信时，必须将包转发给另一个路由器，而不是直接发往目的主机，这就需要提供明确的路由信息。这里给出一个例子，网络拓扑结构如图 7-5 所示。

（1）为充当路由器的 Linux 主机上两个网络接口配置 IP 地址，不用配置默认网关。

（2）在用作路由器 1 的 Linux 主机上执行以下命令，添加到网络 C 的路由项（这里的网关就是可以直接访问的下一路由器，该路由器连接网络 B 的 IP 地址为 192.168.1.254）：

　　ip route add 192.168.2.0/24 via 192.168.1.254 dev eno33554992

由于 192.168.1.254 为 eno33554992 当前 IP 地址，也可以省略 dev eno33554992。

执行 ip route 查看内核路由表，结果如下：

192.168.0.0/24 dev eno16777736　proto kernel　scope link　src 192.168.0.1　metric 100
192.168.1.0/24 dev eno33554992　proto kernel　scope link　src 192.168.1.1　metric 100
192.168.2.0/24 via 192.168.1.254 dev eno33554992

　　一定要注意，路由器 1 与网络 A、网络 B 都能直接相连，路由项会自动添加，不用专门配置静态路由。

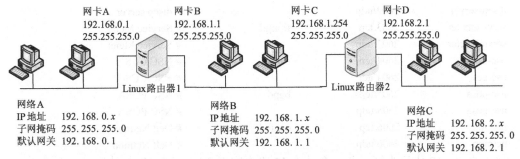

图 7-5　跨多个路由器通信的路由网络拓扑结构

　　（3）在用作路由器 2 的 Linux 主机上执行 ip route add 命令，添加到网络 A 的路由项：

ip route add 192.168.0.0/24 via 192.168.1.254　dev eno33554992

　　不要使用彼此指向对方的默认路由来配置两个相邻的路由器。默认路由将不直接相连的网络上的所有通信传递到已配置的路由器。具有彼此指向对方的默认路由的两个路由器，对不能到达目的地的通信可能产生路由循环。

　　（4）将网络 A、B 和 C 中的计算机的默认网关分别设置为 Linux 路由器与这些网络连接的接口的 IP 地址，此处为 192.168.0.1、192.168.1.1 和 192.168.2.1。

　　（5）使用 ping 命令测试不同网络中的计算机之间的连通性。

　　建议读者将上述过程的路由配置改为使用 ifcfg 文件配置。

7.3.4　配置动态路由

　　在 Linux 系统中，要实现动态路由的功能，需要运行路由软件。Linux 支持的路由软件主要有 routed、gated 和 zebra，其中 zebra 应用最为广泛。

　　zebra 是一个开源的 TCP/IP 路由软件，支持主流的动态路由协议 RIPvl、RIPv2、RIPng、OSPFv3、BGP-4 和 BGP-4+等。除了传统的 IPv4 路由协议，zebra 也支持 IPv6 路由协议。现在 Linux 系统上一般使用 Quagga 软件（http://www.quagga.org）提供 zebra 功能，Quagga 是由 zebra 升级而来的。

　　zebra 作为软件路由器，其配置与 Cisco IOS 极其类似。zebra 的设计独特，采用模块化的方法来管理路由协议，便于管理员根据网络需要启用或者禁用路由协议。zebra 守护进程是实际的路由管理者，负责更新内核的路由规则，并控制着其他模块。其他模块用于实现路由协议，如 ripd 守护进程负责实现 RIP 路由。在实际运行中必须先启动 zebra，再启动需要的动态路由协议。

　　除了 zebra 守护进程之外，它对各种路由协议的支持是通过相应的守护进程（如 ripd、ripngd、ospfd、ospf6d、bdpd）实现的，这些守护进程都有各自的终端接口或 VTY，其别名在/etc/services 中设置，安装 quagga 之后可以查看到。例如：

Ports numbered 2600 through 2606 are used by the zebra package without

```
# being registred.    The primary names are the registered names, and the
# unregistered names used by zebra are listed as aliases.
hpstgmgr               2600/tcp              zebrasrv        # HPSTGMGR
hpstgmgr               2600/udp                              # HPSTGMGR
discp-client           2601/tcp              zebra           # discp client
discp-client           2601/udp                              # discp client
discp-server           2602/tcp              ripd            # discp server
discp-server           2602/udp                              # discp server
servicemeter           2603/tcp              ripngd          # Service Meter
servicemeter           2603/udp                              # Service Meter
nsc-ccs                2604/tcp              ospfd           # NSC CCS
nsc-ccs                2604/udp                              # NSC CCS
nsc-posa               2605/tcp              bgpd            # NSC POSA
nsc-posa               2605/udp                              # NSC POSA
netmon                 2606/tcp              ospf6d          # Dell Netmon
netmon                 2606/udp                              # Dell Netmon
```

接下来以 RIP 协议为例示范一个动态 IP 路由实现方案，网络拓扑结构参见图 7-5。

1. 配置网络并安装 Quagga 软件

在充当路由器的每台 CentOS 7 主机上执行以下配置任务。

（1）参照图 7-5 为每台 Linux 服务器的每个接口配置 TCP/IP。

（2）安装 Quagga 软件：

```
yum install quagga
```

该软件所提供的各项路由动态协议配置都被放置在/etc/quagga 目录内。

2. 配置 SELinux 与防火墙

在 CentOS 7 上，如果启用 SELinux，默认情况下会阻止/usr/sbin/zebra 写入其配置目录中，当然可以关闭 SELinux 来解决，更好的办法是启用 zebra_write_config 布尔表达式：

```
setsebool -P zebra_write_config 1
```

默认开启防火墙 firewalld，会阻止路由流量。可以关闭防火墙来解决，更好的方案是设置防火墙，允许路由协议的多个端口的流量通过：

```
firewall-cmd --add-port=2600-2606/tcp --add-port=2600-2606/udp
```

3. 设置 zebra

zebra 的功能主要是更新内核的路由规则。

配置 Linux 路由器 1，进入/etc/quagga/目录，修改 zebra.conf 配置文件。首次使用时，建议将/usr/share/doc/quagga-x.x.x.x/zebra.conf.sample 复制过来作为参考。此处执行以下命令：

```
/usr/share/doc/quagga-0.99.22.4/ /etc/quagga/zebra.conf
```

这里的 zebra.conf 配置文件主要内容如下：

```
hostname route1                      #为路由器命名
password  abc                        #设置登录该路由器的密码
enable password abc123               #进入 enable 命令的密码，类似 Cisco 配置的特权模式
log file /etc/quagga/zebra.log       #将所有 zebra 产生的信息记入日志文件中
```

这里需要创建一个日志文件（/etc/quagga/zebra.log），并确保 zebra 服务对该文件具有写入权限。

不论启动什么动态路由协议，zebra 都必须先启动。执行以下命令启动 zebra 服务：

systemctl start　zebra.service

zebra 主要是修改 Linux 系统内核中的路由,仅监听本机网络接口,并不会监听其他主机或网络设备的网络接口。zebra 的端口是 2601,可以在本机登录并进行操作。

Quagga 提供一个名为 vtysh 的命令行 Shell 作为与用户交互的接口,它所使用的命令类似于 Cisco 等各大路由器厂商的那些命令。

例如执行该命令进入交互界面,再执行?命令给出列出交互指令列表:

[root@srv1 ~]# vtysh
Hello, this is Quagga (version 0.99.22.4).
Copyright 1996-2005 Kunihiro Ishiguro, et al.
srv1.abc#

```
    clear         Reset functions
    configure     Configuration from vty interface
    copy          Copy from one file to another
    debug         Enable debug messages for specific or all part.
    disable       Turn off privileged mode command
    end           End current mode and change to enable mode
    exit          Exit current mode and down to previous mode
    list          Print command list
    no            Negate a command or set its defaults
    ping          Send echo messages
    quit          Exit current mode and down to previous mode
    show          Show running system information
    ssh           Open an ssh connection
    start-shell   Start UNIX shell
    telnet        Open a telnet connection
    terminal      Set terminal line parameters
    traceroute    Trace route to destination
    undebug       Disable debugging functions (see also 'debug')
    write         Write running configuration to memory, network, or terminal
```
srv1.abc# list
clear bgp (A.B.C.D|X:X::X:X)
    clear bgp (A.B.C.D|X:X::X:X) in
    clear bgp (A.B.C.D|X:X::X:X) in prefix-filter
#以下省略

其中 list 命令可列出当前状态下的命令详细清单。zebra 的配置和管理可以通过命令行操作界面来实现。zebra.conf 配置文件也可通过命令设置和修改。

zebra 采用类似 Cisco IOS 的命令行操作界面,需要登录到不同的模式下来完成详细的配置任务。登录 zebra 服务(需要路由器登录密码)之后即进入用户(USER)模式,命令行提示符为">"。这种模式仅允许基本的监测命令,不能改变路由器的配置。

要想使用所有的命令,就必须进入特权(privileged)模式。在用户模式下执行命令 enable(或 en),输入执行命令 enable 的密码后即可进入特权模式,命令行提示符为"#"。在特权模式下,还可以进入全局模式和其他特殊的配置模式,这些特殊模式都是全局模式的一个子集。在特权模式下执行 configure terminal(conf t)命令进入全局配置模式。要进入端口配置模式,在全局命令提示符下执行 interface e 0 进入第 1 个以太网端口。在配置过程中,可以通过使用?来获得命令帮助。

参照路由器 1 配置和启动路由器 2 的 zebra 服务。

zebra 还支持静态路由的配置，例如在 zebra.conf 中增加一行"ip route 10.0.0.0/24 eth0"，表示到网络 10.0.0.0/24 的路由由 eth0 接口处理。

也可以使用 telnet 命令登录到路由器上进行配置（交互指令与 vtysh 一致）：

```
telnet 192.168.0.1 2601
```

4. 配置 RIP 路由器

ripd 守护进程可以在两个相邻的路由器之间传输和交换路由信息。可以通过配置文件来配置 RIP 路由器。

在 Linux 路由器 1 上进入/etc/quagga/目录，修改 ripd.conf 配置文件。首次使用时，建议将/usr/share/doc/quagga-x.x.x/ripd.conf.sample 复制过来作为参考。这里的主要配置内容为：

```
hostname route1                        #设置路由器名称
password zebra                         #登录 ripd 服务的密码
log stdout                             #日志作为标准输出
router rip                             #启用路由器的 RIP 功能
version 2                              #启用 RIPv2 服务
network 192.168.0.0/24                 #设置监听的网络
network 192.168.1.0/24                 #设置监听的网络
interface eno33554992                  #设置 RIP 路由器接口 eth1
ip rip authentication mode md5         #设置验证模式
ip rip authentication string abc       #设置验证密码
```

执行以下命令启动 ripd 服务：

```
systemctl start   ripd.service
```

ripd 守护进程的端口是 2602，可以通过 telnet 登录并进行操作，也可以在本机使用 vtysh 登录，还可以通过 telnet 登录到 zebra，对 RIP 路由器进行配置。rripd.conf 配置文件可通过命令设置和修改。

5. 测试 RIP 路由

在路由器 1 和路由器 2 配置并启动相应服务之后，可以登录 zebra 或 ripd 来检查路由更新结果。下面使用 vtysh 示范测试。读者也可以通过 telnet 登录到 zebra 路由器上或 RIP 路由器查看路由信息。首先查看 IP 路由信息：

```
srv1.abc# show ip route
Codes: K - kernel route, C - connected, S - static, R - RIP,
        O - OSPF, I - IS-IS, B - BGP, A - Babel,
        > - selected route, * - FIB route

C>* 127.0.0.0/8 is directly connected, lo
C>* 192.168.0.0/24 is directly connected, eno16777736
C>* 192.168.1.0/24 is directly connected, eno33554992
R>* 192.168.2.0/24 [120/2] via 192.168.1.254, eno33554992, 00:10:39
C>* 192.168.122.0/24 is directly connected, virbr0
```

以 R 开头的行就是通过 RIP 协议所生成的路由表项，证明已经成功。至于其他路由信息，K 表示内核自身的路由表项；C 表示路由器本身网络接口的路由表项；S 表示静态路由；O 表示由 OSPF 协议所生成的路由表项；B 表示 BGP 生成的路由表项。

然后查看 RIP 路由信息：

```
srv1.abc# show ip rip
```

```
Codes: R - RIP, C - connected, S - Static, O - OSPF, B - BGP
Sub-codes:
        (n) - normal, (s) - static, (d) - default, (r) - redistribute,
        (i) - interface
```

Network	Next Hop	Metric From	Tag Time
C(i) 192.168.0.0/24	0.0.0.0	1 self	0
C(i) 192.168.1.0/24	0.0.0.0	1 self	0
R(n) 192.168.2.0/24	192.168.1.254	2 192.168.1.254	0 02:52

这里的 "R(n)" 表示来自网络接口的 RIP 路由。

6. 其他路由协议的配置

可以参照上述 RIP 配置步骤来配置其他路由协议。/usr/share/doc/quagga-*x.x.x.x*/目录中提供各个路由协议的配置文件样例，如果 ospfd.conf.sample 用于配置 OSPF 路由器，还需要在启动 zebra 服务的基础上启动相应协议的服务，如 OSPF 的服务名为 ospfd。

7.4　IPsec 虚拟专用网

作为与传统的专用网络相对应的一种组网技术，虚拟专用网（以下简称 VPN）兼具公用网络和专用网络的许多特点，能够节省总体成本，简化网络设计，保证通过公用网络传输私有数据的安全性。CentOS 7 预装 Libreswan 软件，可以直接用来实现 IPsec VPN。

7.4.1　VPN 与 IPsec

Internet 协议安全（IPsec）作为一种开放标准的框架结构，保护 IP 网络上的通信安全，它是最通用的 VPN 技术。

1. VPN 应用模式

VPN 大致可以划分为远程访问和网络互联两种应用模式。

● 远程访问：如图 7-6 所示，远程访问可作为替代传统的拨号远程访问的解决方案，能廉价、高效、安全地连接移动用户、远程工作者或分支机构，适合企业的内部人员移动办公或远程办公，以及商家提供 B2C 的安全访问服务等。此模式采用的网络结构是单机连接到网络，又称点到站点、桌面到网络、客户到服务器。

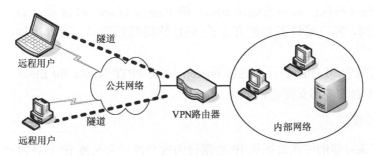

图 7-6　基于 VPN 的远程访问

● 远程网络互联：这是最主要的 VPN 应用模式，用于企业总部与分支机构之间、分支机构与分支机构之间的网络互联，如图 7-7 所示。此模式采用的网络结构是网络连接到网络，又称站点到站点、网关（路由器）到网关（路由器）、服务器到服务器、网络到网络。

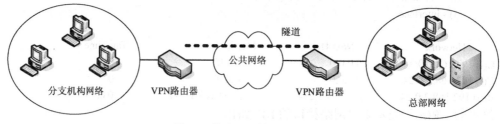

图 7-7　基于 VPN 的远程网络互联

2. 基于隧道的 VPN

VPN 的实现技术多种多样，隧道（又称通道）技术是最典型的，也是应用最为广泛的 VPN 技术。VPN 隧道的工作机制如图 7-8 所示，位于两端的 VPN 系统之间形成一种逻辑的安全隧道，称为 VPN 连接或 VPN 隧道，各种应用（如文件共享、Web 发布、数据库管理等）可以像在局域网中一样使用。

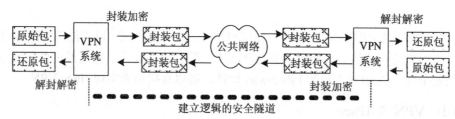

图 7-8　VPN 隧道的工作机制

隧道包括数据封装、传输和解包的全过程，实际上是用一种网络协议来传输另一种网络协议的数据单元，依靠网络隧道协议实现功能。根据网络层次模型，隧道协议分为以下类型。

- 第二层隧道协议：将链路层协议封装起来进行传输，可在多种网络建立多协议的 VPN。使用较多的是 PPTP（点对点隧道协议）等。
- 第三层隧道协议：用于组建 IP VPN，最著名的是 IPsec 协议。IPsec 工作在 IP 层，为 IP 层及其上层协议提供保护，对用户和应用程序来说是透明的，只是不支持多协议。IPsec 为 Internet 业务提供最强的安全功能，非常适用于组建远程网络互联 VPN。
- 第四层隧道协议：最著名的是 SSL。除具备与 IPsec VPN 相当的安全性外，还增加访问控制机制，客户端只需要拥有支持 SSL 的浏览器即可，适合远程用户访问企业内部网。

PPTP 比较简单，Linux 平台上通过 Poptop（The PPTP Server for Linux）实现。IPsec 最通用，软硬件平台大多都支持它。

3. IPsec 协议

IPsec 基于端对端的模式来提供 IP 数据包的安全性，它在源 IP 和目的 IP 地址之间建立信任和安全性。其体系结构在 RFC2401 中定义，使用两个安全协议 AH（Authentication Header）和 ESP（Encapsulating Security Payload），以及密钥分配的过程和相关协议来实现其目标。AH

可用来保证数据完整性，提供反重播保护，并且确保主机的身份验证。ESP 提供和 AH 相似的功能，另外提供数据机密性保护。AH 或 ESP 本身都不提供实施安全功能的实际的加密算法，而是利用现有的工业标准加密算法和身份验证算法。

4. IPsec 模式

IPsec 有两种模式，即传输模式和隧道模式。AH 或 ESP 协议可用于这两种模式。

IPsec 传输模式用于实现端对端安全通信，即源主机和目的主机之间实现完整的端对端通信保护。传输模式可用于保护数据包，此时通信的终点也是加密的终点。传输模式通过 AH 或 ESP 报头对 IP 有效荷载提供保护。这种模式用于实现计算机之间的安全通信，如内网中的服务器与服务器、客户端与服务器、客户端与客户端之间的网络通信。

IPsec 隧道模式用于实现网关之间的安全通信。在隧道模式中，加密的终点是代表另一个网络提供安全的安全网关。隧道模式通过 AH 或者 ESP 提供对整个 IP 数据包的保护。使用隧道模式时，系统将通过 AH 或者 ESP 报头与其他 IP 报头来封装整个 IP 数据包。外部 IP 报头的 IP 地址是隧道终结点，封装的 IP 报头的 IP 地址是最终源地址与目标地址。这种模式用于实现网络之间的安全通信。在网关（路由器）之间建立 IPsec 隧道，使网关后面的内部专用网络之间能安全通信，如图 7-9 所示。封装的数据包在网络中的隧道内传输，网关可以是 Internet 与内网间的边界网关，如路由器、防火墙、代理服务器等。另外，即使在专用网络内部，也可使用两个网关来保护网络中不信任的通信。

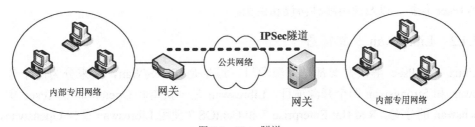

图 7-9　IPsec 隧道

5. IPsec 安全协商

在两端使用 IPsec 通信之前，必须在某些安全性设置方面达成一致，主要是确定身份验证、完整性和加密算法，这个过程被称为安全协商。如图 7-10 所示，为在两端之间进行安全协商，IETF 已经建立了一个安全关联（Security Association）和 Internet 密钥交换（IKE, Internet Key Exchange）方案的标准方法。

图 7-10　IPsec 安全协商

安全关联（SA）存储在每台 IPsec 计算机上的数据库中，是协商密钥、安全协议与安全参数索引（SPI）的组合，它们一起定义用于保护从发送端到接收端的通信安全。SA 是一个单向的逻辑连接，也就是说在一次通信中，IPsec 需要建立两个 SA，一个用于入站通信，另一个用于出站通信。每个 SA 使用唯一的 SPI 索引标识。如果一台计算机同时与多台计算机进行安全通信，就会存在多个 SA，接收端计算机使用 SPI 来决定将使用哪种 SA 处理传入的数据包。

IKE 是一种重要的协议，主要有两个作用，一是集中管理安全关联以减少连接时间，二是生成和管理密钥。

IPsec 协商分为两个阶段，每一阶段通过使用安全协商期间两端达成的加密与验证算法，可确保实现保密与验证。分两个阶段来完成这些服务有助于提高密钥交换的速度。

第一阶段在两个节点建立一个主模式 SA（IKE SA），是为建立信道而建立安全关联。这一阶段协商创建一个通信信道，并对该信道进行认证，为双方进一步的 IKE 通信提供机密性、数据完整性及数据源认证服务。

第二阶段协商一对快速模式 SA（一个 SA 用于入站，另一个 SA 用于出站），是为数据传输而建立安全关联。这一阶段使用已建立的 IKE SA 协商建立 IPsec SA，为数据交换提供 IPsec 服务。

6. SAD 与 SPD

在 IPsec 系统中，所有有效的 SA 有关参数都被存放在一个安全关联数据库（Security Association Database，SAD）中。存放在 SAD 中的参数有 SPI 值、目的端 IP、AH 或 ESP、AH 验证算法、AH 验证的加密密钥、ESP 验证算法、ESP 验证的加密密钥、ESP 的加密算法、ESP 的加密密钥、传输（Transport）或隧道（Tunnel）模式等。SAD 维护 IPsec 协议用来保障数据保安全的 SA 记录。每个 SA 都在 SAD 中有一条记录相对应。

IPsec 还需要另一个安全策略数据库（Security Policy Database，SPD）来保存 SA 建立所需的安全需求和策略需求。SPD 存放的实际上是 IPsec 规则，这些规则用来定义哪些流量需要受到 IPsec 保护，以及使用哪种协议和密钥。

7.4.2 Libreswan 及其部署

Linux 的 IPsec 解决方案都是开源项目，最早是 FreeS/Wan，后来分为两个分支——Openswan 和 Strongswan 两个开源项目，Libreswan 是一款类似 Openswan 的 IPsec 实现，也是 Openswan 的分支。Red Hat Enterprise 7 和 CentOS 7 使用 Libreswan 替代 Openswan，作为默认的 IPsec VPN 解决方案。

1. Libreswan 的特点

Libreswan 是基于 IPsec 和 IKE 的 VPN 协议的自由软件实现方案。它支持 IKEv1 和 IKEv2，支持 Linux 内核从 2.4 至 4.x 的版本。Libreswan 与 Linux 内核连接，用网络连接来转移加密密钥，加密包和解密包的过程在 Linux 内核中发生。

在 Linux 系统中，Libreswan 可以使用自身的 IPsec 栈（KLIPS），也可以使用内置的 IPsec 栈（XFRM/NETKEY）。KLIPS 或 NETKEY 用于实现 IP 数据包的安全发送或接收的进程，在内核空间中运行，主要负责控制管理 SA 及密钥，同时处理数据包的加密和解密工作。它们都要实现 PF_KEY 协议。PF_KEY 用于维护内核的 SA、SP 数据库，以及与用户空间的接口。XFRM 作为一个处理 IP 数据包的网络框架，是 IPSec SPD/SAD 的管理模块。CentOS 7 默认使用 NETKEY，可以执行以下命令查看其版本：

```
[root@srv2 ~]# ipsec --version
Linux Libreswan 3.12 (netkey) on 3.10.0-327.el7.x86_64
```

pluto 是 Libreswan 的一个守护进程，主要实现 IKE 协议，完成 SA 的交互。pluto 可支持内核使用 KLIPS 或 NETKEY 实现 IPsec，前者的通信接口 socket 是 PF_KEY（clips 自带的 PF_KEY 套接字），后者的通信接口是 netlink（内核提供的 NETLINK_XFRM 套接字）。

Libreswan 使用 NSS（Network Security Services）加密库，这是符合 FIPS（Federal Information Processing Standard，美国联邦信息处理标准）安全规范要求的。

早期无法定位网络地址转换（NAT）之后的 IPSec 端点，这个问题使用 IPSec NAT 穿越（NAT-T）技术即可解决。Libreswan 就支持这种 NAT 穿越。

CentOS 7 有一个 NetworkManager IPsec 插件 NetworkManager-libreswan，GNOME 图形界面用户还有含 NetworkManager-libreswan 附件的 NetworkManager-libreswan-gnome。

2. Libreswan 的认证方式

IPsec 涉及两端的认证，Libreswan 支持以下认证方式。

• Pre-Shared Keys（PSK）：预共享密钥，这是最简单的认证方法。PSK 应由随机字符组成，长度至少为 20 个字符。非随机或较短的 PSK，不适合在 FIPS 模式下应用。

• RSA Keys：RAS 密钥，需要手动配置彼此的公共密钥。这种方式适合静态的主机到主机，或者子网到子网的 IPsec 配置，由于不能很好地扩展，不适合动态化或规模化配置。

• XAUTH（Extended Authentication）：扩展认证，能结合 RADIUS 实现安全性，适合大规模用户的 VPN 管理。

• X.509 认证：由一个认证中心（CA）为主机或者用户注册 RSA 认证，并负责转播信任关系，包括取消每个主机和用户。这种方式适合许多主机需要连接到一个常用的 IPsec 隧道的大规模配置。Libreswan 已经内置对 X.509 的支持。

3. Libreswan 的安装

Linux 主机上安装 Libreswan 软件包之后，即可作为 IPsec 端点。CentOS 7 默认安装该软件包。执行以下命令检查 Libreswan 是否已安装：

```
yum info libreswan
```
如果没有安装 Libreswan，可执行以下命令安装：
```
yum install libreswan
```
在 Libreswan 安装过程中，NSS 数据库被初始化。但是，如果要使用一个新的 NSS 数据库，首先要按以下方式删除旧的数据库：
```
rm /etc/ipsec.d/*db
```
然后，执行以下命令初始化一个新的 NSS 数据库：
```
ipsec initnss
```
在初始化过程中，系统会提示输入 NSS 密码，如果不想使用 NSS 密码，则提示输入密码时直接按回车键。一旦输入了密码，每次 Libreswan 启动时，都需要再次输入密码。

4. Libreswan 的 VPN 配置

Libreswan 支持主机到主机、网络（站点）到网络（站点）的 IPsec VPN 配置，IPsec 端点也可以位于 NAT 之后。它还支持一种名为 Road Warrior 的漫游 VPN 连接，即具有动态分配 IP 地址的漫游客户端，最常见的就是员工的笔记本电脑通过 VPN 连接到公司总部。

与许多 VPN 解决方案不同，Libreswan 不使用术语"source"（来源）和"destination"（目的），而使用术语"left"（左端）和"right"（右端）来表示 IPsec 端点。多数管理员用"left"表示本地主机，"right"表示远程主机，但是多数情况下在两个端点上都会使用相同的配置。

Libreswan 主要使用以下配置文件来完成 VPN 配置。

• /etc/ipsec.conf 和 /etc/ipsec.d/*.conf：主配置文件，设置 VPN 连接选项和参数。

- /etc/ipsec.secrets：用来保存私有 RSA 密钥和预共享密钥（PSK）。
- /etc/ipsec.d/passwd：XAUTH 密码文件。

主要涉及的配置子目录列举如下。

- /etc/ipsec.d/cacerts/：存放 X.509 认证 CA 证书（根证书位于 root certificates 子目录）。
- /etc/ipsec.d/certs/：存放 X.509 客户端证书。
- /etc/ipsec.d/private/：存放 X.509 认证私钥。
- /etc/ipsec.d/crls/：存放 X.509 证书撤销列表（X.509 Certificate Revocation Lists）。
- /etc/ipsec.d/ocspcerts/：存放 X.500 OCSP（Online Certificate Status Protocol certificates）证书。
- /etc/ipsec.d/policies/：存放随机加密策略组。

基本配置步骤如下。

（1）确定认证方式，并准备好相应的密钥或证书。

（2）在主配置文件中设置好 VPN 连接的选项和参数。

（3）启动 Libreswan 的 ipsec 服务。CentOS 7 默认没有启动该服务，也没有将该服务设置为开机启动。可分别执行以下命令来解决：

```
systemctl start ipsec
systemctl enable ipsec
```

启动 ipsec 服务会自动加载 IPsec 配置文件。

（4）使用 ipsec 工具来管理 ipsec 服务。

ipsec 工具提供多种命令来控制 IPsec 加密和认证系统，常用命令如下。

- ipsec setup start|stop|restart|status：用于启动服务、停止服务、重启服务、查看服务状态。.
- ipsec barf：显示内部系统状态信息便于调试。
- ipsec auto：手动添加（add）、删除（remove）、激活启用（up）或停用 VPN 连接。

5. Libreswan 的防火墙配置

Libreswan 要求防火墙允许以下数据包通过：针对 IKE 协议的 UDP 端口 500；针对 IKE NAT-Traversal 的 UDP 端口 4500；针对 ESP IPsec 数据包的端口 50；针对 AH IPsec 数据包的端口 51。

应配置网络接口及基于主机的防火墙来允许 IPsec 服务。为方便实验，这里禁用防火墙。

7.4.3　主机到主机 IPsec VPN 连接配置

可以使用 IPsec 主机到主机方式在联网的 Linux 计算机之间建立一个安全隧道。连接激活后，两个主机之间的任何网络业务都以加密形式进行。下面给出一个简单的配置实例。

1. 建立主机到主机的 IPsec 连接

首先要准备实验环境。两台可以连通的 Linux 服务器 srv1 和 srv2 分别作为"left"和"right"主机，IP 地址分别设置为 192.168.1.1/24 和 192.168.1.254/24，并禁用防火墙。双方认证采用简单而又安全的 RAS 密钥。以 root 身份进行以下操作。

（1）在两台服务器上分别执行以下命令生成一个新的 RSA 密钥对：

```
ipsec newhostkey --configdir /etc/ipsec.d --output /etc/ipsec.d/www.abc.com.secrets
```

这样每台服务器上会按 left 和 right 格式产生一个用于主机的 RSA 密钥对。

可以按 left 或 right 格式来查看生成的 RSA 密钥，例如，在服务器 srv1 上执行命令：

```
[root@srv1 ~]# ipsec showhostkey --left
ipsec showhostkey loading secrets from "/etc/ipsec.secrets"
ipsec showhostkey loading secrets from "/etc/ipsec.d/www.abc.com.secrets"
ipsec showhostkey loaded private key for keyid: PPK_RSA:AQPAAPppu
    # rsakey AQPAAPppu
    leftrsasigkey=0sAQPAAPppuftTtv/+Agr5xqjoHcEanfIhPxHoExbrxyakhoFumF/K8ZS6OiMO6EoaZ4z
PErDGZ3/7t+dkP5qLGGP4CGYPHiMSnCgB8VTWxAPavzGTbnjieL/MpxAK3xEql75o031c2kxw6f97JqsGyp04z
WJXvh0PurmX7ug2Jmcm65gBFwyYK7vDyiTjN3ACeVImdo3PSUS+d5nIwt1lW+yhXZ3aZYBx1agUacWdhpuL
uHYt+3TV5fjZYva0ZNmk5u2xx0Ruic8d7EyCoQV8bwGLn14hE14RRu/zJce0Ywx3mhvGrOdVjUBRlQeVlewqG
4eQddmyK0hFgdCFTqkJc8lUQj76cCfq+9/ftrAQH0bUf5XLdk0L6ZLBwBoahbCr9q4q2fgmlrJyw8CYbZxGqQDn
jN85OVpGekQ3bVvcSxRitPXxkAMNPDGaoC1AKZv8swsBhiOv0bQTNharTqfoFCalhWyKSPaXSARLlr5x+R5
BeCj3LsT5ST99IA0p2p97eXVWKonR0No+ajYU6IhxvjiU5rXPbuiFFre90xYQ6IX0y1+ei+LHSvubHcIK5w==
```

在服务器 srv2 执行以下命令查看 right 格式（显示结果省略）：

```
ipsec showhostkey --right
```

密钥会被添加到配置文件，私密部分被存储在/etc/ipsec.d/*.db 文件（即 NSS 数据库）里。

（2）通过配置文件设置 VPN 连接选项和参数。可以直接在主配置文件/etc/ipsec.conf 中进行设置，其中有一行语句：

```
include /etc/ipsec.d/*.conf
```

该语句表明可以嵌入/etc/ipsec.d 目录下的.conf 配置文件。为使配置更为灵活，这里在 srv1 上的/etc/ipsec.d 目录下新建一个配置文件（此处命名为 srv1-to-srv2.conf），内容如下：

```
conn testtunnel                                                     #定义 VPN 连接
    leftid=@srv1.abc.com                                            #左端 ID
    left=192.168.1.1                                                #左端主机 IP 地址
    leftrsasigkey=0sAQPAAPppuftTtv(此处省略)+LHSvubHeIK5w==           #左端 left 格式 RSA 密钥
    rightid=@srv2.abc.com                                           #右端 ID
    right=192.168.1.254                                             #右端主机 IP 地址
rightrsasigkey=0sAQPBqu1f5LrA+(此处省略)I1oZjOBtnUV                    #右端 right 格式 RSA 密钥
    authby=rsasig                                                   #认证方式为 RAS 密钥
    auto=start                                                      #开机自动加载并建立此VPN 连接
```

注意：注释符#只能用在行首，这里为方便阅读，将中文解释加在右边。leftrsasigkey 和 rightrsasigkey 字段值分别来自上一步两台主机上生成的 RAS 密钥，分别取左端的 left 格式和右端的 right 格式。

可以在两台主机上使用完全相同的配置文件，系统会自动识别"left"或"right"。这里将上述配置文件复制到 srv2 中相应的目录中。

接下来在两端分别执行以下操作。

（3）执行以下命令启动 ipsec 服务：

```
ipsec setup start
```

（4）执行以下命令加载 VPN 连接（定义）：

```
ipsec auto --add testtunnel
```

（5）执行以下命令建立 VPN 连接：

```
ipsec auto --up testtunnel
```

至此完成了 VPN 连接的建立，一条安全隧道就接通了。

2．测试主机到主机的 IPsec 连接

可以使用 tcpdump 工具来查看传输在主机之间的网络数据包，以验证该连接是通过 IPsec

进行加密的。两端主机上激活 IPsec 接口并进行通信，如执行 ping 命令测试两端主机之间的连通性。然后执行 tcpdump 命令，使用选项-i 指定 tcpdump 监听的网络接口。此处的部分结果显示如下：

```
[root@srv1 ~]# tcpdump -n -i eno33554992
tcpdump: verbose output suppressed, use -v or -vv for full protocol decode
listening on eno33554992, link-type EN10MB (Ethernet), capture size 65535 bytes
16:31:06.679670 IP 192.168.1.254 > 192.168.1.1: ESP(spi=0xba96df1f,seq=0x1), length 132
16:31:06.679670 IP 192.168.1.254 > 192.168.1.1: ICMP echo request, id 14968, seq 1, length 64
16:31:06.680738 IP 192.168.1.1 > 192.168.1.254: ESP(spi=0x207ee567,seq=0x1), length 132
```

这里还用选项-n 指定不进行 IP 地址到主机名的转换，截获的数据包中含有 ESP 数据包，ESP 说明数据包是加密的。

3．进一步调整 IPsec 配置

如果其中一个主机是移动主机，IP 地址无法提前获取，就在移动主机上将%defaultroute 用作它的 IP 地址。它能自动获取动态 IP 地址。在接受了来自接入主机的连接的静态主机上，用%any 指定移动主机的 IP 地址。

确保 leftrsasigkey 和 rightrsasigkey 这两个值分别从"left"主机和"right"主机上获取。重启 ipsec 来确保它读取新的配置：

```
systemctl restart ipsec
```

7.4.4　网络到网络 IPsec VPN 连接配置

IPsec 也可以用来配置网络到网络的安全连接。一个网络到网络 IPsec 连接要用两个 IPsec 路由器，一个网络一个，网络业务只能通过一个 IPsec 路由器到另一个 IPsec 路由器，而且两个路由器之间的传输连接是加密的。IPsec 路由器和分支网络网关可以是同一个系统下的两个以太网设备，一个有可以公开访问的 IP 地址，用作 IPsec 路由器；另一个有专用 IP 地址，用作专用分支网络的网关。每个 IPsec 路由器可以在其专用分支网内使用网关，也可以通过公用网关将数据包传送到另一个 IPsec 路由器。为便于实验，此处的公共网络没有使用 Internet，而是使用局域网模拟外网，如图 7-11 所示。可以采用虚拟机软件构建一个类似的虚拟网络环境用于实验。

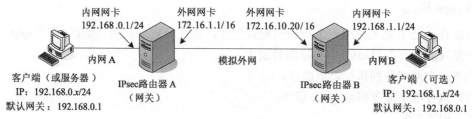

图 7-11　局域网模拟外网

根据实验环境要求进行配置，这里可以在两端路由器后端的子网中添加计算机，其默认网关要设置为路由器的内网地址。

要配置一个网络到网络的 IPsec 连接，需要在在每台用作 IPsec 网关的 Linux 服务器上进行配置。在两台服务器上准备 RSA 密钥对。这里利用之前生成的密钥对。

通过配置文件设置 VPN 连接选项和参数。这里在/etc/ipsec.d 目录下新建一个配置文件(此处命名为 subnet1-to-subnet2.conf，将以前的 srv1-to-srv2.conf 移走，或者更改扩展名使其失效)，内容如下：

```
conn vpnsubnet                                          #定义 VPN 连接
    leftid=@subnet1.abc.com                             #左端 ID
    left=172.16.1.1                                     #左端外网 IP 地址
    leftrsasigkey=0sAQPAAPppuftTtv(此处省略)+LHSvubHeIK5w==   #左端 left 格式 RSA 密钥
    leftsubnet=192.168.0.0/24                           #左端子网
    leftsourceip=192.168.0.1                            #左端源网关 IP 地址
    rightid=@subnet2.abc.com                            #右端 ID
    right=172.16.10.20                                  #右端外网 IP 地址
rightrsasigkey=0sAQPBqu1f5LrA+(此处省略)I1oZjOBtnUV  右端 right 格式 RSA 密钥
rightsubnet=192.168.1.0/24                              #右端子网
rightsourceip=192.168.1.1                               #右端源网关 IP 地址
    authby=rsasig                                       #认证方式为 RAS 密钥
    auto=start                                          #开机自动加载并建立此 VPN 连接
```

接下来启动 ipsec 服务，加载 VPN 连接（定义），建立 VPN 连接。

然后进行测试，通过选项-I 使用指定的网卡（位于一端子网）ping 另一端子网的网卡：

ping -n -c 4 -I 192.168.0.1 192.68.1.1

然后执行 tcpdump 命令，使用选项-i 指定 tcpdump 监听的网络接口。服务器 svr1 上显示如下部分结果，说明 IPsec 建立：

```
[root@srv1 ~]# tcpdump -n -i eno33554992
tcpdump: verbose output suppressed, use -v or -vv for full protocol decode
listening on eno33554992, link-type EN10MB (Ethernet), capture size 65535 bytes
21:17:42.705868 IP 172.16.1.1 > 172.16.10.20: ESP(spi=0x6f33b50c,seq=0x6), length 132
21:17:42.706779 IP 172.16.10.20 > 172.16.1.1: ESP(spi=0xf6a99d93,seq=0x6), length 132
21:17:42.706779 IP 192.168.1.1 > 192.168.0.1: ICMP echo reply, id 4782, seq 1, length 64
21:17:43.707478 IP 172.16.1.1 > 172.16.10.20: ESP(spi=0x6f33b50c,seq=0x7), length 132
21:17:43.708123 IP 172.16.10.20 > 172.16.1.1: ESP(spi=0xf6a99d93,seq=0x7), length 132
21:17:43.708123 IP 192.168.1.1 > 192.168.0.1: ICMP echo reply, id 4782, seq 2, length 64
21:17:44.709567 IP 172.16.1.1 > 172.16.10.20: ESP(spi=0x6f33b50c,seq=0x8), length 132
21:17:44.710218 IP 172.16.10.20 > 172.16.1.1: ESP(spi=0xf6a99d93,seq=0x8), length 132
```

7.5　习　　题

1．简述 NetworkManager 与 network 脚本的关系。

2．ifcfg 文件与 NetworkManager 之间有什么关系？

3．简述网络接口的绑定与组合。

4．什么是 Linux 网桥？

5．比较静态路由与动态路由。

6．简述 IPsec 协商的两个阶段。

7．熟悉 ip 命令的操作。

8．参照 7.1.4 节的示范，创建一个网络接口的组合。

9．参照 7.1.5 节的示范，创建一个网桥。

10．熟悉 ss 命令的操作。

11．熟悉网络性能监测工具 sar 的操作。

12．熟悉网络监视器 tcpdump 的操作。

13．将 Linux 主机配置为一个简单的路由器，并设置静态路由。

14．参照 7.4.3 节的示范，基于 Libreswan 创建主机到主机的 IPsec 连接，并进行测试。

第8章 防火墙

Linux 占用的系统资源少，运行效率高，具有很好的稳定性和安全性，作为一种网络操作系统，需要部署防火墙，将内网安全地接入 Internet。Centos 7 的防火墙已用 firewalld 替代传统的 iptables。firewalld 提供一个动态管理的防火墙，支持 IPv4 和 IPv6 防火墙设置。本章在防火墙知识的基础上对 firewalld 的配置和管理进行详细讲解和示范。

8.1 防火墙概述

防火墙技术用于可信网络（内网）和不可信网络（外网）之间建立安全屏障。

8.1.1 防火墙技术

1. 防火墙的作用

如图 8-1 所示，人们通常在内外网之间安装防火墙，形成一个保护层，对进出的所有数据进行监测、分析、限制，并对用户进行认证，防止有害信息进入受保护的网络，保护其安全。内网和外网之间传输的所有信息都要经过防火墙检查，只有合法数据才能通过。

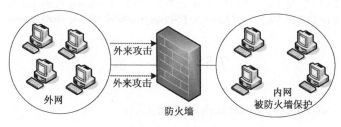

图 8-1　网络防火墙

防火墙最主要的目的是确保受保护网络的安全，但它只是一种网络安全技术，存在局限性，例如：不能防范绕过防火墙的攻击；不能防止受到病毒感染的软件或文件的传输，以及木马的攻击等；难以避免来自内部的攻击，如图 8-2 所示。

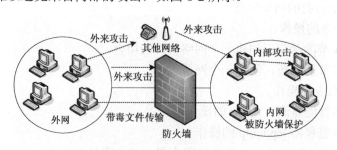

图 8-2　网络防火墙的局限性

防火墙按照防护原理分为包过滤（Packet Filtering）路由器、应用网关和状态检测防火墙；按照防护范围分为网络防火墙和主机防火墙。网络防火墙主要用来保护内网计算机免受来自网络外部的入侵，但并不能保护内网计算机免受来自其本身和内网其他计算机的攻击。主机防火墙主要用于主机免受攻击。

2. 防火墙配置方案

一般说来，只有在内网与外网连接时才需要防火墙。当然，在内部不同部门之间的网络有时也需要防火墙。最简单的防火墙配置，就是直接在内网和外网之间加装一个包过滤路由器或者应用网关。目前主要有以下 3 类防火墙配置方案。

（1）双宿主机网关（Dual Homed Gateway）。如图 8-3 所示，这种配置是用一台配有两个网络接口的双宿主机做防火墙，其中一个网络接口连接内网（被保护网络），另一个连接Internet。双宿主机又称堡垒主机，用于运行防火墙软件。这种配置存在致命弱点，入侵者侵入堡垒主机并使该主机只具有路由功能后，任何网上用户均可访问内网。

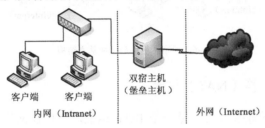

图 8-3　双宿主机网关

（2）屏蔽主机网关（Screened Host Gateway）。屏蔽主机网关易于实现，安全性好，应用广泛。它又可分为单宿型和双宿型两种类型。通常采用双宿型（如图 8-4 所示），堡垒主机有两块网卡，一块连接内网，一块连接包过滤路由器，双宿堡垒主机在应用层提供代理服务。这种方案组合应用网关（代理服务）和包过滤技术，安全性较高。

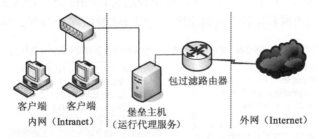

图 8-4　屏蔽主机网关（双宿型）

（3）屏蔽子网（Screened Subnet）。这是最为复杂的防火墙体系，在内网和外网之间建立一个被隔离的子网，该子网与内网隔离，形成一个网络防御带，在其中安装应用服务器以发布公共服务。屏蔽子网又称周边网络（Perimeter network）或非军事区（简称 DMZ）。

屏蔽子网又可分为两种模式。一种是多防火墙屏蔽子网，最典型的是用两个包过滤路由器将屏蔽子网分别与内网和外网隔开，构成一个"缓冲地带"，如图 8-5 所示。内外网均可访问屏蔽子网，但禁止它们穿过屏蔽子网进行通信，具有很强的抗攻击能力，但需要设备多，造价高。另一种是更为经济实用的三宿主机屏蔽子网，基本结构如图 8-6 所示，一台防火墙主机共有 3 个网络接口，分别连接到内部专用网、屏蔽网络和外网。

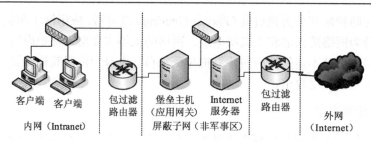

图 8-5　多防火墙屏蔽子网基本结构

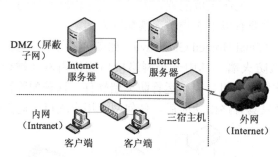

图 8-6　三宿主机屏蔽子网基本结构

8.1.2　网络地址转换（NAT）技术

网络地址转换（以下简称 NAT）是一个 IETF 标准，工作在网络层和传输层，既能实现内网安全，又能提供共享上网服务，还可将内网资源发布到 Internet。

1．NAT 工作原理

NAT 实际上是在网络之间对经过的数据包进行地址转换后再转发的特殊路由器，工作原理如图 8-7 所示。要实现 NAT，可将内网中的一台计算机设置为具有 NAT 功能的路由器，该路由器至少安装两个网络接口，其中一个网络接口使用合法的 Internet 地址接入 Internet，称为公用接口；另一个网络接口与内网其他计算机相连接，使用合法的私有 IP 地址，称为专用接口。

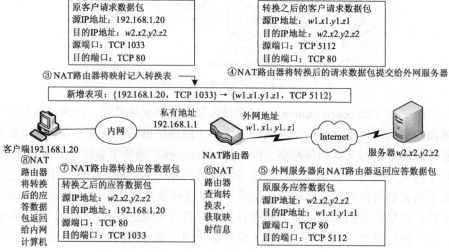

图 8-7　NAT 工作原理示意图

NAT 的网络地址转换是双向的，可实现内网和外网双向通信，根据地址转换的方向，NAT 可分为两种类型，即内网到外网的 NAT 和外网到内网的 NAT。

内网到外网的 NAT 实现以下两个方面的功能。

- 共享 IP 地址和网络连接，让内网计算机共用一个公网地址接入外网。
- 保护网络安全，通过隐藏内网 IP 地址，使黑客无法直接攻击内网。

2．端口映射（转发）技术

外网到内网的 NAT 用于从内网向外部用户提供网络服务，这是通过端口映射来实现的。如图 8-8 所示，端口映射将 NAT 路由器的公网 IP 地址和端口号映射到内网服务器的私有 IP 地址和端口号，来自外网的请求数据包到达 NAT 路由器，由 NAT 路由器将其转换后转发给内网服务器，内网服务器返回的应答数据包经 NAT 路由器再次转换，然后传回给外网客户端。端口映射又称端口转换或目的地址转换，如果公网端口与内网服务器端口相同，则往往称为端口转发。

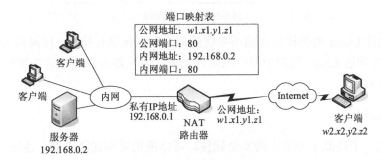

图 8-8　端口映射示意图

8.1.3　Linux 的防火墙架构

Linux 内核包含一个强大的网络过滤子系统 netfilter，这是构建防火墙的基础。为了与 netfilter 进行交互来配置和管理防火墙，Linux 提供了软件 iptables。在之前的 CentOS 版本中，iptables 是与内核 netfilter 子系统交互的主要方法。iptables 命令不易掌握，人们推出一个更为易用的交互软件 firewalld，不过该工具底层调用的仍然是 iptables 命令。iptables 和 firewalld 的规则结构和使用方法有所不同。这些软件本身并不具备防火墙功能，最终都是由内核的 netfilter 来履行规则，实现通信的过滤和防护。Linux 防火墙架构如图 8-9 所示。

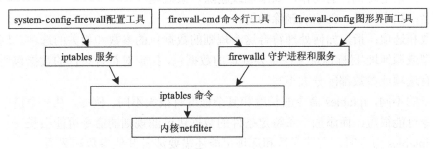

图 8-9　Linux 防火墙架构

不同的防火墙软件相互间存在冲突，firewalld 与 iptables 也不例外，两者不能同时被使用。CentOS 7 默认使用 firewalld 管理 netfilter，只是底层调用的仍然是 iptables 命令。

8.1.4 netfilter

netfilter 位于网络层与防火墙内核之间，是 Linux 内核中的一个通用架构，定义包过滤子系统功能的实现。netfilter 提供 3 个表（tables），每个表由若干个链（chains）组成，而每条链可以由若干条规则（rules）组成。可以将 netfilter 看作表的容器，将表看作链的容器，将链看作规则的容器。表是所有规则的总和，链是在某一检查点上所引用的规则的集合。整个架构如图 8-10 所示。

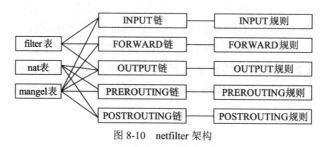

图 8-10　netfilter 架构

netfilter 允许 Linux 内核模块对遍历系统的每个数据包进行检查。任何传入、传出或转发的网络数据包在到达 Linux 用户空间中的组件之前，系统都可以检查这些数据包，决定是否修改、丢弃或拒绝。

8.1.5 iptables

iptables 是一个功能十分强大的安全软件，可以被用来构建防火墙，也可以被用作 NAT 路由器、透明代理等。iptabels 由 ipchains 和 ipfwadm 软件演变而来，它只是一个管理内核包过滤的工具，用来添加、删除和修改包过滤规则，而真正用来执行过滤规则的是 netfilter 及其相关模块（如 iptables 模块和 nat 模块）。

iptables 服务（守护进程）用于执行和应用防火墙规则，进行数据包过滤，决定是否允许、删除或返回数据包。

数据包处理规则是由 iptables 命令所创建的。多数 iptables 命令都具有以下结构：

iptables [-t <表名>] <命令> <链名>\<参数 1><选项 1>\<参数 n><选项 n>

其中各组成部分说明如下。

- 表名：指定这个规则所应用的规则表。如果没有使用这个选项，默认指定 filter 表。
- 命令：指定要执行的动作，如添加或删除一条规则。
- 链名：指定编辑、创建或删除的链。
- 参数和选项：指定如何处理符合这个规则的数据包的参数和相关的选项。例如，根据数据包类型或源地址/目标地址来决定要处理的数据包，指定对符合条件的数据包所要采取的操作。所有选项或参数都区分大小写。

应用目的不同，iptables 命令的长度和复杂程度有很大不同。例如，从一个链中删除一条规则的命令可能很短，而添加一条特定条件的数据包过滤规则的命令可能很长。

编写 iptables 命令时，有些参数和选项可能还需要涉及其他参数和选项。

iptables 仅能调整 IPv4 的防火墙规则，要管理 IPv6 数据包，则需要 ip6tables。还有一种以太网桥防火墙 ebtables，专门用于过滤网桥数据包。

8.1.6 firewalld

firewalld 是一种比 iptables 更高级的与 netfilter 交互的工具,是一个可以配置和监控系统防火墙规则的系统守护进程。firewalld 主要特性如下。

- 支持网络区域定义网络连接及接口安全等级,使防火墙配置更为灵活。
- 提供一个动态管理的防火墙。可以动态修改单条规则,不需要重启整个防火墙便可应用更改,也就没有必要重载所有内核防火墙模块。而 iptables 防火墙模型是静态的,每次修改都要求防火墙完全重启,在修改了规则后必须全部刷新才可以生效。
- 提供 D-Bus 接口,用于服务和应用程序的防火墙配置。
- 具备对 IPv4 和 IPv6 防火墙设置的支持,还支持以太网桥。
- 支持为服务或者应用程序直接添加防火墙规则。但是 firewall 守护进程无法解析由 iptables、ip6tables 和 ebtables 命令行工具添加的防火墙规则。
- 可以提供彼此独立的运行时配置和永久性配置,使防火墙管理和测试更为容易。
- 可以提供命令行工具和图形界面工具管理防火墙及其规则。
- 在同一个系统中不能同时运行 firewalld 和 iptables,否则可能引发冲突。
- 在使用上比 iptables 简单,用户无须掌握表、链等概念和 TCP/IP 协议,就可以实现大部分防火墙功能。

8.2 firewalld 基础

firewalld 是一个基于网络区域(networks zones)的动态管理防火墙的守护进程。在 iptables 中需要理解表、链等概念,而在 firewalld 中要从理解区域的概念开始。

8.2.1 区域简介

防火墙依照特定的规则允许或限制传输的数据通过。是否允许包通过防火墙,取决于防火墙配置的规则。每一条规则均有一个目标动作,具有相同动作的规则可以分组在一起。这些规则既可以是内置的,也可以是用户自定义的。实际上一个区域就是一套防火墙规则。基于用户对网络中设备和通信所给予的信任程度,防火墙可将网络划分成不同的区域。

1. 区域的概念

firewalld 使用网络区域定义网络连接的可信等级。这是一个一对多的关系,意味着一个连接可以仅仅是一个区域的一部分,而一个区域可以用于许多网络连接。

一个区域就是一套过滤规则,也相当于一组安全策略,数据包必须经过某个区域才能传入或传出。不同区域定义不同的过滤规则和安全措施。每个区域对应一个 xml 配置文件,文件名为<区域名称>.xml,其中定义规则。以下是 public 区域配置文件/etc/firewalld/zones/public.xml 默认状态下的文件内容:

```xml
<?xml version="1.0" encoding="utf-8"?>
<zone target="default">
  <short>Public</short>
  <description>For use in public areas...</description>
  <service name="ssh"/>
```

```
<service name="dhcpv6-client"/>
</zone>
```

2. 区域的目标

每个区域都有一个目标（target），即默认的处理行为，共有以下 4 个目标可用。

- default（默认）：默认拒绝数据包通过，只有明确选中的服务或端口才允许通过。
- ACCEPT（接受）：默认允许所有的数据包通过。
- %%REJECT%%（拒绝）：默认丢弃任何数据包，并向发送者（源）发回一个错误数据包。
- DROP（丢弃）：默认丢弃任何数据包，不反馈任何信息。

3. 区域定义的防火墙特性

每个区域都可以设置要打开或者关闭的端口、服务列表，这可以使用多种防火墙特性来定义过滤规则，如允许预定义服务 ssh。firewalld 区域定义的防火墙特性见表 8-1。

表 8-1 firewalld 区域定义的防火墙特性

特　　性	说　　明
预定义服务（Predefined Services）	服务就是特定端口与协议条目的组合。可以添加 netfilter 助手模块，也可以添加 IPv4 和 IPv6 目的地址
端口和协议（Ports and Protocols）	tcp 或 udp 端口的定义，端口可以是一个端口，也可以是一个端口范围
ICMP 阻塞（ICMP Blocks）	限制选定的 ICMP 消息。这些消息可以是信息请求，也可以是对信息请求或错误条件的响应
伪装（Masquerading）	这是地址转换格式，私有网络地址可以被映射到公有 IP 地址，或者隐藏在公有地址的后面
端口转发（Forward Ports）	转发的端口可以映射到另一主机的同一端口，或者同一主机或其他主机的另一个端口
富语言规则（Rich Language Rules）	富语言通过额外的源和目的地址、日志、行为、对日志和行为的限定来扩展元素（服务、端口、ICMP 阻塞、伪装、转发端口）。它也可以用于主机或网络的白名单和黑名单

4. 区域的应用顺序

每个区域是一套规则，面对多个区域的情况下，一个通过的数据包，将应用哪个区域定义的规则呢？firewalld 依次应用以下区域：源地址（source）绑定的区域；网络接口（连接）所绑定的区域；firewalld 配置的默认区域。

对通过的每一个数据包，firewalld 将首先检查其源地址。如果该源地址绑定到特定区域，则将分析并应用该区域的规则。如果该源地址并未绑定到某个区域，则将数据包交由网络接口（收到该数据包的接口）所绑定的区域。如果网络接口未与某区域绑定，则将使用默认区域。默认情况下，系统会使用 public 区域作为默认区域，但是系统管理员可以将默认区域更改为其他区域。在这个过程中，一旦找到匹配的区域，系统就直接应用其定义的规则，不再继续查找其他区域。

由此可见，要在区域中配置规则，除涉及使用服务、端口、伪装等特性外，还涉及要绑定的源地址和网络接口。

5. 规则的应用顺序

一旦向某个区域中添加了多条规则，规则的排序在很大程度上会影响 firewalld 防火墙的处理行为。对于所有区域，区域内规则的基本排序如下：设置的任何端口转发和伪装规则；设置的任何记录规则；设置的任何允许规则；设置的任何拒绝规则。

数据包如果与区域中的任何规则都不匹配，通常会被拒绝，但是区域可能具有不同默认值。例如，trusted 区域将接受任何不匹配的包。此外，在匹配某记录规则后，系统将继续正常处理数据包。

直接规则是一个例外。对大部分直接规则，系统将首先进行解析，然后由 firewalld 进行任何其他处理，但是直接规则语法允许管理员在任何区域中的任何位置插入规则。

6. 预定义区域

firewalld 将所有网络流量分为多个区域，从而简化防火墙管理。根据数据包源地址或传入接口等条件，流量将转入相应区域的防火墙规则。firewalld 安装时提供一些预定义区域，以满足多数场合的需要。表 8-2 按照默认信任级别从不信任到信任的顺序列出 firewalld 提供的区域。管理员可以对这些区域进行修改，使其满足自己的需要。默认情况下，如果传入流量属于系统所发起的通信的一部分，则所有区域都允许这些传入流量和传出流量。

表 8-2 firewalld 预定义区域

区域类型	默 认 规 则
drop（丢弃）	任何传入的网络数据包都被丢弃，且没有任何 ICMP 响应。接受与传出流量相关的传入流量，允许传出的流量
block（阻塞）	任何传入的流量都被拒绝，并返回 IPv4 的 icmp-host-prohibited 消息或者 IPv6 的 icmp6-adm-prohibited 消息。允许由该系统初始化的流量，即接受与传出流量相关的传入流量。允许传出的流量
public（公开）	在公开区域使用，网络中其他的计算机不可信且有可能伤害自己的计算机。只允许选中的流量。这也是新添加的网络接口的默认区域
external（外部）	用于特别为路由器启用伪装功能的外部网络。网络中其他的计算机不可信并且有可能伤害自己的计算机。只允许选中的流量
dmz（非军事区）	又被称为隔离区，非军事区内的计算机可公开访问，对内部网络访问受限制。只允许选中的流量
work（工作）	用于工作区，相信网络内的其他计算机不会危害自己。只允许选中的流量
home（家庭）	用于家庭网络。相信网络内的其他计算机不会危害自己。只允许选中的流量
internal（内部）	用于内部网络。相信网络内的其他计算机不会危害自己。只允许选中的流量
trusted（信任）	允许所有的网络流量

7. 区域的选择

应当选择与所使用的网络最匹配的区域。例如，公共的 Wi-Fi 连接应该是非常不受信任的，家庭的有线网络则是非常可信的。

8. 区域的配置

可以使用任何一种 firewalld 配置工具来配置或者增加区域，以及修改配置，也可以在配置文件目录中创建或者复制区域文件。/usr/lib/firewalld/zones 用于默认和备用的区域配置，/etc/firewalld/zones 用于用户创建和自定义区域配置文件。

8.2.2　区域与网络连接

firewalld 可以为不同的接口绑定不同的区域，NetworkManager 可以为一个接口指派不同的网络连接。不同的网络连接可以使用不同的 firewalld 区域。firewalld 区域设置以 ZONE 选项存储在网络连接的 ifcfg 文件中。如果该选项缺失或者为空，firewalld 将使用配置的默认区域。如果这个连接受到 NetworkManager 控制，也可以使用 nm-connection-editor（NetworkManager 图形界面工具）来修改区域。

1. 由 NetworkManager 管理的网络连接

firewalld 只能配置网络接口，不能通过 NetworkManager 所显示的连接名称来配置网络连接。在一个网络连接启用之前，NetworkManager 通知 firewalld 将与有关连接的网络接口分配给由该连接 ifcfg 配置文件所定义的区域。如果在 ifcfg 配置文件中没有配置区域，接口将被配给 firewalld 的默认区域。如果网络连接使用不止一个接口，则所有的接口都被提供给 fiwewalld。接口名称的更改也将由 NetworkManager 管理并提供给 firewalld。

如果一个网络连接断开了，NetworkManager 也通知 firewalld 从区域中删除连接。当 firewalld 由 systemd 或 init 脚本启动或重启后，firewalld 通知 NetworkManager，接着网络连接就会被加入区域。

如果 NetworkManager 没有运行，且 firewalld 在 network 服务已经启动之后启动，那么网络连接和手动创建的接口将不会被绑定到 ifcfg 配置文件所指定的区域。网络接口会自动由默认区域处理，firewalld 也不会得到网络设备重命名的通知。如果 ifcfg 配置文件设置有 NM_CONTROLLED=no，这也应用到未被 NetworkManager 控制的网络接口。

可以使用以下命令将接口添加到区域：

firewall-cmd [--permanent]　--zone=区域　--add-interface=接口

要确保如果存在 ifcfg 配置文件（/etc/sysconfig/network-scripts/ifcfg-interface），其选项 ZONE 所定义的区域应相同（或者该选项缺失或者值为空，firewalld 将使用配置的默认区域），否则，将不能被识别。

firewalld 重新加载会将接口绑定恢复到加载之前的位置，以确保在 NetworkManager 不能控制接口时接口绑定的稳定性。这种机制在 firewalld 服务重启时不可行。

在 NetworkManager 不能控制接口时保持 ifcfg 文件中的 ZONE 选项设置与 firewalld 中的绑定的一致是非常重要的。

2. 由 network 脚本管理的网络连接

对由 network 脚本管理的连接有一条限制：没有任何守护进程能通知 firewalld 将连接增加到区域。这只能由 ifcfg-post 脚本实现。因而，此后对网络连接名称的更改将不能提供给 firewalld。同样，在连接处于活动状态时启动或重启 firewalld，将导致其关联失效。最简单的解决方案是将所有未配置的连接添加到默认区域。

8.2.3　firewalld 管理方法

firewalld 管理可以采用以下 3 种方法。
- 使用命令行工具 firewall-cmd。支持全部防火墙特性。对状态和查询模式，命令只返回状态，没有其他输出。
- 使用图形界面工具 firewall-config。界面直观，操作容易。
- 直接编辑 XML 格式的配置文件。可以使用文本编辑工具编辑，完成之后需要重新加载配置才能生效。

手动编辑配置文件比较麻烦，推荐使用工具进行配置。

firewalld 配置文件都是 XML 格式，分为两类，位于不同的目录。

• /usr/lib/firewalld/目录。该目录包括由 firewalld 为 ICMP 类型（icmptypes）、服务（services）和区域（zones）提供的默认和备用配置。这些文件由 firewalld 安装包提供，会随着 firewalld 安装包的升级自动升级，不要人为变更它们。

• /etc/firewalld/目录。该目录存放的是系统或用户配置，可以由系统管理员创建，也可以由 firewalld 的配置接口定制，或者手动定制。这些文件会覆盖默认的系统配置文件。

修改配置只需将/usr/lib/firewalld/的配置文件复制到/etc/firewalld/中修改。要恢复配置，直接删除/etc/firewalld/中的配置文件即可。主要的 firewalld 配置文件列举如下。

• firewalld.conf：主配置文件，采用键值对格式。

• lockdown-whitelist.xml：锁定白名单。

• direct.xml：直接使用防火墙的过滤规则，便于 iptables 的迁移。

• zones：区域配置文件子目录。

• services：服务配置文件子目录。

• icmptypes：ICMP 类型配置文件子目录。

8.3　firewalld 管理操作

firewalld 管理操作的重点是 firewall-cmd 命令的使用，命令格式为：
firewall-cmd [选项...]

8.3.1　firewalld 安装

CentOS 7 默认已经安装 firewalld。如果没有安装或者被卸载，可以执行 yum install firewalld 命令安装。

不能同时运行 firewalld 和 iptables。如果安装有 iptables，应检查它是否正在运行。可以执行以下命令来停止和屏蔽 iptables：

systemctl stop iptables
systemctl mask iptables

8.3.2　firewalld 服务管理

firewalld 作为系统守护进程，可以用 systemctl 进行管控，还可以用 firewalld 工具管理。

1. 使用 systemctl 管理 firewalld 服务

使用 systemctl 标准命令管控 firewall 的运行。例如，查看 firewalld 运行状态：
systemctl status firewalld.service
开启 firewalld 防火墙：
systemctl start firewalld.service
设置 firewalld 开机启动：
systemctl enable firewalld.service

2. 使用 firewall-cmd 命令管理 firewalld 状态

firewall-cmd 命令提供以下状态选项。

--state：检查 firewalld 守护进程是否处于活动状态。

--reload：重新加载 firewalld 防火墙规则并保持状态信息。当前的永久性配置将成为新的运行时配置，也就是说此前对运行时的更改都会丢失，除非保存为永久性配置。

--complete-reload：完全重新加载防火墙，甚至包括 netfilter 内核模块。由于状态信息丢失，这很有可能终止处于活动状态的连接。这个选项应当仅用于处理严重的防火墙问题，如出现状态信息问题。防火墙规则正确的情况下不能建立任何连接。

3. 配置 firewall-cmd 应急模式

应急模式（panic mode）停用所有防火墙规则，阻断所有网络连接，丢弃所有传入传出的数据，所有处于活动状态的连接会失效。这适用于网络环境出现严重问题的情形，如计算机正在被攻击。应急模式的启用或停用只是一个运行时的变动，不影响永久性配置。

执行以下命令启用应急模式阻断所有网络连接，以防出现紧急状况：

firewall-cmd --panic-on

禁用应急模式：

firewall-cmd --panic-off

如果启用应急模式的时间很短，停用应急模式后，已建立的连接可能重新工作。

8.3.3　firewall-cmd 通用设置

这里介绍部分命令共同的选项设置。

1. 永久性配置与运行时配置

配置 firewalld 有两种方式，一种是永久性（Permanent）配置，另一种是运行时（RunTime）配置。使用选项--permanent 实现永久性配置，设置不会立即生效，仅在重新加载、重启 firewalld 或重启系统后生效。当然，重启时系统也不会丢失相应的规则配置。与其他选项一起使用时，要注意它是否支持，有些选项不适合与--permanent 一起工作。

不带选项--permanent 则为运行时配置，设置会立即生效，直接影响运行时的状态，重新加载或者重启后相应的配置会失效。运行时配置还特别适合实验中使用。使用选项--permanent 修改防火墙配置时，往往执行以下命令重新加载 firewalld，使改动即时生效：

firewall-cmd　--reload

2. 设置超时时间限制

选项--timeout 用于设置超时时间限制，表示相应的规则只在指定的时限内生效，一旦到期则自动失效。该选项的参数是时间值，单位默认是 s（秒），也可以是 m（分钟）或 h（小时），如 20m、1h。例如因调试的需要而增加某项配置，到时间自动解除，无须再手动删除。也可以在出现异常情况时，使用该选项添加临时处置规则，过一段时间后自动解除。

提示：--timeout 不能与--permanent 同时使用。

3. 区域选项--zone

部分命令使用选项--zone 指定命令作用的区域，表示操作仅能影响这个特定的区域。此类命令如果不使用选项--zone 明确指定区域，则将作用于默认区域。

8.3.4 区域的配置和管理

这里介绍区域级的配置和管理命令，其中省略选项--zone 表示操作的是默认区域。

1. 管理默认区域

默认区域用于没有绑定指定区域的连接和接口。安装 firewalld 后的默认区域是 public。执行以下命令查看当前默认区域：

firewall-cmd --get-default-zone

可以根据需要更改默认区域，命令格式为：

firewall-cmd --set-default-zone=区域

此命令会同时更改相关的运行时配置和永久性配置。更改默认区域会改变当前正使用默认区域的网络接口的区域。原默认区域中所配置的网络接口收到的新访问请求将被转入新的默认区域，而当前活动的连接不受影响。

2. 查看区域

查看 firewalld 所支持的（当前可用的）区域（多个区域用空格分隔列出）：

firewall-cmd   [--permanent] --get-zones

查看活动的（当前正起作用的）区域：

firewall-cmd --get-active-zones

该命令将列出每个区域及其关联的网络接口和源，例如：

```
[root@srv1 ~]# firewall-cmd --get-active-zones
external
   interfaces: eno33554992
public
   interfaces: eno16777736
```

3. 管理永久性区域

除预定义的区域外，管理员还可以新增自己的区域：

firewall-cmd   --permanent --new-zone=区域

删除一个已有的永久性区域：

firewall-cmd   --permanent --delete-zone=区域

4. 管理区域的目标

前面提到过，每个区域都有一个目标（target），即默认的处理行为，可选值为 default、ACCEPT、%%REJECT%%和 DROP。获取一个永久性区域的目标：

firewall-cmd   --permanent [--zone=区域] --get-target

例如查看 trusted 区域的目标，可知其默认处理行为是接受（许可）：

```
[root@srv1 ~]# firewall-cmd   --permanent --zone=trusted   --get-target
ACCEPT
```

设置一个永久性区域的目标：

firewall-cmd   --permanent [--zone=区域] --set-target=target

5. 接口与区域绑定

所有的数据包都是到达网络接口，到底使用哪个区域的规则，关键就在于这个接口绑定哪个区域。将一个接口绑定到一个区域意味着该区域的设置用于限制通过该接口的网络流量。

lo 接口被视为与 trusted 区域关联。默认区域为 public，如果不进行任何更改，将为新的接口分配 public 区域。一个接口只能绑定到一个区域，不能同时绑定到多个区域。

以下命令列出绑定到指定区域的接口：

firewall-cmd　　[--permanent] [--zone=区域] --list-interfaces

将指定接口绑定（添加）到指定区域：

firewall-cmd　　　　[--permanent] [--zone=区域] --add-interface=接口

多数情况下不必执行此操作，因为 NetworkManager（或传统 network 服务）会根据 ifcfg 配置文件中的 ZONE 定义自动将接口添加到区域，前提是 ifcfg 文件中没有设置 NM_CONTROLLED=no。只有没有 ifcfg 文件时才需要进行此操作。如果有 ifcfg 文件，又使用选项--add-interface 往区域添加接口，则要确定这两种情形下要使用相同的区域，否则这种操作就无效。

更改已经绑定到区域的接口：

firewall-cmd [--permanent] [--zone=区域] --change-interface=接口

如果原区域和新的区域相同，此命令无效。如果接口之前已绑定其他区域，此命令则相当于用选项--add-interface 往区域添加此接口。

查询某接口是否绑定到区域：

firewall-cmd　　[--permanent] [--zone=区域] --query-interface=接口

从区域中删除接口绑定：

firewall-cmd　　　　[--permanent] [--zone=区域] --remove-interface=接口

查看某接口被绑定的区域：

firewall-cmd --get-zone-of-interface=接口

6．源与区域绑定

将一个源（source）绑定到一个区域意味着该区域的设置用于限制通过该源的网络流量。源用 IPv4/IPv6 源地址或一个地址范围表示。对 IPv4，掩码可以是子网掩码或数字；对 IPv6，掩码是数字。这里不能使用主机名来表示源。一个源只能绑定到一个区域，不能同时绑定到多个区域。

源与区域绑定的操作同接口与区域绑定相似，只是选项不同，这里列举部分操作。

列出绑定到指定区域的源：

firewall-cmd　　[--permanent] [--zone=区域] --list-sources

将指定源绑定（增加）到指定区域：

firewall-cmd　　[--permanent] [--zone=区域] --add-source=源[/掩码]

8.3.5　在区域中设置常规规则

每个区域就是一个规则集，可以在区域中添加新的规则、修改或删除已有规则。下面讲解常规规则。重点讲解服务，其他防火墙特性只介绍部分操作选项。添加项都可以在一个命令中多次使用，以添加多个选项。

1．查看区域中的规则

列出所有区域的规则设置：

firewall-cmd　　[--permanent] --list-all-zones

列出指定区域启用的规则：

firewall-cmd　　[--permanent] [--zone=区域] --list-all

执行命令后，系统将列出绑定到区域的网络接口和源，以及区域中定义的防火墙特性，这些构成一个规则集，例如：

```
[root@srv1 ~]# firewall-cmd --list-all
public (default, active)
    interfaces: eno16777736
    sources:
    services: dhcpv6-client ssh
    ports:
    masquerade: no
    forward-ports:
    icmp-blocks:
    rich rules:
```

2. 在区域中设置服务

服务是一种端口和协议条目的组合，防火墙基于服务类型来控制流量。这里的服务是指 firewalld 所提供的一种预定义服务，这些服务名称一般不带 d，不要与守护进程名混淆。可以使用 firewall-cmd --get-services 命令列出当前可用的预定义服务。例如：

```
[root@srv1 ~]# firewall-cmd --get-services
RH-Satellite-6 amanda-client bacula bacula-client dhcp dhcpv6 dhcpv6-client dns freeipa-ldap freeipa-ldaps
freeipa-replication ftp high-availability http https imaps ipp ipp-client ipsec iscsi-target kerberos kpasswd ldap ldaps
libvirt libvirt-tls mdns mountd ms-wbt mysql nfs ntp openvpn pmcd pmproxy pmwebapi pmwebapis pop3s
postgresql proxy-dhcp radius rpc-bind rsyncd samba samba-client service smtp ssh telnet tftp tftp-client
transmission-client vdsm vnc-server wbem-https
```

管理员可以新增预定义服务：

```
firewall-cmd --permanent --new-service=服务
```

也可以删除预定义服务：

```
firewall-cmd --permanent --delete-service=服务
```

接下来通过为区域设置服务来定义防火墙规则。查看已添加到指定区域的服务：

```
firewall-cmd   [--permanent] [--zone=区域] --list-services
```

将指定服务添加到指定区域：

```
firewall-cmd [--permanent] [--zone=区域] --add-service=服务  [--timeout=时间值]
```

执行命令后，系统将在指定区域中启用指定服务。例如启用默认区域中的 HTTP 服务：

```
firewall-cmd --add-service=http
```

要让 home 区域中的 ipp-client 服务生效 120 秒，可以执行以下命令：

```
firewall-cmd --zone=home --add-service=ipp-client --timeout=60
```

从区域中删除指定服务，也就是禁用区域中的某种服务：

```
firewall-cmd [--permanent] [--zone=<zone>] --remove-service=<service>
```

查询某服务是否添加到区域：

```
firewall-cmd   [--permanent] [--zone=区域] --query-service=服务
```

3. 在区域中设置端口和协议组合

可以基于端口和协议组合来控制流量。端口格式为：

端口号[-端口号]/协议

可以是一个端口和协议对，也可以是一个端口范围加上协议。协议可以是 tcp 或 udp。

列出已添加到指定区域的端口和协议组合：

```
firewall-cmd   [--permanent] [--zone=区域] --list-ports
```

将指定端口和协议组合添加到指定区域：

firewall-cmd [--permanent] [--zone=区域] --add-port=端口号[-端口号]/协议

例如一次设置允许多个端口的流量通过：

firewall-cmd --add-port=111/tcp --add-port=139/tcp --add-port=445/tcp

4. 在区域中设置 ICMP 阻塞

ICMP 可以是请求信息或者创建的应答消息，以及错误应答消息。ICMP 阻塞是最基本的防火墙特性，用于设置允许或拒绝由 ICMP 类型定义的流量。这里的 ICMP 类型由 firewalld 预定义，可以使用 firewall-cmd --get-icmptypes 命令列出当前可用的 ICMP 类型：

[root@srv1 ~]# firewall-cmd --get-icmptypes

destination-unreachable   echo-reply   echo-request   parameter-problem   redirect   router-advertisement router-solicitation source-quench time-exceeded

管理员可以使用"firewall-cmd --permanent --new-icmptype=ICMP 类型"或"firewall-cmd --permanent --delete-icmptype=ICMP 类型"命令增加或删除 ICMP 类型定义。

为区域设置 ICMP 阻塞，基于 ICMP 类型来定义防火墙规则。列出已添加到指定区域的 ICMP 类型限制：

firewall-cmd   [--permanent] [--zone=区域] --list-icmp-blocks

将指定 ICMP 阻塞添加到指定区域：

firewall-cmd [--permanent] [--zone=区域] --add-icmp-block=ICMP 类型

例如在 public 区域中添加 echo-reply 消息阻塞，阻止 ping 命令探测：

firewall-cmd --zone=public --add-icmp-block=echo-reply

5. 在区域中设置转发端口

端口可以映射到另一台主机的同一端口，也可以是同一主机或另一主机的不同端口。源或目的端口形式可以是一个单独的端口号，也可以是一个端口范围。协议可以是 tcp 或 udp。目的地址只能是 IPv4 地址。受内核限制，端口转发功能仅可用于 IPv4。IPv6 转发端口需要用到富语言特性。

列出已添加到指定区域的转发端口：

firewall-cmd   [--permanent] [--zone=区域] --list-forward-ports

将指定转发端口添加到指定区域，也就是在区域中启用端口转发或映射：

firewall-cmd [--permanent] [--zone=区域] --add-forward-port=port=源端口号[-源端口号]:proto=源协议 [:toport=目的端口号[-目的端口号]][:toaddr=目的地址[/掩码]] [--timeout=时间值]

6. 在区域中设置 IP 伪装

启用伪装功能，私有网络的地址将被隐藏并映射到一个公有 IP。这是地址转换的一种形式，常用于路由。由于内核的限制，伪装功能仅可用于 IPv4。至于 IPv6 的伪装功能，需要用到富语言特性。设置 IP 伪装最简单。启用区域中的 IP 伪装功能：

firewall-cmd [--permanent] [--zone=区域] --add-masquerade [[--timeout=时间值]

禁用区域中的 IP 伪装功能：

firewall-cmd [--permanent] [--zone=区域] --remove-masquerade

8.3.6 设置富语言规则

除了使用 firewalld 提供的常规规则之外，管理员还可以使用自定义规则，这是由富语言特性提供的，又称富语言规则或富规则（rich rule）。这样，不需要了解 iptables 语法，就可以通过高级语言配置复杂的 IPv4 和 IPv6 防火墙规则。这种富语言可定义 firewalld 的基本语法中未涵盖的自定义防火墙规则。例如仅允许从单个 IP 地址（而非通过某个区域路由的所有 IP 地址）连接到服务。

富规则可以用来定义基本的允许或拒绝规则，还可以用于配置记录（面向 syslog 日志和 auditd 审计）、端口转发（映射）、IP 伪装。

1. 富语言规则格式

一条富语言规则是一个区域的规则集组成部分，一个区域可以包括若干条规则。如果定义的富规则与前述常规规则有冲突，则常规规则优先。通用的富语言规则格式为：

```
rule [family="<规则家族>"]
    [ source address="<源地址>" [invert="True"] ]
    [ destination address="<目的地址>" [invert="True"] ]
    [ <元素> ]
    [ log [prefix="<前缀文本>"] [level="<日志级别>"] [limit value="<次数/期间>"] ]
    [ audit [limit value="<次数/期间>"] ]
    <行为>
```

下面解释富语言规则的组成部分。

（1）规则家族（family）

有些规则仅适用于 IPv4 协议，或者仅适用于 IPv6 协议，需要使用 family 标签明确指定。family 的值只能是 ipv4 或 ipv6。如果不明确指定 family，则表示此规则适用于 IPv4 和 IPv6。对使用源地址或目的地址及端口转发的情况，都需要指明 family。

（2）源地址（source address）

用于定义连接匹配的源 IP 地址，不支持主机名。可以添加 invert 定义来启用地址反转，即除定义的地址之外都匹配。

（3）目的地址（destination address）

用于定义连接匹配的目的 IP 地址。

（4）元素（element）

用于定义规则的基本元素，即要控制的防火墙特性，各元素及其格式列举如下。

- 服务（Service）

service name="<服务名>"

将预定义的服务名添加到规则。如果服务提供一个目的地址，且它与规则中的目的地址有冲突，将会发生错误。内部使用目的地址的服务大多数是使用多播的服务。

- 端口（Port）

port="<端口号>" protocol="tcp|udp"

- 协议（Protocol）

protocol value="<协议号>"

值可以是协议号，也可以是协议名，它来自于/etc/protocols 文件，不限于 tcp 或 udp。

- ICMP 阻塞（ICMP-Block）

icmp-block name="<ICMP 类型名>"

此元素不能定义行为（action），因为 ICMP 阻塞内部使用 REJECT（拒绝）行为。

- 伪装（Masquerade）

masquerade

在规则中开启伪装功能。可以提供源地址来将 IP 伪装限制在指定的区域，但不能使用目的地址。这个元素也不能定义行为（action）。

- 转发端口（Forward-Port）

forward-port port="<源端口号>" protocol="tcp|udp" to-port="<目的端口号>" to-addr="<目的地址>"

此元素不能定义行为（action），因为转发端口内部使用 ACCEPT（接受）行为。

（5）日志记录（Log）

log [prefix="<前缀文本>"] [level="<日记级别>"] [limit value="<次数/期间>"]

在内核日志中记录匹配规则的新连接。可以为日志记录添加前缀文本，可以指定日志级别（emerg、alert、crit、error、warning、notice、info 或 debug），还可以限制记录频率，即一定期限内的日志次数，期间单位可以是 s、m、h 或 d，分别表示秒、分、时、日，如 1/d 表示每天最多记录 1 次。

（6）审计（Audit）

审计提供另一种日志方法，使用 auditd 服务的审计记录。审计也用 limit 标签设置频率。

（7）行为（Actions）

accept|reject [type="<拒绝类型>"]|drop

处理行为可以是接受（accept）、拒绝（reject）或丢弃（drop）。规则可以包含一个元素，也可以只包含一个源。如果规则包含一个元素，则匹配该元素的新连接将交由行为来处理。如果规则没有包含任何元素，则来自源地址的任何流量都会交由行为进行处理。

采用 accept，所有新的连接将被允许。采用 reject，连接就不被接受，源会收到一个被拒的消息。可设置拒绝类型（reject type），由于 IPv4 与 IPv6 的拒绝类型不同，使用拒绝类型必须定义规则家族。采用 drop，则立即丢弃所有的数据包，也不给源发送任何反馈信息。

所有日志规则将被放入<zone>_log 链，并且首先通过。所有被拒绝和丢弃规则会被放在<zone>_deny 链中，在日志链之后通过。所有接受规则将被放在<zone>_allow 链中，在拒绝链之后通过。如果一条规则包括日志、拒绝或接收行为，每个部分会被放在匹配的链中。

2. 在区域中设置富语言规则

列出已添加到指定区域的富语言规则：

firewall-cmd　[--permanent] [--zone=区域] --list-rich-rules

将富语言规则添加到指定区域（可一次添加多个规则）：

firewall-cmd [--permanent] [--zone=区域] --add-rich-rule='规则' [--timeout=时间值]

从指定区域删除富语言规则：

firewall-cmd [--permanent] [--zone=区域] --remove-rich-rule='规则'

3. 富语言规则示例

允许 ftp 服务的 IPv4 和 IPv6 连接，且使用审计服务每分钟记录一次：

firewall-cmd --add-rich-rule='rule service name="ftp" audit limit value="1/m" accept'

允许来自 192.168.0.0/24 的 tftp 服务的 IPv4 连接，每分钟使用系统日志记录一次：

firewall-cmd --add-rich-rule='rule family="ipv4" source address="192.168.0.0/24" service name="tftp" log prefix="tftp" level="info" limit value="1/m" accept'

丢弃来自 192.168.2.4 的所有连接：

firewall-cmd --add-rich-rule='rule family="ipv4" source address="192.168.2.4" drop'

拒绝来自 IPv6 地址 1:2:3:4:6::的 radius 服务的连接，允许来自其他地址的连接：

firewall-cmd --add-rich-rule='rule family="ipv6" source address="1:2:3:4:6::" service name="radius" reject rule family="ipv6" service name="radius" accept'

8.3.7 设置直接规则

firewalld 提供直接接口（direct interface）来直接使用 iptables、ip6tables 和 ebtables 的规则。直接接口适用于应用程序，不适用于用户。这种方式定义的规则被称为直接规则。如果不熟悉 iptables 等概念和语法，那么使用直接规则可能会导致防火墙被入侵。建议只有在使用 firewalld 常规规则和富语言规则不能解决问题时，才考虑使用直接规则。

直接规则可以更直接地控制防火墙访问，功能很强，允许管理员将手动编码的 iptables、ip6tables 和 ebtables 规则插入 firewalld 管理的区域中。不过，部署 firewalld 防火墙，使用直接规则可能难以管理，直接规则的灵活性也不如 firewalld 常规规则和富规则。

firewalld 首先解析直接规则，然后解析任何 firewalld 规则，除非将直接规则显式插入 firewalld 管理的区域。

在 firewall-cmd 命令中使用直接选项--direct 来定义直接规则，其他选项的第一个参数必须是 ipv4（用于 iptables）、ipv6（用于 ip6tables）和 eb（用于 ebtables）中的一个。下面列举部分用法。

为表<table>增加一个新链<chain>：

firewall-cmd [--permanent] --direct --add-chain { ipv4|ipv6|eb } table chain

添加一条参数为<args>的规则，为表<table>增加一条链<chain>，优先级设定为<priority>：

firewall-cmd [--permanent] --direct --add-rule { ipv4|ipv6|eb } table chain   priority args

优先级用于规则排序。0 是最高级，规则将添加到链的头部。

添加一条参数为<args>的通过规则：

firewall-cmd [--permanent] --direct --add-passthrough { ipv4|ipv6|eb } args

通过规则会被直接传递给防火墙，而不会放置到特殊的链中。

下面是一个简单的直接规则示例，允许访问防火墙的 80 端口，即 HTTP 服务：

```
[root@srv2 ~]# firewall-cmd --direct --add-rule ipv4 filter INPUT 1 -p tcp --dport 80 -j ACCEPT
success
[root@srv2 ~]# firewall-cmd --direct --add-rule ipv4 filter OUTPUT 2 -p tcp --sport 80 -j ACCEPT
success
[root@srv22 ~]# firewall-cmd --direct --get-all-rules    ##查看当前的直接规则
ipv4 filter INPUT 1 -p tcp --dport 80 -j ACCEPT
ipv4 filter OUTPUT 2 -p tcp --sport 80 -j ACCEPT
```

8.3.8 锁定 firewalld 防火墙

锁定特性为 firewalld 增加锁定本地应用或者服务配置的简单配置方式。如果以 root 身份运行本地应用或者服务（如 libvirt），就能更改防火墙设置。使用锁定特性，管理员能锁定防火墙配置，使只有锁定白名单中的应用程序能请求防火墙设置更改。锁定特性限制改变防火墙规则的 D-Bus 方法，而查询、列表或获取等方法则不受限制。

1. 锁定防火墙

锁定特性是一种非常轻量级的用于 firewalld 的应用程序策略。默认关闭该特性。执行以下命令启用该特性：

firewall-cmd --lockdown-on

关闭该特性则使用选项--lockdown-off，查询则使用--query-lockdown。

启动或关闭锁定特性都会立即生效，而且还会更改永久性配置。

2．锁定白名单

锁定白名单中的应用程序不受防火墙锁定限制。锁定白名单包括命令（command）、上下文（context）、用户（user）和用户 ID（uid）等类型的条目，而 firewalld 对锁定白名单中的条目按照上下文、用户 ID、用户和命令的顺序依次检查。

如果命令条目末尾加上通配符"*"，则所有以该命令开头的命令行都会匹配。root 账户和其他用户的命令不总是相同的，例如 root 使用/bin/firewall-cmd，而普通用户使用/usr/bin/firewall-cmd。

上下文就是正在运行的应用或服务的 SELinux 上下文，使用命令可以获取正在运行的应用的上下文：

ps -e --context

如果没有定义上下文，系统将开启比希望控制的应用更多的访问。

这里以命令条目为例，列出锁定白名单的管理方法。

列出白名单中的所有命令行：

firewall-cmd [--permanent] --list-lockdown-whitelist-commands

添加命令到白名单：

firewall-cmd [--permanent] --add-lockdown-whitelist-command=命令

从白名单中删除命令：

firewall-cmd [--permanent] --remove-lockdown-whitelist-command=命令

查询某命令是否在白名单中：

firewall-cmd [--permanent] --query-lockdown-whitelist-command=命令

上下文（contexts）、用户（users）和用户 ID（user）的白名单管理操作与命令差不多，不过选项名称中的 whitelist-command 要换成相应的 whitelist-context、whitelist-user 和 whitelist-uid。

8.3.9 使用图形界面配置工具 firewall-config

在命令行中以 root 用户身份执行 firewall-config 命令启动图形界面配置工具。由于前面命令行操作对 firewalld 的配置和管理进行了详细介绍，这里使用图形界面操作会更为简单直观，下面不再详细示范，只介绍要注意的部分操作。

主界面如图 8-11 所示，左侧给出当前的区域列表，活动的区域加黑显示，右侧是所选区域的详细配置界面。例如选中左侧的某区域，单击右侧的"富规则"，系统将给出该区域当前的富规则列表，可以打开添加界面（如图 8-12 所示）来增加一条富规则。在操作时，要注意选择运行时或永久配置方式。

"选项"菜单如图 8-13 所示，其提供的操作项有重载防火墙、更改连接区域、改变默认区域、启用、锁定，以及一个名为"Runtime to permant"选项（可用于将当前的运行时配置保存为永久配置）。更改连接区域用于修改接口绑定的区域，对 NetworkManger 支持的网络连接很方便。

"查看"菜单实际上用于转换部分视图，共有 3 个选项，即"ICMP 类型""直接配置"（用于配置直接规则）和"锁定白名单"，全部显示则会在中间主区域提供所有的视图选项，图 8-14 所示为一个锁定白名单视图。

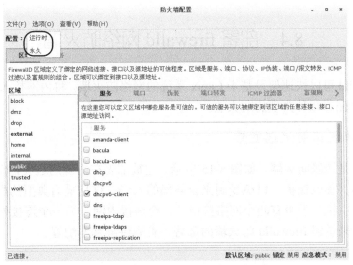

图 8-11　firewall-config 主界面

图 8-12　设置富规则

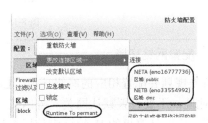

图 8-13　"选项"菜单

图 8-14　全部视图

8.4 部署 firewalld 网络防火墙

利用 firewalld 可以快速架设基于 Linux 系统的网络防火墙，将内网接入 Internet。这里介绍使用 firewalld 配置几种典型的防火墙。

8.4.1 基本网络防火墙配置

最常见的就是边缘防火墙，如图 8-15 所示。它被部署在内外网边界，作为安全网关，将内网连接到外网并加以保护，以免受到来自外部的入侵。这是最为典型的配置，Linux 服务器充当双宿堡垒主机，至少有两个网络接口，一个连接内网，另一个连接外网。这里主要以此拓扑结构为例来讲解 firewalld 防火墙的部署，首先讲解基本配置。

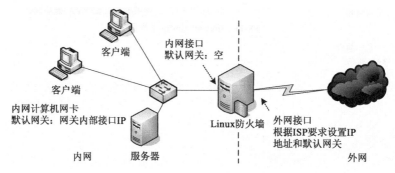

图 8-15　边缘防火墙网络配置

1. 配置网络环境

首先规划并配置相应的网络环境。Linux 服务器（防火墙主机）的内网接口应分配静态的 IP 地址，不要设置默认网关。外网接口应根据 ISP 的要求设置 IP 地址、默认网关和 DNS 服务器。内网计算机的 IP 地址应使用合法、私有的 IP 地址，一般使用 DHCP 自动设置。某些情况下，需要手动设置 TCP/IP，将默认网关设置为防火墙内网接口的 IP 地址。

为便于实验操作，可在局域网或虚拟机中模拟外网（Internet）环境，本节示例中为防火墙配置两块网卡，将其内网接口的 IP 地址设为 192.168.0.1/24，将其外网接口的 IP 地址设为 172.16.1.1/16。要发布的内网服务器的 IP 地址设置为 192.168.0.1/24。

Linux 能自动检测并安装网络接口。如果安装时没有指定网卡的 IP 地址，也没有提供 DHCP 服务器，就不会启用这些网卡。在 CentOS 7 中可以使用 NetworkManger 网络连接来设置 TCP/IP，非常便捷。

2. firewalld 预定义区域的配置

可以在防火墙主机上执行命令以显示所有预定义区域的配置信息，包括绑定的接口和源，所有的常规规则和富规则。下面的结果中，笔者增加了中文注释：

```
[root@srv1 ~]# firewall-cmd --list-all-zones
##block 区域默认处理行为是%%REJECT%%(拒绝)，只允许有该系统初始化的流量，不限制传出流量。
默认没有开放任何端口或服务
    block
```

```
        interfaces:
        sources:
        services:
        ports:
        masquerade: no
        forward-ports:
        icmp-blocks:
        rich rules:
```

##dmz 区域默认处理行为是 default，只允许选中的流量。默认仅开放 SSH 服务，不限制任何 ICMP。选中的 ICMP 类型的流量将被阻止

```
    dmz
        interfaces:
        sources:
        services: ssh
        ports:
        masquerade: no
        forward-ports:
        icmp-blocks:
        rich rules:
```

##drop 区域默认处理行为是 DROP（丢弃），传入的网络数据包都被丢弃且没有任何 ICMP 响应。默认没有开放任何端口或服务

```
    drop
        interfaces:
        sources:
        services:
        ports:
        masquerade: no
        forward-ports:
        icmp-blocks:
        rich rules:
```

##external 区域默认处理行为是 default，只允许选中的流量。默认仅开放 SSH 服务。但是启用 IP 伪装（masquerade: yes），通过此区域转发的 IPv4 传出的流量进行伪装，使其看起来像自己传出网络接口的 IPv4 地址，非常适合实现 NAT 网络连接共享

```
    external
        interfaces:
        sources:
        services: ssh
        ports:
        masquerade: yes
        forward-ports:
        icmp-blocks:
        rich rules:
```

##home 区域默认处理行为是 default，只允许选中的流量。默认开放 dhcpv6-client、ipp-client、mdns、samba-client 和 SSH 服务，不限制任何 ICMP

```
    home
        interfaces:
        sources:
        services: dhcpv6-client ipp-client mdns samba-client ssh
        ports:
        masquerade: no
        forward-ports:
        icmp-blocks:
```

```
    rich rules:
##internal 区域默认处理行为是 default，与 home 区域相同
internal
    interfaces:
    sources:
    services: dhcpv6-client ipp-client mdns samba-client ssh
    ports:
    masquerade: no
    forward-ports:
    icmp-blocks:
    rich rules:
```

##public 区域默认处理行为是 default，只允许选中的流量。默认开放 dhcpv6-client 和 SSH 服务，不限制任何 ICMP。这也是系统安装后的默认区域

```
public (default, active)
    interfaces: eno16777736 eno33554984
    sources:
    services: dhcpv6-client ssh
    ports:
    masquerade: no
    forward-ports:
    icmp-blocks:
    rich rules:
```

##trusted 区域默认处理行为是 ACCEPT（接受），允许任何流量。默认不限制任何 ICMP

```
trusted
    interfaces:
    sources:
    services:
    ports:
    masquerade: no
    forward-ports:
    icmp-blocks:
    rich rules:
```

##work 区域默认处理行为是 default，只允许选中的流量。默认开放 dhcpv6-client、ipp-client 和 SSH 服务，不限制任何 ICMP

```
work
    interfaces:
    sources:
    services: dhcpv6-client ipp-client ssh
    ports:
    masquerade: no
    forward-ports:
    icmp-blocks:
    rich rules:
```

firewalld 预定义 9 个区域。首先要明确各区域的目标（默认处理行为）。block 的目标是拒绝，但会给出 ICMP 响应。drop 的目标是丢弃，不做任何响应。这两个区域都允许流出的数据包，接受与传出网络连接相关的传入流量。trusted 的目标是接受，允许所有网络连接，即使没有开放任何服务，使用富语言规则也不能改变其接受所有流量的规则，这是一个例外。其他区域的目标是 default，只允许选中的连接。

下面介绍各区域定义的规则。默认情况下就有一些许可的服务。除 block 和 drop 之外的区域都会允许与预定义服务 SSH 匹配的流量通过防火墙，另外只有 external 启用 IP 伪装。无

须新建区域,对这些预定义区域的规则进行适当修改,就能满足大多数场合的需要。firewalld 默认区域是 public,默认所有的网络接口被绑定到该区域。该区域默认仅开放 dhcpv6-client 和 SSH 服务,绑定外网接口也是比较安全的。

配置 firewalld 防火墙,首先确定网络接口要绑定的区域,然后在此区域中设置所需的防火墙规则。另外,还可以通过源地址绑定区域来控制使用该源地址的流量。

3. 将内网接口绑定到适合内部使用的区域

最省事的方式是将内网接口绑定到 trusted,放开内部的一切通信。多数情况下,人们会考虑限制内部通信,建议改用 internal 区域。下面是操作示例:

```
[root@srv1 ~]# firewall-cmd --permanent --zone=internal --change-interface=eno16777736
success
[root@srv1 ~]# firewall-cmd --permanent --get-zone-of-interface=eno16777736
internal
```

还可以根据需要修改该区域的规则。

4. 在外网接口上开放必要的通信

外网接口绑定到 public 区域,默认开放 dhcpv6-client 和 SSH 服务,不限制任何 ICMP。通常需要根据实际情况添加或调整防火墙规则。

例如执行以下命令允许用户访问防火墙的 HTTP 和 HTTPS 服务:

```
firewall-cmd --permanent --zone=public --add-service=http   --add-service=https
```

IPsec VPN 通信要求防火墙允许 UDP 端口 500 和 4500、ESP 数据包和 AH 数据包通过。考虑到涉及 ESP 和 AH 协议,这里可采用富语言规则来实现:

```
firewall-cmd   --permanent --zone=public --add-rich-rule='rule family="ipv4" port port="500" protocol="udp" accept'
firewall-cmd   --permanent --zone=public --add-rich-rule='rule family="ipv4" port port="4500" protocol="udp" accept'
firewall-cmd   --permanent --zone=public --add-rich-rule='rule family="ipv4" protocol value="esp" accept'
firewall-cmd   --permanent --zone=public --add-rich-rule='rule family="ipv4" protocol value="ah" accept'
```

阻止其他计算机的 ping 探测:

```
firewall-cmd --permanent --zone=public --add-icmp-block=echo-request
```

8.4.2　通过 NAT 方式共享上网

NAT 会在发送包之前修改包的某些属性,如源和目标。firewalld 支持伪装和端口转发这两种类型的 NAT。可以使用常规规则来实现两种 NAT 的基本配置,更高级的转发配置可以使用富规则来完成。

要通过 NAT 方式共享上网,可以通过 firewalld 的 IP 伪装功能来实现。启用伪装功能,防火墙(或称 NAT 服务器,至少配置内外网两个接口)内网接口收到来自内网计算机访问外网的请求数据包时,将其源地址更改为其外网接口的公共 IP 地址,然后转发到指定的接收方;对方返回的应答数据包到达防火墙外网接口时,会将其目标地址修改为原始主机的地址,并通过内网接口发送到内网计算机中。伪装功能通常在网络边缘上使用,以便为内部网络提供 Internet 访问。由于 Linux 内核的限制,伪装功能仅可用于 IPv4。

这种部署很简单。首先设置 NAT 服务器,在外网接口上启用 IP 伪装功能。最省事的方式是将内网接口绑定到预定义的 external 区域。多数情况下,还要兼顾其他应用,可以在当前外网接口绑定的区域中启用伪装，下面是一个操作示例：

```
firewall-cmd --permanent --zone=public --add-masquerade
```

然后设置需要共享上网的内网计算机，即 NAT 客户端。只要设置其默认网关为防火墙内网接口的 IP 地址，DNS 设为 ISP 的 DNS 服务器即可。内网计算机的 IP 地址应使用合法私有 IP 地址，一般使用 DHCP 自动设置。

8.4.3　通过端口转发发布内网服务器

NAT 功能也可用于向 Internet 发布内网服务器，用户可以通过对应于防火墙外网接口的域名或 IP 地址来访问这些服务。这需要用到另一种形式的 NAT，即端口转发。通过端口转发，指向单个端口的流量将被转发到相同计算机上的不同端口，或者被转发到不同计算机上的端口。这种机制通常用于将某个服务器隐藏在防火墙后面，对外网提供服务。

如果做实验进行测试，端口转发至少涉及 3 台计算机，除了防火墙外，内网中需要一台服务器，外网中需要一台计算机来访问内网服务器。

首先在防火墙外网接口上配置转发。例如将区域 public 的 SSH 服务（端口为 22）转发到 192.168.0.10，也就是发布 SSH 服务：

```
firewall-cmd --permanent --zone=public --add-forward-port=port=22:proto=tcp:toport=22:toaddr=192.168.0.10
```

然后在外网计算机上进行测试。笔者模拟公网，从外网访问防火墙外网接口，使用 ssh 命令测试的结果如下：

```
[root@srv2 ~]# ssh 172.16.1.1
The authenticity of host '172.16.1.1 (172.16.1.1)' can't be established.
ECDSA key fingerprint is 55:df:a8:b2:bc:26:13:38:33:fc:3b:dd:34:12:09:5c.
Are you sure you want to continue connecting (yes/no)? yes
Warning: Permanently added '172.16.1.1' (ECDSA) to the list of known hosts.
root@172.16.1.1's password:
Last login: Tue Mar    7 17:17:43 2017
[root@localsrv]#
```

例中使用 ssh 连接的主机位于防火墙后面。

可以使用富规则来设置端口转发。例如在防火墙上利用多端口发布多个 Web 服务器：

```
firewall-cmd   --add-rich-rule='rule family="ipv4" forward-port port="80" protocol="tcp" to-addr="192.168.0.10"'
--add-rich-rule='rule family="ipv4" forward-port port="8000" protocol="tcp" to-port="80" to-addr="192.168.0.20"'
```

8.4.4　配置 DMZ（非军事区）

DMZ 是为解决安装防火墙之后外网不能访问内网服务器的问题而设立的一个非安全系统与安全系统之间的缓冲区。这个缓冲区位于内外网之间的特殊子网，可部署一些要公开的服务器，如 Web 服务器，同时能更加有效地保护内网。

要通过 firewalld 来实现 DMZ，最主要的工作是创建相应规则，将数据包路由到位于 DMZ 的服务器，如专用的 HTTP 或 FTP 服务器。以图 8-6 所示的三宿主机为例，内网接口和外网接口参照基本防火墙即可，关键是 DMZ（屏蔽子网）接口。可以将该接口绑定到预定义的 DMZ 区域，只开放 SSH 服务，然后在外网接口绑定的区域中设置端口转发，将 DMZ 中的服务器对外发布。

8.5 习 题

1. 简述防火墙的功能和局限。
2. 网络防火墙有哪几种配置方案？
3. 简述 NAT 工作原理。
4. 什么是端口映射？它有什么作用？
5. 描述 Linux 防火墙架构。
6. 什么是 netfilter？它有什么作用？
7. 简述 firewalld 与 iptables 两者的关系。
8. 解释 firewalld 的区域概念。
9. 分别说明区域的应用顺序和规则的应用顺序。
10. 熟悉 firewalld 常规规则的设置操作。
11. 熟悉 firewalld 富语言规则的设置操作。
12. 在 CentOS 7 服务器上配置 firewalld 实现 NAT 方式共享上网的功能。
13. 在 CentOS 7 服务器上配置 firewalld 实现内网服务器对外发布的功能。

第 9 章　Linux 安全管理

按照 TCSEC 评估标准，Linux 的安全级达到 C2 级，而且安全机制还在进一步完善，对攻击的抵抗能力日益提高，但是要提供完整的安全保证，仍然有许多安全配置和管理工作要做。安全通常包括物理控制、技术控制和管理控制，本章侧重技术控制，讲解使用技术手段控制人们对计算机系统和网络资源的访问和使用。

9.1　加固 Linux 系统

保证系统自身的安全始终是网络安全的基础和重点，这需要通过主动发现并及时消除安全隐患来实现。下面介绍如何用工具和服务强化系统安全。

9.1.1　安装必要的软件和初始化安全设置

Linux 本身是稳定和安全的，但是它被以不同的形式发行。Linux 系统安全始于操作系统安装阶段，安装 Linux 时最好先进行最小化安装，然后再安装必要的软件，以最大限度地减少某些程序存在安全隐患的可能。谨慎选择要在 Linux 系统上安装的软件。Linux 系统要充当的角色不同，所需的软件也不尽相同，不应安装的程序也不一样。不过对面向 Internet 的服务器，以下软件往往都是不必要的，它们容易引起安全问题。

- X Window System：图形界面对服务器来说没有必要，而且 X 的安全漏洞也比较多。
- RPC Services：远程过程调用大大方便开发人员，但是它很难被防火墙跟踪，而且过分依赖于容易被欺骗的 UDP 协议。
- SMTP 守护进程：不需要转发邮件的系统都不需要。如果一个系统仅仅需要发送邮件，sendmail 可以在需要时作为命令调用，而不应该作为守护进程运行。
- Telnet 和其他明文登录服务：通过网络传输未加密的登录信息会被窃听，不适合通过不可信网络远程访问系统，而 SSH 是一个更好的选择。

操作系统安装之后，初始化设置要考虑的安全问题包括设置强加密的 root 密码，启用一个简单的基于主机的防火墙策略，启用 SELinux。

9.1.2　及时更新系统

操作系统永远都有漏洞，也就是说在厂商发布补丁之前能被攻击者发现的漏洞永远存在。虽然不可能彻底消除安全漏洞，但是作为 Linux 管理员，必须保持安全补丁的更新，定期对系统进行安全检查，发现漏洞立即采取措施，不给攻击者以可乘之机。

现在的 Linux 版本通常包括能自动下载和安装安全更新的工具，以缩短系统遭受威胁的时间。例如 CentOS 提供在线更新服务。当安全更新可用时，安排安装更新并进行测试。由于安全补丁可能导致系统不稳定，因此在关键的生产系统上不要运行自动更新，必须在测试系统上完成所有补丁测试后，才能将它们移植到生产系统中。

1. 使用 yum 检查与安全有关的更新

软件包管理工具 yum 包含许多与安全相关的特性，可以用来搜索、列表、显示和安装安全勘误。这些特性有助于使用 yum 来安装安全更新。

选项--security 表示更新要包括修复安全问题的包。执行以下命令在系统中检查可用的与安全有关的更新：

```
yum check-update -- security
```

使用以下命令只安装与安全有关的更新：

```
yum update --security
```

yum 还有一个子命令 updateinfo，用来显示可用更新的库所提供的信息。执行以下命令查看可安全更新的软件列表（只查看，不更新）：

```
yum updateinfo list security
```

2. 更新和安装软件包

更新软件包时应从可信资源下载，并检查软件包签名，以确定其完整性。

所有 rpm 软件包都内置 GPG 密钥，用于确保分布式文件的真实性。如果验证软件包签名失败，则软件包可能被修改，因此就不能信任此软件包。软件包管理器 yum 允许对所有安装和更新的软件包进行自动验证，这也是 CentOS 默认支持的特性。

当然，可以使用以下命令手动验证软件包信息：

```
rpmkeys --checksig package_file.rpm
```

攻击者可轻易重建同一版本号的软件包，通过不同的安全漏洞并发布到 Internet 中。对这种情形，采用 GPG 验证原始 rpm 的文件之类的安全措施不能探测到漏洞。因此，只从可信来源下载 rpm 包至关重要。

使用 yum install 命令安装验证过的软件包。在安装任何安全更新之前，确保阅读包含在报告中的所有具体步骤并依次执行。

9.1.3　强化密码管理

密码是黑客攻击的重点。密码一旦被突破，也就没有什么系统安全可言了。如果泄露的是 root 账户的密码，那么整个系统从用户数据到程序进程，都将面临灭顶之灾。而密码安全管理往往被不少管理员所忽视。

1. 设置安全有效的密码

由于攻击者可以使用自动化的工具多次尝试登录系统，简单的密码很容易被猜出来。一个有效的密码应该不包含个人信息，不存在键盘顺序规律，不使用字典中的单词，最好包含非字母符号，长度不小于 8 位。在保持密码的复杂性的同时，易记性也非常重要。不要将所有需要密码的地方设置为同一密码。还应定期修改密码。

可以使用密码生成器 pwmake 生成一个由大写字母、小写字母、数字和特殊符号组成的随机密码。该工具提供一个参数来定义用于生成密码的具体熵值。熵值最小为 56 位，足以满足不常出现暴力破解的系统和服务的密码需要。对攻击者无法直接访问 Hash 密码文件的应用程序，熵值需要 64 位。当攻击者可能获取直接访问 Hash 密码的权限，或者密码被用作加密钥匙时，应使用 80~128 位。例如用 pwmake 128 命令可以创建一个 128 位的密码。

2. 调整密码有效期

密码有效期可以直接在文件/etc/login.defs 中设置。其中 PASS_MAX_DAYS（最长生存期）表示密码有效期最大天数，值 99999 表示不限期；PASS_MIN_DAYS（最短生存期）表示密码更改之间的最小天数，0 值表示可在任何时间更改密码。

以上这些设置仅仅在新建用户账户时适用。要修改现有用户账户的密码有效期，可以使用 chage 命令。选项-m 表示最小天数，-M 表示最大天数。为防止用户频繁地使用旧密码来循环修改密码，密码应该有一个最短生存时间，7 天比较可行。比较合理的最长有效期一般为 60 天。执行以下命令将某用户的密码设定为 60 天内有效，7 天后可改密码：

```
chage -m 7 -M 60 用户名
```

当然与其过多地依赖密码有效期，不如及时删除失效的用户账户，并且要保管好密码，同时要避免多个用户使用同一个账户。

9.1.4 控制 root 账户的使用

超级用户就是 UID 为 0 的用户。一般情况下这个账户名称为 root，实际应用中也可以是其他名称，只要其 UID 设置为 0，它就是超级用户。root 账户具有 Linux 系统的最高操作权限，不受任何限制和制约，一旦被攻击者盗取，则所有的安全问题都无从谈起。预防的办法除为 root 账户设置一个足够复杂的密码并定期更改外，还要控制 root 账户的使用。

1. 尽量不要用 root 账户登录

使用 root 账户要非常谨慎，在不是绝对必要的情况下，不要用 root 账户登录。普通账户可以完成的日常工作，就用普通账户登录系统去做。不要在没有安全保证的条件下，使用 root 账户远程登录。

2. 使用 su 命令和 sudo 命令

root 账户权限太大，并不适合一般性工作。Linux 管理员平常使用普通用户账户登录系统，当要对系统执行一些普通用户无权执行的操作时，可以用 su 命令临时改变身份为 root。

从安全的角度来考虑，su 命令会使权限变得无法控制，因此应当尽可能地限制普通用户只在被赋予特定的工作任务时才能具有相应的 root 权限，而不是拥有全部 root 账户操作的权限，以尽可能地降低安全风险。sudo 就是这样的一个工具。

3. 禁止 root 登录

较为稳妥的办法是直接禁止 root 账户登录，相应的措施列举如下。

* 变更 root 账户的 Shell，防止 root 账户直接登录。管理员可将/etc/passwd 文件中 root 账户的 Shell 参数（默认为/bin/bash）改为/sbin/nologin。不过 sudo 命令不受此影响。
* 禁止通过任何控制台设备（tty）进行 root 账户访问。通过编辑/etc/securetty 文件禁止 root 账户从控制台登录。该文件列出 root 账户可以登录的所有设备，对未列出的设备，用户不能以 root 账户登录，只能以普通用户登录，再用 su 命令转成根用户。如果/etc/securetty 是一个空文件，则 root 账户就不能从任何设备登录系统。但是，如果该文件不存在，则 root 账户可以通过系统上任何通信设备进行登录，这是十分危险的。
* 禁止 root 账户的 SSH 登录。编辑配置文件/etc/ssh/sshd_config，将"PermitRootLogin yes"

改为"PermitRootLogin no"。

- 使用 PAM 限制 root 账户访问服务。具体方法参见 9.2 节。

4. 设置 GRUB 密码防止进入单用户模式

默认任何人不需要密码都能进入 GRUB 编辑模式，这具有相当大的安全隐患，为此可以设置 GRUB 密码，只有拥有密码的用户才能修改 GRUB 参数，防止非法者修改 GRUB。

9.1.5　严格设置访问权限

在使用 Linux 时，不恰当的权限设置经常引发各种安全问题，例如分配权限不当，root 账户权限的滥用。采用下面的权限设置策略可以有效地避免出现因为权限引起的安全问题。

1. 谨慎设置文件权限

首先设置文件默认权限。root 账户可以为 Linux 系统中的新文件设置默认的访问权限，以避免因默认权限设置不当引起的问题。使用 umask 命令可以设置新文件的默认权限，大部分情况下默认的 umask 值是 0022，这样创建的新文件的权限就是 755，可以防止同属于该组的其他用户及其他组的用户修改该用户的文件。更为严格的措施是将 umask 的值设置为 0077，只保证所有者自己的读写即可。

其次只把权限分配给必要的用户和组。分配过大的权限，会增加该用户破坏系统的潜在可能性，如果用户密码被攻击成功，对系统的破坏性也更大。

最后要注意记录权限的分配情况，以便在出现安全问题后，能迅速定位问题并采取应对措施。

2. 了解 suid 机制

Linux 的 suid（setuid）和 sgid（setgid）涉及权限体系中的主要安全问题。suid、sgid 与用户进程的权限有关。Linux 为每个用户进程分配一个用户 ID 和一个组 ID，进程需要访问文件的时候，就按照这个用户 ID 和组 ID 来使用权限。正常情况下，这个用户 ID 和组 ID 会被分配成执行对应命令的用户的 UID 和 GID，从而维持权限体系的正常运转。

有些命令必须能绕过正常权限体系才能执行，最典型的是 passwd 命令要让用户修改自己的密码。但是用户密码密文被存放在/etc/shadow 文件，该文件只允许 root 读写，为此 Linux 使用 suid 机制让普通用户执行 passwd 命令时自动拥有 root 的 UID 身份。

所谓 suid 机制，就是在权限组中增加 suid/sgid 位，设置有 suid 位的文件被执行时自动获得文件所有者的 UID，同样设置有 sgid 位的文件被执行时自动获得文件所属组的 GID。不过实际上 sgid 很少被使用，人们主要还是使用 suid。

suid 很容易带来安全性问题。如果设置有 suid 的程序被溢出或者被破解，就很可能导致非法用户得到一个具有 root 身份的进程，当该进程是一个终端 Shell 时，用户就得到系统的完全控制权。为安全起见，应尽量少用 suid 功能，并且定期检查（可以使用专门工具）系统上有没有来源不明的 suid 程序。对 root 账户和其他特权账户或组所有的任何文件，都设置 sgid 和 suid 是非常危险的。好在 Linux 内核对内核脚本文件忽略了 sgid 和 suid，这两个位仅对二进制可执行文件有效。

相对 r、w、x 权限来说，suid、sgid 和 sticky（后面将介绍）属于特殊权限，如果用字符表示，分别为 s、g 和 t。要在文件属性中表示这些特殊权限，将在执行权 x 标志位置上显示。

对具有执行权的文件，用小写字母表示，例如：

-rwsr-xr-x. 1 root root 27832 6 月　10 2014 /usr/bin/passwd

对不具有执行权的文件，则要用相应大写字母表示。

特殊权限也可以使用八进制数字表示，suid、sgid 和 sticky 分别表示为 4、2 和 1。可以在表示普通权限的八进制数字前增加一位数字表示特殊权限。这样就包含 4 个数字，从左至右分别代表特殊权限、用户权限、组权限和其他权限。例如 6644 表示特殊权限为 suid、和 sgid（4+2），所有者权限为读写（4+2），所属组权限为只读，其他用户权限为只读。

与普通权限一样，可以使用 chmod 命令设置特殊权限。例如要设置某个文件的 suid 权限，可以使用 chmod u+s file 命令。如果使用数字权限，命令可以为 chmod 4644。

3. 使用 sticky 权限防止随意删改文件

某些系统目录供所有的用户存取，因此所有的用户对目录都有读取和写入权限。为防止某个用户任意删除或修改别人的文件，可以设置 sticky 权限，这样只有文件的所有者才可以删除、移动和修改文件。sticky 权限只对目录有效，对文件没有效果。在设置有 sticky 权限的目录下，用户若在该目录下具有 w、x 权限，则当用户在该目录下建立文件或目录时，只有文件所有者与 root 账户才有权删除。要设置 sticky 权限，可以使用以下命令：

chmod +t 目录名

9.1.6　强化应用程序安全

系统上运行的应用程序安全不可被忽视，应用程序出现安全问题也会危及整个系统。下面列出应采用的安全措施。

1. 以非特权用户/组身份运行应用程序

在 Linux 操作系统中，每个进程都以某个用户身份运行。任何以 root 身份运行的进程都不仅可能带来缓冲区溢出问题，而且可能使攻击者远程获得 root 权限。因此，守护进程应能以非特权用户或组的身份运行，而不能以 root 身份运行，这一点非常重要。

2. 使用 chroot 技术修改守护进程的根目录

即使所有的网络守护进程都不以 root 身份执行，一旦攻击者入侵系统，其也会通过系统其他的安全漏洞获取超级用户身份，以便进行额外的攻击。为此采用 chroot 技术修改网络守护进程的根目录路径，以限制守护进程执行的空间。这样，即使攻击者入侵系统且成功地取得超级用户身份，也会被锁死在某一个目录中，而无法随心所欲地访问任何文件，从而抑制一个受威胁的守护进程的危害性。

chroot 是 Linux 内核提供的一个系统调用，允许系统进程将其根目录切换至指定的目录。例如一个 FTP 守护进程为一个特定目录/srv/ftp/public 的文件服务，该进程就不该访问文件系统的其他部分。chroot 系统调用将一个进程限制到某个子集中，即把虚拟的根目录"/"映射到某个目录中（如/srv/ftp/public），守护进程被限制的目录叫作 chroot jail（实际的目录/srv/ftp/public/etc/myconfigfile 在 chroot jail 中以/etc/myconfigfile 出现）。对被 chroot 限制的守护进程来说，chroot jail 之外的目录内容根本不可见或者不可访问。

这种方法最主要的缺点就是带来复杂性，特定的文件、目录和特殊文件必须复制到 chroot jail 中，不容易确定哪些需要放入 chroot jail 来让守护进程正常工作。当然维护一个根目录映射后的应用程序也有一定的难度，即使应用程序明确地支持这个功能，它在运行 chroot 时也会出现意外的行为。

chroot 安全并非万能，不是每一个网络守护进程都适合执行 chroot，而且 chroot 仅用来修改进程的根目录，无法限制进程的其他能力。攻击者获得超级用户身份后还可以在 chroot 的环境中安装并启动恶意程序，以便把这台计算机作为跳板攻击其他的计算机。还要注意如果被 chroot 的进程以 root 身份运行，它要摆脱 chroot jail 就几乎没有困难。

3．模块化应用程序

将应用程序模块化有助于降低安全威胁，更容易定位和修补源码中的 bug，裁剪不必要的功能，降低 root 身份运行的概率。例如，著名的邮件程序 Postfix 由一系列守护进程和命令组成，每个都致力于一个不同的邮件传送任务。这些进程中仅有几个会以 root 身份运行，而且它们并不是一直运行。

4．加密通道保护密码和数据

通过网络以明文方式发送登录认证或应用数据会把它们暴露给网络窃听攻击者。因此，大多数 Linux 网络应用程序现在都支持加密，最常用的是通过 OpenSSL 库加密。事实上，使用应用级加密是确保网络传输中端到端加密的最有效方式。

OpenSSL 提供的 SSL 和 TLS 协议需要使用 X.509 数字证书，这可以由用户空间的 openssl 命令产生和签名。对最理想的是有一个本地或第三方的认证机构(CA)来签名所有服务器证书，但是自我签名（即未认证的）的证书也可以使用。

9.1.7　安装反病毒软件

计算机病毒和恶意软件一直是信息安全的主要威胁。Linux 作为一个桌面系统平台并不流行，因而不像 Windows 系统那样易受病毒攻击。对 Linux 系统来说，蠕虫的危害比病毒大得多，多数 Linux 系统管理员通过保持安全补丁的自动更新来防范蠕虫，实践证明这非常有效。Linux 病毒会越来越多，靠安全补丁是不能完全防范的，而需要使用反病毒软件。适合 Linux 平台的反病毒软件主要 McAfee、Symantec、ClamAV 等。

9.1.8　保障网络安全

Linux 威胁中一个最重要的攻击环节是网络。防火墙是控制网络服务访问的第一道安全屏障，外部请求在到达 Linux 系统之前首先要接受防火墙检查，只有通过防火墙检查，才能继续接受其他安全检查。CentOS7 使用 firewalld 防火墙来将不受欢迎的网络数据包过滤在内核网络之外。

入侵检测就是通过对系统数据的分析，发现非授权的网络访问和攻击行为，然后采取报警、切断入侵线路等对抗措施。入侵检测系统可以弥补防火墙的不足，为网络安全提供实时的入侵检测及采取相应的防护手段，从而大大简化安全管理工作。它不仅检测来自外部的入侵行为，同时也监督内部用户的未授权活动。Snort 是一个著名的免费而又功能强大的轻量级入侵检测系统，具有使用简便、轻量级、封堵效率高等特点。

对使用防火墙的网络服务，Linux 还提供 TCP Wrappers 工具为其增加一个保护层，这个保护层用于控制主机到网络服务的连接，大多数网络服务都可以利用 TCP Wrappers 在客户端请求与服务之间建立防护机制。

应当避免打开不必要的端口，以降低系统受到攻击的可能性。如果在系统运行之后，有意外打开的端口处于侦听状态，这可能就是入侵的迹象，应该对此进行调查。

9.2　用户认证

认证（Authentication，又译为身份验证）是系统安全防范体系中最基本的组成部分，目的是确认试图登录计算机、网络或域的用户身份，从而为用户分配对系统的访问权限。认证是用户进入系统的第一步，也是访问控制的前提。在 Linux 设计框架中，用户的身份和权限是分开的，每个用户的身份并不影响他对特定对象的权限，超级用户除外。这使得用户认证比较简单，但是也带来了一定的问题，如任意提升用户权限。

9.2.1　Linux 系统用户认证

CentOS 系统本地用户的认证方法很多，最常用的就是基于密码的认证（简单认证），它还支持单点登录。

1. Linux 用户认证方式

Linux 系统默认使用本地用户账户（被保存在 etc/password 文件中）进行认证，每台主机都有自己的用户名和密码信息库，用户登录时系统会使用本机中的用户名与密码来验证。

对企业级部署来说，Linux 系统可以设置使用网络用户认证，即通过网络从服务器上获取用户认证信息。CentOS 主要支持以下网络用户认证方式。

（1）NIS

NIS 全称 Network Information Service，是一种对主机账号等系统信息提供集中管理的目录服务。用户登录任何一台 NIS 客户端都会通过 NIS 服务器进行登录认证，这样可以实现用户账号的集中管理，桌面系统用户无须维护自己的/etc/passwd 文件。

（2）LDAP

LDAP 全称 Lightweight Directory Access Protocol，是一种轻量级目录服务，旨在提供存储、管理和查询信息的网络服务。LDAP 用来保存用户认证条目的对象类主要有 posixGroup、posixAccount 和 shadowAccount，分别用来保存组、用户、密码等信息，这些信息很容易与系统的组和用户账户关联起来。LDAP 服务器存储相应的用户认证条目，即可用于系统用户认证。

（3）身份管理服务器（Identity Management server）

身份管理服务器用于实现用户、服务器和认证策略的集中管理。CentOS 的身份管理服务器解决方案是 IPA（ipa-server），其上游的开源项目是 freeIPA（freeipa-server）。

（4）Winbind

Winbind 是在 Samba 客户端上运行的后台程序（在 Windows 中被称为服务），它的作用是充当在 Linux 计算机上运行的 PAM 和 NSS 与在 Windows 域控制器上运行的 Active Directory 之间通信的代理。Winbind 使用 Kerberos 对 Active Directory 和 LDAP 进行身份验证，以检索用户和组信息。

如图 9-1 所示，用户登录后系统先检查本地的用户账户及密码，如果验证成功就可以登录本地，就成为本地用户；如果本地验证未成功，系统将连接远程服务器（如 LDAP，前提

是系统上必须启用这种方式）验证用户名密码，如果验证成功，就成为网络用户，如果两种
方式都未通过验证，必须重新输入用户名和密码，以重新登录。

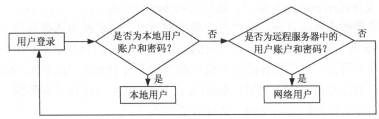

图 9-1　Linux 系统用户认证过程

2．CentOS 提供的认证服务和应用

除通用的服务和应用程序外，CentOS 还提供一些用于本地系统本地用户认证的服务和应
用，列举如下。

（1）认证设置

authconfig 工具用于为系统设置多种身份后端（服务器）和认证方式（如密码、指纹或
智能卡等）。

（2）身份后端设置

• SSD（Security System Services Daemon）：设置多个身份提供者（如 Microsoft Active
Directory 或 Red Hat Enterprise Linux IdM 这样的 LDAP 目录）。SSSD 守护进程可以用来访问
多种验证服务器（如 LDAP、Kerberos 等），并提供授权。SSSD 是介于本地用户和数据存储之
间的进程，本地客户端首先连接 SSSD，再由 SSSD 联系外部资源提供者（一台远程服务器）。
这样避免本地每个客户端程序对认证服务器大量的连接，所有本地程序仅联系 SSSD，由 SSSD
连接认证服务器或 SSSD 缓存，有效地降低负载。另外还允许离线授权，SSSD 可以缓存远程
服务器的用户认证身份，允许在远程认证服务器宕机时，继续成功授权用户访问必要的资源。

• realmd 服务：用于配置认证后端（用于 IdM 的 SSSD）。realmd 服务基于 DNS 记录发
现可用的 IdM 域，配置 SSSD，然后作为一个域的账户加入系统。

• NSS（Name Service Switch）：这是一种返回关于用户、组或主机的信息低级别系统调
用的机制，可译为名称服务切换。NSS 决定什么资源，哪个模块应用于获取所请求的信息。
例如用户信息可以从传统的 UNIX 文件（如/etc/passwd）或者 LDAP 目录中获取，而主机地
址可以从文件（如/etc/hosts）或 DNS 记录读取，NSS 定位信息存储的位置。

（3）认证机制

PAM（Pluggable Authentication Modules，可插入认证模块）支持构建认证策略。使用 PAM
认证的应用程序装载不同的模块以控制不同用途的认证。可用的 PAM 模块包括 Kerberos、
Winbind 或本地基于 UNIX 文件的认证。

3．配置系统认证

使用 authconfig 工具来配置系统认证。CentOS 7 默认安装命令行 authconfig 及其文本界
面工具 authconfig-tu。建议初学者执行以下命令安装图形界面工具：

yum install authconfig-gtk

接着打开终端，以 root 身份登录，执行 system-config-authentication 命令（或者从“应用
程序”主菜单中选择“杂项”>“认证”命令）打开图形界面的认证配置程序。如图 9-2 所示，

系统默认进入"身份&验证"选项卡。认证配置包括两个方面,一是用户账户配置,用来设置如何取得用户账户信息;二是认证配置,用来设置认证方法(机制),即如何确认用户身份。CentOS 7 默认设置使用本地用户账户,通过密码来进行认证。

可以根据需要改成网络认证。从"用户账户数据库"列表框中选择账户来源,例如选择 LDAP(如图 9-3 所示),提示需要安装相应的软件包,设置 LDAP 服务器参数,然后选择认证方法并进行相关设置。可供选择的用户账户数据库还有 IPAv2、freeIPA、NIS 或 Winbind,其中 IPAv2 用于 IPA 身份管理服务器,freeIPA 用于 freeIPA 身份管理服务器。选择不同的用户账户数据库,需要设置的选项不同,认证方法也不同。

图 9-2 认证配置主界面

图 9-3 设置 LDAP 用户认证

切换到"高级选项"选项卡(如图 9-4 所示),可以设置本地认证选项,这里的选项设置针对本地系统的用户账户,而非存储在后端服务器上的用户账户。选中"启用本地访问控制"复选框,设置系统检查/etc/security/access.conf 文件中的本地用户认证规则,这是 PAM 认证。否则,认证策略由身份提供者或服务本身来定义。

切换到"密码选项"选项卡(如图 9-5 所示),设置本地用户账户的密码等。

图 9-4 设置本地认证选项

图 9-5 设置密码选项

当然还可使用 authconfig 命令配置和管理系统认证。例如，执行以下命令显示系统当前的所有认证配置，包括每种身份管理和认证方法是否启用：

authconfig --test

使用 authconfig 命令备份和恢复认证配置，下面是一个备份和恢复示例：

authconfig --savebackup=/backups/authconfigbackup20170701

authconfig --restorebackup=/backups/authconfigbackup20170701

9.2.2　password/shadow 认证体系

Linux 默认使用本地用户账户进行认证。这是最基本的认证，由密码验证构成，用户输入一个密码，与系统进行比较，如果合法就允许该用户进入系统。显然，最重要的是验证密码与预设密码是否相同。当然，Linux 的密码不是明文进行比较，而是采用以下方式。

（1）系统记录用户的原始密码，并将其加密保存在系统中，然后丢弃原始密码。

（2）用户登录系统时输入密码，系统用同样的加密算法将用户输入的密码转换成密文。

（3）比较保存的密码密文和现在得到的密文，如果相同，允许用户登录系统。

密码加密可以使用一般的对称密钥算法，Linux 普遍使用类似 MD5 一类的 Hash 方法。这类算法是不对称的，也就是从密文是不可能知道原文的。

尽管如此，如果获得加密结果，仍然可以用穷举的方法来获得密码，尤其对短密码。这样，允许普通用户看到系统记录的密码密文也是危险的。Linux 所有用户都要读取用户配置文件/etc/passwd，而密码密文又不适合被保存在该文件中。为解决这个问题，Linux 系统采用所谓的"Shadow"方法，即把密码验证文件分成两个，分别是/etc/passwd 和/etc/shadow。/etc/passwd 文件包含公共的信息，也就是一般用户可以访问的内容；而/etc/shadow 文件包含加密的密文，其内容只有 root 账户可以访问。

这个方法尽管简单有效，却给某些程序的认证带来不必要的麻烦。例如，邮件服务程序为了实现安全性，有时需要使用 chroot 方式，从而不允许用户直接访问/etc 目录下的文件，因此每次增加用户都要修改系统。除此之外，这种直接文件访问的方法效率和可靠性都比较低，还存在被用缓冲区溢出等手段攻破的可能。

9.2.3　PAM 认证体系

PAM 是用于认证和授权的通用框架。CentOS 的大多数系统应用依赖于底层的 PAM 配置来实现认证和授权。PAM 是 Linux 系统最主要的安全认证方式。

1．PAM 认证的优势

PAM 提供集中的认证机制，让系统应用程序将认证转发到一个集中配置的框架。PAM 是可插入的，因为它为不同类型的认证源（如 Kerberos、SSSD、NIS 或本地系统）提供 PAM 模块，这些认证源还可以划分优先顺序。这种模块化的架构具有以下优势。

- 可以为多种服务或应用程序提供通用的认证方案。
- 为系统管理员和应用开发人员在进行用户认证处理时提供极大的灵活性。
- 提供单一的程序库作为认证入口，开发人员不需要再开发自己的用户认证系统。

2．PAM 认证的应用

考虑到 PAM 认证的优势，在 Linux 服务器中部署 PAM 认证是非常必要的。一台 Linux

服务器可能提供多种服务，而有些服务本身并没有认证功能，只是把认证交给 Linux 系统本身，使用系统的用户账户及密码。如果所有服务都用 Linux 系统的用户名及密码来认证，对服务器来说是很不安全的。例如，一台服务器运行 FTP、SMTP 等服务，新建一个用户默认就享有对以上的服务的操作权限，而且一个用户账户的密码泄露也会波及多个服务。采用 PAM 认证即可解决这些问题，增强 Linux 服务器安全。

3．PAM 认证机制

PAM 使用一个可插入的、模块化的结构，为管理员设置用户认证策略提供很大的灵活性，其运行机制如图 9-6 所示。

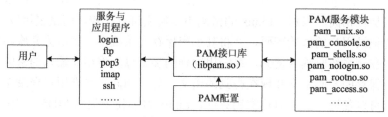

图 9-6　PAM 认证机制

用户访问服务或者使用应用程序，服务或者应用程序将用户认证请求转发到 PAM 服务模块进行认证。PAM 接口库确定提出请求的是哪一项服务或者应用程序，然后到/etc/pam.d 目录下加载相应服务或者应用程序的 PAM 配置文件（与服务或者应用程序同名，如 vsftpd 服务的配置文件为/etc/pam.d/vsftpd）。PAM 接口库根据 PAM 配置文件的设置调用指定的 PAM 服务模块进行认证，并且将认证结果返回给服务或者应用程序。可见，PAM 接口库将服务或者应用程序与相应的 PAM 模块联系起来。

PAM 不只是在用户登录时才发挥作用，使用 sudo、su、passwd 等命令也会用到 PAM。必须指出的是，只有在应用程序编写时选择 PAM 库支持时，才能使用 PAM 验证。

4．PAM 服务模块

PAM 不同的功能（如单点登录验证、访问控制等），都是由不同的 PAM 服务模块来实现的。这些 PAM 模块文件被默认存放在/lib/security 或/lib64/security（64 位操作系统），实际上是动态链接库，文件名格式一般为 pam_*.so。这里列出几个常用的 PAM 模块。

- pam_access.so：控制访问者的地址与账户名称。
- pam_cracklib.so：根据密码规则检查密码。
- pam_listfile.so：控制访问者的账户名或登录位置。
- pam_limits.so：控制为用户分配的资源。
- pam_localuser.so：要求将用户列于/etc/passwd 文件中。
- pam_rootok.so：允许 root 账户无条件通过认证。
- pam_unix.so：通过 password 和 shadow 文件提供传统密码验证。
- pam_userdb.so：设置用户账号数据库认证。

9.2.4　配置 PAM

每个支持 PAM 的应用程序或服务都在/etc/pam.d/目录中有一个相应的配置文件，每个文件的名称与它们所控制访问的服务或应用程序的名称相同。PAM 的配置和管理主要是通过修改 PAM 配置文件来实现的。

在多数情况下，一个支持 PAM 的应用程序的默认 PAM 配置文件就可以满足基本要求。这些默认配置文件也是进行 PAM 配置的模板，根据安全需要在此基础上进行修改即可。实际应用中往往还需要对 PAM 配置文件进行特殊配置。PAM 配置不当可能会破坏系统的安全性，因此在对这些文件进行配置之前，用户必须了解 PAM 配置文件的结构。例如：

```
auth        include      system-auth
account     required     pam_nologin.so
password    include      system-auth
session     required     pam_selinux.so close
```

每一项定义占一行，命令格式为：

模块类型　控制标记　模块路径　[模块参数]

下面对这几项进行解释。

1. 模块类型

系统共有以下 4 种模块类型，分别代表不同的认证项类型，实现不同的任务功能。

- auth：认证管理，对用户的身份进行识别，如提示用户输入密码。
- account：账户管理，对账户各项属性进行检查，如是否允许登录，限制最大用户数。
- session：会话管理，定义用户登录前和退出后要进行的操作，如显示登录连接信息。
- password：密码管理，更新密码和凭证等，如修改用户密码。

一种模块类型可能有多个定义（多行），它们按顺序依次由 PAM 调用。

有的模块可用于多种类型发挥多种作用，以 pam_unix.so 模块为例，它用于 auth 类型，提示用户输入密码，并与/etc/shadow 文件比对，匹配则返回 0（PAM_SUCCESS）；用于 account 类型，从/etc/passwd 中检查用户的账户信息是否可用时，可用则返回 0；用于 password 类型，修改用户的密码，更新/etc/shadow 文件。

2. 控制标记

PAM 认证流程是从头至尾逐项认证。一般情况下一项认证失败，接着必须进行后续验证。但实际情况可能复杂一些，某项认证的结果可能会影响另一项，还有的要求只要有一项认证失败就让整个认证失败，不再进行后续认证。这相当于一种流程控制，根据各项认证结果来决定认证处理顺序和最终结果。PAM 使用以下控制标记来处理和判断各项认证返回的结果。

- required：要使认证过程继续，要求该项必须认证成功。如果认证失败，继续进行其他认证，当所有认证都执行完后，最终还是返回失败的结果。
- requisite：与 required 相似，如果认证成功，继续下一项认证。但是如果该项认证失败，则停止继续认证，立刻向应用程序返回失败结果。
- sufficient：如果认证返回成功，并且前面没有任何标识为 required 的项认证失败，则停止后续认证，直接向应用程序返回成功。如果认证失败，继续下一项认证，最终结果取决于后续认证。
- optional：此项认证结果成功与否无关紧要，只有没有定义其他认证项时，才成为认证成功所必需的。

控制标记为 sufficient 和 requisite 的认证项的调用顺序很重要，而 required 项调用的顺序并不重要。还可以使用 include 标记来嵌入其他 PAM 配置文件的认证定义，例如许多配置文件都会嵌入 system-auth 配置文件。

3. 模块路径

每一项认证需要使用 PAM 模块，模块路径定义要调用模块的文件路径。在 CentOS 7 中，PAM 模块被默认保存在/lib64/security 目录下，对这样的模块使用相对路径（目录名可以省略）即可，否则，要使用绝对路径。

4. 模块参数

在执行某些认证时，PAM 使用参数将信息传递给一个 PAM 模块。模块参数不是所有 PAM 认证必备的，可以有多个参数，之间用空格分隔。

例如 pam_userdb.so 模块使用存储在一个 Berkeley DB 文件中的信息来认证用户，请求 PAM 认证的服务需要使用一个 db 参数来通知 Berkeley DB 使用哪个数据库，下面是典型的定义：

```
required pam_userdb.so db=<数据库路径>
```

5. PAM 配置文件分析

下面讲解 PAM 配置文件的结构、认证功能及流程。例如：

```
#%PAM-1.0                  #以符号#开头的是注释行
auth required pam_securetty.so    #此模块认证仅对 root 有效，当 root 登录系统时会查看有没有安全终端
（所登录的 tty 是否在/etc/securetty 文件中列出），如果有安全终端就通过认证，否则失败
auth required pam_unix.so nullok  #要求用户输入密码，使用存储在/etc/passwd 和/etc/shadow 文件中的信
息来检查用户输入的密码，nullok 参数表明 pam_unix.so 模块允许一个空密码
auth required pam_nologin.so      #检查/etc/nologin 文件是否存在，如果该文件存在，而用户并不是 root，
那么用户认证也会失败
account required pam_unix.so      #执行所有需要的账户验证
password required pam_cracklib.so retry=3    #检查密码过期后创建的新密码是否能够容易被密码字典破
解，retry 参数指定创建安全密码的尝试次数
password required pam_unix.so shadow nullok use_authtok   #指定程序使用 pam_unix.so 模块的 password
接口修改用户密码；shadow 参数指定更新用户密码时创建 shadow 密码；nullok 参数允许从空密码改为其他
密码，否则就会锁定；use_authtok 参数表示不要求输入一个新密码，使用前一密码模块获得的密码
session required pam_unix.so      #指定使用 pam_unix.so 模块的会话接口来管理会话，该模块会在每个
会话的开始和结束阶段将用户名和服务类型记入/var/log/secure 文件中
```

此例中需要连续检查 3 个 auth 认证项，这就可以防止用户知道究竟哪一步导致了认证失败，避免用户有针对性地攻击系统。

9.3 TCP Wrappers 访问控制

对网络服务进行访问控制对服务器安全很重要。对于使用防火墙的网络服务，Linux 还提供 TCP Wrappers（包装器）工具为其增加一个保护层，这个保护层用于控制主机到网络服务的连接，大多数网络服务（如 SSH、Telnet 和 FTP），都可利用 TCP Wrappers 在客户端请求与服务之间建立防护机制。

9.3.1　TCP Wrappers 基础

TCP Wrappers 被设计为一个介于外来服务请求和网络服务应答之间的中间处理软件，可以用来控制（允许或拒绝）特定的主机对某些网络服务的访问。

1. TCP Wrappers 工作原理

TCP Wrappers 的控制思路是先放行、后阻止，根据客户端所请求的服务和针对该服务所定制的访问控制规则（由主机访问文件/etc/hosts.allow 和/etc/hosts.deny 定义），来决定是否允许客户端连接到该服务。

如图 9-7 所示，当 TCP Wrappers 收到一个要访问由 TCP Wrapper 控制的服务的客户端请求时，需要执行以下控制步骤。

（1）检查/etc/hosts.allow 文件并应用为该服务所指定的规则。如果找到一个匹配的规则，则允许连接。如果找不到任何匹配的规则，继续下一步操作。

（2）进一步检查/etc/hosts.deny 文件并应用为该服务所指定的规则。如果找到一个匹配的规则，则拒绝这个连接。如果找不到任何匹配的规则，则允许连接到这个服务。

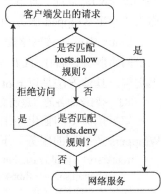

图 9-7　TCP Wrappers 工作原理

在大多数情况下，服务还会使用 syslog 守护进程将发出请求的客户用户名及所要求访问的服务写入/var/log/secure 或/var/log/messages 日志文件中。

2. TCP Wrappers 的特性

- 一旦 TCP Wrappers 允许某个客户端连接某服务，就会释放它对所请求服务的连接控制权，然后将不再在该客户与该服务之间的通信过程中起任何作用。
- hosts.allow 中的规则具有优先权。如果在 hosts.allow 中设置允许访问某项服务，那么在 hosts.deny 中同一项服务的拒绝访问设置将被忽略。
- 主机访问文件（hosts.allow 和 hosts.deny）中的各项规则由 TCP Wrappers 自上而下读取，首先匹配的规则是唯一被应用的规则。因此，规则的排列顺序极其重要。
- 如果在这两个主机访问文件中都没有找到匹配的规则，或者这两个文件都不存在，那么就直接授予客户端访问这项服务的权限。
- 由 TCP Wrappers 控制的服务并不缓存主机访问文件中的规则，因此对 hosts.allow 和 hosts.deny 的配置修改立即生效，无须重启系统或网络服务。

3. TCP Wrappers 的优势

与其他网络服务控制技术相比，TCP Wrappers 具有两大优势。

- 对客户端和网络服务的透明性。建立连接的客户端与由 TCP Wrappers 控制的网络服务无须知道 TCP Wrappers 是否在使用中。合法用户被记入日志中，并获得所需要的服务，而非法用户则无法获得要求的服务。
- 集中式管理多项协议。TCP Wrappers 独立运行于其所保护的网络服务，这就允许多个服务共享一组通用的访问控制配置文件，从而简化管理任务。

9.3.2 使用 TCP Wrappers 控制网络服务访问

通过 TCP Wrappers 进行网络服务访问控制，涉及两个方面，一是要确认网络服务是能够由 TCP Wrappers 所控制的服务类型，二是要设置 TCP Wrappers 主机访问文件，对网络服务提供基于主机的访问控制规则。

1. 确定由 TCP Wrappers 控制的服务

默认 Linux 会安装 TCP Wrappers 软件包（tcp_wrappers）。该软件包最重要的组成部分是 /usr/lib/libwrap.a 库。通常使用 libwrap.a 库进行编译的服务就是一个所谓的 TCP Wrappers（被称为"TCP Wrapped 服务"），即由 TCP Wrappers 所控制的服务。

Linux 中的多数网络服务都与 libwrap.a 库相连，如 sshd、sendmail 和 xinetd 等。要判断一个网络服务是否由 TCP Wrappers 所控制，可通过检查其二进制文件是否与 libwrap.a 相连来实现。具体方法是以 root 身份执行以下命令：

```
ldd  <网络服务的二进制文件路径>|grep libwrap
```

如果该命令的输出结果为空，则表明这项网络服务没有与 libwrap.a 链接，不是由 TCP Wrappers 所控制的服务。下例表示/usr/sbin/sshd 与 libwrap.a 链接：

```
[root@srv1 ~]# ldd /usr/sbin/sshd|grep libwrap
        libwrap.so.0 => /lib64/libwrap.so.0 (0x00007f3b35bad000)
```

如果不知道服务的二进制文件，可以使用命令 which 来查询，如 which sshd。

对有些服务，还要进一步启用对 TCP Wrappers 的支持。例如，vsftpd 的配置文件就有一个选项 tcp_wrappers 用于确定是否支持 TCP Wrappers。

2. TCP Wrappers 主机访问文件格式

TCP Wrappers 配置文件/etc/hosts.allow 和/etc/hosts.deny 通常被称为主机访问文件。这两个文件的格式是完全相同的，基本要求如下。

（1）空行或以#符号开始的行（注释行）被忽略。

（2）最后一行必须是按回车键所产生的。

（3）一行定义一条规则，当需要续行时，应使用反斜线。

（4）每条规则都使用以下基本格式来对网络服务的访问进行控制：

```
<服务列表>:<客户端列表>:[<选项>:<选项>:...]
```

- 服务列表：定义规则要应用的服务（守护进程），用服务程序的守护进程名（而不是服务名）来表示，多个服务用逗号分隔，也可使用 ALL 通配符，还可使用运算符。

- 客户端列表：定义规则要应用的客户端，可用主机名、主机 IP 地址等表示。多个客户端由逗号分隔，还可采用特殊模式或通配符列表，或者使用运算符来获得更大的灵活性。

- 选项：定义规则触发时要执行的动作，可以是扩展式命令、shell 命令、允许或拒绝访问，以及修改日志记录等。

3. TCP Wrappers 主机访问规则实例

先来看一个简单的主机访问规则示例：

```
vsftpd:.abc.com
```

此规则要求 TCP Wrappers 监控 abc.com 域内的任何主机到 vsftpd 的连接请求。如果此规则在 hosts.allow 中定义，则允许连接；如果在 hosts.deny 中定义，则拒绝连接。

再来看一条更为复杂的主机访问规则：

sshd:.abc.com\:spawn/bin/echo`/bin/date`access denied>>/var/log/sshd.log\:deny

此规则使用两个选项字段，而且每个选项前面都有反斜线，这主要是要防止由于规则太长而造成失败。此规则规定：如果 abc.com 域内的某主机试图向 SSH 服务发出连接请求，那么执行 echo 命令将这次尝试动作添加到一个专用日志文件中，并且拒绝该连接。即使在 hosts.allow 文件中定义该规则，也会拒绝，因为使用了选项命令 deny。在设置 FTP 服务器软件 vsftpd 的安全时，就要用到主机访问规则来限制客户端访问。

4. 灵活定制 TCP Wrappers 主机访问规则

TCP Wrappers 提供通配符、模式和运算符来灵活表示服务列表和客户端列表。

（1）通配符

通配符可以匹配各种服务或客户端主机。例如，ALL 表示完全匹配，可以用在服务列表和客户列表中；LOCAL 表示与任何不包括圆点（.）的主机匹配。

（2）模式

模式可以用在访问规则的客户端列表中，便于为主机指定分组。

主机名以圆点（.）开头，表示匹配所列域的任何主机，如.abc.com 表示 abc.com 域内所有主机。IP 地址以圆点（.）结尾，表示匹配所列网络中的任何主机，如 192.168.表示 IP 地址以 192.168 开头的所有主机。

IP 地址/网络掩码用于匹配某一组特定的 IP 地址，如 192.168.0.0/259.259.254.0 表示从 192.168.0.0 到 192.168.1.255 的任何主机。

星号（*）用来匹配整个不同组别的主机名或 IP 地址。

客户端列表以斜线（/）开头，就被当作一个文件名对待，表示该文件列出的所有主机。

（3）运算符

可以使用运算符 EXCEPT，排除一个范围。例如，ALL EXCEPT vsftpd 表示除 vsftpd 以外的所有服务。

5. 在 TCP Wrappers 主机访问规则中使用选项

除允许和拒绝访问的 TCP Wrappers 基本规则外，Red Hat Enterprise Linux 还可通过选项来扩展规则，以完成更复杂的控制管理任务。

（1）访问控制

一般使用 hosts.allow 和 hosts.deny 区分允许或拒绝规则。如果在选项字段中使用 allow 或 deny 命令，就能在一条规则中明确允许或拒绝主机，无论该规则出现在哪个主机访问文件。例如：

vsftpd:192.168.0.:allow

（2）Shell 命令与扩展式命令

可以在规则的选项字段中通过下面两个指令发出 shell 命令。

- spawn：作为子进程发出一个 shell 命令。
- twist：将要求进行的服务转换成特定的命令。

扩展式命令与 spawn 和 twist 一起使用时，可以提供关于客户端、服务器及相关进程的信息。例如，%a 返回用户的 IP 地址；%A 返回服务器的 IP 地址；%c 返回大量的客户信息；%返回守护进程（服务）的名称。

9.4 SELinux 强制访问控制

SELinux（Security-Enhanced Linux）是一个被集成到 Linux 内核中的安全体系结构，是美国国家安全局为 Linux 操作系统开发的强制访问控制体系。在多用户环境下运行 Linux，或者对 Linux 有较高安全性要求时，首选具有全面访问控制能力的 SELinux。

9.4.1 操作系统的访问控制机制

SELinux 是对 Linux 强制访问控制的有效实现。所有的计算机安全都与访问控制有关。访问控制是指防止未经授权使用资源，包括两个方面，一是防止非授权用户访问资源，二是防止合法用户以非授权方式访问资源。操作系统常用的访问控制机制有以下两种。

1. 自主访问控制（Discretionary Access Control，DAC）

这种机制基于请求者的身份和访问规则来控制访问。所谓自主，是指具有某种资源访问许可的主体，可以按照自己的意愿授予其他主体访问该资源的权限。

每一个对象都会记录一个所有者（拥有者）的信息，只要是对象的所有者，就可以获得完整控制该对象的能力。传统的 UNIX 系统提供的安全机制就是 DAC，程序、文件或进程等对象的所有者可以任意修改或授予该对象相应的权限。

DAC 允许对象所有者完全访问该对象，但其他人需要访问该对象时，就必须授予适当的权限。但是每一个对象都仅有一组所有者信息，如果需要更复杂的访问控制能力，就需要访问控制列表（Access Control List，ACL）来为不同的用户设置不同的权限。

DAC 与 ACL 都只是针对使用者与对象的关系进行访问控制，无法满足对安全性的复杂性要求。例如，Linux 系统中有一个文件 myfile，其权限为 rw-r--r--，文件所有者为 root:root，这里有两个应用程序 a 和 b，当 Zhangsan 执行 a 和 b 程序时，系统会建立 a 和 b 进程，并且将进程执行者标记为 Zhangsan。如果 Zhangsan 要求进程 a 可以访问 myfile，而进程 b 禁止访问 myfile，DAC 与 ACL 就无能为力了。

2. 强制访问控制（Mandatory Access Control，MAC）

这种机制通过比较具有安全许可的安全标记来控制访问。所谓强制，是指具有某种资源访问许可的主体，不能按照自己的意愿授予其他主体访问该资源的权限。

MAC 机制不允许对象的所有者随意修改或授予该对象相应的权限，而是通过强制方式为每个对象统一授予权限。用户或进程除需要具备传统的权限外，还必须获得系统的 MAC 授权，方能访问指定的对象，这样管理者就可以获得更多的访问控制能力，从而进行更精密细致的访问控制配置，MAC 的安全性比授予用户完全控制能力的 DAC 高得多。不过，在配置与维护方面，MAC 比 DAC 复杂得多，这也是提高安全性所要付出的代价。

MAC 的实现机制主要包括 RBAC 和 MLS。RBAC D 的全称为 Role- B ased Access Control，可以译为基于角色的访问控制，其实现机制是以用户所属的角色进行访问权限判断。例如，设置经理可以访问哪些对象、员工可以访问哪些对象。MLS 的全称为 Mufti-Level Security，可以译为多级安全，其实现机制是以数据内容的敏感性或机密性定义若干不同的等级，以对象的机密等级来决定进程对该对象的访问能力。

9.4.2　Linux 安全模型

与 UNIX 系统一样，传统的 Linux 安全模型依赖于 DAC，对象的所有者根据需要对该对象设置任何访问权限，这种安全模型虽然存在局限性，但通过安全配置管理，仍然可以实现高效安全的 Linux 系统。按照这种模型，Linux 基于所有者、所属组和其他用户的身份进行文件权限控制。对象的任何所有者都可以设置或者改变对象的权限，超级用户 root 既对系统中的所有对象拥有所有权，又能改变系统中所有对象的权限。一旦攻击者获得 root 权限，就能彻底攻克一个 Linux 系统。

要追求严格的安全控制，应采用基于 MAC 的安全模型，让 Linux 的所有用户服从全局安全策略。在一个基于 MAC 的系统上，超级用户仅用于维护全局安全策略。日常的系统管理则使用无权改变全局安全策略的账户。因此，攻击任何进程都不可能威胁整个系统（除非获取设置策略的账户）。

基于 MAC 模型的操作系统在配置和维护上比 DAC 复杂得多，而且过严、过细的安全控制不便于用户使用。考虑到可行性，目前 Linux 的 MAC 解决方案 SELinux 简化了 MAC 复杂性，部分实现了 MAC。SELinux 仅用于限制关键的网络守护进程，而其他对象和应用都需要DAC 进行保护。

9.4.3　SELinux 架构

SELinux 实现一种灵活的 MAC 机制，被称为类型强制（Type Enforcement），还包含 RBAC和 MSL 模型。

SELinux 将进程称为主体（Subject），将所有可以访问的对象，如文件、目录、进程、设备等都称为对象（Object）。每一个进程都有一个类型标识，一般称之为域（domain）。每一个对象也有一个类型标识。采用类型强制机制，所有主体和对象都有一个类型标识符与它们关联，要访问某个对象，主体的类型（域）必须为对象的类型进行授权。

SELinux 规则指定每个用户可以假定的角色，在何种环境下用户可以从一个授权角色转换到另一个角色，以及每个授权角色可以操作的域。

在 SELinux 中，MLS 是由文件系统标记实现的。MLS 指实施 Bell-La Padula 强制访问模型的安全模式。使用 MLS，用户和进程被称为主体，文件、设备和系统中其他被动的组件都被称为对象。主体和对象都使用一个安全级标记，这涉及主体或对象的分级。每个安全级由一个敏感度和一个类别集成，例如，一个内部发布的计划归到使用"机密"敏感度的"内部"文档类别。

如图 9-8 所示，当一个主体（如一个应用程序）要访问一个对象（如一个文件）时，需要经过以下控制流程。

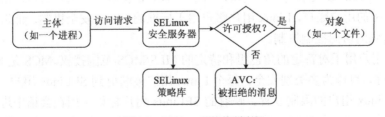

图 9-8　SELinux 访问控制流程

（1）内核中的安全策略强制 SELinux 服务器检查 AVC（Access Vector Cache，访问矢量缓存），其中缓存有主体与对象的权限。

（2）如果 AVC 中没有缓存相应的规则，则将该请求继续送达 SELinux 安全服务器，该服务器会检查这个应用程序的安全上下文，根据结果决定是否授予访问权限。主体和对象的安全上下文是由所安装的安全策略决定的。

（3）如果拒绝授予访问权限，一个 avc: denied 信息会记入/var/log/messages 文件中。

SELinux 不能阻止对未打补丁的漏洞的攻击，但是它被特别设计来限制这样攻击的效果。下面以 Web 服务器为例来说明 MAC 安全的优势。采用传统的 DAC 机制，黑客侵入 Web 服务器时，有可能提升自己的权限，从而控制整个服务器。如果采用 MAC 机制，由 SELinux 提供保护，当黑客侵入 Web 服务器时，由于进程只能访问那些在其任务中所需要的文件，即 Web 服务器的所有文件，不能访问 Web 服务器以外的文件，这样最多会导致 Web 服务器本身被黑客控制，不会影响整个服务器。

提示：SELinux 是在传统的 DAC 机制基础之上附加的强制控制，进程必须被授予传统的访问权限之后，Linux 内核才会通过 SELinux 进一步检查其访问权限。如果传统权限禁止进程访问，Linux 内核就不会再通过 SELinux 进行控制。

9.4.4　SELinux 上下文

在 SELinux 中，访问控制属性被称为 SELinux 上下文（context）。进程和文件使用 SELinux 上下文进行标记，上下文提供被用户、角色、类型和可选的级别等信息。运行 SELinux 时，这些信息用来进行访问控制。在 CentOS 中，SELinux 组合运用角色的访问控制（RBAC）、类型强制（TE）和多级安全（MLS）。

1．上下文格式

安全上下文是一个简单的、一致的访问控制属性。SELinux 的所有对象和主体（进程）都有与其关联的 SELinux 上下文。上下文用于进程、Linux 用户和文件。SELinux 对系统中的许多命令做了修改，通过添加选项-Z 可以显示主体和对象的安全上下文。下面是一个查看文件和目录的上下文的例子：

```
ls -Z file1
-rwxrw-r--    user1 group1 unconfined_u:object_r:user_home_t:s0        file1
```
上下文的格式如下：
```
SELinux user:role:type:level
```
（1）SELinux user（SELinux 用户）

SELinux 用户用于标识用户身份，即用户登录系统后所属的 SELinux 身份。通常以_u 作为后缀，例如 system_u 表示用户系统账户身份，user_u 表示普通用户身份，root 为根用户。这不同于 Linux 的用户账户，Linux 用户账户用于标准的 Linux 安全机制，而此处的用户标识符用于安全增强的访问控制机制。

SELinux 用户用于对特定的角色组和特定的 MLS/MCS 范围授权。MCS 是 Multi-Category Security 的简称，可译为多类别安全。每个 Linux 用户被映射到 SELinux 用户。这允许 Linux 用户继承 SELinux 用户的限制设置。映射的 SELinux 用户标识符用在会话中进程的 SELinux 上下文，目的是定义他们能加入的角色和级别。以 root 身份执行以下命令，显示 SELinux 和 Linux 用户账户的映射列表：

```
[root@srv1 ~]# semanage login -l
```

登录名	SELinux 用户	MLS/MCS 范围	服务
__default__	unconfined_u	s0-s0:c0.c1023	*
root	unconfined_u	s0-s0:c0.c1023	*
system_u	system_u	s0-s0:c0.c1023	*

"登录名"（Login Name）栏列出 Linux 用户。

"SELinux 用户"（SELinux User）栏列出 Linux 用户被映射到的 SELinux 用户，对进程来说，SELinux 用户限制可访问的角色和级别。

"MLS/MCS 范围"（MLS/MCS Range）栏显示的是由 MLS 和 MCS 所用的级别。

"服务"（Service）栏确定正确的 SELinux 上下文，Linux 用户应该登录系统。默认值为星号（*），表示任何服务。

（2）role（角色）

角色用于标识一组用户或对象的集合，通常以_r 作为后缀，例如 object_r 代表文件和设备对象，user_r 代表用户。

RBAC 安全模型是 SELinux 的组成部分，角色是 RBAC 的一个属性。SELinux 用户对角色授权，而角色对域授权。角色作为域和 SELinux 用户的中介。加入的角色决定可以加入的域，最终控制哪些对象可以访问。这种机制有助于降低遭受特权提升攻击的风险。

（3）type（类型）

类型用于标识对象的类型，通常以_t 作为后缀，例如 default_t 表示默认类别，boot_t 表示引导文件类型，device_t 表示设备文件，http_t 表示 HTTP 服务相关类型，unconfined_t 表示未配置的类别。

类型是类型强制的一个属性。类型为进程定义域，为文件定义类型。SELinux 策略规则定义类型之间如何相互访问、一个域是否访问一个类型、一个域是否访问另一个域。

（4）level（级别）

级别是 MLS/MCS 的一个属性。一个 MLS 范围以一个级别对表示，格式为"低级-高级"，如果高低两个级别一样，可以简写为一个级别，例如 s0-s0 等同于 s0。每个级别是一个"敏感度-类别"（sensitivity-category）对，其中类别可选。如果有类别，级别写作"敏感度:类别集"。如果没有类别，仅写出敏感度。

如果类别集是成系列的，则可以缩写，例如 c0.c3 等同于 c0,c1,c2,c3。配置文件/etc/selinux/targeted/setrans.conf 将级别（s0:c0）映射为可读格式。在 CentOS 中，Targeted 策略实施 MCS，而在 MCS 中，仅有一个敏感度 s0。CentOS 中的 MCS 支持 1024 种类别，即c0~c1023。s0-s0:c0.c1023 表示敏感度 s0，授权给所有类别。

2. 域的转换

通过执行拥有新的域的入口点类型（entrypoint type）的应用程序，一个域中的进程转换到另一个域中。入口点许可用于策略，控制用于加入域的应用程序。下面示范域转换。

（1）用户要改变自己的密码，为此使用 passwd 工具。该工具的可执行文件使用passwd_exec_t 类型标记：

```
[root@srv1 ~]# ls -Z /usr/bin/passwd
-rwsr-xr-x. root root system_u:object_r:passwd_exec_t:s0 /usr/bin/passwd
```

这个 passwd 工具要访问/etc/shadow 文件，该文件使用 shadow_t 类型标记：

```
[root@srv1 ~]# ls -Z /etc/shadow
```

----------. root root system_u:object_r:shadow_t:s0   /etc/shadow

（2）一条 SELinux 策略规则规定在 passwd_t 域中运行的进程被允许读写标记为 shadow_t 类型的文件。类型 shadow_t 仅用于要求更改密码的文件，这些文件包括/etc/gshadow、/etc/shadow，以及它们的备份文件。

（3）一条 SELinux 策略规则规定 passwd_t 域对 passwd_exec_t 类型拥有入口点许可。

（4）当用户运行 passwd 工具时，该用户的 Shell 进程转换到 passwd_t 域。启用 SELinux，因为默认行为被拒绝，存在一条规则允许在 passwd_t 域中运行的应用程序访问标记为 shadow_t 类型的文件，所以 passwd 被允许访问 etc/shadow 并更新用户的密码。

这只是一个用作解释域转换的基本示例。尽管有一条实际的规则允许在 passwd_t 域中运行的主体访问标记为 shadow_t 文件类型的对象，其他 SELinux 策略规则也必须符合，在主体能转换到一个新的域之前。此例中类型强制确保以下目的实现。

• 域 passwd_t 只能通过执行标记为 passwd_exec_t 类型的应用程序加入；只能执行来自已授权的共享库（如 lib_t 类型），不能执行其他应用程序。

• 只有授权的域（如 passwd_t）能写入标记为 shadow_t 类型的文件。

• 只有授权的域能转换到 passwd_t 域。

• 在 passwd_t 域中运行的进程只能读写授权的类型，如标记为 etc_t 或 shadow_t 类型的文件。这将防止 passwd 程序受骗读写其他文件。

3．进程的 SELinux 上下文

可以使用 ps -eZ 命令查看进程的 SELinux 上下文。下面给出一个查看 passwd 工具的示例。

（1）打开一个终端窗口，执行 passwd 命令。

（2）打开另一个终端窗口，执行以下命令，显示相应的结果：

[root@srv1 ~]# ps -eZ|grep passwd
unconfined_u:unconfined_r:passwd_t:s0-s0:c0.c1023 5327 pts/0 00:00:00 passwd

（3）切换到第一个终端窗口，按<Ctrl>+<C>组合键终止 passwd 的运行。

例中当 passwd 命令（标记为 passwd_exec_t 类型）执行时，用户的 Shell 进程转换到 passwd_t 域。此类型为进程定义一个域，为文件定义一个类型。

要查看所有正在运行的进程的 SELinux 上下文，可以执行 ps -eZ 命令，下面给出部分结果：

LABEL	PID TTY	TIME CMD
system_u:system_r:init_t:s0	1 ?	00:00:01 systemd
system_u:system_r:kernel_t:s0	2 ?	00:00:00 kthreadd
system_u:system_r:kernel_t:s0	3 ?	00:00:00 ksoftirqd/0

角色 system_r 用于像守护进程这样的系统进程。类型强制分隔每个域。

4．用户的 SELinux 上下文

可以使用 id -Z 命令查看关联 Linux 用户的 SELinux 上下文。下面给出一个显示结果示例：
unconfined_u:unconfined_r:unconfined_t:s0-s0:c0.c1023

默认 Linux 用户以未配置方式运行。这个 SELinux 上下文表明 Linux 用户被映射到 SELinux 用户 unconfined_u，作为角色 unconfined_r 运行，且在域 unconfined_t 中运行。s0-s0 是一个 MLS 范围，等同于 s0。用户访问的类别由 c0.c1023 定义，表明适用所有类别。

9.4.5　启用 SELinux

要使用 SELinux 安全机制，首先必须启用 SELinux。当然如果不需要 SELinux 安全机制，就要停用 SELinux。SELinux 支持以下 3 种运行模式。

• enforcing（强制）：强制执行 SELinux 安全策略。只要违反 SELinux 安全策略，就被禁止访问。

• permissive（允许）：SELinux 系统给出警告信息，但并不强制执行安全策略，又称警告模式。permissive 可以用于故障排除，因为采用这种模式，系统会记录更多的拒绝信息。

• disabled（禁用）：完全禁止 SELinux，SELinux 将从内核中脱离。

CentOS 7 在安装时通常会启用 SELinux。

1．通过主配置文件/etc/sysconfig/selinux 设置运行模式

系统是否启用 SELinux 的设置，记录在主配置文件/etc/selinux/config 中，具体是由其中的 SELINUX 选项来设置的，默认设置如下：

```
# SELINUX= can take one of these three values:
#       enforcing - SELinux security policy is enforced.
#       permissive - SELinux prints warnings instead of enforcing.
#       disabled - No SELinux policy is loaded.
SELINUX=enforcing
```

更改配置文件后必须重启系统才能生效。

2．使用命令行工具管理 SELinux 运行模式

（1）查看 SELinux 状态

可以执行命令 sestatus 来查看 SELinux 当前状态，例如：

```
[root@srv1 ~]# sestatus
SELinux status:                 enabled
SELinuxfs mount:                /sys/fs/selinux
SELinux root directory:         /etc/selinux
Loaded policy name:             targeted
Current mode:                   enforcing
Mode from config file:          enforcing
Policy MLS status:              enabled
Policy deny_unknown status:     allowed
Max kernel policy version:      28
```

命令 sestatus 带上选项-v 将显示详细的信息。

还可以执行 getenforce 命令来查看当前 SELinux 模式。

（2）修改 SELinux 运行模式

"强制"和"允许"都属于启用 SELinux。在启用状态与禁用状态之间切换，必须重新启动系统。如果处于启用状态，则在"强制"和"允许"两个模式之间切换无须重启系统，这可以通过命令行工具来实现。执行 setenforce 命令可以实时修改 SELinux 运行的模式。

例如执行以下命令使 SELinux 以"强制"模式运行：

```
setenforce 1
```

例如执行以下命令使 SELinux 以"允许"模式运行：

```
setenforce 0
```

9.4.6 SELinux 安全策略

安全策略（Security Policy）是定义主体访问对象的规则数据库。目前有 Targeted 和 MLS 两类安全策略，功能与定位都不同。

1. Targeted 策略

Targeted 策略是最常用的 SELinux 策略。当使用此策略时，列入目标的（targeted）进程运行在受限域（confined domain），未列入目标的（not targeted）进程运行在未配置域（unconfined domain）。例如，默认情况下，登录的用户在 unconfined_t 域中运行，而由 init 启动的系统进程在 unconfined_service_t 域中运行，这两类域都是未配置的。

可执行和可写的内存检查可应用到受限域和未配置域。但是，默认情况下，在未配置域中运行的主体可以分配可写内存并执行它。这些内存检查可通过设置布尔值（Booleans）来启用，这允许在运行时修改 SELinux 策略。

默认情况下，CentOS 自动安装 Targeted 安全策略。该策略只能保护指定的守护进程或服务程序。dhcpd、httpd、named、nscd、ntpd、portmap、snmpd、squid、syslogd 等常用的服务都在 SELinux 保护之列。未被 SELinux 保护的服务在 unconfined_t 域中运行，该域允许其 SELinux 上下文中的主体和对象使用标准的 Linux 安全系统来运行。

2. MLS 策略

MLS 实施 Bell-La Padula 强制访问模型，用于标记式安全保护配置文件（Labeled Security Protection Profile，LSPP）环境。要使用 MLS 限制，需要安装 selinux-policy-mls 包，并配置 MLS 作为默认 SELinux 策略。CentOS 提供的 MLS 策略省去许多不属于评估配置的程序域，因此 MLS 在桌面系统不可用（不支持 X Window System）；但是来自上游 SELinux 参考策略的 MLS 策略可以包括所有的程序域。

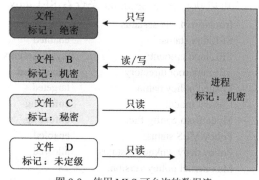

为进一步说明 MLS 策略，这里给出示意图，图 9-9 说明在运行在机密安全级下的主体和不同安全级对象之间的可允许的数据流，进程可以读取同级和更低级别的对象，但是只能写入同级或更高级别的对象。也就是说，Bell-LaPadula 模型具有两个特别的属性，即不向上读取（no read up）和不向下写入（no write down）。

图 9-9　使用 MLS 可允许的数据流

3. 设置安全策略

CentOS 7 通过主配置文件/etc/selinux/config 来设置要使用的 SELinux 策略，具体是通过其中的 SELINUXTYPE 选项来实现的，默认设置如下：

```
# SELINUXTYPE= can take one of three two values:
#       targeted - Targeted processes are protected,
#       minimum - Modification of targeted policy. Only selected processes are protected.
#       mls - Multi Level Security protection.
SELINUXTYPE=targeted
```

共有 3 种选择，SELINUXTYPE 默认值为 targeted，表示使用 Targeted 策略。第二个值为 minimum，表示使用 Targeted 策略的修改版，仅保护选定的进程。

如果要使用 MLS 策略，请将 SELINUXTYPE 值设置为 mls。下面示范设置过程。

（1）安装 selinux-policy-mls 软件包。

（2）启用 MLS 策略之前，文件系统上的每个文件程序必须替换为 MLS 标记。重新标记文件系统，受限域可能被拒绝访问，可能阻止系统正确启动。为防止这种情况发生，在 /etc/selinux/config 文件中将 SELINUX 值设置为 permissive，将 SELINUXTYPE 设置为 mls。

（3）确保 SELinux 以允许（permissive）模式运行。以 root 身份执行 setenforce 0 命令。

（4）以 root 身份执行带选项-F 的 fixfiles 脚本创建/.autorelabel 文件，以确保这些文件在下次启动时被重新标记。命令格式为：

fixfiles -F onboot

（5）重启系统。在下一次启动期间，所有文件系统将根据 MLS 策略重新标记。

（6）在"允许"模式下，并不强制应用 SELinux 策略，但是在"强制"模式下被拒绝的行为仍将记录日志。在切换到"强制"模式之前，以 root 身份执行以下命令，确认在最近一次启动中不存在 SELinux 拒绝的行的：

grep "SELinux is preventing" /var/log/messages

（7）确保在/var/log/messages 文件中没有拒绝记录，否则要解决所有被 SELinux 拒绝的行为，然后将/etc/selinux/config 文件中的 SELinux 选项值设置为 enforcing。

（8）重启系统，确认 SELinux 以"强制"模式运行，然后再确认 MLS 策略已启用：

sestatus|grep mls
Policy from config file:　　　　　　mls

9.4.7　使用布尔值管理 SELinux 策略

SELinux 布尔值（Booleans）是更改 SELinux 策略行为的开关，是可以启用或禁用的规则。管理员无须了解 SELinux 策略的书写，可使用布尔值在系统运行时更改部分 SELinux 策略。这种方法无须重新加载或重新编译 SELinux 策略，即可生效。

1．查看 SELinux 布尔值

以 root 身份执行 semanage boolean -l 命令可以查看布尔值列表，这里给出部分结果：

SELinux 布尔值　　　　　　　　　状态　　　　默认　描述
ftp_home_dir　　　　　　　　　　（关　　,　　关）　Allow ftp to home dir
smartmon_3ware　　　　　　　　　（关　　,　　关）　Allow smartmon to 3ware

其中"SELinux 布尔值"（SELinux boolean）栏给出布尔值名称；"描述"（Description）栏列出开关状态及用途。要获取更详细的描述信息，需要安装 selinux-policy-devel 包。

使用命令行工具 getsebool 来查看 SELinux 布尔值，只能查看开关状态，不能查看描述信息。命令格式为：

getsebool [-a] [boolean]

使用选项-a 可以列出所有 SELinux 布尔值。参数 boolean 指定要查看的 SELinux 布尔值名称。例如：

oot@srv1 ~]# getsebool cvs_read_shadow
cvs_read_shadow --> off

同时查看多个布尔值时，可用空格隔开。

SELinux 布尔值数量较多，可使用 grep 查找命令与管道操作来获取相关的 SELinux 布尔值，例如执行以下命令将查询与 HTTP 服务相关的布尔值，这里只列出部分结果：

```
[root@srv1 ~]# getsebool -a|grep httpd
httpd_anon_write --> off
httpd_builtin_scripting --> on
httpd_can_check_spam --> off
httpd_can_connect_ftp --> off
httpd_can_connect_ldap --> off
```

2. 设置布尔值

使用命令行工具 setsebool 来设置 SELinux 布尔值，命令格式为：

```
setsebool [ -P ] boolean value|bool1=val1 bool2=val2...
```

选项-P 表示永久修改，否则只能是临时修改，重启将恢复默认值。有两种赋值形式，一种是使用等号，另一种是将参数和值分开。例如以下两条命令效果相同：

```
setsebool httpd_disable_trans=1
setsebool httpd_disable_trans on
```

将一个服务（守护进程）布尔值设为 0 或 off，会中止对该服务的安全策略变迁，让 SELinux 对它进行保护。例如将 dhcpd_disable_trans 设置为 0，就可防止 init 进程将 dhcpd 守护进程从 unconfined_t 域转换到 dhcpd.te 中指定的域。

3. 通过 Shell 自动补全（Auto-Completion）来使用布尔值工具

应尽可能使用 getsebool、setsebool 和 semanage 工具的 Shell 自动补全功能。

getsebool 和 setsebool 自动补全功能可以完成命令行选项和布尔值。在命令后面输入“-”，按<Tab>键可获取选项。要补全布尔值，输入布尔值前面的部分字符，按<Tab>键就可获取匹配的布尔值列表。如果仅有一个匹配的布尔值，则直接加入命令中。

semanage 工具可使用多个参数，可以逐一补全。第 1 个参数是一个选项，定义 SELinux 策略要管理的部分。输入该命令，按空格键，再按<Tab>键，列出参数表：

```
[root@srv1 ~]# semanage
boolean      export      import      login      node      port
dontaudit    fcontext    interface   module     permissive  user
```

然后输入参数，输入“-”，按<Tab>键就可进一步获取选项：

```
[root@srv1 ~]# semanage boolean -
-0           -h          -l          -n          -o          --on
-1           --help      --list      --noheading --off       -S
```

9.4.8 标记文件

在运行 SELinux 的系统上，所有进程和文件都需要进行标记以提供安全相关信息，即 SELinux 上下文。对文件来说，主要是标记其类型。默认新创建的文件和目录继承其父目录的 SELinux 类型。例如在标记为 etc_t 类型的/etc 目录中创建一个新文件，新文件将继承同一类型，这里示范验证过程：

```
[root@srv1 ~]# ls -dZ  /etc
drwxr-xr-x. root root system_u:object_r:etc_t:s0          /etc
[root@srv1 ~]# touch /etc/file1
[root@srv1 ~]# ls -lZ /etc/file1
-rw-r--r--. root root unconfined_u:object_r:etc_t:s0      /etc/file1
```

　　常用的管理文件的 SELinux 上下文的工具有 chcon、semanage fcontext 和 restorecon。下面主要介绍前两种。

　　1. 使用 chcon 临时修改文件的 SELinux 上下文

　　chcon 命令用于修改对象（文件）的安全上下文，包括用户、角色、类型、安全级别。之所以说它是临时性的，是因为文件系统重新标记或者执行 restorecon 命令之后，修改将无效。使用 chcon 命令，用户可以修改全部或部分 SELinux 上下文，命令格式为：

chcon [选项]... [-u 用户] [-r 角色] [-l 范围] [-t 类型] 文件...

　　不正确的文件类型是 SELinux 拒绝访问的常见原因。这里主要使用选项-t 指定类型。例如以下命令将名为 file-name 的文件或目录的类型修改为 httpd_sys_content_t：

chcon -t httpd_sys_content_t file-name

　　如果加上选项-R，则表示递归处理所有的文件及子目录。以下命令将名为 directory-name 的目录及其所属文件、子目录的类型都修改为 httpd_sys_content_t：

chcon -R -t httpd_sys_content_t directory-name

　　2. 使用 semanage fcontext 永久修改文件的 SELinux 上下文

　　命令 semanage fcontext 也用于改变文件的 SELinux 上下文。执行该命令产生的变化被 setfiles（重新标记文件系统的工具）和 restorecon（恢复默认的 SELinux 上下文工具）所用。这就意味着 semanage fcontext 的更改是永久性的，即使文件系统重新标记也没关系。

　　semanage fcontext 的命令格式为：

semanage fcontext -a 选项 文件名|目录名

下面演示改变文件类型的过程。

　　（1）以 root 身份在/etc 目录中创建一个新文件，默认新文件将标记为 etc_t 类型：

[root@srv1 ~]# touch /etc/file2
[root@srv1 ~]# ls -lZ /etc/file2
-rw-r--r--. root root unconfined_u:object_r:etc_t:s0 /etc/file2

　　（2）以 root 身份执行以下命令将 file2 的类型改为 samba_share_t：

[root@srv1 ~]# semanage fcontext -a -t samba_share_t /etc/file2
[root@srv1 ~]# ls -lZ /etc/file2
-rw-r--r--. root root unconfined_u:object_r:etc_t:s0 /etc/file2
[root@srv1 ~]# semanage fcontext -C -l
SELinux fcontext　　　　　　　类型　　　　　　　　　　上下文
/etc/file2　　　　　　　　　　all files　　　　　　system_u:object_r:samba_share_t:s0

　　选项-a 表示添加一个新记录，选项-t 定义类型。注意运行此命令并不直接改变类型，文件 file2 仍然标记为 etc_t。

　　命令 semanage fcontext -C -l 用于查看新建文件和目录的上下文。

　　（3）以 root 身份使用 restorecon 工具改变类型。因为 semanage 为/etc/file2 添加一个条目到 file_contexts.local 文件（位于/etc/selinux/targeted/contexts/files 目录下），restorecon 将类型改为 samba_share_t（选项-v 表示将过程显示到屏幕上）：

[root@srv1 ~]# restorecon -v /etc/file2
restorecon reset /etc/file2 context unconfined_u:object_r:etc_t:s0->unconfined_u:object_r:samba_share_t:s0

　　（4）再次查看/etc/file2 的上下文，发现其已经被标记为 samba_share_t 类型：

[root@srv1 ~]# ls -lZ /etc/file2
-rw-r--r--. root root unconfined_u:object_r:samba_share_t:s0 /etc/file2

9.4.9　管理受限的用户

默认 Linux 用户被映射到 SELinux 用户 unconfined_u，由 unconfined_u 运行的所有进程在 unconfined_t 域中，这意味着用户访问系统受标准的 Linux DAC 策略限制。但是在 CentOS 中还有许多受限的 SELinux 用户，这意味着用户的访问能力被限制在特定的范围。例如，由 SELinux 用户 user_u 运行的进程在 user_t 域中，这样的进程能够连接网络，但是不能执行 su 或 sudo 命令，这有助于保护系统免遭一些用户的危害。

1. Linux 与 SELinux 用户的映射

以 root 身份使用 semanage login -l 命令可以查看 Linux 与 SELinux 用户之间的映射。默认情况下，Linux 用户被映射到 SELinux 登录名__default__。使用 useradd 创建 Linux 用户时，如果没有定义选项，则该用户被映射到 SELinux 用户 unconfined_u。默认映射定义如下：

```
__default__            unconfined_u            s0-s0:c0.c1023          *
```

2. 限制新的 Linux 用户：useradd

被映射到 SELinux 用户 unconfined_u 的 Linux 用户在 unconfined_t 域中运行，可以将新 Linux 用户映射到指定的其他 SELinux 用户。

（1）以 root 身份创建一个新的 Linux 用户 useruuser，它将被映射到 SELinux 用户 user_u。

```
[root@srv1 ~]# useradd -Z user_u useruuser
```

（2）以 root 身份执行以下命令查看 useruuser 与 user_u 的映射关系：

```
[root@localhost ~]# semanage login -l
登录名                 SELinux 用户         MLS/MCS 范围        服务
__default__            unconfined_u         s0-s0:c0.c1023       *
root                   unconfined_u         s0-s0:c0.c1023       *
system_u               system_u             s0-s0:c0.c1023       *
useruuser              user_u
```

（3）以 root 身份执行 passwd useruuser 命令为 Linux 用户 useruuser 指定一个密码。

（4）退出当前会话，以 Linux 用户 useruuser 登录系统。当用户登录时，pam_selinux 模块将该 Linux 用户映射到一个 SELinux 用户（例中为 user_u），并设置 SELinux 上下文。该 Linux 用户 Shell 接着装载此上下文。执行以下命令可查看该用户的上下文：

```
[useruuser@srv1 ~]id -Z
user_u:user_r:user_t:s0
```

（5）退出 Linux 用户 newuser 的会话，以之前的用户登录系统。如果不再需要 newuser 用户，以 root 身份执行以下命令删除该用户及其主目录，以及它与 user_u 的映射：

```
userdel -Z -r useruuser
```

选项-Z 用来指示 SELinux 上下文。

3. 限制现有 Linux 用户：semanage　login

默认 Linux 用户被映射到 SELinux 用户 unconfined_u，可以使用 semanage login 命令将他们更改到其他 SELinux 用户。下面的例子创建一个名为 newuser 的新 Linux 用户，然后将其映射到 SELinux 用户 user_u。

（1）以 root 身份执行命令 useradd newuser，创建一个新的 Linux 用户 newuser，它将使用默认映射。

（2）以 root 身份执行以下命令，将 Linux 用户 newuser 映射到 SELinux 用户 user_u：

semanage login -a -s user_u newuser

选项-a 表示添加一个新记录，选项-s 指定要映射到的 SELinux 用户，最后一个参数 newuser 是要映射的 Linux 用户。

（3）以 root 身份执行 semanage login -l 命令查看 newuser 与 user_u 的映射关系，可以发现结果中有一行表示此映射关系：

newuser   user_u   s0   *

（4）以 root 身份执行 passwd newuser 命令为 Linux 用户 newuser 指定一个密码。

（5）退出当前会话，以 Linux 用户 newuser 登录系统。执行 id -Z 命令查看该用户的上下文，结果显示如下：

user_u:user_r:user_t:s0

（6）退出 Linux 用户 newuser 的会话，以之前的用户登录系统。如果不再需要 newuser 用户，以 root 身份执行以下命令删除该用户及其主目录：

userdel -r newuser

（7）以 root 身份执行以下命令删除 newuser 用户与 user_u 的映射：

semanage login -d newuser

（8）以 root 身份执行 semanage login -l 命令，可发现以上映射关系已被删除。

4．修改默认映射

Linux 用户默认会被映射到 SELinux 登录名__default__，接着会被映射到 SELinux 用户 unconfined_u。可以使用 semanage login 命令修改默认映射。

例如以 root 身份执行以下命令将默认映射从 unconfined_u 改为 user_u：

semanage login -m -S targeted -s "user_u" -r s0 __default__

以 root 身份执行 semanage login -l 命令验证__default__已被映射到 user_u：

__default__   user_u   s0-s0:c0.c1023   *

创建新的 Linux 用户未指定 SELinux 用户，或者现有 Linux 用户登录之后不匹配 semanage login -l 输出的特定条目，它们将被映射到 user_u，具有__default__登录名的身份。

要改回系统原来的默认映射，应以 root 身份执行以下命令：

semanage login -m -S targeted -s "unconfined_u" -r s0-s0:c0.c1023 __default__

5．修改用户执行应用程序的布尔值

Linux 用户在自己的主目录和/tmp 目录中不允许执行应用程序，但允许写入操作，这有助于防止恶意程序修改用户自己所有的文件。可用布尔值来改变这种行为，使用 setsebool 工具进行配置，必须以 root 身份运行该工具。例如以下命令分别阻止 guest_t 和 user_t 域中的 Linux 用户在其主目录和/tmp 目录中执行应用程序：

setsebool -P guest_exec_content off
setsebool -P user_exec_content off

要恢复 SELinux 相关的默认设置，只需将布尔值改回 on。

9.4.10　管理受限的服务

管理员需要考虑在服务器环境中实施的安全策略，使 SELinux 内核对整个系统进行完全精细的控制，这对各类网络服务的访问控制来说尤为重要。启用 SELinux 之后，设置和配置各种服务就非常必要。

由 Targeted 策略控制的服务在受限域中运行，这些服务就是受限的服务，由 SELinux 提

供强有力的保护。CentOS 7 受 SELinux 保护的服务有 Aapache（HTTP）、Samba、FTP、NFS、BIND（DNS）、CVS（Concurrent Versioning System）、Squid（Caching Proxy）、MariaDB、PostgreSQL、rsync、Postfix、DHCP、OpenShift、IdM（ipa-server）等。

Targeted 策略为每一个服务指定默认的安全策略，系统依照这些策略来检查这个服务的相关权限，只有符合所要求的权限，系统才会允许执行操作。这些默认策略可能并不适合实际部署的需要，可能有的权限空间过大，有的权限空间又太小。好在 Targeted 策略对每种服务预设最通用的类型和布尔值，便于管理员更精细地管理安全策略。

所有文件和进程都标记类型，类型定义进程的 SELinux 域和文件的 SELinux 类型。文件类型必须正确设置才能让服务访问。不正确的文件类型是 SELinux 拒绝访问的常见原因，可以通过修改类型来调整安全策略。例如，HTTP 服务可以读取的文件类型是 httpd_sys_content_t，默认只有/var/www/html 目录符合。其他目录的文件要发布，就应为其标记 httpd_sys_content_t。可以使用 semanage 和 restorecon 来完成这个任务。

要查看某服务的文件及其类型的全部列表，可以执行以下命令：

grep 服务名 /etc/selinux/targeted/contexts/files/file_contexts

SELinux 布尔值开关可以控制某一服务（守护进程）的安全策略的强制执行。实际工作中有些服务运行不正常，或者不符合需求，可能与 SELinux 布尔值设置有关。

默认 Targeted 策略可能限制某服务运行在特定的端口。例如 8080 就不在 SELinux 所允许的 HTTP 侦听端口范围内，要在该端口上运行 HTTP，可用 semanage port 命令更改：

semanage port -a -t http_port_t -p tcp 8080

9.5 系统审核

Linux 内核支持日志功能，如记录系统调用和文件访问。可以对这些日志进行评审，发现可能存在的安全缺陷，如登录尝试失败、访问系统文件不成功等，这就是系统审核。审核的英文为 audit，又译为审计。系统审核是 Linux 安全体系的重要组成部分，但是它只是一种被动的防御措施，不能为系统提供额外的安全保护，而是用来发现系统中违反安全规则的行为，然后由管理员采取额外的安全措施（如 SELinux）来进一步阻止这些行为。CentOS 7 默认安装 audit 软件包，用来提供审核功能。

9.5.1 系统审核主要功能

系统审核就是将与系统安全有关的事件记录下来。具体功能列举如下。

- 监测文件访问：检查是否有人访问、修改、运行某个文件或目录，或者更改其属性。
- 监测系统调用：追踪系统中的日期时间更改及其他与时间相关的系统调用。
- 监测网络访问：可以配置 firewalld 触发审核事件，允许管理员监测网络访问。
- 记录指令运行：设定规则针对文件或目录记录每一个执行过的特定指令。
- 记录安全事件：pam_faillock 认证模块能记录失败的登录尝试，也可以通过建立审核来记录失败的登录尝试，并提供有关尝试登录用户的额外信息。
- 查找事件：使用 ausearch 工具筛选日志，并提供基于不同情形的审核记录。
- 创建审核报告：使用 aureport 工具生成审核日志文件中事件的总结和分栏式报告。

9.5.2　系统审核运行机制

审核系统包含两个主要部分，即用户空间的应用程序和内核空间的系统调用处理，其运行机制如图 9-10 所示。

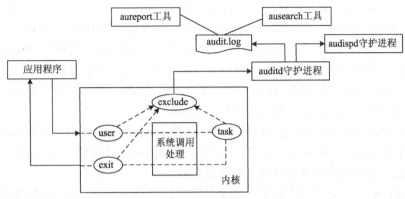

图 9-10　Linux 审核系统运行机制

内核的审核组件从用户空间的应用程序接受系统调用，并且由过滤器 user、task 或 exit 进行筛选，一旦系统调用通过其中的一个过滤器，就交由过滤器 exclude 处理，基于审核规则的配置，将它传送给 auditd 守护进程进一步处理。

auditd 守护进程收集来自内核的信息，记入 audit.log 日志文件中。audispd 是审核调度守护进程，与 auditd 进行交互，将事件传送给其他应用程序做进一步处理。命令行工具 aureport 和 ausearch 基于日志文件分别生成所需的报告和查询结果。

总之，内核空间要做的是记录有价值事件，而用户空间的审核组件要做的是将审核记录写入磁盘，并基于这些记录进行分析。

每个过滤器就是一个规则列表，理解这 4 个过滤器非常重要。

• user：用户消息过滤器列表。内核在将用户空间事件传递给 auditd 守护进程之前，使用它过滤用户空间的事件。有效的字段只有 uid、auid、gid、pid、subj_user、subj_role、subj_type、subj_sen、subj_clr 和 msgtype，其他字段被视为不匹配。

• exit：系统调用退出列表。当退出系统调用时，它用于确定是否应创建审核事件。

• task：每任务列表。只有当创建任务[由父进程调用 fork()或 clone()产生新进程]的时候才使用。使用该列表，应当仅使用在任务创建时已知的字段，如 uid、gid 等。

• exclude：事件类型排除过滤器列表。用于过滤管理员不想看到（记入日志）的事件。字段 msgtype 用来设置不想记入日志的消息类型。

9.5.3　配置 auditd 守护进程

如果没有安装 audit 软件包，首先执行 yum install audit 命令进行安装。

auditd 守护进程的配置文件是/etc/audit/auditd.conf，默认设置适合大多数环境。为进一步强化系统安全，应重点调整以下参数。

• log_file：定义审核日志文件，默认为/var/log/audit/audit.log。应将该文件置于非系统分区，这样可以防止其他应用耗费该目录中的空间，并为审核守护进程提供准确的检测。

• max_log_file：定义每个审核日志文件最少的占用空间，单位是 MB。

● max_log_file_action：定义达到 max_log_file 参数所设定的上限时所采取的行动，可用值有 ignore（忽略）、syslog（记录日志）、suspend（挂起）、rotate（轮转）和 keep_logs（保持日志）。默认值为 rotate（轮转），安全起见改为 keep_logs，以防审核日志文件被重写。

● space_left：定义磁盘可用空间，单位是 MB。

● space_left_action：定义磁盘可用空间低于 space_left 参数值时所采取的行动，可用的值有 ignore（忽略）、syslog（记录日志）、rotate（轮转）、email（发送邮件）、exec（执行脚本）、suspend（挂起，停止写记录）、single（进入单用户模式）和 halt（关机）。默认值为 syslog，建议采用合适的通知方法，如 email 或者 exec。exec 需要提供脚本文件路径。

● admin_space_left：定义磁盘最低可用空间，单位是 MB。该值应低于 space_left 参数值。目的是在磁盘空间不足之前提供最后一次行动的机会。

● admin_space_left_action：定义磁盘可用空间低于 admin_space_left 参数值时所采取的行动，可用的值同 space_left_action 参数。默认值为 suspend，建议设置为 single，使系统进入单一用户模式，并且允许管理者开放一些磁盘空间。

● disk_full_action：定义保存审核日志文件的分区没有可用空间时应该触发的行动，可用的值有 ignore、syslog、exec、suspend、single 和 halt。默认值为 suspend，建议设置为 single 或 halt，以确保当审核不再记录事件时，系统也能在单一用户模式下关闭或者运行。

● disk_error_action：定义保存审核日志文件的分区检测到错误时应该采取的行动，可用的值同 disk_full_action 参数。默认值为 suspend，建议设置为 syslog、single 或 halt。

● flush：定义将缓冲区内容写入磁盘的方式。默认值为 incremental_async，表示每当达到参数 freq 所设置的 audit 记录数（默认 50 条）时，就将这些记录异步写入磁盘。建议设置为 sync 或 data，以保证所有的审核事件数据能与磁盘中的日志文件同步。

9.5.4 定义审核规则

Linux 审核系统根据一套审核规则运行，这些规则决定审核日志文件能记录的事件及其内容。可将审核规则分为以下 3 种类型。

● 控制规则：提供控制命令来配置审核系统。

● 文件系统规则：也称为文件监视（watch），用于监视文件的读、写、执行、修改文件属性的操作，并记入审核日志。

● 系统调用规则：监测并记录任何指定程序所做的系统调用。

可以在命令行中使用 auditctl 来定义规则，不过这样定义的规则重启系统时会失效，要保存规则，则需要在规则配置文件中定义。

1. 使用 auditctl 命令定义审核规则

（1）使用控制命令

控制规则用来配置审计系统参数。

使用选项-b 设置审核缓冲区的最大容量，例如：

auditctl -b 8192

使用选项-f 设置内核如何处理重要错误。有 3 种模式可供选择，0 表示不理睬；1 表示显示；2 表示严重关切。默认值为 1，安全环境中建议设置为 2，以防出现重要错误。

选项-e 用于启用、禁用审核，或者锁定其配置。值 0 表示临时禁用审计；值 1 表示启用审计；值 2 表示锁定审计配置。一旦锁定配置，任何试图更改配置的行为被将被审计和拒绝，只有重启计算机才能更改。

选项-s 用于报告审核系统状态。

选项-l 用于列出当前装载的所有审核规则。

选项-D 用于删除当前装载的所有审核规则。

（2）定义文件系统规则

使用以下命令定义文件系统规则：

auditctl -w path_to_file -p permissions -k key_name

其中 path_to_file 是审核的文件或者目录，permissions 是被记录的权限 key_name（关键字）用于标记由该规则生成的特定日志记录项，可用于搜索或过滤日志事件消息。

例如以下命令定义/etc/passwd/的文件系统审核规则：

auditctl -w /etc/passwd -p wa -k passwd_changes

该命令表示将对/etc/passwd 文件的写入或属性更改进行审核，规则关键字为 passwd_changes。

（3）定义系统调用规则

使用以下语法格式定义系统调用规则：

auditctl -a [list,action|action,list] -S system_call -F field=value -k key_name

list 定义规则要加入的列表（过滤器），可用值有 task、exit、user 及 exclude（前面介绍过），action 定义动作，值只能是 always（分配审计上下文，总是将它填充在系统调用条目中，总是在系统调用退出时写一个审计记录）或者 never（从不生成审计记录）。List 和 action 这两个参数可互换位置。

选项-S 的参数 system_call 是系统调用名称或数字，可以在/usr/include/asm/unistd_64.h 文件中找到。要指定所有系统调用，可使用 all 作为系统调用名称，all 也是默认的系统调用。如果系统调用由一个程序产生，则开始一个审计记录。也可以在同一规则中使用多个选项-S 来定义多个系统调用。

选项-F 创建一个规则字段来定义规则匹配条件。其中的字段名称与值之间的操作符不限于=（等于），还可使用!=（不等于）、<（小于）、>（大于）、<=（小于等于）、>（大于等于）、&（与）、&=（与等于）。最多可以指定 64 个字段，每个字段都必须使用选项-F。可用的字段名非常多，如 pid（进程 ID）、ppid（父进程的进程 ID）、uid（用户 ID）、auid（审核 ID，或者用户登录时使用的原始 ID）、arch（处理器体系结构）等。

例如审核由某用户所有的文件打开操作：

auditctl -a always,exit -S openat -F auid=510

每个应用程序的每次系统调用都会进行系统调用规则评估。如果有多条系统调用规则，当审核系统评估每条规则时，每个应用程序在系统调用期间都会延迟，这样就会影响性能。当过滤器、动作、关键字或字段相同时，应尽可能合并规则。例如将以下两条规则

auditctl -a always,exit -S openat -F success=0
auditctl -a always,exit -S truncate -F success=0

重写为一条规则：

auditctl -a always,exit -S openat -S truncate -F success=0

2. 在/etc/audit/rules.d/audit.rules 文件中定义持久的审核规则

要定义在重新启动时可以一直有效的审核规则，必须将审核规则包含在规则文件中。

Linux 审核规则被存放在/etc/audit/audit.rules 文件中，在 CentOS 7 中，该文件由/etc/audit/rules.d 目录下的规则文件自动产生，由此应修改/etc/audit/rules.d/audit.rules 文件。

在规则文件中，每条规则必须单独在一行中，以#开头的行会被忽略。具体规则使用与 auditctl 命令相同的语法格式，只是前面没有 auditctl 命令。多条规则的顺序自上向下，如果一条或多条规则互相冲突，则第一个匹配的规则优先。通常在规则文件中先写控制规则。/etc/audit/rules.d/audit.rules 文件默认的主要内容如下：

```
# First rule - delete all
-D
# Increase the buffers to survive stress events.
# Make this bigger for busy systems
-b 320
```

3．使用预置规则文件

audit 软件包根据不同的认证标准在/usr/share/doc/audit-version 目录（version 为版本号）中提供一组预置规则文件。例如，30-stig.rules 的审核规则满足由 STIG 所设定的要求，30-nispom.rules 的审核规则符合美国国家行业安全程序操作运行指南的要求。可以直接应用这些规则，先将原规则文件备份，再复制所需的预置规则文件。例如：

```
cp /etc/audit/rules.d/audit.rules /etc/audit/rules.d/audit.rules_backup
cp /usr/share/doc/audit-2.6.5/rules/30-stig.rules /etc/audit/rules.d/audit.rules
```

9.5.5　管理 audit 服务

auditd 作为系统守护进程，在 CentOS 7 中可以通过 systemctl 标准命令进行管控。完成审核配置和规则定义后，就可以启动 auditd 来收集审核信息，并在日志文件中存储。

依次执行以下命令设置 auditd 开机启动并启动 auditd：

```
systemctl enable auditd.service
systemctl start auditd.service
```

要重新加载/etc/audit/auditd.conf 文件中的配置，需要用到 reload 或者 force-reload 指令。修改规则文件后，要使规则生效，需要重启 auditd。

9.5.6　查看和分析审核记录

默认情况下，审核记录被保存在/var/log/audit/audit.log 日志文件中。可以查看和分析这些记录，并生成所需的报告。

1．查看审核日志

审核日志文件是文本文件，可以通过 less 实用程序或通用的文本编辑器阅读。消息的格式为从内核中接收的格式，顺序也是接收时的顺序。这里以前面对/etc/passwd 文件写入审核为例，使用 useradd 命令成功添加一个用户，相关的部分记录如下：

```
type=SYSCALL  msg=audit(1490151035.355:678):  arch=c000003e  syscall=2  success=yes  exit=5
a0=7f8fc63face0 a1=20902 a2=0 a3=0 items=1 ppid=5616 pid=6323 auid=0 uid=0 gid=0 euid=0 suid=0 fsuid=0
egid=0 sgid=0 fsgid=0 tty=pts2 ses=1 comm="useradd" exe="/usr/sbin/useradd" subj=unconfined_u:unconfined_
r:unconfined_t:s0-s0:c0.c1023 key="passwd_changes"
    type=CWD msg=audit(1490151035.355:678):  cwd="/root"
    type=PATH  msg=audit(1490151035.355:678):  item=0  name="/etc/passwd"  inode=37715124  dev=fd:00
mode=0100644 ouid=0 ogid=0 rdev=00:00 obj=system_u:object_r:passwd_file_t:s0 objtype=NORMAL
```

这个事件由 3 条记录组成，每条记录以 type 字段（记录类型）开头，由 msg 字段可发现它们共享相同的时间戳和编号。每条记录包含若干对字段及其值，由空格或者逗号分开。例如 uid 和 gid 表示访问文件的用户 ID 和用户组 ID，comm 表示用户访问文件的命令，exe 表示命令的可执行文件路径。

2．搜索审核日志

可以使用 ausearch 命令基于一些条件搜索审核日志。默认情况下，ausearch 对 /var/log/audit/audit.log 文件进行搜索。如果要对其他日志文件进行搜索，可以使用选项-f 来指定。命令格式为：

ausearch 选项 -if 日志文件路径及名称

搜索条件可以是审计事件 ID、文件名、UID 或 GID、消息类型和系统调用名等，需要使用特定的选项来指定。例如，搜索由某用户所执行的操作，可使用用户的登录 ID（auid）：

ausearch -au 500 -i

选项可以使用短格式或长格式，例如搜索登录失败的记录：

ausearch --message USER_LOGIN --success no --interpret

如果指定多个选项，则等同于使用 AND 运算符。

选项较多，建议使用 man ausearch 命令查看手册。

3．生成审核日志报告

可以使用 aureport 工具从审核日志文件中生成总结和分栏式报告。与 ausearch 一样，默认情况下，aureport 基于/var/log/audit/audit.log 文件创建报告。如果要基于其他日志文件创建报告，可以使用选项-f 来指定。

aureport 使用选项来定制所需的报告。如果不提供任何选项，将生成默认的汇总报告。

选项可以使用短格式或长格式，选项较多，建议使用 man aureport 命令查看手册。

例如生成每个系统用户登录失败的总结报告：

```
[root@srv1 ~]# aureport --login --summary -i --failed
Failed Login Summary Report
===========================
total   auid
===========================
89   root
42   unset
11   (unknown)
```

不带选项--summary 时将列出详细清单。

9.6　习　　题

1．简述加固操作系统的主要安全措施。
2．CentOS 支持哪些网络用户认证方式？
3．简述 password/shadow 认证体系。
4．简述 PAM 认证机制。
5．简述 TCP Wrappers 工作原理。

6. 操作系统常用的访问控制机制有哪两种？
7. 描述传统的 Linux 安全模型。
8. 解释类型强制、RBAC 和 MLS 的概念。
9. 什么是 SELinux 上下文？它有什么作用？
10. SELinux 安全策略有哪两种？
11. SELinux 有哪几种运行模式？
12. 列举系统审核的主要功能。
13. 列出已有的 PAM 配置文件，从中选择一个分析其结构和认证流程。
14. 编写一条 TCP Wrappers 主机访问规则，仅允许主机 192.168.0.10 访问 SSH 服务。
15. 测试文件、进程和用户的 SELinux 上下文。
16. 熟悉 SELinux 布尔值管理操作。
17. 熟悉查看和分析审核记录的操作。

第 10 章　DNS 与 DHCP

在 TCP/IP 网络中，计算机之间通过 IP 地址进行通信，用数字表示 IP 地址难以记忆，而且不够形象、直观，于是就产生了域名方案，即为计算机赋予有意义的名称，域名与 IP 地址一一对应。将域名转换为 IP 地址就是域名解析，DNS（Domain Name Server）就是进行域名解析的服务器。每台计算机都必须拥有唯一的 IP 地址，为每台计算机手动分配 IP 地址易引起配置错误，而且增加管理负担，基于 DHCP（Dynamic Host Configuration Protocol）动态分配 IP 地址可以解决这些问题，实现安全可靠的 IP 地址分配，还有助于解决 IP 地址不够用的问题，解决经常变动的网络计算机 TCP/IP 配置问题。对 TCP/IP 网络来说，DNS 和 DHCP 是最基本的 TCP/IP 网络服务之一，它们为其他应用提供必要的网络环境。本章在介绍相关背景知识的基础上，讲解 DNS 与 DHCP 服务器的部署、配置和管理。

10.1　DNS 基础

早期的 TCP/IP 网络用一个名为 hosts 的文本文件对网内的所有主机提供名称解析。该文件是一个纯文本文件，又被称为主机表，可用文本编辑器软件来处理。这个文件以静态映射的方式提供 IP 地址与主机名的对照表，例如：

127.0.0.1　srv1　localhost.localdomain　localhost

hosts 文件中每条记录包含 IP 地址和对应的主机名，还可以包含若干主机的别名。主机名既可以是完整的域名，也可以是短格式的主机名，使用起来非常灵活。不过，每台主机都需要配置该文件（在 Linux 计算机上为/etc/hosts）并及时更新，管理很不方便，这种方案目前仍在被使用，仅适用于规模较小的 TCP/IP 网络，或者一些网络测试场合。随着网络规模的扩大，hosts 文件就无法满足计算机名称解析的需要了，于是产生一种基于分布式数据库的域名系统 DNS，用于实现域名与 IP 地址之间的相互转换。

10.1.1　DNS 结构与域名空间

1. DNS 结构

如图 10-1 所示，DNS 结构如同一棵倒过来的树，层次结构非常清楚，根域位于最顶部，根域的下面是几个顶级域，每个顶级域又进一步划分为不同的二级域，二级域下面再划分子域，子域下面可以有主机，也可以再分子域，直到最后是主机。

2. 域名空间

这个树形结构又被称为域名空间（domain name space），DNS 树的每个节点代表一个域。这些节点划分整个域名空间，使其成为一个层次结构，最大深度不得超过 127 层。

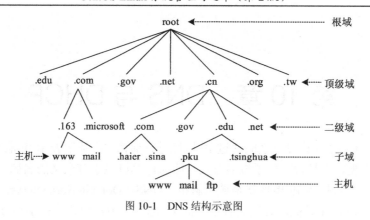

图 10-1　DNS 结构示意图

3. 域名标识

域名空间的每个域的名字通过域名进行表示。每个域都可用相对名称或绝对名称来标识，相对于父域表示一个域，可用相对域名；绝对域名指完整的域名，称为 FQDN（译为"全称域名"或"完全规范域名"），采用从节点到 DNS 树根的完整标识方式，并将每个节点用符号"."分隔。要在整个 Internet 范围内来识别特定的主机，必须用 FQDN。

FQDN 有严格的命名限制，长度不能超过 256 字节，只允许使用字符 a～z、0～9、A～Z 和减号"-"。点号"."只允许在域名标识之间或者 FQDN 的结尾使用。域名不区分大小写。

Internet 上每个网络都必须有自己的域名，应向 InterNIC 注册自己的域名，这个域名对应于自己的网络，注册的域名就是网络域名。拥有注册域名后，即可在网络内为特定主机或主机的特定应用程序服务。可以自行指定主机名或别名，如 www、ftp。对内网环境，可不必申请域名，完全按自己的需要建立自己的域名体系即可。

4. 理解区域（zone）

域是名称空间的一个分支，除最末端的主机节点之外，DNS 树中的每个节点都是一个域，包括子域（subdomain）。域空间庞大，这就需要划分区域进行管理，以减轻网络管理负担。区域通常表示管理界限的划分，是 DNS 名称空间的一个连续部分，它开始于一个顶级域，一直到一个子域或者其他域的开始。区域管辖特定的域名空间，它也是 DNS 树形结构上的一个节点，包含该节点下的所有域名，但不包含由其他区域管辖的域名。

这里举例说明区域和域之间的关系。如图 10-2 所示，abc.com 是一个域，用户可以将它划分为两个区域分别管辖，即 abc.com 和 sales.abc.com。区域 abc.com 管辖 abc.com 域的子域 rd.abc.com 和 office.abc.com，而 abc.com 域的子域 sales.abc.com 及其下级子域则由区域 sales.abc.com 单独管辖。一个区域可以管辖多个域（子域），一个域也可以分成多个部分交由多个区域管辖，这取决于用户如何组织域名空间。

一台 DNS 服务器可以管理一个或多个区域，使用区域文件（或数据库）来存储域名解析数据。在 DNS 服务器中，用户必须先建立区域，然后再根据需要在区域中建立子域，最后在子域中建立资源记录。域名体系示例如图 10-3 所示。

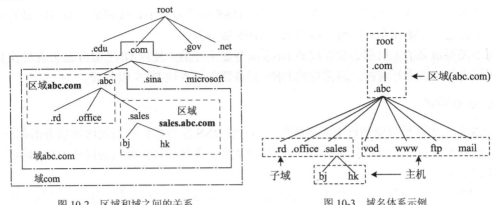

图 10-2　区域和域之间的关系　　　　　　图 10-3　域名体系示例

10.1.2　DNS 解析原理

DNS 采用客户端/服务器机制，实现域名与 IP 地址转换。DNS 服务器用于存储资源记录并提供名称查询服务，DNS 客户端也被称为解析程序，用来查询服务器，以获取名称解析信息。

1. 正向解析与反向解析

按照 DNS 查询目的，可将 DNS 解析分为以下两种类型。
- 正向解析：根据计算机的 DNS 名称（即域名）解析出相应的 IP 地址。
- 反向解析：根据计算机的 IP 地址解析其 DNS 名称，多用来为服务器进行身份验证。

2. 区域管辖与权威服务器

区域是授权管辖的，区域在权威服务器上定义，负责管理一个区域的 DNS 服务器就是该区域的权威服务器（又被称为授权服务器）。如图 10-4 所示，企业 abc 有两个分支机构 corp 和 branch，它们又各有下属部门，abc 作为一个区域管辖，分支机构 branch 单独作为一个区域管辖。一台 DNS 服务器可以是多个区域的权威服务器。

整个 Internet 的 DNS 系统是按照域名层次组织的，每台 DNS 服务器只对域名体系中的一部分进行管辖。不同的 DNS 服务器有不同的管辖范围。

一个 ISP 或一个企业，甚至一个部门，都可以拥有一台本地 DNS 服务器（有时被称为默认 DNS 服务器）。当一个主机需要 DNS 查询时，查询请求首先提交给本地 DNS 服务器，只有本地 DNS 服务器解决不了时，才转向其他 DNS 服务器。

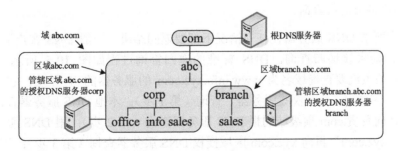

图 10-4　DNS 区域授权管辖示例

根 DNS 服务器通常用来管辖顶级域（如.com），当本地 DNS 服务器不能解析时，它便以

DNS 客户端身份向某一根 DNS 服务器查询。根 DNS 服务器并不直接解析顶级域所属的所有域名，但是它一定能联系到所有二级域名的 DNS 服务器。

每个需要域名的主机都必须在权威 DNS 服务器上注册，授权 DNS 服务器负责对其所管辖的区域内的主机进行解析。通常权威 DNS 服务器就是本地 DNS 服务器。

3. 区域委派

DNS 基于委派授权原则自上而下解析域名，根 DNS 服务器仅知道顶级域服务器的位置，顶级域服务器仅知道二级域服务器的位置，依次类推，直到在目标域名的权威 DNS 服务器上找到相应记录。

将 DNS 名称空间分割成一个或多个区域进行管辖，涉及子域的授权。子域的授权有两种情况，一种是将父域的权威服务器作为子域的权威服务器，它所有的数据都被存放在父域的权威服务器上；另一种是将子域委派给其他 DNS 服务器，它所有的数据都被存放在受委派的服务器上。

委派（Delegation）是 DNS 成为分布式名称空间的主要机制。它允许将 DNS 名称空间的一部分划分出来，交由其他服务器负责。如图 10-4 所示，branch.abc.com 是 abc.com 的一部分，但是 branch.abc.com 名称空间由区域 abc.com 委派给服务器 branch 负责，branch.abc.com 区域的数据被存储在服务器 branch 上，服务器 corp 仅提供一个委派链接。

区域委派提供诸多好处：一是减少 DNS 服务器的潜在负载，如果.com 域的所有内容都由一台服务器负责，那么成千上万个域的内容会使服务器不堪重负。二是减轻管理负担，分散管理使分支机构也能管理它自己的域。三是负载平衡和容错。

4. 权威性应答与非权威性应答

从 DNS 服务器返回的查询结果分为两种类型，即权威性应答与非权威性应答。所谓权威性应答，是从该区域的权威 DNS 服务器的本地解析库查询而来的，一般是正确的。所谓非权威性应答，来源于非权威 DNS 服务器，是该 DNS 服务器通过查询其他 DNS 服务器而不是本地解析库而得来的。例如客户端要查找 www.abc.com 主机的 IP 地址，接到查询请求的 DNS 服务器不是区域 abc.com 的权威服务器，该服务器可能有 3 种处理方法。

- 查询其他 DNS 服务器直到获得结果，然后返回给客户端。
- 指引客户端到上一级 DNS 服务器查找。
- 如果缓存有该记录，直接用缓存中的结果应答。

这 3 种查询结果都属于非权威性应答。

5. 递归查询与迭代查询

递归查询要求 DNS 服务器在任何情况下都要返回结果。一般 DNS 客户端向 DNS 服务器提出的查询请求属递归查询。DNS 标准的递归查询过程如图 10-5 所示。假设域名为 test1.abc.com 的主机要查询域名为 www.info.xyz.com 的服务器的 IP 地址。它首先向其本地 DNS 服务器（区域 abc.com 权威服务器）查询（第 1 步）；本地 DNS 服务器查询不到，就通过根提示文件向负责.com 顶级域的根 DNS 服务器查询（第 2 步）；根 DNS 服务器根据所查询域名中的 "xyz.com" 再向 xyz.com 区域授权 DNS 服务器查询（第 3 步）；该授权 DNS 服务器直接解析域名 www.info.xyz.com，将查询结果按照图中的第 4 步至第 6 步的顺序返回给请求查询的主机。

采用这种方式，根 DNS 服务器需要经过逐层查询才能获得查询结果，效率很低，而且增加根 DNS 服务器的负担。为解决这个问题，实际上采用图 10-6 所示的解决方案：根 DNS 服务器在收到本地 DNS 服务器提交的查询（第 2 步）后，直接将下属的授权 DNS 服务器的 IP 地址返回给本地 DNS 服务器（第 3 步），然后让本地 DNS 服务器直接向 xyz.com 区域授权 DNS 服务器查询。这是一种递归与迭代相结合的查询方法。

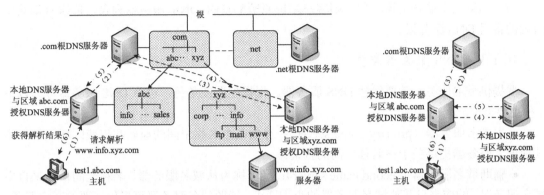

图 10-5　DNS 标准的递归查询过程　　　　　　　图 10-6　递归与迭代相结合的 DNS 查询

迭代查询将对 DNS 服务器进行查询的任务交给 DNS 客户端，DNS 服务器只是给客户端返回一个提示，告诉它到另一台 DNS 服务器继续查询，直到查到所需结果为止。如果最后一台 DNS 服务器也不能提供所需答案，则宣告查询失败。一般 DNS 服务器之间的查询请求属于迭代查询。

6. 域名解析过程

DNS 服务器使用 TCP/UDP 53 端口进行通信，域名解析过程如图 10-7 所示，具体步骤说明如下（如果查询完成，则结束当前步骤，否则继续进行下一步骤）。

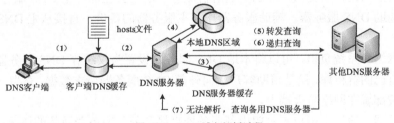

图 10-7　DNS 域名解析过程

（1）当客户端提出查询请求时，首先在本地计算机的缓存中或者 hosts 文件中查找。如果在本地获得查询信息，则查询完成。

（2）客户端向所设置的本地 DNS 服务器发起一个递归的 DNS 查询。

（3）本地 DNS 服务器接到查询请求，首先查询本地的缓存。如果缓存中存在该记录，则直接返回查询的结果（非权威性应答），查询完成。

（4）如果本地 DNS 服务器就是所查询区域的权威服务器，查找本地 DNS 区域数据文件，无论是否查到匹配信息，都做出权威性应答，至此查询完成。

（5）如果本地 DNS 服务器配置 DNS 转发器并符合转发条件，将查询请求提交给 DNS 转发器（另一 DNS 服务器），由 DNS 转发器负责完成解析。否则继续下面的解析过程。

（6）本地 DNS 服务器使用递归查询来完成解析名称，这需要其他 DNS 服务器的支持。

例如查找 host.abc.com，本地 DNS 服务器首先向根 DNS 服务器发起查询，获得顶级域 com 的权威 DNS 服务器的位置；本地 DNS 服务器随后对 com 域权威服务器进行迭代查询，获得 abc.com 域权威服务器的地址；本地 DNS 服务器最后与 abc.com 域权威服务器联系，获得该权威服务器返回的权威性应答，保存到缓存并转发给客户端，完成递归查询。

（7）如果还不能解析该名称，则客户端按照所配置的 DNS 服务器列表，依次查询其中所列的备用 DNS 服务器。

10.1.3 DNS 服务器类型

要提供域名服务，就要组建 DNS 服务器。根据配置或角色，可将 DNS 服务器分为以下 4 种主要类型。

- 主域名服务器（primary name server）：存储某个名称空间的原始和权威区域记录，为其他域名服务器提供关于该名称空间的查询。
- 辅助域名服务器（second name server）：又被称为从域名服务器，名称空间信息来自主域名服务器，响应来自其他域名服务器的查询请求。辅助域名服务器可提供必要的冗余服务。
- 仅缓存 DNS 服务器（caching only server）：将它收到的解析信息存储下来，并将其提供给其他用户进行查询，直到这些信息过期。它对任何区域都不能提供权威性应答。
- 转发服务器（forwarding server）：向其他 DNS 服务器转发不能满足的查询请求。如果接受转发要求的 DNS 服务器未能完成解析，则解析失败。

DNS 服务器可以是以上一种或多种配置类型。例如，一台域名服务器可以是一些区域的主域名服务器，也可以是另一些区域的辅助域名服务器，并且仅为其他区域提供转发解析服务。

主 DNS 服务器负责基本的域名解析服务，对需要管理域名空间的环境来说，应至少部署一台主 DNS 服务器，负责管理区域，以解析域名或 IP 地址。

规模较大的网络，要提供可靠的域名解析服务，通常会在部署主 DNS 服务器的基础上，再部署一台辅助 DNS 服务器。辅助服务器作为主服务器的备份，直接从主 DNS 服务器自动更新区域。

为减轻网络和系统负担，可以将本地 DNS 服务器设置为仅缓存 DNS 服务器。这种 DNS 服务器没有自己的解析库，只是帮助客户端向外部 DNS 服务器请求数据，充当一个"代理人"角色，通常被部署在网络防火墙上。

转发服务器一般用于用户不希望内部服务器直接和外部服务器通信的情况。

10.2 DNS 基本配置与管理

在 Linux 平台上部署 DNS 服务器，一般使用传统的 BIND（Berkeley Internet Name Domain）软件包。它是目前使用最广泛的 DNS 服务器软件，能满足企业级需要。如果要求不高，还可以考虑另一款配置简单、性能突出的轻量级 DNS 服务器软件 unbound。这里主要以 BIND 软件包为例进行讲解，BIND 的守护进程名为 named。

10.2.1 安装 DNS 服务器

安装 DNS 服务器非常简单，注意该服务器本身的 IP 地址应是固定的，不能是动态分配的。DNS 服务器提供的域名解析服务是一类公共服务，访问量较大，而且一般对客户端不加以限制，因此安全隐患较大。在实际应用中，人们使用 chroot 技术来增强服务器的安全性。可以通过安装 chroot 目录安全增强工具 bind-chroot 软件包，将 named 进程的活动范围限定在 chroot 目录，以保证安全性。

（1）执行以下命令安装 bind-chroot 和 bind 软件包：

```
yum install bind-chroot bind
```

（2）执行以下命令复制 bind 相关文件以准备 bind chroot 环境（*x.x.x* 为版本号）：

```
cp -R /usr/share/doc/bind-x.x.x/sample/var/named/* /var/named/chroot/var/named
```

（3）依次执行以下命令在 bind chroot 目录中创建相关文件：

```
touch /var/named/chroot/var/named/data/cache_dump.db
touch /var/named/chroot/var/named/data/named_stats.txt
touch /var/named/chroot/var/named/data/named_mem_stats.txt
touch /var/named/chroot/var/named/data/named.run
mkdir /var/named/chroot/var/named/dynamic
touch /var/named/chroot/var/named/dynamic/managed-keys.bind
```

（4）将 bind 锁定文件设置为可写：

```
chown root:named /var/named/chroot/var/named/data
chown root:named /var/named/chroot/var/named/dynamic
chmod -R 774 /var/named/chroot/var/named/data
chmod -R 774 /var/named/chroot/var/named/dynamic
```

（5）将 /etc/named.conf 复制到 bind chroot 目录：

```
cp -p /etc/named.conf /var/named/chroot/etc/named.conf
cp -p /etc/named.rfc1912.zones /var/named/chroot/etc/named.rfc1912.zones
cp -p /etc/named.root.key /var/named/chroot/etc/named.root.key
```

安装 bind-chroot 之后，bind 的所有配置文件都是相对于/var/name/chroot 目录的。主配置文件 named.conf 被存储在/var/named/chroot/etc 目录中；区域文件被存储在/var/named/chroot/var/named 目录中；根服务器信息文件 named.root 则通常被存储在/var/named/chroot/var/named 目录中。以下关于 bind 的所有配置文件，如果没有明确声明，都是相对于该目录的。

对 DNS 管理员来说，最重要的还是建立和维护主 DNS 服务器，各种域名服务主要是通过主 DNS 服务器来配置和实现的。

10.2.2　主 DNS 服务器配置实例

配置主 DNS 服务器的最主要工作就是编辑主配置文件/etc/named.conf 和相应的区域文件。某内网 IP 地址为 192.168.0.0/24，要设置一台 DNS 服务器（192.168.0.1），为内部域名空间 abc.com 提供正反向解析服务，其中部署网站、邮件服务、FTP 等网络服务器，可利用的公网 DNS 转发器为 202.102.128.68 和 202.102.134.68。下面结合实例给出相应的配置。

1. 编辑主配置文件/etc/named.conf

使用文本编辑工具编辑/etc/named.conf 文件，并输入以下配置内容：

```
    ##设置全局选项
options{
    listen-on port 53 { any; };
    listen-on-v6 port 53 { ::1; };
    ##设置服务器的工作目录，配置文件中所有相对路径都基于此目录
    directory    "/var/named";
```

```
            ##设置服务器建立的数据库路径
            dump-file   "/var/named/data/cache_dump.db";
            ##设置服务器的统计信息文件路径
            statistics-file "/var/named/data/named_stats.txt";
            memstatistics-file "/var/named/data/named_mem_stats.txt";
            allow-query       { any; };
            ##设置是否启用递归查询
            recursion no;
            ##设置是否启用 DNSSEC
            dnssec-enable yes;
            dnssec-validation yes;
            /* ISC DLV 密钥（用于 DNSSEC）路径 */
            bindkeys-file "/etc/named.iscdlv.key";
            managed-keys-directory "/var/named/dynamic";
            pid-file "/run/named/named.pid";
            session-keyfile "/run/named/session.key";
            ##设置 DNS 转发器
            forwarders   { 202.102.128.68 ; 202.102.134.68; };
            forward first;
    };
    ##设置日志
    logging {
            channel default_debug {
            file "data/named.run";
            severity dynamic;
            };
    };
    ##设置根区域
    zone "." IN {
            type hint;
            file "named.ca";
    };
    ##声明一个正向解析区域（名称与类型）
    zone "abc.com" IN {
            type master;
            file "abc.com.zone";
    };
    ##声明反向解析区域（名称与类型）
    zone   "0.168.192.in-addr.arpa"   IN   {
            type   master;
            file   "192.168.0.arpa";
    };
    include "/etc/named.rfc1912.zones";
    include "/etc/named.root.key";
```

2. 编辑区域文件

根据/etc/named.conf 文件中所声明的区域，编写相应的区域文件，以提供解析数据。这里给出一个正向解析区域的完整例子（文件名为 abc.com.zone）：

```
    $TTL   86400                              ;定义默认生存时间
    @   IN   SOA   dns.abc.com. admin.abc.com (   ;定义起始授权机构
                    10   ; serial   （序列号）
```

```
                3H   ; refresh  （刷新间隔）
                15M  ; retry    （重试时间）
                1W   ; expiry   （过期时间）
                1D ) ; minimum  （最小生存时间）
abc.com.     IN   NS   dns.abc.com.           ;定义名称服务器（NS）
abc.com.     IN   A    192.168.0.1            ;定义主机记录
dns          IN   A    192.168.0.1
srv1         IN   A    192.168.0.1
srv2         IN   A    192.168.0.2
www          IN   A    192.168.0.1
mail         IN   A    192.168.0.1
ftp          IN   A    192.168.0.2
bbs          IN   CNAME   www                 ;定义别名记录
samba        IN   CNAME   www
abc.com.     IN   MX 10    mail.abc.com.      ;定义邮件交换记录
```

下面给出一个反向解析区域的完整例子（文件名为 192.168.0.arpa）：

```
$TTL  86400     ;定义默认生存时间
0.168.192.in-addr.arpa.   IN   SOA    dns.abc.com   admin.abc.com  (  ;定义 SOA 记录
10 ;serial
10800        ;refresh
3600         ;retry
604800       ;expire
86400 )      ;TTL
0.168.192.in-addr.arpa.     IN   NS    dns.abc.com.           ;定义名称服务器（NS）
1.0.168.192.in-addr.arpa.   IN   PTR   dns.abc.com.           ;定义 PTR 记录（完全名称）
2                           IN   PTR   ftp.abc.com.           ;定义 PTR 记录（相对名称）
```

10.2.3　设置 BIND 主配置文件

接下来结合以上例子详细讲解 DNS 服务器的配置，先不要急着启动 DNS 服务，等相应的文件都准备好了，再启动。

选择 BIND 提供域名服务，DNS 服务器级的配置主要是通过 BIND 主配置文件 /etc/named.conf 来实现的。

BIND 配置文件由语句和注释组成。语句以分号结束，语句还可包含子语句，子语句也以分号结束。注释可采用多种形式，如 C 风格注释以符号 "/*" 开头，以 "*/" 结束，可包含一行或多行注释内容；C++风格的注释以 "//" 开头，直到行尾，只能提供一行内容；Shell 风格的注释以符号 "#" 开始，直到行结尾，只能提供一行内容。配置文件结构如下：

```
语句 1
{   若干子语句 {若干选项定义; };
若干选项定义;};
…
语句 n
{   若干子语句 {若干选项定义; };
若干选项定义;};
```

BIND 支持的语句有 acl（定义一个命名的 IP 地址匹配列表）、controls（定义 rndc 命令使用的控制通道）、include（包含一个文件）、key（指定用于认证和授权的密钥信息）、logging（指定服务器日志记录的内容和日志信息的来源）、options（设置 DNS 服务器全局选项和一些默认参数）、server（为服务器设置配置选项）、trusted-keys（定义信任的 DNSSEC 密钥）、view

（声明一个视图）和 zone（声明一个区域）。其中 logging 和 options 语句在每个配置文件中只能出现一次。每个语句都有自己的语法，接下来介绍 3 个最基本的语句。

1．使用 options 语句设置全局选项

语句 options 用于 DNS 服务器全局性的设置，如果没有显式定义 options 选项，将自动启用相应选项的默认值。常用配置选项的指令及功能简介如下。

- directory：指定 DNS 服务器的工作目录，配置文件中出现的相对路径都是相对于该目录的。该目录也是区域文件的存储目录。如果未指定，默认就是 DNS 服务器的启动目录。
- recursion：指定是否允许客户端通过该服务器递归查询其他 DNS 服务器。如果部署权威服务器，则不允许递归查询，应设置为 no。默认设为 yes，表示该服务器为递归服务器，如缓存服务器。
- max-cache-size：设置 DNS 服务器缓存使用的最大内存数。达到极限后，该服务器可让记录永久过期，这样就不会超过极限。默认值为 32MB。
- allow-recursion：指定允许执行递归查询操作的客户端。默认允许所有主机。
- allow-query：指定哪些主机可以查询权威的资源记录。默认允许所有主机。
- allow-query-cache：指定哪些主机可以在 DNS 服务器中查询非权威性数据（通常是缓存记录）。默认只允许 localhost 和 localnets。
- query-source：指定查询 DNS 服务所使用的端口号，通常为 53。
- listen-on：指定 DNS 服务器侦听查询请求的接口和端口，默认服务器将会侦听所有接口的 53 端口。要指定端口，命令格式为：

listen-on port 端口号 {接口地址 IP 列表}

- DNSSEC 相关选项：建议初学者将 dnssec-enable 和 dnssec-validation 都设置为 no。另外国内的 DNS 服务器基本没有配置 DNSSEC，因此关闭这类选项。

2．使用 acl 语句定义访问控制列表

如果地址列表较多，可用 acl 语句预先定义一个访问控制列表（ACL），供其他语句引用，命令格式：

acl 访问控制列表名 { 地址列表; };
下例定义一个名为 mynetwork 的访问控制列表：
acl mynetwork { 192.168.0.0/24;192.168.1.0/24; };

实际上 BIND 已经内置 4 个访问控制列表，可以直接引用。它们分别是 any（匹配所有的 IP 地址）、none（不匹配任何 IP 地址）、localhost（匹配本地主机使用的所有 IP 地址）和 localnets（匹配同本地主机相连的网络中的所有主机）。

3．使用 zone 语句定义区域

zone 语句是 named.conf 文件的核心部分，用于在域名系统中声明所使用的区域（分为正向解析区域和反向解析区域），并为每个区域设置适当的选项，命令格式为：

zone "区域名称" 类 {
    type 区域类型;
    file "区域文件路径及文件名";
    若干其他选项;
};

区域名称后面有一个可选项用于指定类。如果未指定类，默认为 IN(表示 Internet)类，适合大多数情况；另外两种不常用的类分别是 HS（hesiod）和 CHAOS（Chaosnet）。

type 用于指定区域的类型，这些类型有 master（主 DNS 区域）、slave（辅助 DNS 区域）、forward（将任何解析请求转发给其他 DNS 服务器）、stub（存根区域，与辅助 DNS 区域相似，但只保留 DNS 服务器的名称）、hint（根域名服务器）。

file 用于指定区域文件路径。还可定义其他选项，如 allow-query、allow-transfer 等。在 options 语句中，选项的作用域是整个 DNS 服务器，在 zone 语句中，选项的作用域仅限于该区域。

10.2.4　使用区域文件配置 DNS 资源记录

一个区域内的所有数据（包括主机名和对应 IP 地址、刷新间隔和过期时间等）必须被存放在 DNS 服务器内，而用来存放这些数据的文件就被称为区域文件。BIND 服务器的区域数据文件一般被存放在/var/named/目录下。一台 DNS 服务器可以存放多个区域文件，同一个区域文件也可以被存放在多台 DNS 服务器中。

1. 资源记录简介

DNS 通过资源记录来识别 DNS 信息。区域文件记录的内容就是资源记录。每个资源记录包含解析特定名称的答案。完整的 DNS 资源记录包括 5 个部分，命令格式为：

[域名]　[生存时间]　类　类型　记录数据

各部分含义说明如下。

- 域名（owner name）：用于确定资源记录的位置，即拥有该资源记录的 DNS 域名。
- 生存时间（TTL）：指定一个资源记录在其被丢弃前可以被缓存多长时间。
- 类（classic）：说明网络类型，有 3 种类型，分别是 IN、HS 和 CH，一般使用 IN。
- 类型（type）：一个编码的 16 位值指定资源记录的类型。常见的 DNS 资源记录类型见表 10-1。
- 记录数据（RDATA）。记录数据的格式与记录类型有关，主要用于说明域中该资源记录有关的信息，通常就是解析结果。

表 10-1　　　　　　　　　　　　　　**常见的 DNS 资源记录类型**

类　　　型	名　　　称	说　　　明
SOA	Start of Authority（起始授权机构）	设置区域主域名服务器（保存该区域数据正本的 DNS 服务器）
NS	Name Server（名称服务器）	设置管辖区域的权威服务器（包括主域名服务器和辅助域名服务器）
A	Address（主机地址）	定义主机名到 IP 地址的映射
CNAME	Canonical Name（规范别名）	为主机名定义别名
MX	Mail Exchanger（邮件交换器）	指定某个主机负责邮件交换
PTR	Pointer（指针）	定义反向的 IP 地址到主机名的映射
SRV	Service（服务）	记录提供特殊服务的服务器的相关数据

在资源记录定义中，TTL 值和 IN 类通常省略。

2. 区域文件格式

大多数资源记录显示在一行之内，如果涉及多行，需要使用括号。可以使用以下方式来定义资源记录的域名。

- 使用全称域名：以"."结尾，如 abc.com.。
- 使用相对名称：bind 自动加上当前域后缀。
- 空字符：如果一行以一个空字符开始，则表示域名与上一个资源记录一样。
- 符号@：该符号代表当前域。

为便于阅读，每条记录的各个组成部分之间最好用 TAB 制表符隔开。可包含一些空行以增加可读性。区域数据文件使用";"符号进行注释。接下来讲解区域文件的各类定义。

（1）设置默认生存时间

区域文件第 1 行通常用于设置允许 DNS 客户端缓存所查询的数据的默认时间，即数据的有效期，命令格式为：

$TTL　生存时间

默认单位为秒。也可以使用更大的时间单位来表示，如 H（小时）、D(天)、W（周）。如 86400 秒为 1 天，可表示为"$TTL 1D"。通常该值不应设置得过小，以减少不必要的查询。

（2）设置 SOA 资源记录

SOA（起始授权机构）是主 DNS 服务器区域文件中必须设置的资源记录，表示最初创建区域的 DNS 服务器，或者是该区域的主 DNS 服务器，宣称该服务器具有权威性的域名空间。SOA 记录定义域名数据的基本信息和其他属性（如更新或过期间隔）。通常应将 SOA 资源记录放在区域文件的第 1 行或紧跟在$TLL 选项之后。一个区域文件只允许存在唯一的 SOA 记录。SOA 资源记录比较特殊，参照 10.2.2 节的例子，各个部分解释如下。

- 符号"@"定义了当前 SOA 所管辖的域名，例中该符号代表 abc.com.。
- IN：代表网络类型属于 Internet 类，这个格式是不可被改变的。
- dns.abc.com.：定义负责该区域域名解析的权威服务器，DNS 服务器由此知道哪一台主机被授权管理该区域。授权主机名称必须在区域文件中有一个对应的 A 资源记录。
- admin.abc.com：定义负责该区域的管理员的 E-mail 地址。由于在 DNS 中使用符号"@"代表本区域的名称，如果有邮件地址中，应使用句点号"."代替"@"。
- 括号()：共有 5 个选项值，主要设置与辅助 DNS 服务器同步 DNS 数据的选项，分别表示序列号、刷新间隔、重试时间、过期时间和最小生存时间。需要注意的是，"("一定要与 SOA 写在同一行。序列号用于标识该区域的数据是否有更新，当辅助 DNS 服务器要与主 DNS 服务器进行同步数据操作时，就会比较这个值，每次修改完主区域文件都使序列号加 1。序列号值不能超过 10 位数值，比较常见的是以年月日加修改次数的形式提供，如 2012010101，也可直接从 0 或其他数值开始。其他几项关于时间的选项值默认单位是秒，也可采用分（M）、时（H）、日（D）等时间单位。

（3）设置 NS（名称服务器）资源记录

NS 资源记录定义该区域的权威服务器，决定该域名空间由哪个 DNS 服务器来进行解析。权威服务器负责维护和管理所管辖区域中的数据，它被其他服务器或客户端当作权威解析的来源，为 DNS 客户端提供数据查询。每个区域文件至少包含一条 NS 记录。如果有辅助 DNS 服务器，也应针对其定义一条 NS 记录。

提示：SOA 和 NS 资源记录在区域配置中具有特殊作用，它们是任何区域都需要的记录并且一般是区域文件中要首先列出的资源记录。

（4）设置 A（主机地址）资源记录

A 资源记录最常用，定义 DNS 域名对应 IP 地址的信息。在多数情况下，DNS 客户端要查询的是主机信息。可以为文件服务器、邮件服务器和 Web 服务器等建立 A 记录。常见的各种网络服务，如 www、ftp 等，都可用主机名来指示。

（5）设置 CNAME（别名）资源记录

别名记录又被称为规范名称，往往用来将多个域名映射到同一台计算机，主要有两种用途。

● 标识同一主机的不同用途。例如一台服务器拥有一个主机记录 srv.abc.com，要同时提供 Web 服务和邮件服务，可以为分别设置别名 www 和 mail，实际上都指向 srv.abc.com。

● 方便更改域名所映射的 IP 地址。当有多个域名需要指向同一服务器的 IP 地址时，可将一个域名作为 A 记录指向该 IP，然后将其他域名作为别名指向该主机记录。当服务器 IP 地址变更时，就不必为每个域名更改指向的 IP 地址，只更改那个主机记录即可。

（6）设置 MX（邮件交换器）资源记录

MX 资源记录为电子邮件服务专用，指向一个邮件服务器，用于电子邮件系统发送邮件时根据收信人的邮件地址后缀（域名）来定位邮件服务器。例如某用户要发一封信给 user@domain.com 时，邮件系统（SMTP 服务器）通过 DNS 服务器查找 domain.com 域名的 MX 记录。如果 MX 记录存在，就将邮件发送到 MX 记录所指定的邮件服务器上。如果一个邮件域名有多个 MX 记录，优先级别由 MX 后的数字决定，按照从最低值到最高值的优先级顺序，尝试与相应的邮件服务器联系。MX 记录的工作机制如图 10-8 所示。

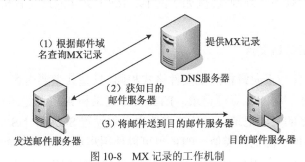

图 10-8　MX 记录的工作机制

建立 MX 记录之前要为邮件服务器创建相应的 A 记录，因为 MX 记录只能查询邮件服务器的域名，而邮件实际传输时需要知道邮件服务器的 IP 地址。如果不创建，系统就不能传输邮件。

（7）配置直接解析域名

用户在使用域名访问网站时，经常在输入网站地址时省去主机名“www”或“mail”，如 http://baidu.com。DNS 服务器默认只能解析全称域名，不能直接将域名解析成 IP 地址。为方便用户访问，可加入一条特殊的 A 资源记录，以便支持实现直接解析域名的功能，例如：

abc.com.　　IN　A　　192.168.0.1

也可以执行以下命令：

.　　　　IN　　A　　192.168.0.1

（8）配置泛域名解析

泛域名解析是一种特殊的域名解析服务，将某 DNS 域中所有未明确列出的主机记录都指向一个默认的 IP 地址，泛域名用通配符“*”来表示。例如，设置泛域名*.abc.com 指向某 IP 地址，则域名 abc.com 之下所有未明确定义 DNS 记录的任何子域名、任何主机（如

sails.abc.com、dev.abc.com）均可解析到该 IP 地址，当然已经明确定义 DNS 记录的除外。

泛域名主要用于子域名的自动解析，应用非常广泛。例如企业网站采用虚拟主机技术在同一个服务器上架设多个网站，部门使用二级域名访问这些站点，采用泛域名就不用逐一维护二级域名，可以节省工作量。

通过 BIND 服务器实现泛域名解析非常简单，因为它允许直接使用"*"字符作为主机名称。可以在 DNS 服务器的区域文件末尾加入一条特殊的 A 资源记录，使用符号"*"代表任何字符，以便支持实现泛域名解析功能，例如：

```
*.abc.com.    IN    A    192.168.0.2
```

10.2.5　配置反向解析

大部分 DNS 解析都是正向解析，有时也会用到反向解析，即通过 IP 地址查询对应的域名，最典型的就是判断 IP 地址所对应的域名是否合法。配置反向解析包括两个方面，一是要在主配置文件中定义反向解析区域，二是编辑反向解析区域文件。

1. 定义反向解析区域

在 named.conf 文件中定义反向解析区域。由于反向查询的特殊性，DNS 标准规定固定格式的反向解析区域后缀格式 in-addr.arpa。与 DNS 名称不同，当 IP 地址从左向右读时，它们是以相反的方式解释的，所以需要对每个 8 位字节值使用域的反序，因此建立 in-addr.arpa 域时，IP 地址 8 位字节的顺序必须倒置。例如子网 192.168.1.0/24 的反向解析域名为 1.168.192.in-addr.arpa。

2. 编辑反向解析区域文件

反向解析区域文件与正向解析区域文件格式相同，只是其主要内容是用于建立 IP 地址到 DNS 域名的转换记录，即 PTR 资源记录。PTR 资源记录和 A 资源记录正好相反，它是将 IP 地址解析成 DNS 域名的资源记录。另外该文件也必须设置 SOA 和 NS 资源记录。

与区域文件的其他资源记录类似，PTR 也可以使用相对名称和完全规范域名，如对资源记录 2 IN PTR ftp.abc.com，BIND 会自动在其后面加上.0.168.192.in-addr.arpa，所以相当于全称域名的 2.0.168.192.in-addr.arpa。

10.2.6　管理 DNS 服务

只有正确 BIND 主配置文件、区域文件，并准备好主配置文件中涉及的相关文件（如根服务器列表文件），才能顺利启动 DNS 服务。

1. 设置配置文件权限

除使用 chroot 技术之外，还要通过文件权限进行更为精细的安全控制，在能执行服务的前提下，不能威胁其他程序的安全。一个基本要求是让 BIND 程序以 named 用户身份运行，所以必须让它能读配置文件，其他程序不能更改配置文件，也就是只有 root 账户能更改，named 账户只读。为此将 DNS 相关的配置文件的所有者设为 root，组用户设为 named，然后授予相应的权限。

2. 启动和管理 DNS 服务

BIND 使用 named 守护进程提供域名解析服务，默认情况下该服务不会自动启动。由于启用 chroot 技术，可以直接运行 named-chroot 服务。

　　CentOS 7 默认安装 libvirt 软件包，它会提供一个名为 dnsmasq 的 DNS 缓存服务，该服务占有某个 IP 地址的 TCP 53 和 UDP 53 端口（可以使用命令 netstat -lutnp 查看），为 KVM 虚拟机提供名称解析服务。默认创建一个名为 virbr0 的连接，所使用的是 NAT 模式（采用 IP Masquerade），让虚拟机通过主机访问外部网络。即使关闭该连接，该服务依然运行，除非杀死该进程。如果 named 允许任意网络接口在端口 53 侦听，则系统无法启动。要解决这个问题，可以删除 virbr0 设备，或者改为指定网络接口侦听。

　　首先执行以下命令启用 chroot：

/usr/libexec/setup-named-chroot.sh /var/named/chroot on

该命令在启动 named-chroot 服务时会一并启动 named 服务。接着关闭 named 服务：

systemctl stop named

systemctl disable named

最后启动 named-chroot 服务并将其设为开机启动：

systemctl start named-chroot

systemctl enable named-chroot

如果启用防火墙，需要开放 DNS 通信，以 firewalld 为例，执行以下命令：

firewall-cmd --permanent --add-service=dns

firewall-cmd --reload

当然最简单的方法是关闭防火墙并禁止其开机启动。

　　至于 SELinux，初学者最好禁用该功能。如果启用 SELinux，需要使用动态 DNS 更新或区域传输（如辅助 DNS 服务器），需要开启相关布尔值：

setsebool -P named_write_master_zones on

因为该布尔值默认关闭，会阻止 named 写入 named_zone_t 类型的区域文件和目录。

3. 排查 DNS 服务启动错误

　　遇到 DNS 服务不能正常启动时，可以通过 systemctl 命令查看其状态来了解问题：

systemctl status named-chroot

还可以使用 systemd 日志工具进一步查看详情：

journalctl –xe

如果 BIND 配置文件有问题，named 守护进程不能正常启动，可以在 BIND 服务器上使用 BIND 配置文件检查工具进行检查。

　　使用 named-checkconf 检查主配置文件。例如检查 chroot 目录（选项-t 指定 chroot 目录）下的主配置文件，并测试加载 named.conf 配置文件中的所有主区域（选项-z）：

named-checkconf -z -t /var/named/chroot

如果没有问题，系统将不会显示任何信息，否则给出错误提示信息。

　　使用 named-checkzone 检查区域文件，指定区域名称和相应的区域文件，例如：

named-checkzone abc.com /var/named/chroot/var/named/abc.com.zone

上述信息表明区域文件没有问题，而且已经加载。如果出现错误，系统将给出相应的提示，包括出现的错误及错误发生的位置。

10.2.7　DNS 服务器测试

　　建立 DNS 服务器之后，通常要测试 DNS 服务器是否正常运行，当遇到域名解析问题时，也需要进行域名测试。可以直接在 DNS 服务器上测试，也可以在 DNS 客户端上测试（需要配置好 DNS 服务器）。除使用 BIND 服务器自带的配置检查工具之外，也可以使用 CentOS 内置的一套 DNS 测试工具，包括 nslookup、dig 等。下面介绍这些工具的使用方法。

1. 使用 nslookup 工具测试 DNS 服务器

如果要对 DNS 服务器排错，或者要检查 DNS 服务器的信息，可以使用 nslookup。该命令可以在两种模式下运行，即交互式和非交互式。

当需要返回单一查询结果时，使用非交互式模式即可。非交互模式的命令格式为：

nslookup [-选项] [要查询的域名|[DNS 服务器地址]

执行 nslookup 命令进入交互状态，执行相应的子命令。要中断交互命令，应按 <CTRL>+<C>组合键。要退出交互模式并返回到命令提示符下，在命令提示符下输入 exit 即可。这种方式具有非常强的查询功能，常用的子命令如下。

• server：改变要查询的默认 DNS 服务器，使用当前默认服务器查找域信息。

• lserver：改变要查询的默认 DNS 服务器，使用初始服务器查找域信息。

• set：设置查询参数，包括查询类型、搜索域名、重试次数等。

无论是在交互式还是在非交互式中，如果没有指定 DNS 服务器地址，nslookup 命令都将查询在/etc/resolv.conf 文件中所指定的 DNS 服务器。

进入交互模式后，输入 server（不带参数），即可返回当前 DNS 服务器的信息。可在子命令 server 或 lserevr 后面加上 DNS 服务器地址，指定要查询的 DNS 服务器。

直接输入要查询的域名可返回该域名对应的 IP 地址，例如：

```
> www.abc.com                          #查询域名
Server:          192.168.0.1           #当前所用的 DNS 服务器
Address:         192.168.0.1#53
Name:    www.abc.com                   #要解析的域名
Address: 192.168.0.1                   #域名解析结果（IP 地址）
```

要测试其他类型的资源记录，应先使用 set type 命令设置要查询的 DNS 记录类型，然后输入域名，从而得到相应类型的域名测试结果，例如：

```
> set type=mx                          #设置查看 MX（邮件交换器）记录
> abc.com                              #查询该域的 MX 记录
Server:          192.168.0.1
Address:         192.168.0.1#53
abc.com mail exchanger = 10 mail.abc.com.    #得到该域 MX 记录的结果
```

要查询 SOA 记录、NS 记录、别名记录等，需要将类型分别设置为 soa、ns、cname。如果要查询 A 记录，还需将类型重新设置为 a，执行命令 "set type=a"。

可直接在查询记录后面指定要查询的 DNS 服务器地址，例如：

```
>www.abc.com 192.168.0.1
```

2. 使用 dig 工具测试 DNS 服务器

dig (domain information groper)是一个用于检查 DNS 服务器的工具。dig 具有非常灵活、易于使用、分类输出的特点，多数 DNS 管理使用它来排查 DNS 问题。dig 命令不会查缓存，而是直接查服务器。dig 命令的功能非常强，支持很多选项。不过，大多数情况下，可以使用如下命令格式：

dig [@服务器] [名称] [类型]

"服务器" 是指要查询的 DNS 服务器名称或 IP 地址。如果没有提供该参数，dig 将查询

/etc/resolv.conf 配置文件所列的 DNS 服务器。dig 显示来自 DNS 服务器的应答信息。"名称"是指将要查询的 DNS 资源记录的名称。"类型"是指请求的查询类型，如 ANY（所有类型）、A（主机名）、MX（邮件交换器）等。如果不提供任何类型参数，dig 将对 A 资源记录执行查询。下例是查询所有类型：

    dig @192.168.0.1 abc.com any

dig 用于测试 DNS 系统，不会查询 hosts 文件进行解析。不指定 DNS 服务器时，系统会通过/etc/resolv.conf 查找默认的 DNS 服务器。

使用选项-t 指定类型（A、AAA、SOA、MX、NS、PTR、CNAME 等），例如：

    dig -t A www.abc.com @192.168.0.1

选项-x 表示反向查询。

dig 还提供专用的查询选项来进一步限制查询方式和结果。每个查询选项用一个加号和关键词（+keyword）表示，有的还在关键词后加上等号并赋值（+keyword=value）。例如+recurse 表示进行递归解析，+norecurse 表示不进行递归。

10.2.8　DNS 客户端配置与管理

网络中的计算机如果要使用域名解析服务，就必须进行设置，成为 DNS 客户端。操作系统大都内置 DNS 客户端，配置与管理极为方便。由于 Windows 客户端 DNS 的配置与管理非常直观简单，人们一般比较熟悉，这里仅介绍 Linux 客户端 DNS 的配置与管理（以 CentOS 7 为例）。DHCP 客户端可自动配置 DNS，有关内容后面会介绍。

1. 为 DNS 客户端配置 DNS 服务器

在 Linux 计算机中，使用配置文件/etc/resolv.conf 来设置与 DNS 域名解析有关的选项，该文件是用来确定主机解析的关键。不过，CentOS 7 推荐使用 nmcli 命令来为网络连接设置对应的 DNS 服务器。例如为某连接设置多个 DNS 服务器地址：

    nmcli con mod NETA ipv4.dns "192.168.0.1 192.168.0.110"

要使某连接的 DNS 生效，只需重新启动该连接：

    nmcli con up NETA

这样，所设置的 DNS 服务器将自动添加到/etc/resolv.conf 文件中。注意一台 Linux 计算机最多可以设置 3 个 DNS 服务器。

2. 设置域名解析方法和顺序

CentOS 在解析域名的过程中，除采用 DNS 方式之外，还可以通过 hosts 文件或使用 NIS（网络信息服务）来解析主机名，具体采用哪些方法，优先使用哪种方法，则要由 etc/nsswitch.conf 来决定，其中与域名解析查询顺序相关的语句是 hosts，默认配置为：

    hosts: files dns

这表明先使用本地 hosts 解析主机名，再使用 DNS。

3. 管理本地 DNS 缓存

客户端的 DNS 查询首先响应自己的 DNS 缓存。DNS 缓存机制可以避免重复查询 DNS 服务器，同时也提高了访问速度，但是会产生 DNS 更新后不能立即生效的问题。在 Linux 中，nscd 守护进程负责管理 DNS 缓存。nscd 可以为大多数名称服务请求提供缓存，其配置文件/etc/nscd.conf 决定如何管理缓存。CentOS 7 默认没有安装 nscd，也就不能对域名请求进行缓存，可以根据需要安装 nscd 并启用 DNS 缓存服务。

由于 DNS 缓存支持未解析或无效 DNS 名称的负缓存，再次查询可能会引起查询性能问题，因此，遇到 DNS 问题时可清除缓存。要清除 DNS 缓存，重启 nscd 守护进程即可。

10.3　DNS 高级配置与管理

DNS 解析过程涉及转发、递归、迭代、委派等方法。迭代方法是由 DNS 客户端自动向其他 DNS 服务器查询，而其他几种方法都要通过被查询的 DNS 服务器关联其他 DNS 服务器。对规模较大或较为重要的网络，一般要在部署主 DNS 服务器的同时，部署一台或多台辅助 DNS 服务器。为便于此类 DNS 高级功能测试，例中在另一台服务器 srv2 上安装 DNS 服务器。下面首先讲解 BIND 管理工具 rndc。

10.3.1　使用 rndc 管理 DNS 服务器

rndc（Remote Name Domain Controller）是 BIND 的一个管理工具，它有两大优点，一是可以进行远程控制和管理 DNS 服务器，二是可以在不中断 DNS 服务器运行的情况下，修改配置文件并使之生效，这对实际部署的 DNS 服务器非常有用。

1．rndc 基础

rndc 连接到名称服务器时需要通过数字证书进行认证，目前 rndc 和 named 唯一支持的认证算法是 HMAC-MD5，在连接的两端使用预共享密钥。rndc 在连接通道中发送命令时，必须使用经过服务器认可的密钥加密。可使用 rndc-confgen 命令产生密钥和相应的配置，再将这些配置分别加入服务器器端的 named.conf 和 rndc 控制端的配置文件 rndc.conf 中。rndc 服务器端默认监听 953 号端口（TCP），要注意防火墙设置，不打开 953 端口，该命令也无法运行。安装 BIND 9 时 rndc 默认即可使用，无须进行任何配置，不过只能在本地使用。

rndc 的命令格式为：

rndc [-c 配置文件] [-s 服务器] [-p 端口]　[-k 密钥文件] [-y 密钥] 命令

其中-c 指定配置文件（默认/etc/rndc.conf）；-s 和-p 分别指定服务器和端口；-k 用于指定密钥文件（默认/etc/rndc.key）。

常用的子命令有 status（显示 DNS 服务器的工作状态）、reload（重新加载配置文件和区域文件）、reconfig（重新读取配置文件并加载新增的区域）、querylog（开启查询日志）、dumpdb（将高速缓存转储到转储文件）。

2．rndc 配置和使用

首先要在 rndc 连接两端进行配置。

（1）在任意一端运行 rndc-confgen 命令生成密钥和相应的配置，下面是一个示例：

```
#rndc.conf 开始
key "rndc-key" {
    algorithm hmac-md5;
    secret "Nq0/pWQMtL03Ake8CSuu0Q==";
};
options {
default-key "rndc-key";
```

```
        default-server 127.0.0.1;
        default-port 953;
};
#rndc.conf 结束
#在 named.conf 配置文件中加入以下内容,并调整为所需的参数:
key "rndc-key" {
        algorithm hmac-md5;
        secret "Nq0/pWQMtL03Ake8CSuu0Q==";
};
controls {
        inet 127.0.0.1 port 953
        allow { 127.0.0.1; } keys { "rndc-key"; };
};
```

可见 rndc 默认适合管理本地 DNS 服务器,要实现远程控制,需要修改相应参数。

（2）CentOS 7 中默认没有提供/etc/rndc.conf 文件,在 rndc 控制端（客户端）执行以下命令创建该文件并修改权限：

```
touch /etc/rndc.conf
chown named:named /etc/rndc.conf
```

（3）将 rndc-confgen 生成结果中的 rndc.conf 部分（上半部分）复制到/etc/rndc.conf 文件中,将 "default-server 127.0.0.1" 语句中的 127.0.0.1 改为要管理的服务器的地址,此处为 192.168.0.1,保存该文件。

（4）在 DNS 服务器端修改 named 文件,将 rndc-confgen 生成结果中的 named.conf 部分（下半部分）复制到该文件中。

（5）将 "inet 127.0.0.1 port 953" 中的 127.0.0.1 改为服务器的地址,此处为 192.168.0.1;将 "allow { 127.0.0.1; }" 语句中的 127.0.0.1 改为 rndc 控制端的地址,此处为 192.168.0.2。

（6）保存 named 文件并重新启动 named-chroot 服务。

这样在 rndc 控制端即可远程管理 DNS 服务器,例如执行以下命令重新加载服务器 192.168.0.1 上的配置文件与区域文件：

```
rndc -c /etc/rndc.conf -s 192.168.0.1 reload
```

CentOS 7 默认提供/etc/rndc.key 文件,用于保存 rndc 的密钥。可以在服务器 named.conf 配置文件中直接引用该文件,也可以在 rndc 控制端直接使用该文件。无论哪种情况,必须确保 rndc 两端的密钥一致。

10.3.2　配置 DNS 转发服务器

1. DNS 转发简介

在实际应用中,人们往往要将非本地域的域名解析请求转发到 ISP 提供的 DNS 服务器。人们大多在位于内网与 Internet 之间的网关、路由器或防火墙中配置 DNS 转发服务器,如图 10-9 所示。

在不指定转发器的情况下,如果本地区域文件不能解析,而且在缓存中又没有记录,系统就会自动转到根 DNS 服务器查询。如果指定转发服务器,则将向转发器（另一 DNS 服务器）提交查询请求,然后等待查询结果。配置 DNS 转发器有两个方面的作用。

● 充分利用 DNS 缓存,减少网络流量并加快查询速度。

● 避免本地 DNS 直接暴露在 Internet 上,有利于保证 DNS 服务器的安全。

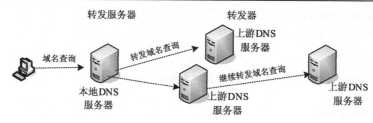

图 10-9　DNS 转发服务器

注意：转发服务器的查询模式必须允许递归查询，否则无法正确完成转发。

2．DNS 转发配置

转发功能由 forwarder 选项来设置。转发服务器可以分为以下两种类型。

（1）完全转发服务器

完全转发是指将所有非本地区域的 DNS 查询请求转送到其他 DNS 服务器。可以在 named.conf 文件中的 options 语句中使用 forwarders 选项指定 DNS 转发器，通常是一个远程 DNS 服务器的 IP 地址列表，多个地址之间使用分号分隔。例如：

```
forwarders    { 202.102.128.68 ; 202.102.134.68; } ;
```

如果没有指定此选项，则系统默认转发列表为空，服务器不会进行任何转发，所有请求都由 DNS 服务器自己来处理。

还有一个选项 forward，用于控制 DNS 服务器的转发行为。默认值为 first，将用户请求先转发到所设置的转发器，由转发器完成域名解析工作，若指定的转发器无法完成解析或无响应，则再由 DNS 服务器来完成域名解析。另一个值为 only，仅将请求转发 DNS 转发器，若指定的转发器无法完成解析或无响应，则不再尝试解析。

（2）条件转发服务器

这种服务器只能转发指定域的 DNS 查询请求，需要在 named.conf 文件中的 zone 语句中使用 type、forwarder 和 forward 选项设置该功能。实际上是设置一个转发区域，转发区域是一种基于特定域的转发配置方式。下面是一个条件转发配置的例子：

```
zone ".net" IN {
    type forward;                                     #指定该区域为条件转发类型
    forwarders    { 202.102.128.68 ; 202.102.134.68; };   #设置转发器
};
```

这表明 DNS 服务器收到以.net 为后缀的域名查询请求时，将转发到转发器。

3．DNS 转发配置示例

这里将 srv1 服务器作为上游服务器，在 srv2 服务器配置转发选项。在 srv2 服务器上参照 srv1 服务器修改 named.conf 配置文件，将其中除根区域以外的区域配置删除（为便于后续实验，最好将这部分设置加上注释符号），然后在 options 语句中定义转发选项：

```
forwarders { 192.168.0.1; };
forward only;
```

保存该配置文件，重新加载该配置文件或重启 named-chroot。然后使用 nslookup 进行测试，下面给出一个例子：

```
[root@srv2 ~]# nslookup
> server 192.168.0.2                              #切换要查询的 DNS 服务器
Default server: 192.168.0.2
```

Address: 192.168.0.2#53
> ftp.abc.com   #查询域名
Server: 192.168.0.2
Address: 192.168.0.2#53
Non-authoritative answer: #得到的结果为非权威性应答
Name: ftp.abc.com
Address: 192.168.0.2

下例表明域名查询结果并非来自权威 DNS 服务器。

10.3.3　配置根区域自定义 DNS 递归查询

递归是域名解析过程中最常用的方法，被查询的 DNS 服务器首先从顶部开始，这就需要查找根服务器。以递归方式工作的 DNS 服务器必须指定根服务器信息文件。当 DNS 服务器处理递归查询时，如果本地区域文件不能进行查询的解析，就会转到根 DNS 服务器查询，这就需要在主配置文件 named.conf 中声明根区域，根区域的名称是 "."。例如：

```
zone "." IN {                        ##根区域的名称是 "."
        type hint;                   ##根区域的类型是 "hint"
        file "named.ca";             ##根服务器列表文件名为 "named.ca"
};
```

安装时，BIND 软件包提供一个根服务器列表文件 named.ca，默认与其他区域文件位于同一目录中。由于根服务器会随 Internet 的变化而发生变动，因此对 Internet 上的 DNS 服务器，根服务器列表文件应及时更新。用户可以登录站点 ftp://internic.net 下载最新版本。

为便于测试根区域的递归查询，这里在 srv2 服务器上进行相关设置。首先，修改 named.ca 文件，参照已有格式，在 ANSWER SECTION 和 ADDITIONAL SECTION 两处分别添加指向 srv1 的记录，这样就可以转到 srv1 进行递归查询。例如：

```
;; ANSWER SECTION:
.                      518400    IN   NS   dns.abc.com.

;; ADDITIONAL SECTION:
dns.abc.com.           3600000 IN    A    192.168.0.1
```

接下来修改 named.conf 配置文件，将其中的转发语句删除或加注释。保存该配置文件，重新加载该配置文件或重启 named-chroot。然后使用 nslookup 进行测试。

10.3.4　配置仅缓存 DNS 服务器

仅缓存 DNS 服务器既没有管理的任何区域，又不会产生区域复制，只能缓存 DNS 名称并且使用缓存的信息来响应 DNS 客户端的解析请求。这种 DNS 服务器可以通过缓存减少 DNS 客户端访问外部 DNS 服务器的网络流量，并且可以减少 DNS 客户端解析域名的时间，因而在网络中得以广泛使用。在大型网络环境中，可以考虑删除其他 DNS 服务器上的根区域，只依赖一台仅缓存 DNS 服务器来支持外部的 DNS 解析。

仅缓存 DNS 服务器不用加载区域，只通过根区域或转发器请求其他 DNS 服务器对域名进行解析。参照上两节内容，首先配置根区域或转发器，也可以同时配置这两种功能，然后在主配置文件 named.conf 中调整以下选项。

● recursion：必须设置为 yes。因为仅缓存 DNS 服务器没有自己的域名数据库，而是将所有查询转发到其他 DNS 服务器处理，所以这里必须允许递归查询。

● max-cache-size：根据需要调整 DNS 服务器缓存使用的最大内存数，默认值为 32MB。

可以使用 rndc 工具来管理 bind 服务器的缓存。要查看缓存，应执行以下步骤。

（1）在 named.conf 配置文件中使用 dump-file 参数设置缓存文件（一般为/var/named/data/cache_dump.db），确认 named 账户能读写该文件。

（2）配置好 rndc，使它能连接服务器，执行 dumpdb 命令将 DNS 缓存导出到缓存文件，例如：

rndc -c /etc/rndclocahost.conf dumpdb

（3）使用文本查看工具查看该缓存文件中的内容。

也可以用 rndc 工具清除 DNS 服务器的缓存。flush 命令清除服务器上所有缓存。还可以使用 flushname 清除指定域名的缓存，使用 flushtree 指定域名及其子域名的缓存，这两条命令以域名或视图（view）作为参数。

10.3.5　部署主 DNS 服务器与辅助 DNS 服务器

管理员可根据实际需要，让服务器管理多个不同的主区域和辅助区域，来实现主辅 DNS 服务器的部署，以提高 DNS 服务器的可用性。

1．进一步了解辅助 DNS 服务器

对每个区域来说，管理其主区域的服务器是该区域的主服务器，管理其辅助区域的服务器是该区域的辅助服务器。辅助 DNS 服务器与主 DNS 服务器的区别主要在于数据的来源不同。主 DNS 服务器从自己的数据文件中获得数据，区域数据的变更必须在该区域的主 DNS 服务器上进行。辅助 DNS 服务器通过网络从其主 DNS 服务器上复制数据，这个传送的过程被称为区域传输（zone transfer）。

区域的辅助服务器启动时与其主服务器进行连接并启动一次区域传输，然后以一定的时间间隔查询主服务器，来了解数据是否需要更新，间隔时间在 SOA 记录中设置。主/辅助 DNS 服务器数据同步过程如图 10-10 所示。

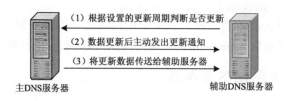

图 10-10　主/辅助 DNS 服务器数据同步过程

辅助 DNS 服务器可以负担部分域名查询，以减轻主 DNS 服务器的负载，还能提供容错能力，作为主 DNS 服务器的备用。辅助服务器就近响应客户端请求，有助于减轻网络负载。

2．设计主/辅助 DNS 服务器拓扑结构

一台 DNS 服务器可以只管理一个区域，也可同时管理多个区域，包括主区域和辅助区域。因为 DNS 是网络基本服务，每个区域必须有主服务器。通常将区域的主 DNS 服务器和辅助 DNS 服务器部署在不同子网上，这样如果一个子网连接中断，DNS 客户端还能直接查询另一个子网上的 DNS 服务器。

为便于实验，将主服务器和辅助服务器部署在同一子网中，网络拓扑结构如图 10-11 所

示。此处不涉及 Internet 中 DNS 服务器对 abc.com 域名的指向，即 abc.com 域只在局域网内部的 DNS 服务器中有效。设置转发器对外部域名进行解析。

按照要求配置好网络，然后进行下面的操作。

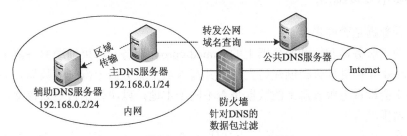

图 10-11　主/辅助 DNS 服务器拓扑结构

（1）配置主 DNS 服务器

编辑主服务器的配置文件 named.conf，主要是定义正向解析区域和反向解析区域，区域类型均为 master。为安全起见，列出允许的辅助 DNS 服务器地址。这里仅给出区域定义部分的示例：

```
##声明一个正向解析区域（名称与类型）
zone "abc.com" IN {
    ##设置区域类型为主区域
    type master;
    file "abc.com.zone";
    ##设置允许进行区域复制的辅助 DNS 服务器地址
    allow-transfer { 192.168.0.2;};
};
##声明反向解析区域（名称与类型）
zone   "0.168.192.in-addr.arpa"   IN   {
    type    master;
    file    "192.168.0.arpa";
    allow-transfer {192.168.0.2;};
};
```

（2）配置辅助 DNS 服务器

不用在辅助 DNS 服务器中建立区域文件，而从主 DNS 服务器中接收并保存区域文件，接收的区域文件通常被保存在 BIND 服务器工作目录的 slaves 子目录（/var/named/slaves）中。这种服务器需要在与主服务器不同的主机上架设，这里为上述主 DNS 服务器构建一台辅助 DNS 服务器，主要是定义正向解析区域和反向解析区域，区域类型均为 slave，要设置主 DNS 服务器 IP 地址。这里仅给出区域定义部分的示例：

```
##声明一个正向解析区域（名称与类型）
zone "abc.com" IN {
    ##设置区域类型为辅助区域
    type slave;
    ##设置辅助 DNS 服务器的区域文件存放位置及文件名，尽量使用与主 DNS 服务器中相同的区域
文件名称
    file "slaves/abc.com.zone";
    ##设置主 DNS 服务器 IP 地址
    masters{192.168.0.1;};
};
```

```
##声明反向解析区域（名称与类型）
zone   "0.168.192.in-addr.arpa"   IN   {
    type   slave;
    file   "slaves/192.168.0.arpa";
    masters{192.168.0.1;};
};
```

（3）查看数据是否同步

分别启动主服务器和辅助服务器上的 named-chroot 服务。如果辅助服务器上的区域文件不存在，named 守护进程就会创建该文件，并写入从主服务器上得到的数据。如果存在区域文件，named 会检查主服务器上的数据是否不同于本地，以决定是否更新该文件，使其与主服务器数据同步。

可以查看（执行 tail 命令）系统日志文件/var/log/messages 来确定是否执行同步操作。此处检查主 DNS 服务器的系统日志，得知辅助 DNS 服务器通过完全区数据域复制（AXFR）从主服务器上获取 abc.com 区域数据，下面给出两条相关日志信息：

```
Mar 29 17:31:49 srv1 named[9075]: client 192.168.0.2#46583 (abc.com): transfer of 'abc.com/IN': AXFR
started
Mar 29 17:31:49 srv1 named[9075]: client 192.168.0.2#46583 (abc.com): transfer of 'abc.com/IN': AXFR
ended
```

可以通过 ls 命令查看辅助服务器的/var/named/slaves 目录，也可以使用 nslookup 命令向辅助服务器（192.168.0.2）查询域名。

10.3.6 配置区域委派

规模小的用户可能只有一个单域。规模较大的用户常常将域名空间中的不同部分的职责和管理进行分离，这就涉及区域委派（子域授权）。区域委派主要用于以下情形。

- 将某个子区域委派给某个部门中的 DNS 服务器进行管理。
- DNS 服务器的负载均衡，即将一个大的区域划分为若干小的区域，委派给不同的 DNS 服务器进行管理。
- 将子区域委派给某个分支机构或远程站点进行管理。

例如 info.abc.com 是 abc.com 的一个子域，可直接在 abc.com 区域中创建一个子域 branch，将其资源记录都保存在 abc.com 区域的权威服务器上，这是集中管理的一种简单方案，适合规模小、负担轻的情况。如果规模较大，要将 info.abc.com 作为区域单独管理，就需要创建区域委派，将子域委派给其他 DNS 服务器来进行管理。这样，受委派的 DNS 服务器将承担此子域的管理，并且此子域是该受委派服务器的主区域；而其父域只有此子域的委派记录，即指向此子域的权威 DNS 服务器（受委派服务器）的 A 和 NS 记录，并且不对其子域进行实际管理。下面示范实现步骤。

（1）在父域 abc.com 的权威 DNS 服务器（192.168.0.1）上的区域文件（此处为 abc.com.zone）中添加子域的 A 和 NS 记录：

```
info              IN    NS   ns1.info
ns1.info          IN    A    192.168.0.2
```

（2）在子域 info.abc.com 的 DNS 服务器（192.168.0.2）上的/etc/named.conf 文件中声明一个正向解析区域（名称与类型）：

```
zone "info.abc.com" IN {
    type master;
```

```
                    file "info.abc.com.zone";
};
```

可以根据需要添加相应的反向解析区域。

（3）在子域 info.abc.com 的 DNS 服务器（192.168.0.2）上创建区域文件：

```
$TTL  86400        ;定义默认生存时间
@   IN   SOA   ns1.info.abc.com. admin.abc.com (          ;定义起始授权机构
                       10  ; serial   （序列号）
                       3H  ; refresh  （刷新间隔）
                       15M ; retry    （重试时间）
                       1W  ; expiry   （过期时间）
                       1D） ; minimum  （最小生存时间）
info.abc.com.    IN   NS   ns1.info.abc.com.       ;定义名称服务器（NS）
ns1              IN   A    192.168.0.2
www              IN   A    192.168.0.10
ftp              IN   A    192.168.0.20
```

（4）在父域和子域服务器上重新启动 named-chroot 服务。

（5）测试区域委派。使用 dig 命令分别向父域和子域服务器请求对 www.info.abc.com 的解析，发现返回应答的权威服务器都是子域服务器，例如：

```
;; AUTHORITY SECTION:
info.abc.com.          86400    IN   NS   ns1.info.abc.com.
```

也可以使用 nslookup 执行类似的查询，发现父域服务器返回的是非权威性的应答。

结果表明区域委派设置成功。父域服务器不能直接提供解析，它将其委派给子域服务器，获得解析结果后再返给客户端，此结果也会被保存到子域服务器的缓存中。

10.3.7　使用 view 语句实现分区解析

view（视图）是 BIND 9 强大的新功能，为不同子集的用户定义相应的 DNS 名称空间，让 DNS 服务器根据请求者的不同，有区别地返回 DNS 查询。使用此功能拆分 DNS，无须配置多个不同的 DNS 服务器。

可以在 view 语句中通过相应的指令划分若干视图。可以使用 match_clients 或 match-destinations 指令定义用户要匹配的源地址或目的地址。如果没有指定，match-clients 和 match-destinations 默认匹配所有地址。另外，也可以使用 match-recursive-only 指定是否匹配用户的递归请求。

视图语句的顺序是很重要的，用户的请求将在它所匹配的第一个视图中被解答。在视图语句中定义的域只对匹配视图的用户是可用的。

options 语句中给出的选项也能在 view 语句中使用，其作用域仅限于视图。view 语句没有给出的选项就会使用 options 语句的选项值。如果在配置文件中没有 view 语句，系统就会在 IN 类中自动产生一个默认视图匹配于任何用户。下面给出一个典型的使用视图拆分 DNS 的设置：

```
##本地解析视图（缓存名称服务器）
view "localhost_resolver"
{
    match-clients           { localhost; };
    recursion yes;
    zone "." IN {
        type hint;
```

```
                file "/var/named/named.ca";
        };
        include "/etc/named.rfc1912.zones";
};
##内部解析视图（本地局域网）
view "internal"
{
        match-clients          { localnets; };
        recursion yes;
        zone "." IN {
            type hint;
            file "/var/named/named.ca";
        };
        include "/etc/named.rfc1912.zones";
        zone "my.internal.zone" {
            type master;
            file "my.internal.zone.db";
        };
};
##外部解析视图（解析以上视图之外的请求）
view "external"
{
        match-clients          { any; };
        zone "." IN {
            type hint;
            file "/var/named/named.ca";
        };
        ##拒绝对外部用户提供递归服务
        recursion no;
        zone "my.external.zone" {
            type master;
            file "my.external.zone.db";
        };
};
```

10.4　DHCP 基础

DHCP 的前身是早期为无盘工作站设计的 BOOTP，与 BOOTP 相比，DHCP 在兼顾 BOOTP 客户端的需求的同时，通过租约有效且动态地分配客户端的 TCP/IP 设置。

10.4.1　什么是 DHCP

DHCP 是 Dynamic Host Configuration Protocol 的缩写，可被译为"动态主机配置协议"。

1．DHCP 分配地址的 3 种方式

● 手动分配：与 BOOTP 相同，根据客户端物理地址预先配置对应的 IP 地址和其他设置，应 DHCP 客户端请求传递给相匹配的客户端主机。有的计算机必须具有永久分配的特殊 IP 地址（如 Web 服务器），所以 DHCP 手动分配（不是直接在客户端配置）很有必要。

- 自动分配：无须进行任何的 IP 地址手动分配，当 DHCP 客户端首次向 DHCP 服务器租用到 IP 地址后，该地址就被永久地分配给该 DHCP 客户端，不会再分配给其他客户端。较少变化的网络可以采用这种方式分配 IP 地址，创建一个永久性的网络配置。
- 动态分配：DHCP 客户端首次向 DHCP 服务器租用到 IP 地址后，并非永久性地使用该地址，只要租约到期，客户端就得释放这个地址，以供其他主机使用。动态分配显然比自动分配更灵活，是能够自动重复使用 IP 地址的方法，可解决 IP 地址不够用的问题。

这 3 种方式可以同时使用。通常采用动态分配与手动分配相结合的方式，除能动态分配 IP 地址之外，还可以将一些 IP 地址保留给一些特殊用途的计算机使用。

2. DHCP 配置 TCP/IP 参数

IP 地址的分配只是 DHCP 的基本功能，DHCP 还能够为客户端配置多种 TCP/IP 相关参数，主要包括子网掩码、默认网关（路由器）、DNS 服务器、域名等。客户端除启用 DHCP 功能之外，几乎无须做任何的 TCP/IP 环境设置。

10.4.2　DHCP 工作原理

DHCP 基于客户端/服务器模式，服务器使用 UDP 67 端口，客户端使用 UDP 68。服务器以地址租约的形式将设置信息提供给发出请求的客户端。租约定义可分配的 IP 地址范围及其租约期限。当租约期满或在服务器上被删除时，租约将自动失效。

1. DHCP 系统组成

DHCP 系统组成如图 10-12 所示。DHCP 服务器是安装 DHCP 服务器软件的计算机或内置 DHCP 服务器软件的网络设备，DHCP 客户端是启用 DHCP 功能的计算机。DHCP 服务器要用 DHCP 数据库，该数据库主要包含以下 DHCP 配置信息。

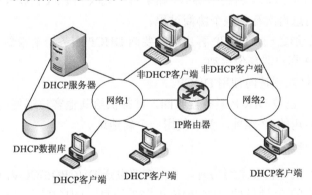

图 10-12　DHCP 系统组成

- 网络上所有客户端的有效配置参数。
- 为客户端定义的地址池中维护的有效 IP 地址，以及用于手动分配的保留地址。
- 服务器提供的租约持续时间。

DHCP 客户端软件一般由操作系统内置，而 DHCP 服务器软件多由网络操作系统（如 Linux、Windows）提供，它们的功能很强，可支持非常复杂的网络。路由器、防火墙、代理服务器硬件或软件大都内置 DHCP 服务器。

2. 租约协商

DHCP 客户端请求并获得租约（IP 地址及有关的 TCP/IP 配置），需要经历一个与 DHCP 服务器的协商过程（如图 10-13 所示），具体说明如下。

（1）DHCP 客户端广播 DHCPDISCOVER 消息，试图定位网络中的 DHCP 服务器。

（2）网络中所有接收 DHCPDISCOVER 消息的 DHCP 服务器都会以 DHCPOFFER 消息响应客户端，DHCPOFFER 包含一个可用的 IP 地址和 TCP/IP 设置。

（3）DHCP 客户端收到 DHCPOFFER 消息之后（如果接收到多个 DHCPOFFER 消息，只会选择其中一个，通常选择最先收到的那一个），再向网络中的 DHCP 服务器广播 DHCPREQUEST 消息，该消息包含它要接受的 IP 地址和 TCP/IP 设置。

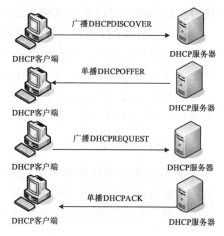

图 10-13　DHCP 租约协商过程

（4）DHCP 服务器收到 DHCPREQUEST 消息之后，将提供的设置信息提交给客户，写入其数据库，然后向客户端发出一个 DHCPACK 消息，确认客户端请求的租约。

如果由于某种原因不能完成协商，服务器则发出 DHCPNAK 消息，拒绝客户端请求。

（5）客户端收到 DHCPACK 消息之后，使用 ARP（地址解析协议）对所提供的 IP 地址执行最后的校验，查看网络上是否有重复的地址，如果没有，则配置该 IP 地址，并完成 TCP/IP 设置的初始化。

如果找到重复的地址，则向服务器发出 DHCPDECLINE 消息，拒绝它提供的地址，使用新的 DHCPDISCOVER 消息重新尝试协商。如果客户端收到 DHCPNAK 消息，直接使用新的 DHCPDISCOVER 消息再次开始整个协商过程。

只要符合下列情形之一，DHCP 客户端就要向 DHCP 服务器请求新的 IP 租约。

- 首次以 DHCP 客户端身份启动。
- 从静态 IP 地址配置转向使用 DHCP。
- 租用的 IP 地址已被 DHCP 服务器收回，并提供给其他客户端使用。
- 自行释放已租用的 IP 地址，要求使用一个新地址。

3. 租约续订与更新

DHCP 客户端每次重新登录网络时，不再需要发送 DHCPDISCOVER 消息，而是直接发送包含上一次所分配的 IP 地址的 DHCPREQUEST 消息。DHCP 服务器收到这一消息后，正常情况下会尝试让客户端继续使用原来的租约，并回送一个 DHCPACK 消息。如果此 IP 地址已无法再分配给原来的客户端使用（如已分配给其他客户端使用），或者服务器检测到客户端所在的子网不同于提供租约时所在的子网，那么服务器将发出 DHCPNAK 消息，终止租约，客户端收到该消息后，就必须重新请求新的 IP 租约。

当租用时间达到租约期限的一半时，DHCP 客户端将向 DHCP 服务器发送一条 DHCPREQUEST 消息自动尝试续订租约。如果 DHCP 服务器允许，则它将续订租约并向客户端发送一条 DHCPACK 消息，此消息包含新期限和一些更新设置参数。客户端收到确认消息后就自动更新配置。如果服务器没有任何回应，则客户端还可继续使用当前的租约。

当租用时间达到租约期限的 87.5% 时，DHCP 客户端再次广播 DHCPREQUEST 消息，向网络中的服务器请求租约。此时 DHCP 客户端会接受从任何 DHCP 服务器提供的租约。

如果租约已到期，而 DHCP 服务器没有任何回应，则客户端开始以 B 类 IP 地址（169.254.0.0）和子网掩码（255.255.0.0）自行配置。

提示：如果 DHCP 客户端已从网络中断开或切换到其他网段，服务器的 DHCP 租约并不会被马上收回，而是需要管理员手动操作。另外，永久租用的 IP 地址客户端只有在重新开机时才会更新租约，以获得 DHCP 的最新设置值，客户端也可强制进行租约更新。

10.4.3　DHCP 规划

部署 DHCP 服务器之前首先要进行规划，主要是根据网络规模、拓扑结构等因素来考虑 DHCP 服务器的数量和部署位置。主要有以下几种情形。

- 单一网段一般仅需一台 DHCP 服务器。
- 重要网络可考虑部署多台 DHCP 服务器，其中一台作为主要 DHCP 服务器，其他作为辅助（备份）DHCP 服务器。一方面提供容错以增加可用性，另一方面平衡 DHCP 服务器负载（通常使用 80/20 规则划分两台 DHCP 服务器之间的 IP 地址范围，如图 10-14 所示）。

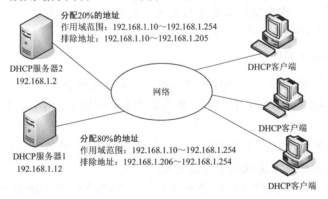

图 10-14　配置多台 DHCP 服务器

- 在路由网络中部署 DHCP 服务器。DHCP 依赖于广播信息，对于多网段的路由网络，最简单的办法是在每一个网段中安装一台 DHCP 服务器，但是这样成本高，而且不便于管理。更好的办法是在一两个网段中部署一两台 DHCP 服务器，在其他网段使用 DHCP 中继代理，如图 10-15 所示。

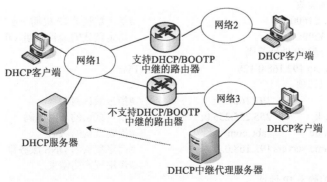

图 10-15　DHCP 中继

10.5　DHCP 服务器的部署与管理

这里以 CentOS 7 平台为例介绍如何架设和管理 DHCP 服务器。在 Linux 平台上安装 DHCP 服务器非常简单，只是要注意该服务器本身的 IP 地址应是静态的，不能是动态分配的。执行 yum install dhcp 命令进行安装即可。

10.5.1　DHCP 主配置文件

在 Linux 平台中，人们主要通过配置文件/etc/dhcp/dhcpd.conf 对 DHCP 服务器进行配置，设置 IP 作用域、DHCP 选项、租约和静态 IP 地址等内容。DHCP 服务器配置流程如下。

（1）编辑主配置文件 dhcpd.conf，设置 IP 作用域（指定一个或多个 IP 地址范围）。

（2）建立租约数据库文件。

（3）重新加载主配置文件，或者重新启动 DHCP 服务使配置生效。

安装 DHCP 主程序包之后，系统会在/etc/dhcp 目录下建立一个空白的 dhcpd.conf 主配置文件，在/usr/share/doc/dhcp-*x.x.x* 目录中提供样本文件（*x.x.x* 为版本号），可将其内容复制到/etc/dhcpd.conf 文件中，根据实际需要进行修改。此处执行以下命令：

```
cp -p /usr/share/doc/dhcp-4.2.5/dhcpd.conf.example /etc/dhcp/dhcpd.conf
```

1. /etc/dhcpd.conf 文件示例

要为某局域网安装配置一台 DHCP 服务器，基本要求如下。

• 为 192.168.0.0/24 网段的用户提供 IP 地址动态分配服务，用于动态分配的 IP 地址池范围为 192.168.0.128～192.168.0.154。

• 为客户端指定的默认网关为 192.168.0.1，默认的 DNS 服务器为 192.168.0.1。

• 该网段的其余地址保留或用于静态分配。

• 物理地址为 00:0C:29:C1:F0:A1 的网卡固定分配的静态 IP 地址为 192.168.0.20。

针对这些需求设置的/etc/dhcpd.conf 文件内容如下：

```
#以下设置全局参数
ddns-update-style interim;                          #设置 DNS 动态更新方式
ignore client-updates;                              #不允许客户端更新
#以下设置作用域
subnet 192.168.0.0 netmask 255.255.255.0 {          #作用域声明开始
#以下设置作用域参数
default-lease-time 21600;                           #指定默认的 IP 租期（单位为秒）
max-lease-time 43200;                               #指定默认的最长租期（单位为秒）
#以下设置动态分配 IP 地址范围
range dynamic-bootp 192.168.0.128        192.168.0.154;
#以下设置作用域选项
option routers              192.168.0.1;            #指定默认网关
option subnet-mask          255.255.255.0;          #指定默认的子网掩码
option domain-name          "abc.com";              #指定默认的域名
option domain-name-servers 192.168.0.1;             #指定默认的 DNS 服务器
}                                                   #作用域声明结束
#以下设置分配的静态 IP 地址
host ns {
```

```
hardware ethernet 00:0C:29:C1:F0:A1;        #指定物理地址
fixed-address 192.168.0.20;                 #指定要分配的 IP 地址
}
```

2．/etc/dhcpd.conf 文件格式

/etc/dhcpd.conf 是一个包含若干参数（parameters）、声明（declarations）及选项（option）的纯文本文件。命令格式为：

```
#全局设置
参数或选项;                #全局生效
#局部设置
声明{
        参数或选项;        #局部生效
}
```

其中参数主要用于设置服务器和客户端的动作或者是否执行某些任务，如设置 IP 地址租约期限、是否检查客户端所用的 IP 地址等；声明一般用来指定网络布局、管理行分组、分配的 IP 地址池等；选项通常用来配置 DHCP 客户端的可选参数，如定义客户端的 DNS 地址、默认网关等。选项设置以 option 关键字开头。

全局设置可以包含参数或选项，该部分对整个 DHCP 服务器起作用；局部设置位于声明部分，该部分仅对局部生效，如只对某个 IP 作用域（或管理性分组）起作用。

注释部分以"#"号开头，可以放在任何位置，并以"#"号开头。

每一行参数或选项定义都要以";"号结束，但声明所用的大括号所在行除外。

10.5.2　DHCP 服务器全局设置

全局设置作用于整个 DHCP 服务器，参数和选项有可能被局部设置所覆盖。这里介绍两个经常使用的全局参数，至于其他参数及其选项将在后面章节专门介绍。

● ddns-update-style：定义 DHCP 服务器所支持的 DNS 动态更新类型。dhcpd.conf 中必须包含这一参数定义，并且要置于第 1 行。所谓 DNS 动态更新，是指 DHCP 可以通过 DDNS（DNS 动态更新）来更新域名记录（主机名与 IP 地址）。该参数共有 3 个可选值：none 表示不支持动态更新；interim 表示 DNS 互动更新模式，一般选择此项；ad-hoc 表示特殊 DNS 更新模式。

● allows/ignore client-updates：定义是否允许客户端更新 DNS 记录。allows　client-updates 表示允许，ignore client-updates 表示不允许。

这两个参数只能用于全局设置。其他参数既可用于全局设置，又可用于局部设置。

10.5.3　配置 DHCP 作用域

DHCP 服务器以作用域（Scope）为基本管理单位向客户端提供 IP 地址分配服务。在 DHCP 服务器内必须至少设置一个 IP 作用域。作用域也被称为领域，是对使用 DHCP 服务的子网所划分的计算机管理性分组，它拥有一个可分配 IP 地址的范围。

1．声明 DHCP 作用域

在 dhcpd.conf 配置文件中，可以用 subnet 语句来声明一个作用域。命令语句格式为：

```
subnet 网络 ID   netmask 子网掩码
{...参数或选项;...}
```

subnet 声明确定要提供 DHCP 服务的 IP 子网，这要用网络 ID 和子网掩码来定义。这里的网络 ID 必须与 DHCP 服务器的网络 ID 相同。一个 IP 子网只能对应一个作用域。

DHCP 客户端查询同一网段的 DHCP 服务器，通过 DHCP 服务器连接该网段的网络接口来访问对应的作用域。如果 DHCP 服务器在某个 subnet 声明的 IP 子网范围内没有提供网络接口，则 DHCP 服务器将不能服务该网络。

例如下面声明表示为子网提供 DHCP 服务：

subnet 192.168.0.0 netmask 255.255.255.0 {
}

括号{}内参数或选项具体设置作用域属性，包括 IP 地址范围、子网掩码和租约期限等，还可定义作用域选项等。

2. 指定 IP 地址范围

首先必须为作用域指定可分配的 IP 地址范围，DHCP 客户端向 DHCP 服务器请求 IP 地址时，DHCP 服务器从该作用域 IP 地址范围内选择一个尚未分配的 IP 地址，分配给该 DHCP 客户端。

在括号{}内使用 range 语句来定义地址范围，命令格式为：

range 起始 IP 地址 结束 IP 地址;

IP 地址范围应属于 subnet 声明的子网。最简单的方法就是使用一个地址范围，例如：

range 192.168.0.2   192.168.0.20;

可以用多个 range 参数指定多个地址范围，但其中每个 IP 地址范围不能交叉或重复。例如：

range 192.168.0.2   192.168.0.20;
range 192.168.0.151   192.168.0.120;

3. 设置租约期限

租约期限是 DHCP 服务器提供给客户端 IP 地址使用的时限。dhcpd.conf 配置文件有以下两个与租约期限有关的参数。

（1）default-lease-time。设置默认租约期限，单位为秒。例如默认租约期限设置为半天：

default-lease-time 43200;

（2）max-lease-time。定义客户端 IP 租约期限的最大值（即最大租约期限），单位为秒。当超过设置的默认租约期限后，在超过最大租约期限之前，还可以续租该 IP 地址。例如将最大租约期限设置为 1 天：

max-lease-time   86400;

租约期限实际上由此参数来确定，默认最大租约期限为 12 小时（43200 秒）。

10.5.4　配置 DHCP 选项

除为 DHCP 客户端动态分配 IP 地址外，还可以通过 DHCP 选项设置，使 DHCP 客户端在启动或更新租约时，自动配置 TCP/IP 设置，这样既简化客户端的 TCP/IP 设置，又便于整个网络的统一管理。

DHCP 选项有不同的作用范围，具体取决于选项定义的位置。在全局部分定义的选项属于全局选项，可应用于整个 DHCP 服务器（所有作用域）；在局部定义的选项属于局部选项，可应用于某作用域、静态地址客户及分组等。

在配置文件 dhcpd.conf 中，可执行如下命令：

option　选项名　选项值；

- 设置默认网关。使用以下命令为 DHCP 客户端自动设置默认网关的 IP 地址：

option　routers　默认网关 IP 地址；

- 设置子网掩码。使用以下命令为 DHCP 客户端自动设置子网掩码：

option subnet-mask　子网掩码；

- 设置默认域名。使用以下命令为 DHCP 客户端自动设置默认域名：

option domain-name　默认域名；

这里的默认域名相当于全称域名的后缀，用来为主机名自动附加域名后缀。例如：

option domain-name　"abc.com"，

照此设置，如果 DHCP 客户端主机名为 win7a，则该主机全称域名为 win7a.abc.com。

- 设置 DNS 服务器。使用以下命令为 DHCP 客户端自动设置 DNS 服务器的 IP 地址：

option domain-name-servers　DNS 服务器 IP 地址；

可以设置多个 DNS 服务器，作为首选或备用 DNS 服务器，例如：

option domain-name-servers　192.168.0.1；176.16.0.1

10.5.5　固定分配静态 IP 地址（"IP-MAC"绑定）

DHCP 服务器可为特定的 DHCP 客户端分配静态 IP 地址，供其"永久使用"，这个地址又被称为客户端保留地址。这样做在实际应用中很有用处，一方面可以避免用户随意更改 IP 地址；另一方面用户无须设置自己的 IP 地址、网关地址、DNS 服务器等信息。可以通过此功能为联网计算机固定分配 IP 地址，实现所谓的"IP-MAC"绑定。一般仅为特定用途的 DHCP 客户端或设备（如远程访问网关、DNS 服务器、打印服务器）分配静态地址。

分配静态地址需使用 host 声明和 hardware、fixed-address 参数，命令格式为：

```
host　主机名 {
    hardware ethernet　网卡 MAC 地址；          #DHCP 客户端网卡物理地址
    fixed-address　固定 IP 地址；               #为该 DHCP 客户端固定分配的 IP 地址
    其他参数或选项；
}
```

分配静态地址需要获取客户端网卡的 MAC 地址。可以利用网卡所附软件来查询网卡 MAC 地址，除此之外，在 Linux 计算机上使用 ifconfig 命令查看网卡 MAC 地址，在 Windows 计算机上使用 DOS 命令 ipconfig /all 查看 MAC 地址。

例如要为某打印服务器分配静态 IP 地址 192.168.0.25，首先获取该计算即网卡 MAC 地址，然后添加 host 声明，并定义 MAC 地址和对应的 IP 地址，命令格式为：

```
host prinsrv {
hardware ethernet 00:1F:D0:9E:9E:53;          #指定物理地址
fixed-address 192.168.0.25;                    #固定分配的 IP 地址
}
```

这样就将该 IP 地址与 MAC 地址绑定起来。还可以在 host 声明中为该客户端设置默认网关、DNS 服务器等。

10.5.6　启动和管理 DHCP 服务

DHCP 服务要侦听的网络接口由/etc/sysconfig/dhcpd 配置文件来设置。默认情况下，DHCP 守护进程侦听所有网络接口，可以根据需要指定 DHCP 服务要侦听的网络接口。例如在 /etc/sysconfig/dhcpd 中设置以下指令，表示 DHCP 服务侦听两个网络接口 eth0 和 eth1：

DHCPDARGS="eth0 eth1"；

如果 Linux 系统有 3 个网络接口——eth0、eth1 和 eth2，仅希望 DHCP 服务侦听其中的 eth0 接口，设置如下：

DHCPDARGS="eno16777736";

如果启用防火墙，需要开放 DHCP 通信，以 firewalld 为例，执行以下命令：

firewall-cmd --permanent --add-service=dhcp

firewall-cmd --reload

当然最简单的方法是关闭防火墙并禁止其开机启动。

至于 SELinux，初学者最好禁用该功能。启用 SELinux，通常 DHCP 也无须进行特别设置。

10.5.7 配置 DHCP 客户端

DHCP 客户端使用两种不同的过程来与 DHCP 服务器通信并获得配置信息。当客户端计算机首先启动并尝试加入网络时，系统执行初始化过程；在客户端拥有租约之后，系统将执行续订过程，但是需要使用服务器续订该租约。当 DHCP 客户端关闭并在相同的子网上重新启动时，它一般能获得和它关机之前的 IP 地址相同的租约。任何运行 Windows 操作系统的计算机都可以作为 DHCP 客户端运行，配置非常简单。

早期 Linux 版本的客户端一般通过修改网络接口的 ifcfg 配置文件来实现 DHCP 客户端配置，而在 CentOS 7 中，可以使用 NetworkManager 动态管理网络连接。执行以下命令创建一个名为 Default 的新连接：

nmcli con add con-name DHCPA type Ethernet ifname eno16777736

con-name 定义连接名称，type 定义连接类型，ifname 指定网络接口，由于未带任何 IP 参数，IP 地址会通过 DHCP 自动获取。

再执行以下命令激活该连接即可启动 DHCP 客户端：

nmcli con up DHCPA

对于已有的连接，可以修改 ipv4.method 属性来设置 DHCP，例如：

nmcli conn mod NETB ipv4.method auto

10.5.8 管理地址租约

在 DHCP 服务器上使用文件/var/lib/dhcpd/dhcpd.leases 存储 DHCP 客户端租约数据，包括客户端的主机名、MAC 地址、所分配的 IP 地址，以及有效期等相关信息。这个数据库文件是可编辑的文本文件。DHCP 安装时，该文件是个空白文件，运行 DHCP 服务之后，每当发生租约变化的时候，该文件结尾会添加新的租约记录。可以通过该文件来查看当前 IP 地址的分配情况，例如：

lease 192.168.0.128 {
    starts 4 2017/04/06 14:42:42;
    ends 4 2017/04/06 20:42:42;
    tstp 4 2017/04/06 20:42:42;
    cltt 4 2017/04/06 14:42:42;
    binding state free;
    hardware ethernet 00:0c:29:82:b2:da;
}
server-duid "\000\001\000\001 xn3\000\014)\202\262\332";

如果有大量而又频繁的 IP 分配，就需要经常重建该数据库，以免文件过大。所有已知的租约都被保存在一个临时租约数据库中，将 dhcpd.leases 文件重命名，临时租约数据库自动写入一个新的 dhcpd.leases 文件。

10.6 DHCP 服务器高级管理

DHCP 服务采用广播方式，不能跨网段提供服务，对包括多个子网的复杂网络，需要涉及多个作用域。下面通过实例来讲解有关的解决方案。

10.6.1 使用地址池

可以使用 pool 语句来定义一个地址池，即便是在同一个网段或者子网，也可以定义几个地址池，系统通过地址池来区分它们。

定义地址池需要用 DHCP 类别，首先使用 class 语句将客户端划分为不同的类别，让 DHCP 服务器根据客户端发送的请求信息来决定分配给客户端的参数。在 class 语句中使用 match 语句定义匹配条件的 DHCP 类别。例如，可以定义一个远程访问客户端的类别：

```
class "ras-clients" {
        match if substring (option dhcp-client-identifier, 1, 3) = "RAS";
}
```

基于 DHCP 类别来定义地址池，地址池可以使用 allow 或 deny 关键字允许或拒绝一个 DHCP 类别。例如提供一大段地址分配给非远程访问客户端，同时提供很短租约的一小段地址给远程访问客户端：

```
subnet 192.168.0.0 netmask 255.255.255.0 {
        option routers 192.168.0.1;
        pool {
                max-lease-time 28800;
                range 192.168.0.21 192.168.0.199;
                #拒绝列表，只有不匹配的客户端才可以获得池中的地址
                deny ras-clients;
        }
        pool {
                max-lease-time 300;
                range 192.168.0.200 192.168.0.253;
                #允许列表，只有匹配的客户端才可以获得池中的地址
                allow ras-clients;
        }
}
```

10.6.2 使用分组简化 DHCP 配置

可以使用 group 声明为多个作用域、多个主机（静态地址客户端）设置共同的参数或选项，以简化配置。例如以下设置将多个静态地址主机归到一个组：

```
group {                                            #分组声明开始
        option router 192.168.0.1;                 #应用于该分组的所有主机
        host    srv3{
                hardware ethernet 00:0C:29:C1:F0:A1;
                fixed-address 192.168.0.115;
        }
        host    srv4{
```

```
          hardware ethernet 00:0C:29:EC:A8:50;
          fixed-address 192.168.0.116;
      }
}                                              #分组声明结束
```

将多个作用域归到一个组，从某种角度上看相当于超级作用域，便于统一管理多个域。

10.6.3 配置共享网络

要在同一物理网段上使用两个或多个逻辑 IP 网络，可以使用 shared-network 声明一个共享网络，将多个作用域并到一起，从而为单个物理网络上的 DHCP 客户端提供多个作用域的租约。从某种角度看，共享网络也相当于一种 DHCP 超级作用域，将多个作用域作为一个实体统一管理。在 dhcpd.conf 配置文件中定义共享网络的命令格式为：

```
shared-network  共享网络名 {
        [参数或选项]                           #这里设置对所有作用域有效，也可以不配置
        subnet  网络 ID  netmask  子网掩码 {    #声明作用域
            ... }
        [subnet...]                            #按需声明若干其他作用域
}
```

这里通过一个实例讲解实现方案。某公司架设有 DHCP 服务器，原来采用单一作用域，使用 192.168.0.0/24 子网的 IP 地址，随着网络节点增多，现有 IP 地址空间无法满足需求，需要添加可用的 IP 地址。为此在 DHCP 服务器上添加新的作用域，使用 192.168.1.0/24 子网扩展地址范围，将新作用域和原作用域并到一个共享网络，如图 10-16 所示。

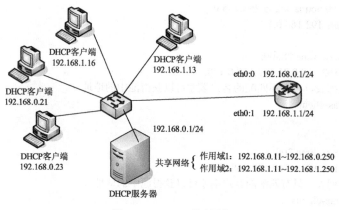

图 10-16 DHCP 共享网络

/etc/dhcpd.conf 文件配置如下：

```
ddns-update-style interim;
ignore client-updates;
shared-network abcgroup {                     #共享网络声明开始
    option domain-name-servers 192.168.0.1;   #此选项应用于所有作用域
    subnet 192.168.0.0 netmask 255.255.255.0 {
        option routers    192.168.0.1;
        option subnet-mask 255.255.255.0;
        range    192.168.0.11 192.168.0.150;
    }
    subnet 192.168.1.0 netmask 255.255.255.0 {
        option routers    192.168.1.1;
```

```
            option subnet-mask 255.255.255.0;
            option domain-name-servers 192.168.0.1;
            range    192.168.1.11 192.168.1.250;
       }
   }                                                    #共享网络声明结束
```

这里包括两个作用域，作用域之外的选项对两个作用域都有效，而每个作用域中的选项只对该作用域有效。启用共享网络，DHCP 服务器在其网络接口上为多个逻辑子网提供服务，当一个子网地址用尽之后，自动分配另一个子网地址。这样使用一个网卡就可以实现多作用域。还可以使用 group 声明将多个共享网络归到一个分组进行统一设置。

提示：DHCP 共享网络包括多个作用域，这些作用域分配给客户端的 IP 地址不在同一子网，要实现相互访问，还需对网关配置多个 IP 地址，然后在每个作用域中设置相应的网关地址，在网关上设置路由，使不在同一子网的计算机之间能相互通信。

10.6.4　DHCP 匹配顺序

收到一个 DHCP 客户端的请求时，DHCP 服务器依次检查是否有匹配客户端的 host 语句、class 语句、pool 语句、subnet 语句和 shared-network 语句，一旦匹配就不再往后查询，将符合条件的参数或选项提供给该客户端。一种参数或选项出现两次或两次以上时，DHCP 服务器会使用最精确匹配的那次。

10.7　与 DHCP 集成实现 DNS 动态更新

以前的 DNS 区域数据只能静态改变，添加、删除或修改资源记录仅能通过手工方式完成。规模较大的网络，大都使用 DHCP 来动态分配 IP 地址以简化 IP 地址管理。为此人们推出一种 DNS 动态更新（简称 DDNS）方案，将 DNS 服务器与 DHCP 服务器结合起来，允许客户端动态地更新其 DNS 资源记录，从而减轻手动管理工作。在 CentOS 7 系统中，BIND（DNS）服务器和 DHCP 服务器协同工作，可以实现 DNS 动态更新。

10.7.1　创建用于安全动态更新的密钥

DNS 动态更新首先要考虑安全问题，通过共享密钥来实现 DNS 服务器与 DHCP 服务器之间的相互认证。这需要使用 DNSSEC（安全 DNS）密钥生成工具 dnssec-keygen 生成所需的 TSIG 密钥。以 root 身份执行该命令，例如：

```
[root@srv1 ~]# dnssec-keygen -a HMAC-MD5 -b 512 -n USER ddnskey
Kddnskey.+157+54597
```

其中选项-a 指定密钥生成算法，这里采用 HMAC-MD5；选项-b 指定密钥位数（长度）；选项-n 指定密钥所有者类型，这里是 USER（针对用户关联的密钥）；ddnskey 为密钥名称。

当 dnssec-keygen 命令执行成功后，系统显示格式为 K*nnnn*.+*aaa*+*iiiii* 的字符串（其中 *nnnn* 是密钥名，*aaa* 是算法的数字表示，*iiiii* 是密钥标识符），这就是密钥的标识字符串。系统在当前目录下创建两个基于该标识字符串命名的密钥文件，K*nnnn*.+*aaa*+*iiiii*.key 文件包含公钥，而 K*nnnn*.+*aaa*+*iiiii*.private 文件包含私钥。如果使用 HMAC-MD5 等对称加密算法，则公钥和私钥相同。这里的 Kddnskey.+157+54597.key 或 Kddnskey.+157+54597.private 文件中包括同样的密钥"4OrRtf5oitvoyNQRhDJi6w=="。该密钥是 DHCP 对 DNS 进行安全动态更新时的凭据。

10.7.2　设置 DNS 主配置文件

修改 DNS 服务器主配置文件/etc/named.conf，主要包括两个方面。

- 在允许动态更新的区域声明（定义）中增加 allow-update 指令，允许使用指定密钥的主机提交动态 DNS 更新。命令格式为：

allow-update { key　密钥标识符; };

- 添加 key 语句定义，提供共享密钥。命令格式为：

```
key 密钥标识符{
    algorithm　算法名称;
    secret　密钥;
};
```

此处在/etc/named.conf 文件中与动态更新有关的设置如下：

```
zone "abc.com" IN {                              #正向解析区域
    type master;
    file "abc.com.zone";
    allow-update {key ddnskey;};                 #允许动态更新
};
zone    "0.168.192.in-addr.arpa"   IN   {        #反向解析区域
    type    master;
    file    "192.168.0.arpa";
    allow-update {key ddnskey;};                 #允许动态更新
};
key ddnskey {                                    #定义共享密钥
    algorithm HMAC-MD5;
    secret 4OrRtf5oitvoyNQRhDJi6w==;
};
```

完成 DNS 服务器主配置文件修改之后，重新启动 DNS 服务。

10.7.3　设置 DHCP 主配置文件

DHCP 的主要功能是为 DHCP 客户端动态地配置 IP 地址、子网掩码、默认网关等内容。DNS 动态更新正是利用这种动态特性来实现的。要使 DHCP 服务器支持 DNS 动态更新，需要对 DHCP 服务器主配置文件/etc/dhcpd.conf 进行相应的修改，主要包括以下两个方面。

- 使用 ddns-update-style 参数定义 DHCP 服务器所支持的 DNS 动态更新类型。目前 Linux 平台上的 DHCP 服务器只能通过 interim 方法来进行 DNS 的动态更新。
- 添加 key 声明，提供共享密钥。应与/etc/named.conf 中 key 语句定义完全一样，唯一的不同是/etc/dhcpd.conf 中的"}"符号后面没有分号。
- 添加 zone 声明，设置需要动态更新的区域。主要使用 primay 选项定义负责 DNS 更新的 DNS 服务器，使用 key 选项指定用于更新验证的密钥。区域名称后面一定加上符号"."。

这里的 etc/dhcpd.conf 设置如下：

```
ddns-update-style interim;                        #DNS 动态更新类型
ddns-updates on;
do-forward-updates on;
allow client-updates;                             #不允许客户端更新 DNS
max-lease-time 21600;
```

```
option subnet-mask 255.255.255.0;
option domain-name-servers 192.168.0.1;
option domain-name "abc.com";
option routers     192.168.0.1;
subnet 192.168.0.0 netmask 255.255.255.0 {
range 192.168.0.11 192.168.0.20;
}
key ddnskey {                              #定义共享密钥
algorithm HMAC-MD5;
secret 4OrRtf5oitvoyNQRhDJi6w==;
}
zone abc.com. {                            #允许动态更新的正向解析区域
primary 192.168.0.1;                       #指定 DNS 服务器
key ddnskey;                               #提供共享密钥
}
zone 0.168.192.in-addr.arpa. {             #允许动态更新的反向解析区域
primary 192.168.0.1;                       #指定 DNS 服务器
key ddnskey;                               #提供共享密钥
}
```

一定要注意/etc/named.conf 与/etc/dhcpd.conf 语法的区别。完成 DHCP 服务器主配置文件修改之后，还需重新启动 DHCP 服务。

10.7.4　测试 DNS 动态更新

要使 DNS 动态更新顺利实现，除确认启动 DHCP 和 DNS 服务之外，还要调整/var/named（启用 chroot 功能之后应为/var/named/chroot/var/names）目录的权限，让所属组 named 具有写入权限。此处执行以下命令：

```
chmod 770 /var/named/chroot/var/named
```

然后通过 DHCP 客户端来实际测试 DDNS 动态更新。这里以安装 Windows 7 操作系统的计算机为例。将其主机名设为 WIN7A，并将其设置为通过 DHCP 获取 IP 地址和 DNS 服务器地址。执行 ipconfig 命令显示所获得的 IP 地址（此处为 192.168.0.20）。在客户端执行 nslookup 命令进行测试，过程如下：

```
C:\Documents and Settings\Administrator>nslookup
Default Server: dns.abc.com
Address: 192.168.0.1
> WINXP01.abc.com                          ##测试客户端域名在区域文件中是否存在
Server: dns.abc.com
Address: 192.168.0.1
Name: WIN7A.abc.com
Address: 192.168.0.20                       ##表明该资源记录存在，DNS 动态更新成功
```

一旦开始 DNS 动态更新，BIND 服务器就会在/var/named/目录下为每个允许动态更新的区域生成一个以.jnl 结尾的二进制格式区域文件。所有动态更新的记录都会最先写到这种文件中，然后经过约 15 分钟，才将更新的内容反映到文本形式的正式区域文件中。

由此可见，在动态更新的客户端的 A 资源记录下多了一条同名的 TXT 类型记录。TXT 类型记录是 BIND 和 DHCP 专门用来实现 DNS 动态更新的辅助性资源记录，其值是散列标识符字符串。可以查阅日志文件/var/log/messages 来进一步分析 DNS 动态更新的过程。

10.8 习 题

1．简述 DNS 结构与域名空间。

2．简述区域与域的区别和联系。

3．DNS 服务器主要有哪几种配置类型？

4．简述权威性应答与非权威性应答。

5．DNS 递归查询与迭代查询有何不同？

6．简述 DNS 域名解析过程。

7．简述 SOA 和 NS 记录的主要作用。

8．为什么要部署 DNS 转发服务器？它有哪两种类型？

9．为什么要部署辅助 DNS 服务器？它有什么特点？

10．DHCP 分配地址有哪 3 种方式？

11．简述通过 DHCP 申请 IP 地址的过程。

12．DHCP 选项有什么作用？常用选项有哪些？

13．简述 DNS 动态更新实现方案。

14．在 Linux 服务器上安装 BIND 软件包，配置一个简单的主 DNS 服务器，建立一个 DNS 正向区域，然后设置 DNS 客户端，进行实际测试。

15．练习使用 rndc 管理 DNS 服务器。

16．在 Linux 服务器上安装 DHCP 服务器，建立一个 DHCP 作用域，指定可分配的 IP 地址范围，然后设置 DHCP 客户端进行实际测试。

17．在 DHCP 服务器上配置默认网关、子网掩码、DNS 服务器等 DHCP 选项。

第 11 章　文件与打印服务器

文件共享和打印机共享是最基本、最普遍的网络应用服务。Linux 系统可以使用多种方式提供文件和打印服务，NFS（Network File System，网络文件系统）用于文件共享，Samba 提供文件与打印共享服务并能与 Windows 系统集成，CUPS 打印系统可直接支持网络共享打印。

11.1　文件和打印服务概述

在局域网环境中，文件和打印服务是基本的资源共享服务。

11.1.1　文件服务器

网络操作系统提供的文件服务器功能能满足多数文件共享需求。

文件服务器负责共享资源的管理和传送接收，管理存储设备（硬盘、光盘、磁带）中的文件，为网络用户提供文件共享服务，也被称为文件共享服务器。当用户需要重要文件时，可访问文件服务器上的文件，而不必在各自独立的计算机之间传送文件。除文件管理功能之外，文件服务器还要提供配套的磁盘缓存、访问控制、容错等功能。

网络文件共享采用客户端/服务器工作模式，客户端程序请求远程服务器上的服务器程序为它提供服务，服务器获得请求并返回响应。如图 11-1 所示，它们之间使用专门的文件服务协议进行通信，此类协议目前主要有两种类型——NFS 和 SMB/CIFS。

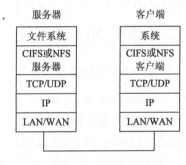

图 11-1　文件服务工作模式

NFS 可被译为网络文件系统，最早是由 Sun 公司开发出来的，其目的就是让不同计算机、不同操作系统之间可以彼此共享文件。由于 NFS 使用起来非常方便，被 UNIX/Linux 系统广泛支持。与 SMB/CIFS 相比，NFS 对系统资源占用非常少，效率很高。

SMB（Server Message Block，服务信息块）协议用于规范共享局域网资源（如目录、文件、打印机及串行端口）的结构。CIFS（Common Internet File System，通用 Internet 文件系统），可以被看作公共的或开放的 SMB 协议版本，使程序可以访问远程 Internet 计算机上的文件。Windows 计算机之间使用 SMB/CIFS 协议进行网络文件与打印共享。Linux 计算机安装支持 SMB/CIFS 协议的软件后，也可以与 Windows 系统实现文件与打印共享。

Linux 的文件服务器方案主要有两种，一种是类 UNIX 系统环境下的文件服务器解决方案 NFS，配置简单，响应速度快；另一种是用于 Linux 与 Windows 混合环境的 Samba，它基于 SMB 协议为 Linux 客户端和 Windows 客户端提供文件共享服务。

11.1.2 打印服务器

打印机网络共享是通过打印服务器来实现的，这种打印方式又被称为网络打印，能集中管理和控制打印机，降低总体成本，提高整个网络的打印能力、打印管理效率和打印系统的可用性。

打印服务器就是将打印机通过网络向用户提供共享使用服务的计算机，如图 11-2 所示。虽然都是为了共享打印机，但是打印服务器与打印机共享器（一种用于扩展打印机接口的专用设备）有着本质的差别，打印服务器旨在实现网络打印，需要计算机网络支持，还能实现打印集中控制和管理。

Linux 的打印服务器方案主要有两种，一种是直接使用通用 UNIX 打印系统（CUPS）。CUPS 本身就支持 Internet 打印协议，是一套功

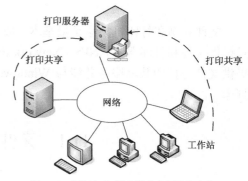

图 11-2 通过打印服务器共享网络打印机

能强大的打印服务器软件，可直接向联网计算机提供打印服务，部署方便。另一种是通过 Samba 服务器将 Linux 连接的打印机共享给 Windows 客户端使用。

11.2 NFS 服务器

NFS 是分布式计算机系统的一个组成部分，可在异构网络上实现共享远程文件系统，是类 UNIX 环境下的通用文件服务器解决方案。

11.2.1 NFS 概述

1. NFS 工作原理

如图 11-3 所示，NFS 采用客户端/服务器工作模式。在 NFS 服务器上将某个目录设置为共享目录后，其他客户端就可以将这个目录挂载到自己系统中的某个目录下，像本地文件系统一样使用。虽然 NFS 可实现文件共享，但是 NFS 协议本身并没有提供数据传输功能，它必须借助于 RPC（远程过程调用）协议来实现数据传输。要使用 NFS，客户端和服务器端都需要启动 RPC。

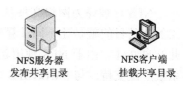

图 11-3 NFS 的客户端/服务器模式

提示： RPC 定义了一种进程间通过网络进行交互通信的机制，允许客户端进程通过网络向远程服务器上的服务进程请求服务，而忽略底层通信协议的细节。从某种程度上看，NFS 服务器就是一个 RPC 服务器，NFS 客户端是一个 RPC 客户端，两者之间通过 RPC 协议进行数据传输。

对 NFS 来说，RPC 最主要的功能就是指定每个 NFS 功能所对应的端口号，并且告知客户端，让客户端可以连接到正确的端口。当服务器启动 NFS 时，系统会随机启用多个端口，

并主动向 RPC 注册，让 RPC 知道每个端口对应的 NFS 功能，然后 RPC 固定使用 111 端口来监听客户端的需求，并向客户端通知正确的端口。NFS 工作的基本原理如图 11-4 所示。当客户端请求访问 NFS 文件时，需要经过以下 3 个步骤来实现访问服务器端共享文件的功能。

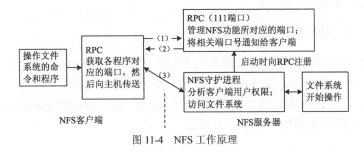

图 11-4　NFS 工作原理

（1）客户端向服务器端 RPC（端口 111）发出 NFS 文件访问功能的询问要求。

（2）服务器端找到对应的已注册的 NFS 守护进程端口后，通知给客户端。

（3）客户端了解正确的端口后，直接与 NFS 守护进程建立连接。

2．NFS 必需的系统守护进程

使用 NFS 文件服务，至少需要启动以下 4 个系统守护进程。

- rpcbind：将 RPC 程序号码转换为通用地址。
- nfs-server：使客户端能访问 NFS 共享资源。
- nfs-lock/rpc-statd：锁定 NFS 文件。但 NFS 服务器故障或重启时实现文件锁恢复。
- nfs-idmap：将用户或组 ID 转换为相应的名称，或者将名称转换为相应的 ID。

11.2.2　安装和运行 NFS 服务

NFS 是基本的 Linux 服务，CentOS 7 默认安装该服务，只是没有启动它。安装 NFS 需安装两个包（nfs-utils 和 rpcbind），当用 yum 安装 nfs-utils 时会将 rpcbind 一起安装。

1．管理 NFS 服务

可以在 CentOS 7 中使用 systemctl 来管理 NFS 服务，主要涉及 rpcbind 和 nfs-server 两个服务。先将 rpcbind 和 nfs-server 设置为开机启动：

```
systemctl enable rpcbind.service
systemctl enable nfs-server.service
```

再分别启动它们：

```
systemctl start rpcbind.service
systemctl start nfs-server.service
```

2．配置防火墙和 SELinux

最简单的处理是直接关闭防火墙。如果开启防火墙，要允许客户端访问 NFS 共享资源，需要开放相应的服务，以 firewalld 防火墙为例，可以执行以下命令：

```
firewall-cmd --permanent --zone public --add-service mountd
firewall-cmd --permanent --zone public --add-service rpc-bind
firewall-cmd --permanent --zone public --add-service nfs
firewall-cmd --reload
```

至于 SELinux，最好禁用该功能。如果开启 SELinux，需要打开一些布尔值开关。例如将本机的 NFS 共享设置成可读写，需要开放相关布尔值变量：

setsebool -P nfs_export_all_rw on

如果想要将远程 NFS 的用户主目录共享到本机，需要开放相关布尔值变量：

setsebool -P use_nfs_home_dirs on

11.2.3 配置 NFS 服务器

NFS 服务器的配置比较简单，关键是对主配置文件/etc/exports 进行设置。NFS 服务器启动时会自动读取该文件，决定要共享的文件系统和相关的访问权限。可能是出于安全考虑，在 CentOS 7 中，该文件内容默认为空，需要自行定义。除直接编辑/etc/exports 文件之外，还可以使用 exportfs 命令来增加和删除共享目录。

1．/etc/exports 文件格式

/etc/exports 实际上相当于一个向 NFS 客户端发布的文件系统的访问控制列表，定义 NFS系统的共享目录（输出目录）、访问权限和允许访问的主机等参数。首先来看一个典型的例子：

```
# [共享目录]      [客户端(选项)]
/projects        *.abc.com(rw)
# [共享目录]      [客户端(选项)]            [用通配符表示的客户端（选项）]
/home/testnfs    192.168.0.2(rw,sync)      *(ro)
```

/etc/exports 文件包含若干行，每一行提供一个共享目录的设置，由共享路径、客户端列表及针对客户端的选项构成，命令格式为：

共享路径　[客户端][(选项 1,选项 2,...)]

如果将同一目录共享给多个客户端，可以采用以下格式：

共享路径　[客户端 1][(选项 1,选项 2,...)] [客户端 1][(选项 1,选项 2,...)]...

共享路径与客户端之间、客户端彼此之间都使用空格分隔，但是客户端和选项是一体的，之间不能有空格，选项之间用逗号分隔。在配置文件中还可使用符号"#"提供注释。如果有空行，将被忽略。

2．在/etc/exports 文件中设置共享路径

共享路径是服务器提供客户端共享使用的文件系统（目录或文件），又被称为输出点。要发布文件共享资源，必须设置共享路径。共享路径必须使用绝对路径，而不能使用符号链接；如果包括空格，应使用半角双引号。

3．在/etc/exports 文件中设置客户端

客户端指可以访问该共享路径的计算机（NFS 客户端），是可选的设置项。客户端设置非常灵活，支持通配符"*"或"?"，可以是单个主机的 IP 地址或域名（如 192.168.0.2、sales.abc.com），也可以是某个子网所有主机（如 192.168.0.0/24 或 192.168.0.*），还可以是域中的主机（如*.rd.abc.com）。如果客户端为空，则代表任意客户端。可以设置客户端列表来为不同客户端分别设置共享。

4．在/etc/exports 文件中设置选项

选项用于对客户端的访问进行控制（权限参数），也是可选的设置项。选项总是针对客户端设置的，常用的选项列举如下。

● ro：对共享路径具有只读权限。

- rw：对共享路径具有可读写权限。
- sync：数据被同步写入内存与硬盘中。
- async：数据会先被暂存于内存中，而非被直接写入硬盘。
- root_squash：root 使用共享路径时被映射成匿名用户（与匿名用户具有相同权限）。
- no_root_squash：不使用 root_squash 功能。
- all_squash：共享目录的用户和组都被映射为匿名用户，适合公用目录。
- not_all_squash：共享目录的用户和组维持不变。
- secure：要求客户端通过 1024 以下的端口连接 NFS 服务器。
- insecure：允许客户端通过 1024 以上的端口连接 NFS 服务器。
- wdelay：如果多个用户要写入 NFS 目录，则并到一起再写入。
- no_wdelay：如果有写操作，则立即执行，当使用 async 时无需此设置。
- subtree_check：如果共享/usr/bin 之类的子目录，强制 NFS 检查父目录的权限。
- no_subtree_check：共享/usr/bin 之类的子目录时不要求 NFS 检查父目录的权限。

如果不指定任何选项，系统将使用默认选项，默认选项主要有 sync、ro、root_squash、not_all_squash、secure、no_wdelay、subtree_check 等。

5．/etc/exports 文件典型示例

```
/home/public    192.168.0.0/24(rw)    *(ro)
```
上例表示 192.168.0.0/24 这个网段的客户端对共享目录/home/public 有读写权限，其他所有客户端只具有只读权限。
```
/                   master(rw) trusty(rw,no_root_squash)
```
上例表示根目录允许 master 主机读写访问；允许 trusty 主机读写，root 用户拥有 root 权限。
```
/projects           proj*.local.domain(rw)
```
上例表示网域 local.domain 中以 proj 开头的主机都可以访问/projects 目录（支持通配符）。
```
/pub                (ro,insecure,all_squash)
```
上例表示目录/pub 允许所有匿名用户的只读访问，非常适合 FTP。

6．使用 exportfs 命令维护配置文件

修改/etc/exports 文件之后，要使新的配置生效，并不一定要重启 NFS 服务，直接使用 exportfs 命令即可重新加载配置。exportfs 命令用于维护当前的 NFS 共享文件系统列表，该列表被保存在单独的文件/var/lib/nfs/etab 中。命令格式为：
```
exportfs [选项]
```
常用的选项列举如下。
- -a：全部发布（或取消）/etc/exports 文件中所设置的共享目录。
- -r：重新发布所配置的共享目录，同步更新/var/lib/nfs/xtab 与 etc/exports 文件。
- -u：取消所配置的共享目录。
- -v：发布共享目录，同时显示到屏幕。

7．其他 NFS 配置文件

与 NFS 相关的/etc/sysconfig/nfs 文件用于控制 RPC 服务的运行端口。作为通用的 TCP Wrappers 配置文件，/etc/hosts.allow 和/etc/hosts.deny 也可以被用于控制 NFS 服务器的访问，NTF 决定是否接受来自特定 IP 地址的连接。

11.2.4　测试 NFS 服务器

通常采用以下几种方式来测试 NFS 服务。

1.　检查文件/var/lib/nfs/etab

通过查看 NFS 服务器上的/var/lib/nfs/etab 文件来检查所共享的目录内容。该文件主要记录 NFS 共享目录的完整权限设定值。

2.　使用 showmount 命令测试 NFS 共享

showmount 命令用于显示 NFS 服务器的挂载信息，命令格式为：
```
showmount [选项] [主机名|IP 地址]
```
常用的选项有如下几种。

- -a 或-all：以"主机:目录"格式来显示客户端主机名和挂载点目录。
- -d 或-directories：仅显示被客户端挂载的目录名。
- -e 或-exports：显示 NFS 服务器的共享目录列表。

要测试当前 NFS 服务器所提供的 NFS 共享目录时，可以在服务器上执行命令 showmount -e。要查看当前 NFS 服务器上已被客户端挂载的 NFS 共享目录（即正被共享）时，可以在服务器上执行命令 showmount -d。

11.2.5　配置和使用 NFS 客户端

一般 Linux 或 UNIX 计算机都支持 NFS 客户端。要配置和使用 NFS 客户端，需要安装 nfs-utils 包。配置 NFS 服务器以后，客户端在使用共享的文件系统之前必须先挂载该文件系统。与一般文件系统挂载一样，用户既可以通过 mount 命令手动挂载，也可以通过在/etc/fstab 配置文件中加入相关定义，来实现开机自动挂载。

1.　在客户端扫描可以使用的 NFS 共享目录

在客户端挂载 NFS 文件系统之前，可以使用 showmount 命令来查看 NF 服务器上可共享的资源。例如要查看 IP 地址为 192.168.0.1 的服务器上的 NFS 共享资源，可以执行以下命令：
```
showmount -e 192.168.0.1
```

2.　使用 mount 命令挂载和卸载 NFS 文件系统

NFS 文件系统的名称由文件所在的主机名加上被挂载目录的路径名组成，两个部分通过冒号连接。例如 srv1:/home/project 是指一个文件系统被挂载在 srv1 主机中的/home/project 中。先创建挂载点目录，再将 NFS 文件系统挂载到该挂载点。下面给出一个例子：
```
[root@srv2 ~]# mkdir /mnt/testnfs
[root@srv22 ~]# mount -t nfs 192.168.0.1:/home/public /mnt/testnfs
```
卸载 NFS 文件系统更为简单，使用 umount 命令像卸载普通文件系统那样进行卸载即可。

3.　编辑/etc/fstab 文件实现开机自动挂载 NFS 文件系统

在/etc/fstab 文件中添加一行，声明 NFS 服务器的主机名或 IP、要共享的目录，以及要挂载 NFS 共享的本地目录（挂载点）。只有根用户才能修改/etc/fstab 文件。

/etc/fstab 中关于 NFS 文件系统的挂载命令如下：
```
NFS 服务器名或 IP 地址:共享目录    挂载点目录   nfs   default 0 0
```

挂载点目录在客户端必须存在。例如：

srv1:/projects　　/mnt　　nfs　　default 0 0

11.3　Samba 服务器

Samba 是 SMB Server 的注册商标，最初的目的是沟通 Windows 与类 UNIX 平台。Samba 充当文件和打印服务器，既可以让 Windows 用户访问 Linux 主机上的共享资源，也可以让 Linux 用户利用 SMB 客户端程序访问 Windows 计算机上的共享资源，如图 11-5 所示。

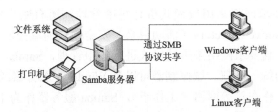

图 11-5　Samba 文件和打印服务器

11.3.1　Samba 基础

Samba 是一种基于 SMB 协议的网络服务器软件。

1．Samba 工作原理

Samba 整合 SMB 协议和 NetBIOS 协议，运行于 TCP/IP 协议之上，使用 NetBIOS 名称解析，让 Windows 计算机可以通过 Microsoft 网络客户端访问 Linux 计算机。NetBIOS 是用于局域网计算机连接的一个通信协议，主要用来解析计算机名称。SMB 全称 Server Message Block（服务信息块），可看作局域网资源共享的一种开放性协议，不仅提供文件和打印机共享，还支持认证、权限设置等。目前大多数 PC 都在运行这一协议，Windows 系统都是 SMB 协议的客户端和服务器。

Samba 是 SMB 在 Linux/UNIX 系统上的实现。Samba 采用客户端/服务器工作模式，SMB 服务器负责通过网络提供可用的共享资源给 SMB 客户端，服务器和客户端之间通过 TCP/IP（或 IPX、NetBEUI）进行连接，SMB 工作在 OSI 会话层、表示层和部分应用层，如图 11-6 所示。一旦服务器和客户端之间建立了一个连接，客户端就可以通过向服务器发送命令完成共享操作，如读、写、检索等。

应用层 表示层 会话层	SMB		应用层
传输层	NetBIOS	NetBEUI	NetBIOS	传输层
网络层	IPX		TCP/UDP IP	网络层
链路层 物理层				网络 接口层
OSI			TCP/IP

图 11-6　SMB 协议体系

通过 SMB 协议实现资源共享，一是要识别 NetBIOS 名称来定位该服务器，二是根据服务器授予的权限访问可用的共享资源。因此，Samba 需要以下两个服务来支持。

● nmb：进行 NetBIOS 名称解析，并提供浏览服务显示网络上的共享资源列表，主要使用 UDP 端口 137/138 来解析名称。

● smb：管理 Samba 服务器上的共享目录、打印机等，主要是针对网络上的共享资源进行管理，主要使用 TCP 端口 139/445 协议来传输数据。

2．Samba 服务器角色

根据 Microsoft 网络的管理模式，Samba 服务器可以在局域网中充当以下 3 种角色。

● 域控制器。这要求网络采用域模式进行集中管理，所有账户由域控制器统一管理。Samba 服务器可作为 Active Directory（活动目录）安全模式的域控制器。

● 域成员服务器。这要求网络采用域模式进行集中管理，Samba 服务器可充当域成员服务器，接受域控制器的统一管理。域控制器可以是 Windows 服务器或 Samba 服务器。

● 独立服务器。工作在对等网络（工作组），Samba 服务器作为不加入域的独立服务器，与其他计算机是一种对等关系，各自管理自己的用户账户。其中所有计算机都可独立运行，不依赖于其他计算机，任何一台计算机加入或退出网络，不影响其他计算机的运行。

3．Samba 安全模式

CentOS 7 的 Samba 由以前版本的 5 种安全模式简化为以下 3 种，以配合 Samba 服务器角色部署。

● ads：活动目录安全模式。Samba 服务器具备域安全模式的所有功能，并可以作为域控制器加入 Windows 域环境中。

● domain：域安全模式。Samba 服务器作为域成员加入 Windows 域环境中，验证工作由 Windows 域控制器负责

● user：用户安全模式。Samba 服务器作为不加入域的独立服务器。这也是默认的安全模式。它取代以前 Samba 版本的 share（共享安全模式，匿名访问）、user（用户安全模式，用户必须提供合法的用户名和密码）和 server（服务器安全模式，用户名和密码需要提交到另外一台 Samba 服务器进行验证）。

4．Samba 的功能与应用

● 文件和打印机共享：这是 Samba 的主要功能，SMB 进程实现资源共享，将文件和打印机发布到网络之中，以供用户访问。

● 身份验证和权限设置：支持用户安全模式和域安全模式等的身份验证和权限设置模式，通过加密方式可以保护共享的文件和打印机。

● 名称解析：可以作为 NBNS（NetBIOS 名称服务器）提供计算机名称解析服务，还可作为 WINS 服务器。

● 浏览服务：在局域网中，Samba 服务器可成为本地主浏览（LMB）服务器，保存可用资源列表，客户端使用 Windows 网络可以浏览列表，查看共享目录、打印机等。

提示：Samba 主要在 Windows 和 Linux 系统混合环境中使用。如果一个网络运行的都是 Linux 或 UNIX 类的系统，就没有必要用 Samba，而应该部署 NFS 来实现文件共享。

11.3.2　部署 Samba 服务器

默认情况下，CentOS 7 没有安装 Samba。可以执行命令来安装 samba（SMB 服务器）、samba-client（Samba 客户端）和 samba-common（Samba 支持软件包）。

```
yum install samba samba-client samba-common
```

1.　管理 Samba 服务

在 CentOS 7 中，可以使用 systemctl 来管理 Samba 服务，主要涉及 smb 和 nmb 两个服务。先将它们设置为开机启动，再分别启动它们：

```
systemctl enable smb.service
systemctl enable nmb.service
systemctl start smb.service
systemctl start nmb.service
```

2.　配置防火墙

最简单的处理是直接关闭防火墙，如果开启防火墙，要允许客户端访问 NFS 共享资源，需要开放相应的服务，以 firewalld 防火墙为例，可以执行以下命令：

```
firewall-cmd --permanent --zone=public --add-service=samba
firewall-cmd --reload
```

如果使用端口来控制，需要开放 TCP 端口 137、138、139、445 和 901。

3.　配置 SELinux

在 SELinux 环境中，Samba 服务器的 smbd 和 nmbd 守护进程都是在受限的 smbd_t 域中运行，并且与其他受限的网络服务相互隔离。建议初学者直接禁用 SELinux。如果开启 SELinux，需要进行一些配置，主要是对共享的目录进行 SELinux 配置。

默认 smbd 只能读写 samba_share_t 类型的文件。如果要让其他目录通过 Samba 共享，需要将它们标记 samba_share_t 类型，例如：

```
semanage  fcontext  -a  -t  samba_share_t "/pub_share(/.*)?"
restorecon  -R  -v  /pub_share
```

注意：不要对/etc/和/home/一类的系统目录进行此操作。

还可以使用 samba_export_all_ro 或 samba_export_all_rw 布尔值来允许没有标记 samba_share_t 类型的文件和目录能通过 Samba 提供共享。例如执行以下命令允许 Samba 共享目录且只具有只读权限：

```
setsebool -P samba_export_all_ro  on
```

执行以下命令允许共享目录且具有读写权限：

```
setsebool -P samba_export_all_rw  on
```

如果希望 Samba 服务器共享 NFS 文件系统，可以执行以下命令：

```
setsebool -P samba_share_nfs  on
```

如果要允许用户主目录（home）通过 Samba 共享，可以执行以下命令：

```
setsebool -P samba_enable_home_dirs  on
```

4.　部署 Samba 服务器

部署 Samba 服务器的基本流程如下，其中关键步骤是定制 Samba 配置文件。

（1）安装 Samba 服务器软件。

（2）规划 Samba 共享资源和设置权限。

（3）编辑主配置文件/etc/samba/smb.conf，指定需要共享的目录或打印机，并为它们设置共享权限。用户最终访问共享资源的权限是由两类权限共同决定的，一类是在配置文件中设置的共享权限，另一类是 Linux 系统本身设置的文件权限，且以两类中最严格的为准。

（4）设置 Samba 共享用户。

（5）重新加载配置文件或重新启动 SMB 服务，使配置生效。

（6）测试 Samba 服务器。

（7）SMB 客户端实际测试。

接下来首先结合两个实例来示范 Samba 服务器部署，为便于实验，这里 Samba 以独立服务器的形式部署，然后具体解释 Samba 配置。

11.3.3 在 Samba 服务器中配置匿名共享

这是最简单的 Samba 共享方式，客户端不需要任何认证即可访问共享资源。

（1）创建和配置要共享的目录，将其设置为任何人都可以访问：

```
mkdir -p /samba/pub_share
chmod -R 0777 /samba/pub_share
```

（2）编辑主配置文件/etc/samba/smb.conf，具体内容如下：

```
#全局设置
[global]
workgroup = WORKGROUP
hosts allow = 127.    192.168.0.
max protocol = SMB2
server string = Samba Server
security = user
map to guest = Bad User
#共享定义
[anonymous_share]
path = /samba/pub_share
writable = yes
browsable = yes
guest ok = yes
guest only = yes
create mode = 0777
directory mode = 0777
```

（3）执行 testparm 命令检测配置文件：

```
testparm /etc/samba/smb.conf
```

如果检验正确，系统将列出已加载的服务，否则给出错误信息提示，报告不正确的参数和语法，便于管理员更正。最好每次修改 smb.conf 文件之后都用 testparm 命令进行检查。

（4）确保防火墙和 SELinux 配置正确，依次重启 smb 和 nmb 服务。

（5）测试。可以在本机执行以下命令来列出共享的资源：

```
smbclient -L localhost    -U %
```

在 Windows 计算机中进行实际测试。这里在 Windows 8 中打开文件资源管理器，访问网络，可以发现该 SMB 服务器，进一步打开该共享资源，全过程不需要用户认证，如图 11-7 所示。

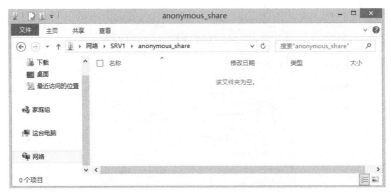

图 11-7　在 Windows 计算机中访问共享文件夹

11.3.4　在 Samba 服务器中配置安全共享

在上例中，任何用户都可以完全共享资源，不需要经过认证就可以访问共享文件夹，在其中创建、修改或删除文件或文件夹。这里要对共享资源增加用户认证，只有提供有效的用户名和密码的用户，才能访问指定的共享文件夹。

（1）创建一个用户和一个用户组，用于测试安全共享访问：

useradd -s /sbin/nologin smbtester

groupadd smbgroup

（2）将用户添加到用户组，并为该用户设置 SMB 密码：

usermod -a -G smbgroup smbtester

smbpasswd -a smbtester

（3）创建一个用于 Samba 共享的目录，并设置其权限：

mkdir /samba/secure_share

chown -R smbtester:smbgroup /samba/secure_share

chmod -R 0755 /samba/secure_share

（4）编辑主配置文件/etc/samba/smb.conf，在以上配置的基础上添加以下定义：

[secure_share]

path = /samba/secure_share

writable = yes

browsable = yes

guest ok = no

valid users = @smbgroup

（5）执行 testparm 命令检测配置文件，确认检测正确。

（6）确保防火墙和 SELinux 配置正确，重启 SMB 和 NMB 服务。

（7）测试。这里在 Windows 8 中打开文件资源管理器，访问网络，可以发现该 SMB 服务器，进一步打开该共享资源，这时需要用户认证，如图 11-8 所示。输入正确的用户名和密码后，就能正常访问该共享文件夹。

图 11-8　系统提示需要用户认证

11.3.5　编辑 Samba 主配置文件

Samba 主配置文件 smb.conf 默认被存放在/etc/samba 目录中。Samba 服务器启动时会读取这个配置文件，以决定如何启动和提供哪些服务，提供哪些共享资源。该文件为纯文本文件，可使用任何文本编辑器编辑。

1. smb.conf 文件格式

smb.conf 文件分成若干节（段）。每一节由一个用方括号括起来的节名开始，包含若干参数设置，直到下一节开始。参数采用以下格式定义：

　　参数名称 = 参数值

节名和参数名称不区分大小写。参数值主要有两种类型，一种是字符串（不需加引号），另一种是逻辑值（可以是 yes/no、0/1 或 true/false），个别情况下也可以是数字类型。

每行定义一个参数，在行尾加上"\"符号可以续行。注释行以"#"和";"开头。

[global]是一个特殊的节，用于全局配置，定义与 Samba 服务整体运行环境有关的参数。其他节都是用于设置要共享的资源（包括目录共享和打印机共享），每节定义一个共享项目。[homes]和[printers]是专用的节，分别定义主目录共享和打印机共享。

2. Samba 服务器全局设置

全局设置部分以[global]开头，包括一系列的参数，用于定义整个 Samba 服务器的运行规则，对所有共享资源有效。所涉及的参数非常多，常用的参数见表 11-1。

表 11-1　　　　　　　　　　　　　**常用的全局设置参数**

参　　数	说　　明	举　　例
workgroup	设置 Samba 服务器所属的域或工作组	workgroup = WORKGROUP
server string	设置 Samba 服务器的描述信息	server string = Samba Server
security	设置 Samba 服务器的安全模式	security = user
map to guest	设置用户不是有效账户的处理方式	map to guest =Bad User
netbios name	设置 Samba 服务器的 NetBIOS 名称，便于 Windows 计算机通过网络邻居访问。如果不指定，Linux 将使用它自己的网络名作为 NetBIOS 名称	netbios name = SMBSRV

续表

参　数	说　明	举　例
hosts allow	设置允许访问 Samba 服务器的主机或网络（如果要列出多个主机或网络，使用空格或逗号隔开）	hosts allow = 192.168.0. 192.168.1. 127
max protocol	设置所支持的 SMB 协议最高版本号	max protocol = SMB2
interfaces	设置 Samba 侦听多个网络接口（可以用接口名称或 IP 地址表示，列出多个时使用空格或逗号隔开）	interfaces=192.168.0.2/24 192.168.2.2/24

重点讲解一下 security 和 map to guest。参数 security 决定客户端如何响应 Samba，是最重要的设置。其默认值为 user，可以用于独立的文件服务器或域控制器；另外的值为 ads 或 domain，用于将 Samba 加入 Windows 域。在 Samba 4 中，值 share 和 server 已经被禁用。

参数 security 现在不能用 share 值了，如果要设置无需密码的匿名共享，则需要组合使用 "security = user" 和 map to guest 参数。参数 map to guest 有 4 个值可选，即 Never（用户密码无效、将被服务器拒绝，这是默认值）、Bad User（用户密码无效、将被服务器拒绝，除非用户账户不存在，这种情况下将作为 guest 登录，映射到 guest 账户）、Bad Password（用户密码无效、视为 guest 登录，不建议使用）和 Bad Uid（用于 security 值为 domain 或 ds 的情况，无效的用户账户映射到预定义的 guest 账户）。匿名共享使用的是 "map to guest=Bad User"。

3. Samba 服务器共享定义

smb.conf 文件的共享定义部分分为多个节，每节以[共享名]开头，定义一个共享项目。其中的参数设置针对的是该共享资源的设置，只对当前的共享资源起作用。除共享文件系统外，还可设置共享打印机。共享定义的参数非常多，常用的见表 11-2。

表 11-2　　　　　　　　　　　　　　**常用的共享定义参数**

参　数	说　明	举　例
comment	设置共享资源描述信息，便于用户识别	comment = Home Directories
path	设置要发布的共享资源的实际路径，必须是完整的绝对路径	path = /usr/local/samba/profiles
browseable	设置该共享资源是否允许用户浏览（net view 或浏览器列表）	browseable = yes（默认）
valid users	设置允许访问的用户或组列表	valid users = 用户名 valid users = @组名
invalid users	设置不允许访问的用户或组列表	invalid users = 用户名 invalid users = @组名
read only	设置共享目录是否只读	read only = yes（默认）
writable	设置共享目录是否可写	writable = no
write list	设置对共享目录具有写入权限的用户列表（只有 writeable=no 时才能生效）	write list = 用户名 write list = @组名
guest ok	设置是否允许匿名访问	guest ok = no（默认）
guest only	设置是否只允许匿名访问	guest ok = no（默认）
force user	为所有访问该共享资源的用户指定一个默认用户，所有用户拥有该用户权限	force user = auser
force group	为所有访问该共享资源的用户指定一个默认组，所有用户拥有该组权限	force group = agroup
create mask	与 create mode 相同，设置在该共享目录下创建文件时的权限掩码	create mask = 0744（默认）
directory mask	与 directory mode 相同，设置在该共享目录下创建目录时的权限掩码	directory mask = 0755（默认）

4．Samba 变量

smb.conf 文件中可以使用变量（相当于宏）来简化参数定义。常用的变量见表 11-3。

表 11-3 **常用的 Samba 变量**

参　数	说　　明	参　数	说　　明
%U	当前会话的用户名	%T	当前日期和时间
%G	当前会话的用户的主组	%D	当前用户的域或工作组名称
%h	正在运行的 Samba 服务器的 Internet 主机名	%S	当前服务的名称（共享名）
%m	客户端的 NetBIOS 名称	%P	当前服务的根目录
%L	Samba 服务器的 NetBIOS 名称	%u	当前服务的用户名
%M	客户端的 Internet 主机名	%g	当前服务的用户所在的组名
%I	客户端的 IP 地址	%H	当前服务的用户的主目录
%i	客户端要连接的 IP 地址	%u	当前服务的用户名

5．设置用户主目录共享

每个 Linux 用户有一个独立的主目录，默认被存放在 home 目录下。可以为每一个 Samba 用户提供一个主目录，只有用户自身可以使用，这需要在 smb.conf 文件中定义特殊的共享目录 [homes]：

```
[homes]
    comment = Home Directories
    browseable = no            #不允许用户浏览目录
    writable = yes             #允许用户写入目录
```

11.3.6　Samba 服务器目录及其文件权限设置

Linux 是一个多用户操作系统，Samba 服务器的部署与用户、组和权限密切相关，除编辑配置文件之外，还要考虑共享文件本身权限的设置，而这一点往往被忽视。

1．共享文件权限规划

确定将哪些目录共享出来，哪些用户和组对共享的目录有哪些权限。针对上述实例要求，共享文件系统权限规划如下。

* 将某目录作为一个公共存储区，经过认证的用户才能在其中存储文件。
* 经过认证的用户都可以访问自己的主目录，但是自己的主目录不能让其他用户访问。
* 指定某用户作为公共存储区的所有者。

2．创建相应的 Linux 用户或组

需要共享 Samba 服务器资源的用户必须拥有相应的 Linux 用户账户，考虑到文件权限，还要涉及组。如果没有相应账户，则需要添加。

3．配置要共享的目录

如果目录不存在，就需要创建目录，然后修改该目录的所有者和所属组，最后修改该目录的文件权限。通常所有者、所属组和其他用户都具有读、写、执行权限。

11.3.7　配置和管理 Samba 用户

Samba 使用 Linux 系统的本地用户账户，但是需要为系统账户专门设置 Samba 密码。客户端访问时，系统将提交的用户信息与 Samba 服务器端的信息进行比对，如果相符，并且也符合 Samba 服务器其他安全设置，客户端与 Samba 服务器才能成功建立连接。

Samba 服务器支持 3 种用户认证，分别是 smbpasswd、tdbsam 和 ldapsam，在主配置文件/etc/samba/smb.conf 中的全局定义部分使用参数 passdb backend 来设置，默认值为 tdbsam：

```
passdb backend = tdbsam
```

下面介绍这 3 种 Samba 用户认证方式。

1．smbpasswd

这种方式使用 Samba 的工具 smbpasswd 为系统用户设置一个 Samba 密码，客户端使用该密码来访问 Samba 的共享资源。命令格式为：

```
smbpasswd [-a] [-x] [-d] [-e] 用户名
```

选项-a 表示添加用户；-x 表示删除用户；-d 表示禁用某个 Samba 用户；-e 表示启用某个 Samba 用户。smbpasswd 命令所操作的账户必须是 Linux 系统中已有的系统用户。

smbpasswd 命令管理的 Samba 用户信息默认被存放在/var/lib/samba/private/smbpasswd 文件中。这种认证方式已经过时，建议不要将 passdb backend 参数设置为 smbpasswd。

2．tdbsam

这种方式使用 passdb.tdb 数据库文件来存储 Samba 用户，该文件默认位于/var/lib/samba/private 目录。可以使用 pdbedit 命令来创建和管理 Samba 账户。与 smbpasswd 相似，该命令也是基于 Linux 用户来管理 Samba 用户，其选项较多，表 11-4 列出主要用法。

表 11-4　　　　　　　　　　　　　　　　　　　**pdbedit 命令用法**

用　　法	说　　明
pdbedit -a 用户名	新建 Samba 账户，加入 passdb.tdb 数据库文件
pdbedit -x 用户名	删除 Samba 账户，从 passdb.tdb 数据库文件中删除
pdbedit -L	读取 passdb.tdb 数据库文件，列出所有 amba 用户
pdbedit -Lv	列出 Samba 用户及其详细信息
pdbedit -c "[D]" -u 用户名	禁用该 Samba 用户的账号
pdbedit -c "[]" -u 用户名	启用该 Samba 用户的账号

将 passdb backend 参数设置为 tdbsam 时，也可以明确指定 passdb.tdb 数据库文件：

```
passdb backend = tdbsam:/etc/samba/private/passdb.tdb
```

选择 tdbsam 时也可以使用 smbpasswd 命令在 passdb.tdb 数据库文件中管理 Samba 用户。

3．ldapsam

这种方式基于 LDAP 的账户管理方式来进行用户认证。首先要建立所需的 LDAP 服务，然后将 passdb backend 参数设置为 ldapsam 及其 LDAP 服务地址，例如：

```
passdb backend = ldapsam:"ldap://ldap-1.abc.com ldap://ldap-2.abcm"
```

11.3.8　监测 Samba 服务器

完成 Samba 服务器配置并启动 Samba 服务之后，即可对其进行监测。

1．使用 smbclient 命令检查 Samba 是否正常运行

smbclient 是 Samba 的 Linux 客户端软件，可用它列出服务器上的共享目录列表，检查 Samba 是否正常运行，一般执行以下命令：

smbclient -L localhost　-U　%

2．使用 smbstatus 命令监视 Samba 连接

smbstatus 用于检查服务器当前有哪些 Samba 连接，执行该命令即可显示连接的用户名、组名和计算机名。

3．管理 Samba 日志文件

日志文件存储着客户端访问 Samba 服务器的信息，以及 Samba 服务的错误提示信息等。查看日志文件可了解用户的访问情况和服务器的运行情况，分析日志可辅助解决客户端访问和服务器维护等问题。Samba 服务的日志文件默认位于/var/log/samba 目录中，Samba 自动为每个连接到 Samba 服务器的计算机分别建立日志文件，可使用 ls-a 命令来列出所有 Samba 日志文件。其中 nmbd.log 记录 nmbd 进程的解析信息；smbd.log 记录用户访问 Samba 服务器的问题，以及服务器本身的错误信息，可以通过该文件获得大部分 Samba 维护信息。

11.3.9　Linux 客户端访问 Samba 服务器

Linux 提供 smbclient 命令行工具来访问 Samba 服务器的共享资源，也可使用文件系统装载命令来将共享资源装载到本地。

1．使用 smbclient 工具访问共享资源

smbclient 用于在 Linux 计算机上访问服务器上的共享资源（包括网络中 Windows 计算机上的共享文件夹）。默认情况下，CentOS 7 并没有安装 smbclient，需要先安装它。

一般先使用 smbclient 查看服务器上有哪些共享资源，命令格式为：

smbclient -L //服务器主机名或 IP 地址　[-U 用户名]

然后使用 smbclient 访问服务器上指定的共享资源，命令格式为：

smbclient //服务器主机名或 IP 地址/共享文件夹名　[-U 用户名]

登录 Samba 服务器即可用 smbclient 的一些指令如 ls 查看当前文件：

```
[root@srv1 ~]# smbclient //192.168.0.1/secure_share -U smbtester
Enter smbtester's password:
Domain=[WORKGROUP] OS=[Windows 6.1] Server=[Samba 4.4.4]
smb: \> ls
                        D        0    Tue Apr 11 19:24:08 2017
                        D        0    Tue Apr 11 19:24:08 2017
        18307072 blocks of size 1024. 11477016 blocks available
```

还可以像用 FTP 指令一样上传和下载文件，put 表示上传，get 表示下载。

2．使用 mount 命令将 Samba 共享资源挂载到本机

Samba 共享资源实际上是一种 CIFS 格式的网络文件系统，也能用 mount 命令直接挂载。

与挂载其他文件系统的用法相同，命令格式为：

mount -o username=用户名,password=密码 //服务器/共享文件夹名 挂载点

可以加上选项-t cifs 来指定文件系统格式。这里给出一个例子：

mount -o username=smbtester,password=zxp //192.168.0.1/secure_share /mnt/testsmb

卸载该文件系统更为简单，使用 umount 命令像卸载普通文件系统一样进行卸载。

11.3.10 Windows 客户端访问 Samba 服务器

在 Windows 计算机上访问 Samba 服务器上的共享资源，最简单的方法是使用网络发现（早期版本中为网络邻居），查看工作组就能看到 Samba 服务器，逐步展开，即可访问共享资源。还可以直接使用 UNC 路径（格式为\\服务器名或 IP\共享名）进行访问。当然也可以通过映射网络驱动器来访问 Samba 共享资源。

11.3.11 Samba 客户端访问控制

Samba 服务器能对客户端进行严密控制，以保证服务器的安全性。这里简单总结一下主要的客户端控制措施。

1. 使用 hosts allow 和 hosts deny 参数限制客户端

hosts allow 参数设置允许访问的客户端，hosts deny 参数设置禁止访问的客户端。可以针对客户端的 IP 地址或域名进行限制。IP 地址或域名中可以使用通配符"*""？"，还可以使用"All"（表示所有客户端）和"LOCAL"（表示本机）。

使用 EXCEPT 则可以指定排除范围。

当 hosts allow 和 hosts deny 定义有冲突时，hosts deny 优先。

一定要弄清 hosts allow 和 hosts deny 的作用范围：如果在全局设置中定义，则对整个 Samba 服务器生效；如果在共享定义部分设置，则仅对指定的共享目录有用。

2. 使用 valid users 参数实现用户审核

如果共享资源存在重要数据，则可设置 valid users 参数对访问该共享资源的用户进行审核，确定是否为有效用户。例如，某共享目录存放公司财务部数据，只允许经理和财务部人员（经理用户名为 jl，财务部组为 cwb），可在设置共享目录时加入以下参数定义：

valid users = jl, @cwb

3. 使用 writable 和 write list 控制用户写入权限

上述方法解决了是否允许客户端访问的问题，如果还要进一步控制用户访问某共享资源的具体权限，则可在定义共享目录时使用参数 writable 和 write list。

writable 设置共享目录是否可写。值为 Yes，表示所有人都对该目录拥有写入权限；值为 No，表示所有人都对该目录没有写入权限，仅有只读权限。这种情况下可使用 write list 参数来设置对共享目录具有写入权限的用户或组列表。例如：

writable = No
write list =jl, @cwb

上例表示只有用户 jl 和 cwb 组成员对共享目录有写入权限，其他用户或组只有只读权限。

4. 使用 Linux 文件权限实现用户访问的最终控制

Samba 服务器在 Linux 系统上运行，所提供的共享目录的访问最终要受系统本身的文件

权限限制。为简化 Samba 有关的文件权限设置，通常将某用户和组指定为共享目录本身的所有者和所属组，为他们授予访问该目录所需的文件权限；然后使用 force user 和 force group 参数将该用户和组指定为访问该共享目录的默认用户和组，这样所有访问该共享目录的用户都拥有与该默认用户和组相同的权限。

11.4　Linux 打印服务器

打印机是一种被广为使用的网络共享资源。目前的 Linux 主要使用通用 UNIX 打印系统（CUPS）。CUPS 本身就支持 IPP（因特网打印协议），是一套功能强大的打印服务器软件，可直接向联网计算机提供打印服务。前面介绍的 Samba 服务器本身也支持打印机共享，安装 Windows 操作系统的计算机可通过 SMB 协议使用 Linux 打印服务器。

11.4.1　CUPS 打印系统

CUPS 是用于从应用程序打印的软件，它将由应用程序产生的页面描述语言转换为打印机可识别的信息，并将信息发送给打印机打印。

CUPS 以 IPP 作为管理打印的基础。IPP 支持网络打印，主要功能包括：搜寻网上可用的打印机；传送打印作业；传送打印机状态信息；取消打印作业。

由于 IPP 是基于 HTTP 开发的协议，CUPS 支持 HTTP。CUPS 还支持精简的 LPD、SMB、JetDirect 等协议。值得一提的是，CUPS 可通过 SMB 协议使用 Windows 打印服务器。

CUPS 打印流程如图 11-9 所示，用户提交打印请求之后就会产生一个打印作业，打印作业进入打印队列排队等待，等待打印服务进行输出。打印队列一般以打印机的名称来命名，打印服务将队列内的打印作业的数据（包含要发送打印的队列、要打印的文档名称和页面描述）转换成打印机识别的格式后，直接交给打印机来输出。

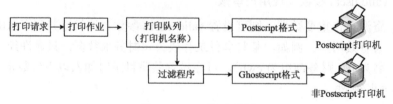

图 11-9　CUPS 打印流程

打印服务通过打印机驱动程序来与打印机进行通信。打印机驱动程序将打印作业的数据转成打印机格式。Postscript 是打印格式的事实标准，CUPS 本身就支持这种打印格式。Postscript 的优点是简化设计，不用像 Windows 系统一样安装各种打印机驱动程序。如果打印机本身支持 Postscript，则部署非常方便。许多打印机（尤其是低端打印机）不支持 Postscript，Linux 会提供 Ghostscript 软件包来解决打印问题。

与传统 UNIX 打印方案相比，CUPS 支持更多的打印机类型和配置选项，特别易于设置和使用。CUPS 的打印队列可以指向本地直接连接的打印机（并口或 USB 接口），也可以指向联网的打印机（独立的网络打印机或通过打印服务器共享的打印机）。不管打印队列指向哪里，它们对用户和应用程序来说就是打印机。

11.4.2　CUPS 配置工具

CentOS 7 已安装 CUPS 软件包，并作为 CUPS 服务自动启动。该服务的守护进程名为 cups，可使用 systemctl 命令来管理该服务。

CUPS 的配置管理有多种方式，如直接编辑 CUPS 配置文件（位于/etc/cups 目录，有多个配置文件）、使用命令工具 lpadmin、使用图形化配置界面、通过 Web 界面进行配置，最常用的是后两种方式，下面简单介绍这两种工具。

如果使用桌面环境，可直接使用图形化配置界面。运行命令 system-config-printer 来启动 CUPS 配置工具，其主界面如图 11-10 所示。

CUPS 服务启动之后，系统默认在 TCP 631 端口提供一个 Web 管理程序，管理员可使用浏览器访问网址 http://主机名:631，来打开该管理界面，如图 11-11 所示。

图 11-10　图形化 CUPS 配置工具主界面

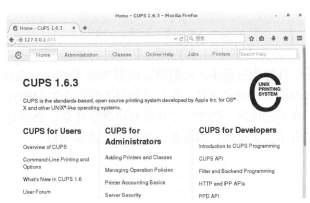

图 11-11　CUPS 的 Web 管理界面

11.4.3　配置和管理本地打印机

Linux 计算机作为打印服务器，只有被要安装并配置好所连接的本地打印机后，才能提供服务。

在安装打印机之前，首先应到网站 http://www.openprinting.org/printer_list.cgi 查询 Linux 是否支持该型号打印机。查询结果会指出支持程度，企鹅图标数量达到 3 只，就说明完全支持，2 只表示可基本接受，1 只表示支持很差。

初学者最好在桌面环境中使用 CUPS 配置工具进行安装。Linux 能依靠硬件自动识别某些打印机，用户应根据提示选择制造商和型号，以指定驱动程序。对这种情况，Linux 会自动添加本地打印机。要自己添加打印机，可以使用"新打印机"向导。

可以考虑使用虚拟打印机来完成实验。对 VMware 虚拟机来说，需要在 VMware 的首选项中启用虚拟打印机，这样虚拟机中的打印机就可以使用串行端口#1。在图形化 CUPS 配置工具中启用"新打印机"向导（如图 11-12 所示），从"选择设备"列表中选择"串口#1"，单击"前进"按钮。在弹出的对话框中选择驱动程序（此处选择"HP"，如图 11-13 所示）。单击"前进"按钮，根据提示选择具体型号，设置其他选项，完成打印机的添加。

图 11-12　"新打印机"向导

图 11-13　选择打印机驱动程序

在打印过程中，人们通常使用 Web 管理工具来跟踪和管理打印作业，如图 11-14 所示。打印作业按顺序编号，管理员可以监控正在打印的作业，或者发现错误时取消打印作业。打印作业完成后，CUPS 会从队列中删除作业，继续处理提交的其他作业。作业完成或者打印过程中出了问题，系统会以多种方式通知用户。

图 11-14　跟踪和管理打印作业

11.4.4　配置 CUPS 打印服务器

CUPS 支持协议 IPP，本身就是一种打印服务器软件。可通过简单的 CUPS 配置将 Linux 所连接的打印机配置成网络打印机。这里以图形化 CUPS 配置工具操作为例。也可通过 Web 界面来设置要发布的 Linux 共享打印机，请读者自己尝试。

1．将 Linux 本地打印机配置为网络打印机

下面示范 Linux 打印服务器将本地打印机共享出来的操作步骤，当然也可将 Linux 所连接的非本地（网络）打印机配置为共享打印机。

（1）发布待共享的打印机。在打印机配置窗口中选择某台要共享的打印机，从"打印机"菜单（或右键菜单）中选中"共享"选项（如图 11-15 所示），即可将该打印机发布出来。

（2）从"服务器"菜单中选择"设置"命令，系统弹出图 11-16 所示的对话框，只要选中"发布连接到这个系统上的共享打印机"复选框，就能将已经发布的打印机共享出来。

图 11-15 共享打印机

图 11-16 发布共享打印机

（3）允许所有计算机都能打印到队列中可能会产生危险，可以打开该打印机的属性设置对话框，单击"访问控制"项，设置限制可以使用该打印机的用户，如图 11-17 所示。

2．配置打印服务器 Linux 客户端

可以使用 CUPS 配置工具的"新打印机"向导添加 CUPS 网络打印机。打开该向导后，从"网络打印机"节点下单击"查看网络打印机"，输入要查找的服务器执行查找命令，如果有共享的 CUPS 打印机，系统会自动给出 URL，如图 11-18 所示。单击"前进"按钮，根据提示继续操作直至完成打印机的添加。Linux 实际上基于协议 IPP 访问该服务器，使用格式为：

ipp://服务器/printers/打印机名称

也可以直接输入 URL 来连接远程打印机。

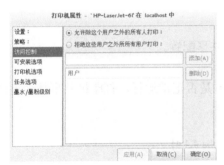

图 11-17 打印机的访问控制

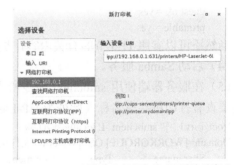

图 11-18 CUPS 网络打印机添加为"远程打印机"

CUPS 网络打印机，可以像本地打印机一样使用。可以进行实际测试，提交一个打印请求，选择使用 CUPS 网络打印机，执行打印，可以查看相应的打印作业。

3．配置打印服务器 Windows 客户端

Windows 计算机也可作为 CUPS 服务器的客户端，通过 HTTP 来访问，格式为：

http://服务器:631/printers/打印机名称

通过"新打印机"向导，定义基于 HTTP 的网络打印机即可。

11.4.5 部署 Samba 打印服务器

Samba 支持打印共享，在提供文件服务的同时也可提供打印服务，共享给 Windows 用户使用，但是这要求 Windows 客户端安装正确的打印驱动程序。打印服务器仅仅将打印作业传递到假脱机程序（spooler），假脱机程序将未经处理的信息直接传送给打印机，也就是对传送给打印机的数据流不做任何过滤或处理。

最简单的配置就是让用户匿名共享打印机，这主要用于以下两种场合。

- 允许从一个位置打印到所有打印机。
- 减少因许多用户访问有限数量的打印机造成的网络流量拥塞。

这里以共享 Linux 的 CUPS 打印机系统为例，具体配置步骤如下。

（1）在 Linux 服务器上安装本地打印机。

注意：Linux 要提供给 Samba 的 CUPS 打印机系统，并不要求发布和共享。

（2）确认安装 Samba 服务器。

（3）配置 smb.conf，这是关键。其中必须使用专用的节[printers]设置共享打印机。此处设置如下：

```
[global]
#下面列出有关打印机全局设置，其他省略
        printing = cups
        printcap name = cups
        load printers = yes
        cups options = raw
[printers]
#下面列出打印机共享设置
        comment = All Printers
        #打印信息临时存储位置
        path = /var/spool/samba
        browseable = yes
        guest ok = yes
        printable = yes
```

当然还可以参照 11.3 节的有关内容，加入文件共享配置。

（4）启动 Samba 服务。

（5）在服务器端使用 smbclient 命令检查 Samba 是否正常运行，打印机共享是否提供，一定要查看打印机共享名称（此处为 HP-LaserJet-6l）。

```
[root@srv1 ~]# smbclient -L localhost -U %
Domain=[WORKGROUP] OS=[Windows 6.1] Server=[Samba 4.4.4]
        Sharename           Type            Comment
        ---------           ----            -------
        IPC$                IPC             IPC Service (Samba 4.4.4)
        HP-LaserJet-6l      Printer         HP LaserJet 6l
```

（6）配置 Windows 客户端。可以使用"新打印机"向导，直接使用 UNC 路径（此处为 \\192.168.0.1\HP-LaserJet-6l）连接到该打印机，首次访问系统会弹出对话框，应根据提示安装相应的 Windows 打印机驱动程序。

（7）打印机实际测试。在 Windows 客户端选择远程打印机尝试打印。查看 Linux 服务器上的 CUPS 打印机作业，检查使用 Samba 共享打印机是否成功。

如果要对访问打印机的用户进行验证，在上述配置文件中稍作修改即可，如在[printers]节中添加以下设置：

```
guest ok = no
valid users = @smbgroup
```

　　提示：Linux 主机也可通过 SMB 协议直接访问 Windows 打印机，前提是 Windows 打印机提供共享服务。Linux 的 CUPS 打印系统本身就支持打印服务，可以为 Linux 计算机和 Windows 计算机提供打印服务。只有在 Linux 与 Windows 混合的网络环境中，同时需要文件共享时，才有必要启用 Samba 打印共享。

11.5　习　　题

1. 什么是文件服务器？什么是打印服务器？
2. 简述 NFS 工作原理。
3. 简述 Samba 工作原理。
4. 简述 Samab 服务器部署流程。
5. Samba 客户端访问控制主要有哪些措施？
6. 简述 CUPS 打印系统的特点和功能。
7. 在 Linux 服务器上安装 NFS 服务器，设置共享目录，在客户端尝试访问共享目录。
8. 在 Linux 服务器上安装 Samba 服务器，配置安全共享，并在客户端进行测试。
9. 在 Linux 服务器上基于 CUPS 配置打印服务器，并在客户端进行测试。

第 12 章　Web 服务器与 LAMP 平台

WWW 是最重要的 Internet 服务，Web 服务器是实现信息发布的基本平台，更是网络服务与应用的基石。在 Linux 平台上部署 Web 应用最常用的方案是 Apache+MySQL+PHP，即以 Apache 作为 Web 服务器，以 MySQL 作为后台数据库服务器，用 PHP 开发 Web 应用程序，这种组合方案简称为 LAMP，具有免费、高效、稳定的优点。CentOS 7 已用 MariaDB 替代以前版本默认的 MySQL。本章以 Apache 为例重点讲解 Web 服务器的部署、配置、管理，以及 LAMP 平台的部署。

12.1　概述

随着 Internet 技术的发展，B/S 结构日益受到用户青睐，其他形式的 Internet 服务，如电子邮件、远程管理等都广泛采用 Web 技术。Web 应用具有广泛性，在网络信息系统中占据重要位置。基于 LAMP 架构的设计具有成本低廉、部署灵活、快速开发、安全稳定等特点，是 Web 网络应用和环境的优秀组合。

12.1.1　Web 服务器

WWW 服务也称 Web 服务或 HTTP 服务，是由 Web 服务器来实现的。

1. Web 服务器与 Web 浏览器

Web 服务基于客户端/服务器模型运行。客户端运行 Web 浏览器程序，提供统一、友好的用户界面，解释并显示 Web 页面，将请求发送到 Web 服务器。服务器端运行 Web 服务程序，默认采用端口 TCP 80 侦听并响应客户端请求，将请求处理结果（页面或文档）传送给 Web 浏览器，浏览器获得 Web 页面。Web 浏览器与 Web 服务器交互的过程如图 12-1 所示。可以说 Web 浏览就是一个从服务器下载页面的过程。

Web 浏览器和服务器通过 HTTP 来建立连接、传输信息和终止连接。HTTP 即超文本传输协议，是一种通用的、无状态的、与传输数据无关的应用层协议。

Web 浏览器最基本的功能是解释 HTML 文档，它并不总是能处理各种类型的文件，当遇到不能处理的某类文件时，就检查是否有这类文件的关联处理程序（如

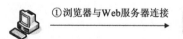
①浏览器与Web服务器连接

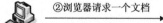
②浏览器请求一个文档

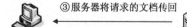
③服务器将请求的文档传回

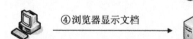
④浏览器显示文档

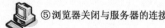
⑤浏览器关闭与服务器的连接

Web浏览器　　　　　　　　Web服务器

图 12-1　Web 浏览器与 Web 服务器交互的过程

图像查看器、声音播放器、动画播放器、脚本解释器等）。无论在 Web 网站上浏览什么类型的文件，浏览器大都能解释它们。

2．Web 网站与 URL 地址

Web 服务器以网站的形式提供服务，网站是一组网页或应用的有机集合。应在 Web 服务器上建立网站，以集中的方式来存储和管理要发布的信息。

Web 浏览器通过 HTTP 协议以 URL 地址向服务器发出请求，来获取相应的信息。一个完整的 URL 格式为"协议名://主机名:端口号/文件路径"，其中各参数说明如下。

- 协议名：用来指示浏览器用什么协议来获取服务器的文件，如 http://。
- 主机名：用来指示用户所要访问的服务器（也可用 IP 地址表示）。
- 端口号：指向 TCP/IP 应用程序的地址标识（采用默认端口 80 时可省略）。
- 文件路径：用来指示用户要获取的文件，完整路径包括路径名及文件名.扩展名。

3．Web 应用程序

传统的网站主要提供静态内容，而目前网站大都是动态网站，服务器和浏览器之间能进行数据交互，这需要部署用于数据处理的 Web 应用程序。这种应用程序要借助 Web 浏览器来运行，具有数据交互处理功能，如聊天室、留言板、论坛、电子商务等软件。

Web 应用程序是一组静态网页和动态网页的集合，其工作原理如图 12-2 所示。静态网页是指当 Web 服务器接到用户请求时，内容不会发生更改的网页，Web 服务器直接将该网页文档发送到 Web 浏览器，而不对其做任何处理。当 Web 服务器接收到对动态网页的请求时，将该网页传递给一个负责处理网页的特殊软件——应用程序服务器，由应用程序服务器读取网页上的代码，解释执行这些代码，并将处理结果重新生成一个静态网页，再传回 Web 服务器，最后 Web 服务器将该网页发送到请求浏览器。Web 应用程序大多涉及数据库访问，动态网页可以指示应用程序服务器从数据库中提取数据并将其插入网页中。

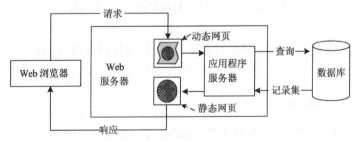

图 12-2　Web 应用程序工作原理

目前最新的 Web 应用程序基于 Web 服务平台，服务器端不再是解释程序，而是编译程序，如微软的.NET 和 SUN、IBM 等支持的 J2EE。Web 服务器与 Web 应用程序服务器之间的界限越来越模糊，它们往往被集成在一起。

12.1.2　LAMP 平台

LAMP 是一个缩写，最早用来指代 Linux 操作系统、Apache 服务器、MySQL 数据库和 PHP（Perl 或 Python）脚本语言的组合，由这 4 种技术的首字母组成。后来 M 也指代数据库软件 MariaDB。这些产品共同组成一个强大的 Web 应用程序平台。

Apache 是 LAMP 架构最核心的软件，开源、稳定、模块丰富是 Apache 的优势。Apache 提供自己的缓存模块，可以有效地提高访问响应能力。作为 Web 服务器，它也是负载 PHP

应用程序的最佳选择。

Web 应用程序通常需要后台数据库支持。MySQL 是一款高性能、多线程、多用户、支持 SQL、基于 C/S 架构的关系数据库软件，在性能、稳定性和功能方面是首选的开源数据库软件，可以支持百万级别的数据存储。MariaDB 是 MySQL 的一个分支，主要由开源社区维护，采用 GPL 授权许可，完全兼容 MySQL，以前版本默认的 MySQL 在 CentOS 7 中已经切换为 MariaDB。中小规模的应用可以将数据库服务器与 Web 服务器部署在同一台服务器上，但是当访问量达到一定规模后，应该从 Web 服务器上独立出来，在单独的服务器上运行，同时保持 Web 服务器和数据库服务器的稳定连接。

PHP 的全称为 PHP Hypertext Preprocessor，是一种跨平台的服务器端嵌入式脚本语言。它借用 C、Java 和 Perl 的语法，同时创建一套自己的语法，便于编程人员快速开发 Web 应用程序。PHP 程序执行效率非常高，支持大多数数据库，并且完全免费。Perl 是一种拥有各种语言功能的脚本语言，号称 UNIX 中的王牌工具，具有广泛的适用性。Python 是一种面向对象、解释型的程序设计语言，语法简洁清晰，具有丰富和强大的库。Python 能将用其他语言开发的各种模块很轻松地联结在一起，因而常被昵称为胶水语言。Perl 和 Python 在 Web 应用开发中不如 PHP 普及，因而 LAMP 平台大多选用 PHP 作为开发语言。

开放源代码的 LAMP 已经与 Java/J2EE 和.Net 商业软件形成三足鼎立之势，受到整个 IT 界的关注。LMAP 所有组成产品均为开源软件，是国际上比较成熟的架构。与 Java/J2EE 架构相比，LAMP 具有 Web 资源丰富、轻量、快速开发等特点；与.NET 架构相比，LAMP 具有通用、跨平台、高性能、低价格的优势。因此无论是从性能、质量方面，还是从成本方面考虑，LAMP 都是企业搭建网站的首选平台，很多流行的商业应用都采用这个架构。

12.2 部署 Apache 服务器

部署 Web 服务器之前应做好相关的准备工作，如进行网站规划，确定是采用自建服务器，还是租用虚拟主机，在 Internet 上建立 Web 服务器还要申请注册 DNS 域名和 IP 地址。

12.2.1 安装 Apache

目前几乎所有 Linux 发行版本都捆绑 Apache，CentOS 也不例外。其软件包名称为 httpd，如果没有安装该软件包，则执行 yum install httpd 命令进行安装。

安装完毕即可进行测试。系统默认没有启动该服务，可以执行 systemctl start httpd 命令启动该服务。在服务器上或另一台计算机上打开浏览器，输入 Apache 服务器的 IP 地址进行实际测试。如果出现 Apache 的测试页面，则表示 Web 服务器安装正确并且运行正常。

默认的网站主目录为/var/www/html，只需将要发布的网页文档复制到该目录，即可建立一个简单的 Web 网站。为网站注册域名，即可通过域名来访问网站。

12.2.2 管理 Web 服务

1. 使用 systemctl 管理 httpd

Apache 服务器的 Web 服务是通过 httpd 守护进程来实现的，默认情况下，该服务不会自动启动，另外在应用中，可能要停止该服务。在 CentOS 7 中可以使用 systemctl 来管理 httpd

服务。先将其设置为开机启动，再启动它：

```
systemctl enable httpd.service
systemctl start httpd.service
```

2. 配置防火墙

最简单的处理是直接关闭防火墙，如果开启防火墙，要允许客户端访问 Web 服务器，需要开放相应的服务，以 firewalld 防火墙为例，可以执行以下命令：

```
firewall-cmd --zone public --add-service http --permanent
firewall-cmd --reload
```

对非默认端口（80）的 HTTP 服务，需要开放相应的端口，例如：

```
firewall-cmd --zone=public --add-port=8080/tcp --permanent
```

3. 配置 SELinux

在 SELinux 环境中，Apache 服务器默认情况下在受限的 httpd_t 域中运行，并且与其他受限的网络服务相互隔离。至于 SELinux，最简单的方法是禁用该功能。SELinux 仅满足最低运行需求，为发挥 Apache 服务器的功能，启用 SELinux 之后需要调整有关配置。

（1）标记文件类型

文件类型必须正确设置才能让 httpd 访问，httpd 可以读取的文件类型是 httpd_sys_content_t（用于提供静态内容服务，httpd 和脚本可读但不能写入和修改）。默认主目录/var/www/html 就是这种类型。其他目录要让 httpd 访问，就需要标记此类型。例如将根目录改为/testwebsite，需要执行以下命令为它标记 httpd_sys_content_t 类型：

```
semanage fcontext -a -t httpd_sys_content_t "/testwebsite (/.*)?"
restorecon -R -v /testwebsite
```

除了 httpd_sys_content_t 之外，SELinux 还针对 httpd 定义了以下文件类型。

- httpd_sys_script_exec_t：让 httpd 执行脚本。通常用于标记/var/www/cgi-bin/目录的 cgi 脚本文件。
- httpd_sys_content_rw_t：由 httpd_sys_script_exec_t 类型的脚本读写。
- httpd_sys_content_ra_t：由 httpd_sys_script_exec_t 类型的脚本读取和附加。
- httpd_unconfined_script_exec_t：标记此类型的脚本运行不受 SELinux 保护。

（2）调整布尔值设置

根据需要开启所需的布尔值。例如，默认只允许读取 httpd_sys_content_rw_t 类型的文件，要允许写入此类型的文件，执行以下命令开启 httpd_anon_write：

```
setsebool -P httpd_anon_write   on
```

（3）更改端口号

有时涉及更改端口号。根据策略配置，服务可能只被允许运行在特定的端口号。默认情况下，SELinux 允许 HTTP 侦听的 TCP 端口为 80、81、443、488、8008、8009、8443 和 9000，可以使用以下命令查看：

```
semanage port -l|grep -w http_port_t
```

如果要使用其他端口运行 http，则要修改端口，例如使用 8080 端口：

```
semanage port -a -t http_port_t -p tcp 8080
```

12.2.3　Apache 服务器配置文件

配置 Apache 服务器的关键是编辑主配置文件/etc/httpd/conf/httpd.conf。这是一个包含若干指令的纯文本文件，还可以嵌入多个配置文件，Apache 服务器启动时自动读取其内容，根据配置指令决定 Apache 服务器的运行。可以直接使用文本编辑器编辑该配置文件。配置文件被修改后，只有下次启动或重新启动才能生效。默认的 httpd.conf 文件中每个配置语句和参数都有详细的解释，建议初学者先备份该文件，然后以此为模板进行修改。

1．配置文件

Apache 服务器通过简单的文本文件来配置，这些文件位于不同的位置。在 CentOS 7 中使用 yum 安装 Apache，默认的主配置文件是/etc/httpd/conf/httpd.conf，为便于管理，还将配置分成多个.conf 文件存放在/etc/httpd/conf.d 目录中，这些文件由 Include 指令装载。除主配置文件以外，某些指令也可位于内容目录的.htaccess 文件中，这种文件主要用于那些不能访问主服务器配置文件的用户。

2．基本格式

httpd.conf 配置文件每行一个指令，格式为：

指令名称　参数

指令名称不区分大小写，但参数通常区分大小写。如果要续行，可在行尾加上"\"符号。以"#"符号开头的行是注释行。

参数中的文件名需要用"/"代替"\"。以"/"开头的文件名，服务器将视为绝对路径。如果文件名不以"/"开头，系统将使用相对路径，位于由 ServerRoot 指令定义的 Apache 根目录。例如服务器根目录为/etc/httpd，文件名 logs/test.log 的实际路径为/etc/httpd/logs/test.log。文件路径可以加上引号作为字符串，也可以不加引号。

3．容器（Container）与节（Section）

配置文件中使用容器定义一个节（段），封装一组指令，用于限制指令的条件或指令的作用域。容器语句成对出现，格式为：

```
<容器名　参数>
    一组指令
<容器名>
```

容器可以嵌套，在节中定义子节。

容器可分为两类。一类容器占大多数，对每个请求进行评估，容器中的指令仅适用于与容器条件匹配的请求，如<Directory>、<Files>和<Location>分别用于限定作用域为目录、文件和 URL 地址。另一类容器仅在 httpd 启动或重启时起作用，如果在启动时符合条件，其中的指令将用于所有的请求，否则将被忽略。这类容器只有 3 个，简介如下。

（1）<IfDefine>

用于定义包含有条件的指令，只有在 httpd 命令行中使用该指令的参数才能执行其中的指令。这里给出一个例子：

```
<IfDefine ClosedForNow>
    Redirect "/" "http://otherserver.example.com/"
</IfDefine>
```

只有执行以下命令启动 httpd，才能执行其中的 Redirect（重定向）指令。

httpd -D ClosedForNow

（2）<IfModule>

该指令的作用是先检查当前模块是否已经加载，若已经加载，则容器中的配置有效，若没有加载，则容器中的配置无效。下面的例子表示，只有 mod_mime_magic 模块加载，才能执行 MimeMagicFile 指令：

```
<IfModule mod_mime_magic.c>
    MimeMagicFile "conf/magic"
</IfModule>
```

（3）<Version>

<Version>与上述两个指令相似，不过判断的标准是正在运行的 Apache 服务器版本号。下面的例子表示，版本号大于等于 2.4 时才能执行其中指令：

```
<IfVersion >= 2.4>
    #添加指令
</IfVersion>
```

上述 3 个容器指令的参数之前可使用逻辑运算符"!"，表示条件正好相反。

4. 分层配置

可对 Apache 服务器进行分层管理，自上而下依次为服务器（全局）→网站（虚拟主机）→目录（虚拟目录）→文件。下级层次的设置继承上级层次，如果上下级层次的设置出现冲突，就以下级层次为准。

全局性设置主要是控制 Apache 服务器整体运行的环境变量，应位于<Directory>、<Location>、<VirtualHost>或其他节之外。

只是改变服务器部分配置，可以将指令置于<Directory>、<DirectoryMatch>、<Files>、<FilesMatch>、<Location>和<LocationMatch>等节，来限定其作用域，这些节根据特定文件系统或 URL 来限制指令的应用。例如仅用于特定的目录，应位于<Directory>节之内。

httpd 可以同时支持多个不同的网站，这是通过虚拟主机（Virtual Hosting）实现的，<VirtualHost>用于定义虚拟主机，置于<VirtualHost>节的指令仅作用于相应的网站。

尽管多数指令可以位于任何节，但是有些指令不能用于容器或节中。例如，控制进程创建的指令只能位于主服务器部分。

5. 检查配置文件

修改配置文件后，先使用 apachectl configtest 或 httpd -t 命令来检查配置文件的语法错误，然后再启动 Apache 服务器。

12.2.4 Apache 服务器全局性配置

通常在配置文件/etc/httpd/conf/httpd.conf 中设置 Apache 服务器全局配置，这里以默认的 httpd.conf 文件为例，讲解几个主要的全局性指令。

1. 设置服务器根目录

服务器根目录是 Apache 配置文件和日志文件的基础目录，是所有 Apache 服务器相关文件的根目录。使用指令 ServerRoot 设置服务器根目录，默认设置如下：

```
ServerRoot "/etc/httpd"
```

一般不需要更改，除非 Apache 安装位置发生变化。

2. 设置 Apache 服务器侦听的 IP 地址和端口号

Apache 默认会在本机所有可用 IP 地址上的 TCP 80 端口侦听客户端的请求。可以使用多个 Listen 指令，以便在多个地址和端口上侦听请求。其格式为：

Listen [IP 地址] 端口

3. 设置动态加载模块

Apache 是一个高度模块化的服务器，通过各种模块可以实现更多的功能。可以在编译 Apache 源代码时将模块功能加入 Apache 中，也可在启动 httpd 进程时动态加载。对动态加载方式，只需设置 httpd.conf 文件中的 LoadModule 参数。模块文件被默认存放在 /etc/httpd/modules 目录中，每个模块对应 Apache 的一个功能或特性。加载模块的用法为：

LoadModule foo_module modules/mod_foo.so

模块载入的顺序很重要，建议不要轻易修改默认设置。配置文件/etc/httpd/conf/httpd.conf 中默认使用 Include 指令嵌入/etc/httpd/conf.modules.d 目录中的配置文件的内容，这些配置文件都是用于动态加载模块的。

Include conf.modules.d/*.conf

动态加载模块对性能有一定的影响，可以重新编译 Apache 源代码来解决这个问题，只将自己需要的功能编译到 Apache 中即可。

4. 设置运行 Apache 服务器的用户或群组

Apache 服务器在启动之后，生成子进程为客户机提供服务。出于安全考虑，使用以下两个指令将子进程设置为指定的用户和组的身份（不要设置为 root）运行，以降低服务器的安全风险：

User apache   #专用的系统用户
Group apache   #专用的系统组

httpd 父进程通过执行 setuid()改变子进程身份，必须以 root 账户启动 Apache 服务器。

12.2.5 Apache 主服务器基本配置

主服务器（又称默认服务器）是相对虚拟主机而言的，凡是虚拟主机不能处理的请求都由它处理。如果使用虚拟主机，虚拟主机的设置会覆盖主服务器的设置，而虚拟主机未定义的参数，则使用主服务器的设置。

通常从配置文件的"# 'Main' server configuration"部分开始设置主服务器，其中的指令将会响应<VirtualHost>节未定义的任何请求，也为<VirtualHost>节提供默认设置。由于其中的指令应用于整个服务器，因此此处的设置是一种全局性设置。这里仅介绍一些基本配置，后面专门介绍其他重要的配置。

1. 设置管理员电子邮件地址

使用指令 ServerAdmin 设置 Web 服务器管理员的电子邮件地址。当客户端无法正确访问服务器时，这个地址会被包含在错误消息中提供给客户端，便于网站浏览者与服务器管理员联系。

2. 设置服务器主机名和端口

使用指令 ServerName 设置服务器用于识别自己的主机名和端口。这主要用于重定向和虚拟主机的识别。如果使用虚拟主机，虚拟主机中设置的名称会取代这里的设置。

系统默认没有启用此设置。为避免 Apache 启动时出现不能确定全称域名的错误提示，应按实际情况设置该主机名和端口。如果服务器注册有域名，则参数使用服务器的域名；如果没有域名，则使用服务器的 IP 地址。例如：

ServerName www.abc.com:80

3．设置主目录的路径

每个网站必须有一个主目录。主目录位于发布的网页的中央位置，包含主页或索引文件，以及到所在网站其他网页的链接。主目录是网站的"根"目录，映射为网站的域名或服务器名。用户使用不带文件名的 URL 访问 Web 网站时，请求将指向主目录。

默认状态下，所有的请求都以这个目录为基础。但是直接符号连接和别名可用于指向其他位置。也可以将主目录的路径修改为其他目录，以方便管理和使用。默认设置为：

DocumentRoot "/var/www/html"

注意：目录路径名最后不能加"/"，否则会发生错误。

4．设置网站默认文档

在浏览器的地址栏中输入网站名称或目录，而不用输入具体的网页文件名时，也可访问网页，这就要用到默认文档（默认网页），此时 Web 服务器将该文档返回给浏览器。默认文档可以是目录的主页，也可以是包含网站文档目录列表的索引页。默认文档名由 DirectoryIndex 参数进行定义，如果有多个文件名，各个文件名之间要用空格分隔，Apache 根据文件名的先后顺序查找默认文档。默认设置为：

```
<IfModule dir_module>
    DirectoryIndex index.html
</IfModule>
```

5．设置日志文件

日志文件对 Web 网站很重要，记录着服务器处理的所有请求、运行状态和一些错误或警告信息。通过分析日志文件，用户可以监控 Apache 的运行情况、出错原因和安全等问题。

（1）错误日志

配置错误日志相对简单，只要说明日志文件的存放路径和日志记录等级即可。使用 ErrorLog 指令设置错误日志文件的路径名；LogLevel 指令用于设置错误等级，只有高于指定级别的错误才会被记录。默认设置为：

```
ErrorLog "logs/error_log"          ##此路径相对于 ServerRoot 目录
LogLevel warn
```

日志记录包括如下 8 个级别：1 级（最高）为 emerg，表示出现紧急情况使该系统不可用；2 级为 alert，表示需要立即引起注意的情况；3 级为 crit，表示危险情况的警告；4 级为 error，表示 1～3 级之外的其他错误；5 级为 warn，表示警告信息；6 级为 notice，指需要引起注意的情况；7 级为 info，指值得报告的一般消息；8 级（最低）为 debug，指 debug 模式所产生的消息。

（2）访问日志

访问日志记录客户端所有的访问信息。使用 CustomLog 指令设置访问日志的路径和格式。默认在 <IfModule log_config_module>　</IfModule> 容器中定义。日志文件设置为：

```
CustomLog logs/access_log combined          ##此路径相对于 ServerRoot 目录
```

logs/access_log 是指访问日志文件路径名，combined 表示一种特定的日志文件格式。

日志格式表示要记录的信息及顺序，使用 LogFormat 指令来定义。

6. 设置默认字符集

使用指令 AddDefaultCharset 定义服务器返回给客户端的默认字符集。默认设置为：
AddDefaultCharset UTF-8

7. 嵌入补充配置文件

httpd.conf 文件末尾采用以下默认设置：
Include conf.d/*.conf
将/etc/httpd/conf.d 目录中的配置文件嵌入 httpd.conf 文件中，以补充主配置文件。

12.2.6 配置目录访问控制

目录访问是 Web 服务器最重要的内容之一。<Directory>容器用于封装一组指令，使其对指定的目录及其子目录有效。该指令不能嵌套使用，命令格式为：
```
<Directory  目录名>
    一组指令
</Directory>
```
目录名可以采用文件系统的绝对路径，也可以是包含通配符的表达式。

目录访问控制可以通过两种方式进行设置。

• 在 httpd.conf 文件中使用<Directory>容器对每个目录进行设置。

• 在每个目录下建立一个访问控制文件.htaccess，将访问控制参数写在该文件中。下层目录自动继承上层目录的访问控制设置。

访问控制指令由 Apache 的内建模块 mod_access 提供，它能实现基于 Internet 主机名的访问控制，其主机名可以是域名，也可以是一个 IP 地址，建议尽量使用 IP 地址，以减少 DNS 域名解析。相关的指令主要有 Allow、Deny 和 Order。Apache 提供访问控制指令来限制对目录、文件或 URL 地址的访问。

Apache 可以对每个目录设置访问控制，下面是对"/"（文件系统根目录）的默认设置：
```
<Directory />
    Options FollowSymLinks        #允许使用符号链接
    AllowOverride None            ##禁止使用 htaccess 文件
</Directory>
```
对网站主目录/var/www/html 的默认设置为：
```
<Directory "/var/www/html">
    Options Indexes FollowSymLinks
    AllowOverride None
    Order allow,deny
    Allow from all
</Directory>
```

1. 使用 Options 指令控制特定目录的特性

Options 指令用在 Directory 容器中，用于控制特定目录的服务器特性，主要选项如下。

• All：包含除 MultiViews 选项之外的所有特性。这也是默认选项。

• None：不启用任何额外特性。

• Index：允许目录浏览，如果请求的某个路径中没有默认文档，将显示目录列表。

- MultiViews：允许内容协商的多重视图，作为 Apache 的一个特性。
- ExceCGI：允许执行 CGI 脚本。
- FollowSymlinks：允许使用符号链接。
- Includes：允许服务器端包含（SSI）功能。
- IncludesNoExec：允许服务器端包含（SSI），但禁用 CGI 脚本。

2．使用 AllowOverride 指令控制.htaccess 文件使用

.htaccess 文件可用于配置目录访问权限，基于安全和效率考虑，应避免使用该文件来设置权限，而直接在<Directory>容器中定义权限。AllowOverride 指令用于设置目录权限是否被.htaccess 文件中的权限所覆盖。一般将 AllowOverride 设置为"None"，即禁止使用 htaccess 文件。

3．使用 Allow 指令

Allow 用于指定允许访问的主机。命令格式为：
Allow from 主机列表
主机列表可以是某 IP 地址、IP 地址范围，若要允许所有主机访问，则使用以下指令：
Allow from all

4．使用 Deny 指令

与 Allow 相反，Deny 用于指定禁止访问的主机。命令格式为：
Deny from 主机列表

5．使用 Order 指令

用于指定 Allow 与 Deny 指令的处理顺序，即哪个指令先执行。Order 就是先判断优先级的问题。

- Order allow,deny：表示 Allow 指令比 Deny 指令优先处理，如果没有定义允许访问的主机，则禁止所有主机的访问。
- Order deny,allow：表示 Deny 指令比 Allow 指令优先处理，如果没有定义拒绝访问的主机，则允许所有主机的访问。
- Order mutual-failure：表示只有使用 Allow 指令明确指定，且没有使用 Deny 指令明确指定的主机才允许访问。两条指令中都未设置的主机将被拒绝访问。

12.2.7　配置和管理虚拟目录

虚拟目录既是一种网站目录管理方式，又是一种发布子网站的方法。

1．虚拟目录与物理目录

虚拟目录是相对于物理目录的概念。物理目录是指实际的文件夹，网站中的物理目录是指网站主目录中的实际子目录。要从网站主目录以外的其他目录中发布内容，就必须创建虚拟目录。虚拟目录并不包含在主目录中，但在显示给浏览器时就像位于主目录中一样。虚拟目录有一个"别名"，供浏览器访问此目录。可将主目录看成网站的"根"虚拟目录，将其别名视为"/"。使用虚拟目录具有以下优点。

- 虚拟目录的别名通常比目录的路径名短，使用起来更方便。

- 更安全，一方面，用户不知道文件是否真的存在于服务器上，无法使用这些信息来修改文件；另一方面，可以为虚拟目录设置不同的访问权限。
- 更方便地移动和修改网站中的目录结构。
- 便于调整或扩大网站磁盘空间。

对浏览器来说，虚拟目录显示为主目录（"根"）的子目录。必须为浏览器提供虚拟目录的别名（定义该目录的名称）。如果 Web 网站中的主目录中的物理子目录名与虚拟目录别名相同，则使用该目录名称访问 Web 网站时，虚拟目录名优先响应。

简单网站一般不需添加虚拟目录，可将所有文件放置在网站的主目录中。如果网站内容比较庞杂，为使其他目录、其他驱动器甚至其他计算机中的内容和信息也能通过同一个网站发布，可考虑创建虚拟目录。虚拟目录作为网站的一个组成部分，相当于其子网站。虚拟目录为网站的不同部分指定不同的 URL。

2. 创建虚拟目录

使用 Alias 指令可以创建虚拟目录，命令格式为：
Alias 虚拟目录 真实目录
主配置文件中，Apache 默认已经创建了两个虚拟目录：
Alias /icons/ "/var/www/icons/"
Alias /error/ "/var/www/error/"
上面两个命令分别建立"/icons/"和"/error/"两个虚拟目录，它们对应的物理路径分别是"/var/www/icons/"和"/var/www/error/"。

还可以根据需要对相应的物理目录设置访问控制，参见 12.2.6 节。

12.2.8 为用户配置个人 Web 空间

可以通过配置用户目录，让在 Apache 服务器上拥有账户的每个用户都可以建立自己单独的 Web 空间（子网站）。假设用户 zhang 在自己的主目录/home/zhang/public_html/中存放网页文件，他就可以从浏览器中用类似 http://www.abc.com/~zhang 这样的 URL 地址来访问自己的个人网页。默认在/etc/httpd/conf.d/userdir.conf 文件中进行用户目录配置。该文件默认设置禁用此功能，不过提供相关的配置信息，只是被注释掉。

（1）启用用户目录功能。例如：

```
<IfModule mod_userdir.c>
    UserDir disable root          ##基于安全考虑，禁止 root 用户使用自己的个人空间
    UserDir public_html           ##设置用户 Web 站点目录
</IfModule>
```

（2）为用户 Web 站点目录配置访问控制。例如：

```
<Directory /home/*/public_html>
    AllowOverride FileInfo AuthConfig Limit
    Options MultiViews Indexes SymLinksIfOwnerMatch IncludesNoExec
    <Limit GET POST OPTIONS>
        Order allow,deny
        Allow from all
    </Limit>
    <LimitExcept GET POST OPTIONS>
        Order deny,allow
        Deny from all
```

```
</LimitExcept>
</Directory>
```

（3）在用户主目录下创建 public_html 子目录并修改权限，将/home/zhang 权限设置为 711，将/home/zhang/public_html 权限设置为 755。执行以下命令改变权限：

```
chmod 711 ~zhang                    ##这里的符号~表示主目录，~zhang 相当于/home/zhang
chmod 755 ~zhang/public_html
```

（4）在用户主目录下 public_html 子目录中创建 index.html 文件，编写简单的内容。该子目录下的文件对任何用户必须是可读的。

（5）重新启动 httpd 守护进程，或者重新加载配置文件。

（6）测试。这里通过访问 http://www.abc.com/~zhang 地址进行测试。

12.2.9　配置 Web 应用程序

由于静态网页无法存取后台数据库，功能上很受限制，现在的网站大都采用动态网页技术，运行 Web 应用程序。Apache 支持多种 Web 应用程序，如 CGI、PHP、JSP 等。CGI 是最简单、最通用的动态网站技术，这里主要讲解 Web 应用程序的配置，下一节讲解 PHP。

CGI 是在 Web 服务器上运行的一个可执行程序，可以用任何一种语言编写，如 Perl、C、C++、Java 等，其中 Perl 最为常用。作为一种跨平台的高级语言，Perl 特别适合系统管理和 Web 编程。Perl 已经成为 Linux/UNIX 的标准部件，默认情况下，CentOS 已安装 Perl 语言解释器，用户可以使用命令 rpm -q perl 来查看已经安装的 Perl 解释器版本。

要让 CGI 程序正常运行，还需要对 Apache 配置文件进行设置，以允许 CGI 程序运行。在 Apache 平台上配置 CGI 主要有以下两种方式。

1．使用 ScriptAlias 指令映射 CGI 程序路径

可以通过 ScriptAlias 指令设置一个 CGI 程序专用的目录，Apache 将该目录中的每个文件视为 CGI 程序，当有客户请求时就执行它。默认设置如下：

```
ScriptAlias /cgi-bin/ "/var/www/cgi-bin/"
```

/var/www/cgi-bin/目录用于发布 CGI 程序，任何以/cgi-bin/开头的 Web 请求都将被转到/var/www/cgi-bin/目录，其中的文件作为 CGI 程序运行。

可以编写 Perl 程序进行测试。CGI 程序与一般编程的区别主要有以下两点。

● CGI 程序的所有输出必须前置一个 MIME 类型标头。这个标头指示客户端接收的内容类型，一般采用"Content-type: text/html"。

● CGI 输出要采用 HTML 格式或浏览器可显示的其他格式（如 gif 图像）。

这里使用文本编辑器在/var/www/cgi-bin/目录中创建一个简单的 Perl 文件，内容如下：

```
#!/usr/bin/perl
print "Content-type: text/html\n\n";
print "Hello, World.";
```

将其命名为 hello.cgi（也可命名为 hello.cgi）。

还应为该文件设置只读和运行权限。例如执行下列命令：

```
chmod 775 /var/www/cgi-bin/hello.cgi
```

打开浏览器，访问 http://www.abc.com/cgi-bin/hello.cgi 进行测试。

2．在其他目录中定制 CGI 程序

ScriptAlias 目录便于集中部署 CGI 程序。出于安全考虑，CGI 程序经常位于 ScriptAlias 目录之外，这样可以严格控制使用 CGI 程序的用户。要允许 CGI 在 ScriptAlias 目录之外的其他目录运行，首先必须使用 AddHandler 或 SetHandler 指令设置 CGI 文件类型（扩展名），然后使用 Options 指令为目录授予 CGI 脚本执行权限（ExecCGI）。

关于 CGI 脚本类型的默认设置为：

```
#AddHandler cgi-script .cgi
```

默认将该语句注释掉，删除注释符号"#"，然后根据需要添加扩展名.pl，修改如下：

```
AddHandler cgi-script .cgi .pl
```

这样就可以运行扩展名为.cgi 或.pl 的 CGI 脚本文件。

显式使用 Options 指令设置，以允许某个特定目录中的 CGI 脚本文件执行，这里以网站主目录为例：

```
<Directory "/var/www/html">
    Options Indexes FollowSymLinks ExecCGI
    AllowOverride None
    Order allow,deny
    Allow from all
</Directory>
```

Options 指令使用参数 ExecCGI 表示允许目录中的 CGI 文件运行。

参照上例，在网站主目录中创建一个简单的 Perl 脚本文件进行测试，为便于测试，将其命名 hello.pl，并赋予相应的只读和执行权限。

12.3　部署 MariaDB 与 PHP

一个完整的 LAMP 平台还包括数据库服务器和 PHP 软件包。CentOS 7 没有提供相应的一键安装功能，只能手工部署 LAMP 平台。

12.3.1　部署 MariaDB 数据库服务器

CentOS 7 默认的数据库服务器版本是 MariaDB 5.5，MariaDB 直到 5.5 版本，都依照 MySQL 的版本。MariaDB 的目的是完全兼容 MySQL，这意味着所有使用 MySQL 的连接器、程序库和应用程序也可以在 MariaDB 下工作。值得一提的是，从 10.0.0 版开始，MariaDB 不再依照 MySQL 的版号，它以 5.5 版为基础，加上移植自 MySQL 5.6 版的功能和自行开发的新功能，本章不涉及这个新版本。

1．安装 MariaDB

执行以下命令安装 MariaDB：

```
yum install mariadb mariadb-server
```

MariaDB 作为系统服务，可以使用 systemctl 来管理。例如下列两条命令设置开机启动并启动 mariadb 服务：

```
systemctl enable mariadb.service
systemctl start mariadb.service
```

2. 配置防火墙和 SELinux

MariaDB 运行的进程名为 mysqld，防火墙和 SELinux 与 mysql 相同。

如果开启防火墙，要允许访问 MariaDB 服务器，需要开放相应的服务 mysql 或端口 3306，以 firewalld 防火墙为例，可以执行以下命令：

```
firewall-cmd --zone=public --add-service=mysql --permanent
firewall-cmd --reload
```

在 SELinux 环境中，MariaDB 的守护进程都是在受限的 mysqld_t 域中运行。有必要开启相关的布尔变量：

```
setsebool -P SELinuxuser_mysql_connect_enabled=on
```

在 CentOS 7 中，MariaDB 数据库的默认存放位置是/var/lib/mysql，文件类型是 mysqld_db_t。如果要更改该位置，则需要进行相应配置（以改为/database/mysql 为例）：

```
chmod 755 /database/mysql
chown -R mysql:mysql /database/mysql
semanage fcontext -a -t mysqld_db_t "/database/mysql (/.*)?":
restorecon -R -v /database/mysql
```

3. 运行安全配置向导

安装 MariaDB 之后需要执行以下命令，运行安全配置向导，进行安全配置：

```
mysql_secure_installation
```

首先是为 root 账户设置密码：

```
Set root password? [Y/n]
```

然后是其他安全配置，列举如下：

```
Remove anonymous users? [Y/n]              ##是否删除匿名用户
Disallow root login remotely? [Y/n]        ##是否禁止 root 账户远程登录
Remove test database and access to it? [Y/n]  ##是否删除 test 数据库（测试用）
Reload privilege tables now? [Y/n]         ##是否重新加载权限表，使设置立即生效
```

4. 编辑 MariaDB 配置文件

在 CentOS 7 中，MariaDB 配置文件为/etc/my.cnf 及/etc/my.cnf.d/*.cnf。可以用文本编辑器编辑这些配置文件。其中/etc/my.cnf 默认的主要设置如下：

```
[mysqld]
#数据库存放路径
datadir=/var/lib/mysql
socket=/var/lib/mysql/mysql.sock
#禁用符号链接以规避相关的安全风险
symbolic-links=0
[mysqld_safe]
#将错误日志写入给定的文件
log-error=/var/log/mariadb/mariadb.log
pid-file=/var/run/mariadb/mariadb.pid
#嵌入配置目录中的配置文件
!includedir /etc/my.cnf.d
```

例如可以进一步配置 MariaDB 的字符集，在/etc/my.cnf 配置文件中的[mysqld]标签下面添加如下定义：

```
init_connect='SET collation_connection = utf8_unicode_ci'
init_connect='SET NAMES utf8'
```

character-set-server=utf8

collation-server=utf8_unicode_ci

skip-character-set-client-handshake

在/etc/my.cnf.d/client.cnf 配置文件中的[client]标签下面添加如下定义：

default-character-set=utf8

在/etc/my.cnf.d/ mysql-clients.cnf 配置文件中的[mysql]标签下面添加如下定义：

default-character-set=utf8

配置修改完成后，重启 mariadb。

5. 使用命令行工具管理 MariaDB

可以使用 mysql 和 mysqladmin 等命令行工具对 MariaDB 进行管理。

mysql 是一个简单的 SQL 工具，支持交互式和非交互式用法。命令格式为：

mysql [选项] [数据库]

通常采用交互式用法，执行以下命令：

mysql -u 用户名 -p

输入用户密码连接到 MariaDB，然后进行交互操作。可输入 MySQL 命令或 SQL 语句，结束符使用分号或 "\g"。例如执行 show databases 命令显示已有数据库。下面是一个例子：

```
[root@srv1 ~]# mysql -u root -p
Enter password:
Welcome to the MariaDB monitor.    Commands end with ; or \g.
Your MariaDB connection id is 3
Server version: 5.5.52-MariaDB MariaDB Server
Copyright (c) 2000, 2016, Oracle, MariaDB Corporation Ab and others.
Type 'help;' or '\h' for help. Type '\c' to clear the current input statement.
MariaDB [(none)]> show databases;
+--------------------+
| Database           |
+--------------------+
| information_schema |
| mysql              |
| performance_schema |
| test               |
+--------------------+
4 rows in set (0.00 sec)
MariaDB [(none)]>
```

如果需要指定服务器主机，应使用以下命令：

mysql -u 用户名 -h 主机 -p

可在系统中使用命令行工具 mysqladmin 来完成 MariaDB 服务器的管理任务。该命令用于管理操作，如检查服务器配置和状态，创建和删除数据库等。命令格式为：

mysqladmin -u 用户名 -p [命令]

下面是一个查看 MariaDB 服务器当前状态的例子：

```
[root@srv1 ~]# mysqladmin -u root -p    status
Enter password:
Uptime: 2401   Threads: 1   Questions: 12   Slow queries: 0   Opens: 0   Flush tables: 2   Open tables: 26
Queries per second avg: 0.004
```

12.3.2　配置 PHP 应用程序

PHP 是 Linux 系统最常用的 Web 应用程序平台。PHP 程序执行效率非常高，支持大多数数据库，并且是完全免费的。

1. 安装 PHP 解释器

PHP 程序需要 PHP 解释器来运行。CentOS 7 捆绑的 PHP 版本为 5.4.6。执行以下命令进行安装：

```
yum install php
```

2. 配置 Apache 以支持 PHP

安装 PHP 解释器的同时，系统在/etc/httpd/modules 目录中添加 libphp5.so，并在/etc/httpd/conf.modules.d 目录中添加 10-php.conf 文件，用于加载 PHP5 模块 libphp5.so。

```
<IfModule prefork.c>
    LoadModule php5_module modules/libphp5.so
</IfModule>
```

安装 PHP 解释器时，系统还会自动在目录/etc/httpd/conf.d 中建立一个名为 php.conf 的配置文件。配置 Apache 使其运行 PHP 程序的关键是编辑 php.conf 文件，说明如下。

将.php 结尾的文件识别为 PHP 脚本，并由 PHP 模块解释，默认设置为：

```
<FilesMatch \.php$>
    SetHandler application/x-httpd-php
</FilesMatch>
```

指定 PHP 文件的 MIME 类型，默认设置为：

```
AddType text/html .php
```

设置 PHP 默认文件类型，默认设置为：

```
DirectoryIndex index.php
```

至于 PHP 本身的配置，需要编辑/etc/php.ini 文件，该文件提供许多选项。

3. 测试 PHP

在 Apache 主目录 var/www/html 中建立一个名为 test.php 的文件，该文件的内容如下：

```
<?php phpinfo(); ?>
```

打开浏览器访问 http://localhost/test.php，如果能看到 PHP 配置信息页，说明 PHP 服务器运行正常。

12.3.3　使用 phpMyAdmin 管理 MariaDB

人们更倾向于使用基于图形界面的管理工具。phpMyAdmin 是用 PHP 语言编写的 MySQL 管理工具，也支持 MariaDB，可实现数据库、表、字段及其数据的管理，功能非常强大。该软件属于开源软件，可从网站 http://www.phpmyadmin.net/downloads/下载。

1. 部署 phpMyAdmin

（1）执行 yum 命令安装相应的支持包。php-mysql 包提供 PHP 访问 MySQL 或 MariaDB 数据库的相关接口，php-mbstring 扩展库用于处理多字节字符串。命令格式为：

```
yum install php-mysql php-mbstring
```

（2）从官网下载 phpMyAdmin 4.0 版，将 phpMyAdmin 软件包解压缩，将整个目录复制到网站主目录/var/www/html 下，并将该目录更名为 phpMyAdmin（便于访问）。

最新版本的 phpMyAdmin 需要 PHP 5.5 或更高版本的支持，而 CentOS 7 安装的 PHP 版本为 5.4.6，因此要下载一个老一点的版本。除非将 PHP 升级到 5.5 或更新的版本。

（3）确认已经配置好 Apache 对 PHP 的支持（参见上一节）。

（4）确认已启动 MariaDBL 服务，如果 MariaDB 服务器安装之后没有更改，可直接运行 phpMyAdmin 程序测试，首先要登录（如图 12-3 所示），成功登录后即进入管理主界面（如图 12-4 所示），可根据需要进行各种管理操作。

图 12-3　登录 phpMyAdmin

图 12-4　phpMyAdmin 管理界面

2．配置 phpMyAdmin

如果 MySQL 服务器安装之后更改过，或者需要进一步定制 phpMyAdmin，应修改 phpMyAdmin 配置。配置 phpMyAdmin 有以下两种方法。

（1）手动编辑 config.inc.php 配置文件

这是传统的配置方法。配置文件 config.inc.php 位于 phpMyAdmin 顶级目录，默认没有提供该配置文件，但提供一个名为 config.sample.inc.php 的配置文件样本，可以该文件为基础创建 config.inc.php，最简单的方法是将 config.sample.inc.php 复制到 config.inc.php 文件，提供一个最小配置，然后根据需要修改。

例如以下语句定义服务器的 IP 地址或域名：

$cfg['Servers'][$i]['host'] = 'localhost';

以下语句定义连接数据库的用户名和密码：

$cfg['Servers'][$i]['user'] = 'root';

$cfg['Servers'][$i]['password'] = 1234sd';

注意：phpMyAdmin 首先加载 ibraries/config.default.php （默认配置），然后加载 config.inc.php，使用其中的设置覆盖默认配置。

（2）使用设置脚本提供的配置向导

phpMyAdmin 提供有设置脚本来代替手动编辑 config.inc.php，使用浏览器访问时，在 phpMyAdmin 路径后面加上 setup 即可，如图 12-5 所示。

要保存修改结果，必须执行其中的"下载"命令，这样配置内容将被保存到 config.inc.php 文件中。由于该脚本可以匿名访问，为安全起见，应考虑用户认证，以保护

phpMyAdmin 的 setup 目录，具体方法请参见 12.5.1 节。

至此，一个完整的 LAMP 平台就搭建好了。

图 12-5　运行 phpMyAdmin 设置脚本

12.4　配置和管理虚拟主机

要在一台服务器上建立多个 Web 网站，就要用到虚拟主机技术。使用这种技术将一台服务器主机划分成若干台"虚拟"的主机，运行多个不同的 Web 网站，每个网站都具有独立的域名（有的还有独立的 IP 地址）。对用户来说，虚拟主机是透明的，好像每个网站都在单独的主机上运行一样。虚拟主机之间完全独立，并可由用户自行管理。这种技术可节约硬件资源、节省空间、降低成本。

Apache 支持两种虚拟主机技术，一种是基于 IP 地址的虚拟主机，每个 Web 网站拥有不同的 IP 地址；另一种是基于名称的虚拟主机，每个 IP 地址支持多个网站，每个网站拥有不同的域名。无论是作为 ISP 提供虚拟主机服务，还是在企业内网中发布多个网站，都可通过 Apache 来实现。CentOS 7 中的 httpd.conf 配置文件默认没有提供虚拟主机定义，为便于实验，将 /usr/share/doc/httpd-2.4.6 目录中的 httpd-vhosts.conf 文件复制到 /etc/httpd/conf.d 目录中。

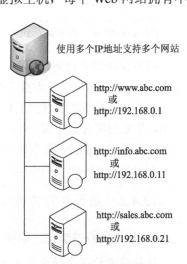

使用多个IP地址支持多个网站

http://www.abc.com
或
http://192.168.0.1

http://info.abc.com
或
http://192.168.0.11

http://sales.abc.com
或
http://192.168.0.21

图 12-6　基于 IP 的虚拟主机

12.4.1　基于 IP 的虚拟主机

这是传统的虚拟主机方案，又称为 IP 虚拟主机技术，使用多 IP 地址来实现。将每个网站绑定到不同的 IP 地址。如果使用域名，则每个网站域名对应于独立的 IP 地址，如图 12-6 所示。用户在浏览器地址栏中键入相应的域名或 IP

地址即可访问 Web 网站。这就要求服务器必须同时绑定多个 IP 地址，可通过在服务器上安装多块网卡，或通过虚拟网络接口（网卡别名）来实现，即在一块网卡上绑定多个 IP 地址。

这种技术的优点是可在同一台服务器上支持多个 HTTPS（安全网站）服务，而且配置简单。每个网站都要有一个 IP 地址，对 Internet 网站来说，这是 IP 地址的浪费。在实际部署中，这种方案主要用于部署多个要求 SSL 服务的安全网站。

要实现这种虚拟主机，首先必须用 Listen 指令设置服务器需要侦听的地址和端口，然后使用<VirtualHost>容器针对特定的地址和端口配置虚拟主机。

下面用一个实例示范配置步骤。假设服务器有两个 IP 地址 192.168.0.1 和 192.168.0.11，对应的域名分别为 info.abc.com 和 sales.abc.com，需要建立两个 Web 网站。

（1）为服务器安装多块网卡，分别指派不同的 IP 地址。或者采用虚拟网卡方式为现有网卡绑定多个 IP 地址。这里为当前服务器指派 192.168.0.1 和 192.168.0.11 两个 IP 地址。

（2）为虚拟主机注册所要使用的域名。这里分别为 192.168.0.1 和 192.168.0.11 两个地址注册域名为 info.abc.com 和 sales.abc.com。

如果仅仅用于测试或实验，除了使用 DNS 服务器之外，最简单的方法是直接使用 /etc/hosts 文件来配置简单的域名解析。

（3）为两个网站分别创建网站根目录：

mkdir -p /var/www/info
mkdir -p /var/www/sales

（4）在两个网站根目录中分别创建主页文件 index.html：

echo "This is a info site" > /var/www/info/index.html
echo "This is a sale site" > /var/www/sales/index.html

（5）编辑/etc/httpd/conf/httpd.conf 配置文件，确认配置有以下 Listen 指令：

Listen 80

（6）编辑/etc/httpd/conf.d/httpd-vhosts.conf 文件，定义虚拟主机，此处添加以下内容：

```
<VirtualHost 192.168.0.1>
ServerName info.abc.com
DocumentRoot /var/www/info
</VirtualHost>
<VirtualHost 192.168.0.11>
ServerName sales.abc.com
DocumentRoot /var/www/sales
</VirtualHost>
```

（7）保存以上设置，重新启动 Apache 服务器，使用浏览器分别访问两个不同的站点进行测试。基于 IP 地址的虚拟主机可使用对应的域名访问，也可直接使用 IP 地址访问。

对基于 IP 地址的虚拟主机配置来说，在<VirtualHost>容器中，DocumentRoot 指令是必需的，常见的可选指令有：ServerName 和 ServerAdmin；ErrorLog、TransferLog 和 CustomLog 等。几乎任何 Apache 指令都可以被包括在<VirtualHost>容器中。

对<VirtualHost>容器中未定义 IP 地址的请求（如 localhost），都将被指向主服务器。

12.4.2　基于名称的虚拟主机

1．基于名称的虚拟主动技术简介

这种技术将多个域名绑定到同一 IP 地址。多个虚拟主机共享同一个 IP 地址，各虚拟主机之间通过域名进行区分，如图 12-7 所示。一旦来自客户端的 Web 访问请求到达服务器，

服务器将使用在 HTTP 头中传递的主机名（域名）来确定客户请求的是哪个网站。

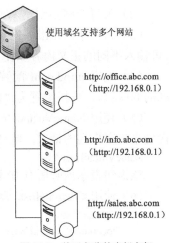

图 12-7　基于名称的虚拟主机

这是首选的虚拟主机技术，可以充分利用有限的 IP 地址资源来为更多的用户提供网站业务，适用于多数情况。这种方案唯一的不足是不能支持 SSL 安全服务，因为使用 SSL 的 HTTP 请求有加密保护，主机头是加密请求的一部分，不能被解释和路由到正确的网站。

实现这种虚拟主机有一个前提条件，就是要在域名服务器上将多个域名映射到同一 IP 地址。最关键的是在 httpd.conf 配置文件中使用 NameVirtualHost 指令设置服务器上负责响应 Web 请求的 IP 地址（必要时加上端口）。如果将服务器上的任何 IP 地址都用于虚拟主机，可以使用参数"*"。如果使用多个端口，应当明确指定端口（如 NameVirtualHost *:80），否则会被视为有语法错误。如果对多个 IP 地址使用多个基于主机名的虚拟主机，则要对每个地址使用 NameVirtualHost 指令定义。

还要为每个虚拟主机创建一个<VirtualHost>块。<VirtualHost>指令的参数必须与 NameVirtualHost 指令的参数保持一致。每个<VirtualHost>块中至少需要使用 ServerName 指令设置响应请求的主机，使用 DocumentRoot 指令定义网站根目录。主服务器的配置指令集（位于<VirtualHost>容器之外）只有未被虚拟主机设置所覆盖时，才能生效。

提示：如果要在现有的 Web 服务器上增加虚拟主机，还必须为主服务器创建一个<VirtualHost>块。在该虚拟主机的定义中，ServerName 和 DocumentRoot 指令的设置应该与全局 ServerName 和 DocumentRoot 指令保持一致，而且还要把这个虚拟主机放在所有<VirtualHost>的最前面，让其成为默认主机。

2．虚拟主机匹配顺序

当一个请求到达时，服务器首先检查它是否使用了一个与 NameVirtualHost 匹配的 IP 地址。如果是，系统就会逐一查找使用该 IP 地址的<VirtualHost>节，并尝试找出一个与 ServerName 或 ServerAlias 指令所设置参数与所请求的主机名（域名）相同的<VirtualHost>节。如果找到，系统就会使用该虚拟主机的配置，并响应其访问请求，否则将使用符合这个 IP 地址的第一个列出的虚拟主机。这就意味着，排在最前面的虚拟主机成为默认虚拟主机。当请求的 IP 地址与 NameVirtualHost 指令中的地址相匹配时，主服务器中的 DocumentRoot 将永远不会被用到。

3．实例：在单一 IP 地址上运行多个基于名称的 Web 网站

这里以一个公司的不同部门（信息中心、销售部）分别建立独立网站为例，各部门所用的独立域名分别为 info.abc.com 和 sales.abc.com。服务器只有一个 IP 地址，多个 DNS 别名指向该 IP 地址。

（1）在 DNS 服务器中为每个网站注册所使用的域名，让这些域名能解析到服务器上的 IP 地址（此处为 192.168.0.1）。对测试或实验，可直接使用/etc/hosts 文件来配置简单的域名解析。

（2）为每个网站创建 Web 网站根目录。此处分别为/var/www/info 和/var/www/sales。

（3）为每个网站准备网页文件。这里在根目录中分别创建主页文件 index.html 用于测试（可输入不同的正文内容以便于区分）。

（4）编辑 httpd.conf 配置文件，使用 Listen 指令指定要侦听的地址和端口。此处使用标准的 80 端口，直接配置为"Listen 80"，让其侦听当前服务器所有地址上的 80 端口。

（5）使用 NameVirtualHost 指令为基于域名的虚拟主机指定要使用的 IP 地址和端口，以接受来自客户端的请求。此处设置的语句为：

```
NameVirtualHost *:80
```

该语句表示侦听所有 IP 地址的虚拟主机请求。

（6）使用<VirtualHost>容器指令为每一个虚拟主机进行配置：

```
<VirtualHost *:80>
    DocumentRoot /var/www/info
    ServerName info.abc.com
</VirtualHost>
<VirtualHost *:80>
    DocumentRoot /var/www/sales
    ServerName sales.abc.com
</VirtualHost>
```

（7）保存以上设置，重新启动 Apache 服务器，使用浏览器分别访问不同的站点（使用域名），进行实际测试。

这里的"*"匹配所有的 IP 地址，所以主服务器不会响应请求。此处 info.example.com 在配置文件中排在前面，具有最高的优先级，被视为默认或主服务器。这就意味着，请求不能匹配 ServerName 指令的定义，将被该虚拟主机响应。

当然此处可以使用指定的 IP 地址，如：

```
NameVirtualHost 192.168.0.1
<VirtualHost 192.168.0.1:80>
```

4．实例：在多个 IP 地址上运行基于名称的 Web 网站

这里服务器有两个 IP 地址，一个（192.168.0.1）用于运行主服务器（www.abc.com），另一个（192.168.0.11）用于运行两个虚拟主机（info.abc.com 和 sales.abc.com）。这种方案适用于任意数量的 IP 地址。除了配置相应的域名外，主要的配置如下：

```
##全局配置
Listen 80
##主服务器配置
ServerName www.abc.com
DocumentRoot "/var/www/html"
##虚拟主机配置
NameVirtualHost 192.168.0.11
<VirtualHost 192.168.0.11>
    DocumentRoot /var/www/info
    ServerName info.abc.com
</VirtualHost>
<VirtualHost 192.168.0.11>
    DocumentRoot /var/www/sales
    ServerName sales.abc.com
</VirtualHost>
```

这样，对服务器上 192.168.0.11 之外的任何地址的 Web 请求，都将由主服务器响应。使用不能识别的主机名或没有主机名的，访问 192.168.0.11 时，都将由 info.abc.com 响应。

12.4.3　基于 TCP 端口架设多个 Web 网站

利用 TCP 端口号在同一服务器上架设不同的 Web 网站。通过附加端口号，服务器只需一个 IP 地址即可维护多个网站。除使用默认 TCP 端口号 80 的网站之外，用户访问网站时需在 IP 地址（或域名）后面附加端口号，如 "http://192.168.0.1:8080"。

这种技术的优点是无须分配多个 IP 地址，只需一个 IP 就可创建多个网站，其不足之处有两点，一是输入非标准端口号才能访问网站，二是开放非标准端口容易导致被攻击。因此，一般不推荐将这种技术用于正式的产品服务器，而主要用于网站开发、测试，以及网站管理。例如一个地址使用两个不同端口支持两个网站，在 httpd.conf 文件主要设置以下内容：

```
##全局配置
Listen 80
Listen 8080
##虚拟主机配置
<VirtualHost 192.168.0.1:80>
ServerName www.abc.com
DocumentRoot /var/www/info
</VirtualHost>
<VirtualHost 192.168.0.1:8080>
ServerName www.abc.com
DocumentRoot /var/www/sales
</VirtualHost>
```

使用浏览器分别访问两个不同的站点，一个站点的网址是 www.abc.com，另一个站点的网址是 www.abc.com:8080。

采用这种方式构建的多网站，其域名或 IP 地址部分完全相同，仅端口号不同。严格地说，这不是真正意义上的虚拟主机技术，因为一般意义上的虚拟主机应具备独立的域名。这种方式被更多地用于同一个网站上的不同服务。

12.5　配置 Web 服务器安全

Web 服务器本身和基于 Web 的应用程序已成为攻击者的重要目标。Web 服务所使用的 HTTP 是一种小型、简单且又安全可靠的通信协议，它本身遭受非法入侵的可能性不大。Web 安全问题往往与 Web 服务器的整体环境有关，如系统配置不当、应用程序出现漏洞等。Web 服务器的功能越多，采用的技术越复杂，其潜在的危险性就越大。Web 安全涉及的因素多，必须从整体安全的角度来解决 Web 安全问题，实现物理级、系统级、网络级和应用级的安全。这里主要从 Web 服务器软件本身的角度来解决安全问题。

12.5.1　用户认证

多数网站都允许匿名访问，并不要求验证用户身份。但对一些重要的 Web 应用来说，出于安全考虑，需要对访问用户进行限制。用户认证是 Web 服务器安全的第一道防线，它检查用户身份的合法性，目的是让合法用户访问特定的资源（网站、目录、文件）。Apache 服务器的实现方法是，将特定的资源限制为仅允许认证密码文件中的用户所访问。

1. 认证指令

认证指令可以出现在主配置文件中的<Directory>容器中，也可以位于.htaccess 文件中。

- 使用 AuthType 指令设置认证类型。有两种认证类型，一种是基本认证（Basic），另一种是摘要认证（Digest）。摘要认证更安全，但并非所有浏览器都支持，因此通常使用基本认证，定义如下：

AuthType Basic

- 使用 AuthName 指令设置认证领域。主要定义 Web 浏览器显示输入用户/密码对话框时的提示内容，例如：

AuthName "This is a private directory. Please Login: "

- 使用 AuthUserFile 指令设置密码文件的路径。AuthUserFile 定义密码文件的路径，即使用 htpasswd 命令建立的口令文件，例如：

AuthUserFile /etc/httpd/testpwd

- 使用 AuthGroupFile 指令设置密码组文件的路径。

2. 授权命令

配置认证之后，需要使用 Require 指令为指定的用户或组群授权访问资源。

- Require user：为特定的一个或多个用户授权，对多个用户，用空格隔开。
- Require gpoup：为特定的一个或多个组授权，对多个组，用空格隔开。
- Require valid-user：为认证密码文件中的所有用户授权。

3. 管理密码文件

要实现用户认证，首先要建立一个密码文件。该文件是存储用户名和密码的文本文件，每一行包含一个用户的用户名和加密的密码，格式为：

用户名:加密的密码

使用 Apache 自带的 htpasswd 工具建立和更新密码文件，命令格式为：

htpasswd [-c] [-m] [-D]　密码文件名　用户名

选项-c 表示创建密码文件，如果该文件已经存在，该文件将被清空并改写；选项-m 表示使用 MD5 加密密码；选项-D 表示如果用户名存在于密码文件中，则删除该用户。

可以使用如下命令添加一个认证用户，同时创建密码文件：

htpasswd　-c　密码文件名　用户名

可以使用如下命令在现有的密码文件中添加用户，或者修改已存在的用户密码：

htpasswd　密码文件名　用户名

需要注意的是，密码文件必须被存放在不能被网络用户访问的位置，以避免被下载。

4. 实例：使用基本认证方法实现 Web 用户认证

（1）执行以下命令为用户 zhong 创建一个密码文件：

htpasswd -c /etc/httpd/passwd/passwords zhong

（2）配置 Web 服务器，要求用户经过认证之后才能访问某网站或网站目录。这里在 httpd.conf 文件中为目录/var/www/html/dev 增加认证限制，只允许用户 zhong 访问，不允许匿名访问：

　　<Directory "/var/www/html/dev">

```
AuthType Basic
AuthName "Restricted Files:"
AuthUserFile /etc/httpd/passwd/passwords
Require user zhong                           ##授权用户访问该目录
</Directory>
```

（3）保存 httpd.conf 文件，重新启动 Apache 服务器。

（4）访问该网站目录测试用户认证。

12.5.2　访问控制

通过使用访问控制指令，可实现对网站目录、文件或 URL 地址的访问控制。

1．限制目录访问

<Directory>容器用于封装一组指令，使其对指定的目录及其子目录有效。目录名可以采用文件系统的绝对路径，也可以是包含通配符的表达式。

2．限制文件访问

<Files>容器作用于指定的文件，而不管该文件实际位于哪个目录，格式为：

```
<Files   文件名>
        一组指令
</Files>
```

文件名可以是一个具体的文件名，也可以是包含"*"和"?"通配符的文件名，另外，还可使用正则表达式来表达多个文件，此时要在正则表达式前多加一个"～"符号。例如在主配置文件中定义以下内容，将拒绝所有主机访问位于任何目录下的以.ht 开头的文件（如.htaccess 和.htpasswd 等系统重要文件）：

```
<Files   ~"~\.ht">
Order allow, deny
Deny from all
<Files>
```

该容器通常嵌套在<Directory>容器中使用，以限制其所作用的文件系统范围。

3．限制 URL 地址访问

<Location>容器是针对 URL 地址进行访问限制的，而不是 Linux 的文件系统，格式为：

```
<Location URL 地址>
        一组指令
</Location>
```

例如要拒绝除 192.168.0.1 以外的主机对 URL 以/assistant 开头的访问，则配置命令为：

```
<Location /assistant>
Order deny,allow
Deny from all
Allow from 192.168.0.1
</Location>
```

4．通过文件权限控制访问

除编辑 Apache 主配置文件实现访问控制之外，还要考虑 Linux 系统本身文件权限的设置，这一点往往被忽视。例如可将 Web 服务器上的某个文件配置为允许某用户查看和执行，而禁止其他用户访问该文件。如果主配置文件中的配置允许访问某目录，而系统禁止用户访问目录，最终 Web 用户也无法访问该目录。对 Linux 目录来说，需要 x（执行）权限才能进入目录访问。

12.5.3　为 Apache 服务器配置 SSL

SSL 是一种以 PKI（公钥基础结构）为基础的网络安全解决方案，被广泛运用于电子商务和电子政务等领域。在 Web 服务器上使用 SSL 安全协议，也就是 HTTPS 协议，可以提高 Web 网站的安全性，为服务器与客户端（浏览器）提供身份验证，并在它们之间建立安全连接通道，以保护数据传输。服务器端采用支持 SSL 的 Web 服务器，客户端采用支持 SSL 的浏览器实现安全通信。基于 SSL 的 Web 网站可以实现以下安全目标。

- 用户（浏览器端）确认 Web 服务器（网站）的身份，防止假冒网站。
- 在 Web 服务器和用户（浏览器端）之间建立安全的数据通道，确保安全地传输敏感数据，防止数据被第三方非法获取。
- 如有必要，可以让 Web 服务器（网站）确认用户的身份，防止假冒用户。

基于 SSL 的 Web 安全涉及 Web 服务器和浏览器对 SSL 的支持，而关键是服务器端。架设 SSL 安全网站，关键要具备以下几个条件。

- 需要从可信的或权威的证书颁发机构（CA）获取 Web 服务器证书。当然也可以创建自签名的证书（X509 结构）。另外还要保证证书不能过期。
- 必须在 Web 服务器上安装服务器证书并启用 SSL 功能。
- 如果要求对客户端（浏览器端）进行身份验证，客户端需要申请和安装用户证书。如果不要求对客户端进行身份验证，客户端必须与 Web 服务器信任同一证书认证机构，需要安装 CA 证书。

在 Linux 平台上，通常将 Apache 服务器与 OpenSSL 结合起来，实现基于 SSL 的安全连接。OpenSSL 是一个健壮的、完整的开放源代码的工具包。Openssl 程序提供的命令非常丰富，每个命令有大量的选项和参数，命令格式为：

openssl 命令 [选项] [参数]

可在 Apache 服务器上针对主服务器或虚拟主机配置 SSL，使其成为安全网站。这里以 CentOS 7 平台为例讲解详细配置步骤。该平台集成有 OpenSSL 工具包，直接支持 SSL 加密应用，可以用来创建 SSL 证书。

1. 安装必要的软件包

检查确认安装有 OpenSSL 软件包，如果没有，执行以下命令安装：

yum install openssl

需要为 Apache 安装 mod_ssl 模块以提供 TLS/SSL 功能，执行以下命令安装：

yum install mod_ssl

安装 mod_ssl 模块的同时，系统在/etc/httpd/modules 目录中添加 mod_ssl.so，并在/etc/httpd/conf.modules.d 目录中添加 00-ssl.conf 文件，用于加载 mod_ssl.so 模块。另外，系统还会自动在目录/etc/httpd/conf.d 中建立一个名为 ssl.conf 的配置文件，用于配置 SSL。

2. 为 Apache 服务器准备 SSL 证书

默认情况下，CentOS 7 将证书保存在/etc/pki/tls/certs 目录，将私钥保存在/etc/pki/tls/private 目录。

（1）执行 cd　/etc/pki/tls/private 命令切换到/etc/pki/tls/private 目录。

（2）执行以下命令为服务器产生一个私钥：

```
[root@srv1 private]# openssl genrsa -out abcsrv.key 1024
Generating RSA private key, 1024 bit long modulus
............++++++
....................++++++
e is 65537 (0x10001)
```

（3）执行以下命令基于上述服务器私钥创建一个证书签名请求文件：

```
[root@srv1 private]# openssl req -new -key abcsrv.key -out abcsrv.csr
You are about to be asked to enter information that will be incorporated
into your certificate request.
What you are about to enter is what is called a Distinguished Name or a DN.
There are quite a few fields but you can leave some blank
For some fields there will be a default value,
If you enter '.', the field will be left blank.
-----
Country Name (2 letter code) [XX]:CN
State or Province Name (full name) []:SD
Locality Name (eg, city) [Default City]:QD
Organization Name (eg, company) [Default Company Ltd]:ABC GROUP
Organizational Unit Name (eg, section) []:INFO
Common Name (eg, your name or your server's hostname) []:www.abc.com
Email Address []:admin@abc.com

Please enter the following 'extra' attributes
to be sent with your certificate request
A challenge password []:abc123
An optional company name []:abc
```

Common Name（通用名称）最为关键，可选用服务器的 DNS 域名（多用于 Internet）、主机名（用于内网）或 IP 地址，客户端与服务器建立 SSL 连接时，需要使用该名称来识别服务器。例如将该名称设置为域名 www.abc.com，在浏览器端使用 IP 地址来连接基于 SSL 的安全网站时，系统将给出安全证书与网站名称不符的警告。同时，一个证书只能与一个通用名称绑定。

（4）在/etc/pki/tls 目录中创建一个子目录 csr，用于存放证书签名请求文件，然后将 abcsrv.csr 文件移动到该目录。命令格式为：

```
[root@srv1 private]# mkdir /etc/pki/tls/csr
[root@srv1 private]# mv abcsrv.csr /etc/pki/tls/csr
```

至此已经拥有服务器的两个文件，即/etc/pki/tls/private/abcsrv.key（私钥）和/etc/pki/tls/csr/abcsrv.csr（证书请求）。应及时备份私钥。接下来应向证书颁发机构提交服务器证书请求文件（一般通过 Web 方式或邮件方式），申请服务器证书，获取服务器证书文件后，将其保存到相应的目录中，同时做好备份。

这里主要用于测试，直接使用 openssl 命令为服务器创建一个自签名证书。

（5）执行命令基于服务器私钥为服务器创建一个自签名证书（相当于服务器公钥）：

```
[root@srv1 private]# cd /etc/pki/tls/certs
[root@srv1 certs]# openssl x509 -req -days 365 -in /etc/pki/tls/csr/abcsrv.csr -signkey /etc/pki/tls/private/abcsrv.key -out abcsrv.crt
Signature ok
subject=/C=CN/ST=SD/L=QD/O=ABC
```

GROUP/OU=INFO/CN=www.abc.com/emailAddress=admin@abc.com
    Getting Private key

3. 为 Apache 服务器启用 SSL 功能

要启用 SSL 功能，使用 HTTPS，首先要配置好防火墙和 SELinux。

最简单的处理是直接关闭防火墙，如果开启防火墙，要允许客户端访问 Web 服务器，需要开放相应的服务，以 firewalld 防火墙为例，可以执行以下命令：

```
firewall-cmd --zone public --add-service https --permanent
firewall-cmd –reload
```

对非默认端口（443）的 https 服务，需要开放相应的端口。

至于 SELinux，最简单的方法是禁用该功能。在 SELinux 环境中，HTTPS 的要求基本与 HTTP 相同。

然后编辑、修改 Apache 配置文件，主要是 ssl.conf 的配置文件，下面举例进行示范。

（1）要支持 SSL 就必须指定要侦听的 HTTPS 端口（默认端口为 443）：

```
Listen 443
```

（2）由于使用不同端口，需要配置相应的虚拟主机，设置 SSL 选项：

```
<VirtualHost _default_:443>
SSLEngine on                                          ##开启 SSL 引擎以启用 SSL 功能
SSLCertificateFile /etc/pki/tls/certs/abcsrv.crt      ##设置服务器证书路径
SSLCertificateKeyFile /etc/pki/tls/private/abcsrv.key ##设置服务器私钥路径
</VirtualHost>
```

（3）保存该配置文件，重新启动 Apache 服务器。

4. 客户端基于 SSL 连接到 Apache 服务器

进行 SSL 连接之前，客户端必须能信任颁发服务器证书的证书颁发机构。只有服务器和浏览器两端都信任同一 CA，彼此之间才能协商建立 SSL 连接。这里以 Linux 客户端使用 Mozilla Firefox 浏览器为例。通过 SSL 加密的 HTTPS 访问网站时，需要安装并配置一个受信任的 CA 根证书（Trusted CA Root Certificate）。平常访问一些加密网站之所以不需要自己安装证书，是因为系统或浏览器已经提前安装了一些受信任机构颁发的证书。但有些时候访问一些组织或个人自己签发证书的网站的时候，浏览器会发出警告。此时就需要添加该 CA 证书，成功添加后就不会再收到安全警告了。

（1）打开 Firefox 浏览器，以"https://"开头的 URL（此处为 http://www.abc.com，确认能解析该域名）访问 SSL 安全网站，系统弹出对话框，提示此链接不受信任。

（2）单击"我已充分了解可能的风险"（I Understand the Risks）链接，再单击"添加例外"（Add Exception..）按钮，系统弹出图 12-8 所示的对话框。单击"查看"按钮，系统弹出窗口，显示证书的基本信息，还可切换到"细节"选项卡进一步查看。查看完毕关闭该窗口。

（3）单击"确认安全例外"按钮，即可将当前使用的 CA 添加到 Firefox 内置的证书管理器中。然后该网站就可以正常打开了，地址栏左端出现一个小锁图标，表示连接已加密。

可以打开证书管理器（Certificate Manager）来查看以上添加的例外证书。从 Firefox 菜单栏中选择"编辑">"首选项"，系统打开 Firefox 首选项（Options）管理窗口，再依次单击"高级""证书"和"查看证书"按钮，系统弹出图 12-9 所示的证书管理器，在这里可以发现自签名的 CA 证书（此处为 www.abc.com）。

至于 Windows 客户端，大多数比较有名的证书颁发机构都已经被加到 IE 浏览器的"受信任的根证书颁发机构"列表中。对自签名的证书，浏览器一开始当然不会信任，应在客户端将该证书安装到受信任的根证书颁发机构存储区域，具体操作步骤不再赘述。

图 12-8　添加安全例外　　　　　　　　　　图 12-9　证书管理器

5. 强制客户端使用 SSL 连接

按照上述步骤配置后，系统将同时支持 HTTP 和 HTTPS 两种通信连接，也就是说 SSL 安全通信是可选的。如果使用 HTTP 访问，系统将不建立 SSL 安全连接。如果要强制客户端使用 HTTPS，以"https://"开头的 URL 与 Web 网站建立 SSL 连接，只要屏蔽非 SSL 网站即可。例如，不允许侦听 80 端口，或者不要配置 80 端口的虚拟主机。

6. 为 Apache 虚拟主机启用 SSL 功能

以上实例主要针对主服务器来启用 SSL。下面介绍如何为虚拟主机启用 SSL。注意基于名称的虚拟主机不支持 SSL。

（1）基于 IP 的虚拟主机

由于采用多个 IP 地址，可针对多个域名（或 IP）申请服务器证书，然后为每个虚拟主机开放 443 端口，主要配置方法如下：

```
Listen 443
<VirtualHost a.b.c.d:443>
##使用指令 SSLEngine 开启 SSL 引擎
##使用指令 SSLCertificateFile 设置服务器证书路径
##使用指令 SSLCertificateKeyFile 设置服务器私钥路径
</VirtualHost>
<VirtualHost w.x.y.z:443>
##使用指令 SSLEngine 开启 SSL 引擎
##使用指令 SSLCertificateFile 设置服务器证书路径
##使用指令 SSLCertificateKeyFile 设置服务器私钥路径
</VirtualHost>
```

（2）基于 TCP 端口的虚拟主机

只需为一个域名（或 IP）申请服务器证书，然后为每个虚拟主机开放多个 HTTPS 端口，主要配置方法如下：

```
Listen 443
Listen 8443
```

```
<VirtualHost a.b.c.d:443>
##使用指令 SSLEngine 开启 SSL 引擎
##使用指令 SSLCertificateFile 设置服务器证书路径
##使用指令 SSLCertificateKeyFile 设置服务器私钥路径
</VirtualHost>
<VirtualHost a.b.c.d:8443>
##使用指令 SSLEngine 开启 SSL 引擎
##使用指令 SSLCertificateFile 设置服务器证书路径
##使用指令 SSLCertificateKeyFile 设置服务器私钥路径
</VirtualHost>
```

12.6　习　　题

1. 简述 Web 浏览器与 Web 服务器交互的过程。

2. 什么是 Web 应用程序？

3. 什么是 LAMP 平台？它有什么优势？

4. 简述 Apache 服务器的分层管理。

5. 什么是虚拟目录？它有什么优点？

6. Apache 虚拟主机有哪几种实现技术？

7. 简述基于名称的虚拟主机匹配顺序。

8. Apache 服务器主要有哪些访问控制技术？

9. 架设 SSL 安全网站需要具备哪几个条件？

10. 在 Linux 服务器上安装 Apache，并配置一个基本的网站。

11. 部署 MariaDB 与 PHP，并配置 phpMyAdmin 管理 MariaDB，完成 LAMP 平台的建设。

12. 在 Apache 服务器上基于不同 IP 地址架设两个 Web 网站。

13. 在 Apache 服务器上基于不同域名架设两个 Web 网站。

14. 在 Apache 服务器上使用基本认证方法实现 Web 用户认证。

15. 在 Apache 服务器上建立 SSL 安全网站并通过浏览器访问该网站，以测试 SSL 连接。

第 13 章　远程登录与管理

远程登录指将用户计算机连接到服务器，作为其仿真终端远程控制和操作该服务器，与直接在服务器上操作一样。除了传统的服务器计算资源使用外，远程登录主要用于远程控制、管理和维护服务器，以及远程协助等。Linux 远程登录与管理有多种解决方案，本章讲解基于字符界面的 SSH 和类似于 Windows 终端（远程桌面）的远程桌面 VNC。

13.1　远程登录 SSH

SSH 功能与 Telnet 相似，但采用加密方式传输数据，可以实现安全的远程访问和连接，是 Telnet 的安全替代产品，也是 CentOS 默认使用的远程登录方式。

13.1.1　SSH 概述

Internet 发展初期，许多用户采用 Telnet 方式来访问 Internet，将自己的计算机连接到高性能的大型计算机上，作为大型计算机的一个远程仿真终端，使其具有与大型计算机本地终端相同的计算能力。一般将 Telnet 译为远程登录。

Telnet 本身存在许多安全问题，其中最突出的就是 Telnet 协议以明文的方式传送所有数据（包括用户账户和密码)，数据在传输过程中很容易被入侵者窃听或篡改。因此，它适合在对安全要求不高的环境下使用，或者在建立安全通道的前提下使用。人们通常使用安全性更高的 SSH 来进行远程登录。

SSH 是 Secure Shell 的缩写，是一种在应用程序中提供安全通信的协议。用户通过 SSH 可以安全地访问服务器，因为 SSH 基于成熟的公钥加密体系，将所有传输的数据进行加密，保证数据在传输时不被恶意破坏、泄露和篡改。SSH 还使用多种加密和认证方式，解决传输中数据加密和身份认证的问题，能有效防止网络嗅探和 IP 欺骗等攻击。SSH 协议有 SSH1 和 SSH2 两个版本，它们使用不同的协议来实现功能，因而互不兼容。SSH2 不管在安全上、功能上还是在性能上都比 SSH1 有优势，所以目前广泛使用的是 SSH2。

13.1.2　安装 OpenSSH

OpenSSH 是免费的 SSH 协议版本，是一种可信赖的安全连接工具。Linux 平台广泛使用 OpenSSH 程序来实现 SSH 协议，目前几乎所有的 Linux 发行版都捆绑 OpenSSH。OpenSSH 由 OpenBSD project 维护，其官方网站为 http://www.openssh.org/。

默认情况下，CentOS 7 已经安装 OpenSSH 软件包。OpenSSH 服务的进程名称为 sshd，可以使用 systemctl 命令来管理 OpenSSH 服务，例如：

```
systemctl restart sshd.servcie
```

系统默认将 OpenSSH 服务设置为自动启动，即随系统启动而自动加载。

如果开启防火墙，需要开放相应的服务，以 firewalld 防火墙为例，可以执行以下命令：

firewall-cmd --zone public --add-service ssh --permanent

firewall-cmd --reload

SSH 端口默认是 22，如果要修改端口，防火墙应开放相应的端口。

如果启用 SELinux，使用非标准端口，则需要修改端口（如 8022）：

semanage port -a -t ssh_port_t -p tcp 8022

可执行以下命令来实际测试 OpenSSH 服务是否正常运行：

ssh -l 用户名 远程服务器名称或 IP 地址

13.1.3 配置 OpenSSH 服务器

OpenSSH 服务器使用的配置文件是/etc/ssh/sshd_config。该文件的配置选项较多，但多数配置选项都使用"#"符号注释掉了，一般使用默认配置的 OpenSSH 服务器就能正常运行。这里介绍一些常用的选项及其默认设置。

- Port：设置 sshd 监听端口，默认为 22。
- Protocol：设置使用 SSH 协议版本的顺序，默认为 2，表示优先使用 SSH2。
- ListenAddress：设置 sshd 服务器绑定的 IP 地址，0.0.0.0 表示侦听所有地址。
- HostKey：设置包含计算机私钥的文件，默认为/etc/ssh/ssh_host_key。
- ServerKeyBits：定义服务器密钥长度，默认为 1024。
- LoginGraceTime：设置用户不能成功登录，在切断连接之前服务器需要等待的时间，默认为 2m（分钟）。
- KeyRegenerationInterval：设置自动重新生成服务器密钥的时间间隔，默认为 1h（小时）。重新生成密钥是为了防止用盗用的密钥解密被截获的信息。
- PermitRootLogin：设置 root 是否能使用 SSH 登录，默认设置为 no。
- StrictModes：设置 SSH 在接收登录请求之前是否检查主目录和 rhosts 文件的权限和所有权，默认设置为 yes。
- RhostsAuthentication：设置只用 rhosts 或/etc/hosts.equiv 进行安全验证是否满足需要，默认设置为 no。
- RhostsRSAAuthentication：设置是否允许用 rhosts 或/etc/hosts.equiv 加上 RSA 进行安全验证，默认设置为 no。
- RSAAuthentication：设置是否允许只有 RSA 安全验证。默认设置为 yes。
- IgnoreRhosts：设置验证时是否忽略 rhosts 和 shosts 文件。默认设置为 yes。
- PasswordAuthentication：设置是否允许密码验证。默认设置为 yes。
- PermitEmptyPasswords：设置是否允许用密码为空的账户登录。默认设置为 no。

每次修改该配置文件后，都需重新启动 OpenSSH 服务，或者重新加载配置文件，这样才能使新的配置生效。

13.1.4 使用 SSH 客户端

对 Linux 客户端，使用 OpenSSH 的客户端程序 openssh-clients 即可连接和访问 SSH 服务器。CentOS 已经安装 OpenSSH 软件包，其中包括 SSH 客户端程序。OpenSSH 客户端程序包提供丰富的命令行工具，列举如下。

- ssh：SSH 客户端程序，用于登录远程主机并在远程主机上执行命令。

- scp：远程文件复制程序，用于本地主机与远程主机之间安全地复制文件。
- sftp：与 FTP 功能相似的文件传输程序。
- sftp-server：sftp 的服务器端程序。
- ssh-add：为认证代理添加 RSA 或 DSA 识别。
- ssh-agent：认证代理程序，用于保存公钥（RSA/DSA）认证的私钥。
- ssh-keygen：用于生成、管理和转换 SSH 认证密钥。
- ssh-keysign：基于主机认证的辅助程序，用于生成 SSH2 主机认证所要求的数字签名。
- ssh-keyscan：用于收集公共 SSH 主机密钥。

这里介绍最常用的 ssh、scp 和 sftp 工具。可以利用 ssh 登录远程主机并直接进行操作，使用 scp、sftp 命令在本地主机与远程主机之间进行文件的复制、传输等操作。

1. 使用 ssh 远程登录服务器

SSH 客户端配置文件为/etc/ssh/ssh_config，通常不需要修改，使用默认配置即可。可以直接使用 ssh 命令登录 OpenSSH 服务器。该命令的参数比较多，最常见的用法为：

ssh -l [远程主机用户账户] [远程服务器主机名或 IP 地址]

例如：

```
[root@srv2 ~]# ssh -l zhongxp 192.168.0.1
The authenticity of host '192.168.0.1 (192.168.0.1)' can't be established.
ECDSA key fingerprint is 3c:85:63:91:fa:6b:8c:37:00:3d:4d:28:cb:a1:9e:25.
Are you sure you want to continue connecting (yes/no)? yes
Warning: Permanently added '192.168.0.1' (ECDSA) to the list of known hosts.
zhongxp@192.168.0.1's password:
Last failed login: Thu Apr 20 10:53:12 CST 2017 from 192.168.0.2 on ssh:notty
There were 8 failed login attempts since the last successful login.
[zhongxp@srv1 ~]$
```

SSH 客户端程序在第一次连接到某台服务器时，由于没有将服务器公钥缓存起来，系统会给出警告信息并显示服务器的指纹信息。此时应输入"yes"确认，系统会将服务器公钥缓存在当前用户主目录下.ssh 子目录中的 known hosts 文件里(如/root/.ssh/known hosts)，下次连接时就不会出现提示了。如果成功地连接到 SSH 服务器，系统就会显示登录信息并提示用户输入用户名和密码。如果用户名和密码输入正确，就能成功登录并在远程系统上工作了。

如果出现 Linux 的命令行提示符，则登录成功，此时客户端就相当于服务器的一个终端，在该命令行上进行的操作，实际上是在操作远端的 Linux 服务器。操作方法与操作本地计算机一样。使用命令 exit 退出该会话（断开连接）。

2. 使用 scp 在本地主机与远程主机之间复制文件

scp 使用 SSH 协议进行数据传输，可将一台主机上的文件复制到另一台主机。scp 命令有很多选项和参数，命令格式为：

scp　源文件　目标文件

必须指定用户名、主机名、目录和文件，其中源文件或目标文件的表达格式为"用户名@主机地址:文件全路径名"。下面显示将远程主机上的文件复制到本地主机的过程：

```
[zhongxp@srv1 ~]$ scp root@192.168.0.1:/etc/yum.conf /tmp
The authenticity of host '192.168.0.1 (192.168.0.1)' can't be established.
ECDSA key fingerprint is 3c:85:63:91:fa:6b:8c:37:00:3d:4d:28:cb:a1:9e:25.
Are you sure you want to continue connecting (yes/no)? yes
```

```
root@192.168.0.1's password:
yum.conf                                              100%   970        1.0KB/s   00:00
```
完成复制后自动断开连接。

3. 使用 sftp 在本地主机与远程主机之间传输文件

可以使用 sftp 命令基于 SSH 协议传输文件。sftp 的功能与 ftp 类似，是一种安全的上传/下载程序，可用于登录连接安装有 SSH 并启动了 sftp-server 服务的服务器，实现对服务器数据的上传和下载。sftp 的服务器程序是 sftp-server，它作为 OpenSSH 服务器的一个子进程运行。在配置文件中，通过以下配置语句来启动 sftp 服务子进程（这是默认设）：

```
Subsystem sftp   /usr/libexec/openssh/sftp-server
```
sftp 命令有很多选项和参数，命令格式为：

```
sftp   用户名@服务器名称或地址
```
下面给出一个操作实例：

```
[root@srv2 ~]# sftp root@192.168.0.1
root@192.168.0.1's password:
Connected to 192.168.0.1.
sftp> pwd
Remote working directory: /root
sftp>
```
登录成功后，系统出现 sftp>命令提示符，可执行相关命令来实现文件传输操作，如 put 用于上传文件，get 用于下载文件，mkdir 用于创建目录，rm 用于删除目录，chmod 用于修改文件权限。使用 exit 或 quit 命令退出会话。

提示： Windows 平台上可使用免费的 PuTTY 软件作为 SSH 客户端。该软件很小，无须安装即可直接运行。可下载整个软件包，也可下载单个实用程序。其中 PuTTY 是主程序，即 Telnet 和 SSH 客户端（图形界面）。

13.1.5　SSH 公钥认证

除使用用户名和密码认证外，还可以直接使用密钥认证，即让客户端直接使用密钥进行身份认证，以连接到远程服务器。这种方法更安全、更灵活，只是配置起来复杂一些。

1. SSH 公钥认证简介

公钥认证产生一个包括公钥和私钥的密钥对。私钥用于签名，使用私钥创建的签名不能被他人伪造，但是持有公钥的任何人都能验证该签名的真实性。在客户端产生密钥对，将公钥复制到服务器；当服务器要求验证客户端身份时，可使用私钥创建签名；服务器验证签名之后允许登录。即使攻击者攻陷服务器，也不能获取私钥或密码，只能获得签名，而签名是不能被重用的。

如果私钥被保存在不安全的计算机上，一旦被他人获取，他就能用来签名。为了安全，本地存储的私钥通常使用密码短语加密（passphrase）。这样在创建签名时，还必须提供密码短语来解密密钥。每次登录服务器，需要输入更长的密码短语，公钥认证并不比传统密码认证方便。解决这个问题可使用认证代理，这种工具根据需要来保存私钥和签名。

提示： 公钥认证允许使用空密码短语，以省去每次登录都需要输入密码的麻烦。但是这非常危险，任何人只要拿到该私钥，即可不用密码就登录服务器。

因为公钥文件可以公开给所有用户，传输公钥文件时不必考虑安全问题，可以使用 FTP、电子邮件或 U 盘复制的方法。

2. OpenSSH 公钥认证解决方案

OpenSSH 提供 RSA/DSA 密钥认证系统，用于代替传统的安全密码认证系统。首先在客户端为当前用户生成一对密钥，将私钥保存在本地计算机中，然后将公钥提供给 SSH 服务器，存放在要远程登录的用户的主目录下.ssh 子目录中的 authorized_keys 文件中。例如，要以 zhongxp 账户登录 SSH 服务器，存放公钥的文件就是/home/zhongxp/.ssh/authorized_keys。当用户登录时，SSH 服务器检查 authorized_keys 文件中的公钥是否与用户提交的私钥匹配。如果相匹配，则允许用户登录。

CentOS 7 默认使用 SSH2 协议和 RSA 密钥，也可定制使用 DSA 密钥。

3. 在 OpenSSH 服务器端启用密钥认证

编辑主配置文件/etc/ssh/sshd_conf，最好将选项 PasswordAuthentication 的值设置为 no 以禁止传统的密码认证；将选项 ChallengeResponseAuthentication 的值设置为 no，以禁用质询/应答方式；保持 PubkeyAuthentication、AuthorizedKeysFile 的默认设置。相应代码如下：

```
PasswordAuthentication no
ChallengeResponseAuthentication no
PubkeyAuthentication yes
AuthorizedKeysFile    .ssh/authorized_keys
```

保存该配置文件，重新启动 SSH 服务使新的配置生效。

4. 客户端使用 SSH 公钥认证

Linux 客户端可使用 OpenSSH 软件包自带的工具来进行公钥认证，通过 ssh-keygen 程序产生密钥，通过 ssh-agent 实现认证代理。具体实现步骤如下。

（1）客户端生成密钥。执行命令 ssh-keygen 生成用于 SSH2 的 RSA 密钥对，过程如下：

```
[zxp@srv2 ~]$ ssh-keygen -t rsa
Generating public/private rsa key pair.
Enter file in which to save the key (/home/zxp/.ssh/id_rsa):
Enter passphrase (empty for no passphrase):
Enter same passphrase again:
Your identification has been saved in /home/zxp/.ssh/id_rsa.
Your public key has been saved in /home/zxp/.ssh/id_rsa.pub.
The key fingerprint is:
41:ac:02:04:d7:8d:3f:cc:d1:6d:c9:3f:5b:38:5a:33 zxp@srv2
The key's randomart image is:
+--[ RSA 2048]----+
|.oo. o o.o .     |
|.. o o.o =       |
|   . + o...  .   |
|    . *  . E .   |
|     ..S  o B    |
|         ..      |
|                 |
+-----------------+
```

密钥生成过程中，系统会提示输入保存密钥的路径和保护私钥的口令短语，密钥被默认保存在当前用户的主目录下的.ssh 子目录中，私钥文件名为 id_rsa，公钥文件名为 id_rsa.pub。

（2）将公钥提供给服务器。将 OpenSSH 格式的公钥追加到远程 SSH 服务器上要登录的用户的主目录下的.ssh/authorized_keys 文件中。可以手动复制，不过 Linux 系统提供一个名为 ssh-copy-id 的命令行工具，可直接用来将客户端生成的公钥发布到远程服务器，命令格式为：

ssh-copy-id [-i [公钥文件路径]] [用户名@]远程主机

注意：执行该命令的前提是 SSH 服务器端要允许传统的密码认证（在配置文件/etc/ssh/sshd_conf 中设置 PasswordAuthentication yes）。此处的发布过程如下：

```
[zxp@srv2 ~]# ssh-copy-id -i /home/zxp/.ssh/id_rsa.pub zhongxp@192.168.0.1
zhongxp@192.168.0.1's password:
Now try logging into the machine, with "ssh 'zhongxp@192.168.0.1'", and check in:
    .ssh/authorized_keys
to make sure we haven't added extra keys that you weren't expecting.
```

这样公钥文件将被复制到 SSH 服务器 192.168.0.1 上的用户 zhongxp 的主目录下的.ssh/authorized_keys 文件中。

客户端的私钥与服务器端的公钥必须是一一对应的关系。如果同一客户端其他用户或者其他客户端也要以 zhongxp 账户登录 SSH 服务器，应将它们的公钥文本追加到用户 zhongxp 的主目录下的.ssh/authorized_keys 文件中。在 authorized_keys 文件中，每个公钥占一行，不要换行。

（3）SSH 服务器端 authorized_keys 文件的安全设置。OpenSSH 提供 StrictModes 选项加强安全检查，默认设置为 yes，要求对 sshd 的重要文件、目录的权限、所有者进行检查。如果检查失败，服务器就拒绝对该用户的 SSH 连接。用户必须是 SSH 服务器上将要进行认证的用户，其$HOME、$HOME/.ssh 目录和$HOME/.ssh/authorized_keys 文件的所有者应为该用户，禁止其他用户写入。例如：

```
chmod go-w $HOME $HOME/.ssh
chmod 600 $HOME/.ssh/authorized_keys
chown `whoami` $HOME/.ssh/authorized_keys
```

（4）连接远程服务器。以特定的用户名登录 SSH 服务器，此处执行以下命令：

```
ssh -l zhongxp 192.168.0.1
```

根据要求提供密码短语即可顺利登录。

5. 使用 ssh-agent 保存密码短语以简化 SSH 远程登录

每次登录 SSH 服务器都要输入密码短语很麻烦，不使用又不安全，可以借助 OpenSSH 软件包自带的 ssh-agent 工具解决这个问题。ssh-agent 可以用来保存密码短语，每次使用 ssh 或 scp 连接时就不必总是输入密码短语。

首先在 Shell 提示符下执行 exec /usr/bin/ssh-agent $SHELL 命令。然后执行 ssh-add 命令，根据提示输入密码短语。每次登录虚拟控制台或打开终端窗口时都必须执行这两条命令。如果配置有多个密钥对，系统会提示输入每个密码短语。整个过程示范如下：

```
[zxp@srv2 ~]$ exec /usr/bin/ssh-agent $SHELL
[zxp@srv2 ~]$ ssh-add
Enter passphrase for /home/zxp/.ssh/id_rsa:
Identity added: /home/zxp/.ssh/id_rsa (/home/zxp/.ssh/id_rsa)
[zxp@srv2 ~]$ ssh -l zhongxp 192.168.0.1
Last login: Thu Apr 20 11:31:35 2017 from 192.168.0.2
```

ssh-agent 保存的密码是临时性的，只能在运行它的虚拟控制台或终端窗口中保存，不是全局设置。一旦被注销，密码短语就会消失。

6. Windows 客户端使用 SSH 公钥认证

Windows 客户端也可使用 SSH 公钥认证，完整的 PuTTY 软件包提供 PuTTYgen 来生成密钥对。系统提供 Pageant，支持认证代理，以免每次都要输入密码短语。设置的基本步骤与 Linux 客户端一样。

13.2　远程桌面 VNC

SSH 只能实现基于字符界面的远程登录和控制，而 VNC（Virtual Network Computing，虚拟网络计算）是图形界面的远程登录和管理软件。VNC 可以让管理员开启一个远程图形会话来连接服务器，用户可以通过网络远程访问服务器的图形界面。

13.2.1　VNC 简介

目前常用的远程桌面协议有 VNC、SPICE、RDP。VNC 支持的网络流量较小，主要用于 Linux 服务器的远程桌面管理；SPICE 支持的网络流量较大，主要用于虚拟机的虚拟桌面应用；RDP 主要用于 Windows 远程桌面。

VNC 是一套由 AT&T 实验室所开发的可远程操控计算机的软件，采用 GPL 授权条款，任何人都可免费取得该软件。VNC 软件基于客户端/服务器模型，服务器端 VNC Server 被部署在被控端计算机上，客户端 VNC Viewer 被部署在主控端计算机上。VNC 支持 UNIX、Linux、Windows 和 MacOS 等多种操作系统，便于基于网络实现跨平台的远程登录和管理。

VNC 的运行原理与一些 Windows 下的远程控制软件相似，类似 Windows 终端服务和远程桌面。VNC 服务器在 Linux 系统中适应性很强，便于客户端远程控制 X Window 桌面。VNC 运行过程如下。

（1）客户端通过浏览器或 VNC Viewer 连接至 VNC 服务器。

（2）VNC 服务器向客户端发送会话窗口，要求输入登录密码和要访问的 VNC 服务器桌面号。

（3）客户端提交登录密码后，VNC 服务器验证客户端是否具有访问权限。

（4）如果客户端通过 VNC 服务器验证，就请求 VNC 服务器显示桌面环境。

（5）VNC 服务器通过 X 协议要求 X Server 将画面显示控制权交由 VNC 服务器负责。

（6）VNC 服务器将来自 X Server 的桌面环境利用 VNC 通信协议送至客户端，并允许客户端控制 VNC 服务器的桌面环境及输入设备。

13.2.2　VNC 服务器的安装与配置

就 VNC 服务器来说，CentOS 7 与之前的版本有很大的不同。CentOS 7 之前的版本，安装 VNC 一般都需要配置/etc/sysconfig/vncservers，而 CentOS 7 则借助于 systemctl 来配置 VNC 服务器。

1. 安装 VNC 服务器

首先需要一个可用的桌面环境（X Window），如果没有，则需要先安装。这里给出安装并启动 X Windows 桌面的参考步骤：

```
yum check-update
yum groupinstall "X Window System"
yum install gnome-classic-session gnome-terminal nautilus-open-terminal control-center liberation-mono-fonts
set-default graphical.target
systemctl reboot
```

如果已安装桌面环境，打开终端，运行以下命令来安装 VNC 服务器软件：

```
yum install tigervnc-server
```

2. 配置 VNC 服务实例

VNC 服务器的配置比较简单。VNC 同时支持多个服务实例，每个服务实例就是一个远程桌面。应使用桌面号（display number）:n 来标识远程桌面。桌面号范围为 1～99。

（1）为 VNC 服务实例（桌面）创建一个新的配置文件。以开启 1 号窗口为例，执行以下命令：

```
cp /lib/systemd/system/vncserver@.service /lib/systemd/system/vncserver@:1.service
```

其中 "vncserver@:1.service" 表示 1 号桌面。可以根据需要配置多个实例或桌面，修改其中数字即可，例如增加一个 2 号桌面：

```
cp /lib/systemd/system/vncserver@.service /lib/systemd/system/vncserver@:2.service
```

（2）修改 VNC 服务实例配置文件。以/etc/systemd/system/vncserver@:1.service 为例，找到其中包括 "<USER>" 的行：

```
ExecStart=/sbin/runuser -l <USER> -c "/usr/bin/vncserver %i"
PIDFile=/home/<USER>/.vnc/%H%i.pid
```

将其中的 "<USER>" 替换为启动远程桌面的系统用户，此处替换为 "zhongxp"：

```
ExecStart=/usr/sbin/runuser -l zhongxp -c "/usr/bin/vncserver %i"
PIDFile=/home/zhongxp/.vnc/%H%i.pid
```

如果要替换为 "root"，应执行以下命令（其中的用户主目录）：

```
ExecStart=/sbin/runuser -l root -c "/usr/bin/vncserver %i"
PIDFile=/root/.vnc/%H%i.pid
```

（3）重新加载 systemd，使配置修改生效。

```
systemctl daemon-reload
```

3. 为用户设置 VNC 密码

VNC 远程桌面与 Linux 系统用户关联，每个系统用户有专门的 VNC 登录认证密码。每个 VNC 桌面有自己的桌面号。客户端登录 VNC 服务器，要以特定的系统用户身份登录由桌面号指定的远程桌面。

对当前登录 Linux 的系统用户来说，初次运行 vncserver 脚本时，系统会提示输入 VNC 密码。如果不运行该脚本，可以直接运行 vncpasswd 命令来为当前用户设置 VNC 密码，或者修改现有密码。执行该命令会将密码保存在当前用户的主目录下的.vnc/passwd 文件中。密码长度至少为 6 位。要使用 vncpasswd 命令为特定的用户设置密码，最省事的方法是以该用户身份登录 Linux 服务器，直接执行该命令即可。例如：

```
[zhongxp@srv1 ~]$ vncpasswd
```

也可使用 su 命令切换到该用户：

[root@srv1 ~]# su zhongxp

[zhongxp@srv1 root]$ vncpasswd

当前登录用户要为其他用户设置 VNC 密码，应以 root 身份登录系统，在相应用户的主目录下创建.vnc 子目录，然后使用 vncpasswd 命令在其中建立 passwd 文件并根据提示设置 VNC 密码（如 vncpasswd /home/zhang/.vnc/passwd）。最后让相应用户（此处为 zhang）对.vnc 子目录及其中的 passwd 文件具有读写权限，最好将用户设置为它们的所有者，这可以用 chmod 和 chown 命令来实现。

4. 启动和管理 VNC 服务

VNC 服务使用的端口与桌面号相关，从 5900 开始。桌面号 1 对应的端口为 5901，桌面号 2 对应的端口为 5902，依次类推。如果有防火墙，应开放这些端口，例如：

firewall-cmd --permanent --zone=public --add-port=5901-5910/tcp

VNC 服务运行的程序名为 Xvnc。Xvnc 是 X VNC 服务器，它基于标准的 X 服务器，有一个"虚拟"屏幕。Xvnc 相当于二合一服务器，对应用程序来说，它是 X 服务器；对远程 VNC 用户来说，它又是 VNC 服务器。按照惯例，VNC 服务器桌面号与 X 服务器桌面号（display number）一致。

可以使用 systemctl 命令或 vncserver 脚本来启动和管理 VNC 服务，前者适合自动管理或批量管理 VNC 服务，后者适合临时使用 VNC 服务。

（1）使用 systemctl 管理 VNC 服务

可以使用 systemctl 命令来管理 VNC 服务实例，例如执行以下命令启动该服务实例（1号桌面）：

systemctl start vncserver@:1.service

（2）使用 vncserver 脚本管理 VNC 服务

vncserver 是用于启动 VNC 桌面的 Perl 脚本，简化启动 Xvnc 服务器的过程。Vncserver 启动桌面的语法格式为：

vncserver [:display#] [-name] [-geometry x] [-depth]　[-pixelformat format]

其中参数 display#表示 VNC 服务的桌面号；选项-name 设置 VNC 服务桌面名称；-geometry 指定显示桌面的分辨率，默认为 1024×768；-depth 指定显示颜色深度，范围为 8～32，默认为-depth 16；-pixelformat 指定色素格式，与-depth 基本相同。

通常只需指明桌面号，例如：

vncserver :1

vncserver 也可用于关闭相应的桌面，命令格式为：

vncserver -kill :桌面号

这样以相应桌面号启动的 VNC 服务就停止了。

执行 vncserver 启动的 VNC 桌面总是属于当前登录用户，相关的 VNC 文件被保存在用户主目录下的.vnc 子目录（$HOME/.vnc）。

vncserver 脚本只能为当前登录用户启动 VNC 服务，运行一次则启动一个 VNC 桌面。例如此处定义的 vncserver@:1.service（1号桌面）用于 zhongxp，应以该用户登录，或者切换到该用户，再运行 vncserver 脚本：

[root@srv1 ~]# su zhongxp

[zhongxp@srv1 root]$ vncserver :1

由 vncserver 脚本启动的桌面不能用 systemctl 命令停止，而只能用 vncserver kill 命令终止。

vncserver 脚本启动更有利于发现错误或问题。笔者在使用 systemctl 命令启动 VNC 服务时不成功，改用 vncserver 脚本启动，就遇到以下提示：

```
Warning: srv1.abc:1 is taken because of /tmp/.X11-unix/X1
Remove this file if there is no X server srv1.abc:1
```

根据提示，执行以下命令删除 X11 相关临时文件，再启动 VNC 服务就正常了：

```
rm -rf /tmp/.X11-unix/*
```

13.2.3　VNC 客户端的使用

Linux 系统使用的 VNC 客户端是 VNC Viewer，Windows 系统通常使用 TightVNC 客户端程序。

默认情况下，安装 GUI 界面的 CentOS 7 上有一个远程桌面查看器，它支持 VNC 协议，可以被用作 VNC 客户端。首先，启动该工具，设置好 VNC 连接参数，重点是设置协议和 VNC 连接选项，如图 13-1 所示。其次，单击"连接"按钮，根据提示输入 VNC 认证口令（密码），即可访问虚拟机桌面，如图 13-2 所示。

图 13-1　设置 VNC 连接选项

图 13-2　登录 X Window 图形桌面（测试成功）

基于 Windows 平台的 TightVNC 程序可以到网址 http://www.tightvnc.com/download.html 下载。该软件包包括服务器 TightVNC Server 和客户端 TightVNC Viewer，这里只需要安装 TightVNC Viewer。安装完毕后，从程序菜单中启动 TightVNC Viewer 程序，根据提示输入远程服务器、桌面号、登录认证密码，即可登录服务器的图形界面。

13.2.4　使用 SSH 隧道保护 VNC 连接

VNC 连接并不安全，容易被拦截和监听，建议只在安全的网络环境下使用。常用的安全措施是通过 SSH 隧道来使用 VNC，因为 SSH 的安全性是有保证的。这种方案实现非常简单。

首先在 VNC 客户端（作为 SSH 客户端）与 VNC 服务器（作为 SSH 服务器）之间建立一个 SSH 隧道。可以执行 ssh 命令，使用 SSH 的端口转发功能来实现。命令格式为：

```
ssh -L [bind_address:]port:host:hostport user@sshserver
```

选项-L 定义端口转发，将本地主机（SSH 客户端）上的指定地址和端口（[bind_address:]port）转发到远端主机（SSH 服务器）上的指定地址和端口（host:hostport）。参数 user@sshserver 设置要登录的 SSH 服务器的主机名（或地址）和用户账户，如果省略用户，将使用本机当前登录的用户名。SSH 用户认证可以是密码，也可以是公钥，具体取决于 SSH 服务器的配置。

下面给出一个例子：

ssh -L 5901:localhost:5901 lisi@192.168.0.1

该命令表示本地主机以用户 lisi 登录 SSH 服务器 192.168.0.1，建立一条 SSH 隧道，将本地主机任意接口的 5901 端口，转发到服务器 192.168.0.1 上的 localhost 接口的 5901 端口。

成功建立 SSH 隧道之后，可以在本地主机上打开远程桌面查看器，将 VNC 服务器的主机地址和端口设置为 localhost:5901（注意不是 192.168.0.1:5901），即可通过该隧道连接到 VNC 服务器。

如果要在本地主机上通过命令行启动 VNC 客户端，需要另打开一个终端窗口来运行，不可在上述 ssh 命令建立 SSH 隧道所在的终端窗口（因为该窗口的命令行已经切换到 SSH 服务器）。

还可以考虑直接使用增强的 VNC 客户端 SSL/SSH VNC viewer，它内置 SSL/SSH 支持，提供安全的 VNC 连接，请参见其官方网站 http://www.karlrunge.com/x11vnc/ssvnc.html。

13.3　习　　题

1. Linux 远程登录主要有哪几种解决方案？
2. 什么是 SSH？它有什么特点？
3. 简述 SSH 公钥认证。
4. 什么是 VNC？它有什么特点？
5. 简述 VNC 桌面与系统用户的关系。
6. 使用 vncserver 脚本与使用 systemctl 命令启动和停止 VNC 服务有什么不同？
7. 配置一个使用密码认证的 SSH 服务器并使用客户端访问。
8. 在 SSH 服务器上启用公钥认证并进行测试。
9. 配置 VNC 服务器并进行测试。

第 14 章　Linux 虚拟化

基于 Linux 内核的虚拟化技术 KVM 是主流的 Linux 虚拟化解决方案。CentOS 7 全力支持 KVM，可以创建一个虚拟化的服务器计算环境来支持虚拟机，在一台物理计算机上运行多个操作系统。本章首先介绍 Linux 虚拟化基础知识，然后详细讲解 KVM 的部署和虚拟机的管理。

14.1　Linux 虚拟化概述

通过在单一的服务器上运行多个虚拟服务器，进行服务器的整合，提高服务器利用率并降低成本。虚拟化代表当前 IT 技术的一个重要发展方向，在许多领域得到广泛应用。

14.1.1　虚拟化的概念与应用

虚拟化（Virtualization）是指计算元件在虚拟的而不是真实的基础上运行，用"虚"的软件来替代或模拟"实"的服务器、CPU、网络等硬件产品。

实现虚拟化需要创建虚拟机。虚拟机是指通过软件模拟的具有完整硬件系统的计算机，从理论上讲完全等同于实体的物理计算机，可以安装运行自己的操作系统和应用程序。虚拟机完全由软件组成，本身不含任何硬件组件。服务器的虚拟化是指将服务器物理资源抽象成逻辑资源，让一台服务器变成若干台相互隔离的虚拟服务器。

虚拟化的所有资源都透明地运行在各种各样的物理平台上。操作系统、应用程序和网络中的其他计算机无法分辨虚拟机与物理计算机。虚拟化通过逻辑资源对用户隐藏不必要的细节，用户使用虚拟化系统不用关心物理设备的配置和部署。

云计算（Cloud Computing）是以服务的方式提供虚拟化资源的模式。虚拟化是构建云基础架构不可或缺的关键技术之一。服务器虚拟化技术可用于云计算，一种常见的应用是通过虚拟化服务器将虚拟化的数据中心搬到私有云。一些主流的公有云也都使用这种虚拟化技术。但是，服务器虚拟化不是云，而是基础架构自动化，并不提供基础设施服务。

虚拟化主要用于计算领域，包括虚拟化数据中心、分布式计算、服务器整合、高性能应用、定制化服务、私有云部署、云托管提供商等。另一类应用主要是测试、实验和教学培训，如软件测试和软件培训。

14.1.2　虚拟化技术

1.　虚拟化体系结构与 Hypervisor

虚拟化主要是指通过软件实现的方案，常见的体系结构如图 14-1 所示。这是一个直接在物理主机上运行虚拟机管理程序的虚拟化系统。在 x86 平台虚拟化技术中，这个虚拟机管理程序通常被称为虚拟机监控器（Virtual Machine Monitor，VMM），又被称为 Hypervisor。它

是运行在物理机和虚拟机之间的一个软件层，物理机被称
为主机（Host）。Hypervisor 可将虚拟机与主机分离开来，
根据需要为每个虚拟机动态分配计算资源。这里先解释两
个基本概念。

图 14-1　常见的虚拟化体系结构

- 主机。它是指物理存在的计算机，又被称为宿主计
算机。主机操作系统是指宿主计算机上的操作系统，在主
机操作系统上安装的虚拟机软件可以在计算机上模拟一台
或多台虚拟机。

- 虚拟机。它是指在物理计算机上运行的操作系统中
模拟出来的计算机，又被称为虚拟客户机。从理论上讲，它完全等同于实体的物理计算机。
每个虚拟机都可安装自己的操作系统或应用程序，并连接网络。运行在虚拟机上的操作系统
被称为客户操作系统。

Hypervisor 基于主机的硬件资源为虚拟机提供了一个虚拟的操作平台，并管理每个虚拟
机的执行，所有虚拟机独立运行并共享主机的所有硬件资源。Hypervisor 就是提供虚拟机硬
件模拟的专门软件。Hypervisor 可分为两类，即原生型和宿主型。

（1）原生型（Native）

它又被称为裸机型（Bare-metal），Hypervisor 作为一个很精简的操作系统（操作系统也
是软件，只不过它是一个比较特殊的软件），直接运行在硬件之上，来控制硬件资源并管理虚
拟机。比较常见的有 VMware ESXi 和 Microsoft Hyper-V 等。

（2）宿主型（Hosted）

它又被称为托管型，Hypervisor 运行在传统的操作系统上，同样可模拟出一整套虚拟硬
件平台。KVM、VMware Workstation 和 Oracle Virtual Box 就是这种类型。

2．全虚拟化和半虚拟化

虚拟化根据实现技术分为全虚拟化，半虚拟化两种类型，其中全虚拟化是未来虚拟化技
术的主流。

（1）全虚拟化（Full Virtualization）

全虚拟化模拟出来的虚拟机的操作系统是跟底层的硬件完全隔离的，虚拟机中所有的硬
件资源都是通过虚拟化软件基于硬件来模拟的。代表产品有 VMware ESXi 和 KVM。

全虚拟化为虚拟机提供了完整的虚拟硬件平台，包括 CPU、内存和外设，支持运行任何
理论上可在真实物理平台上运行的操作系统，为虚拟机的配置提供最大限度的灵活性。每台
虚拟机有一个完全独立和安全的运行环境，虚拟机中的操作系统也不需要做任何修改，并且
易于迁移。在操作全虚拟化的虚拟机的时候，用户感觉不到它是一台虚拟机。

由于虚拟机的资源全部都需要通过虚拟化软件来模拟，虚拟机会损失一部分的性能。

（2）半虚拟化（Para Virtualization）

半虚拟化的架构与全虚拟化基本相同，需要修改虚拟机中的操作系统来集成一些虚拟化
方面的代码，以减小虚拟化软件的负载。代表产品有 Microsoft Hyper-V 和 Xen。

这种方案整体性能更好，因为修改后的虚拟机操作系统承载了部分虚拟化软件的工作。
不足就是由于要修改虚拟机的操作系统，用户感知使用的环境是虚拟化环境，而且兼容性比
较差，用户体验也比较麻烦，因为要获得集成虚拟化代码的操作系统。

Xen 是一个典型的例子。操作系统作为虚拟服务器在 Xen Hypervisor 上运行之前，必须在内核层面进行某些改变。因此，Xen 适用于 BSD、Linux、Solaris 及其他开源操作系统，但不适合对像 Windows 这些专有的操作系统进行虚拟化处理，因为它们不公开源代码，所以无法修改其内核。

14.1.3　KVM——基于 Linux 内核的虚拟化

KVM 的全称为 Kernel-based Virtual Machine，可被译为基于内核的虚拟机，是一种基于 Linux x86 硬件平台的开源全虚拟化解决方案，也是主流的 Linux 虚拟化解决方案。

1．KVM 简介

2007 年 2 月发布的 Linux 2.6.20 内核第一次包含 KVM，从此可以通过优化的内核来使用虚拟技术。KVM 是由 Avi Kivity 开发和维护的，现在归 Red Hat 公司所有，它支持的平台有 AMD 64 位架构和 Intel 64 位架构。KVM 需要 CPU 的虚拟化指令集支持，如 Intel 的 Intel VT（vmx 指令集）或 AMD 的 AMD-V（svm 指令集）。KVM 支持广泛的客户机操作系统。

2．KVM 模块

KVM 模块是一个可加载的内核模块 kvm.ko。由于 KVM 对 x86 硬件架构的依赖，还需要一个处理器规范模块。若使用 Intel 架构，则加载 kvm-intel.ko 模块；若使用 ADM 架构，则加载 kvm-amd.ko 模块。

KVM 模块负责对虚拟机的虚拟 CPU 和内存进行管理和调度，主要任务是初始化 CPU 硬件，打开虚拟化模式，然后将虚拟客户机运行在虚拟机模式下，并对虚拟客户机的运行提供一定的支持。

至于虚拟机的外部设备交互，如果是真实的物理硬件设备，则利用 Linux 系统内核来管理；如果是虚拟的外部设备，则借助于 QEMU（Quick Emulator）来处理。

由此可见，KVM 本身只关注虚拟机的调度和内存管理，是一个轻量级的 Hypervisor。很多 Linux 发行版集成 KVM 作为虚拟化解决方案，CentOS 也不例外。

3．QEMU

KVM 模块本身无法作为一个 Hypervisor 模拟出一个完成的虚拟机，而且用户也不能直接对 Linux 内核进行操作，因此需要借助其他软件来进行，QEMU 就是这样一个角色。

QEMU 本身并不是 KVM 的一部分，而是一个开源虚拟机软件。与 KVM 不同，QEMU 作为一个宿主型的 Hypervisor，即使没有 KVM，也可以通过模拟来创建和管理虚拟机，只是由纯软件实现的方案性能较低。但是，QEMU 的优点是在支持 QEMU 本身编译运行的平台上就可以实现虚拟机的功能，甚至虚拟机可以与主机不是同一个架构。KVM 在 QEMU 的基础上进行了修改。虚拟机运行期间，QEMU 会通过 KVM 模块提供的系统调用进入内核，由 KVM 模块负责将虚拟机置于处理器的特殊模式运行。遇到虚拟机进行输入输出操作（外部设备交互），KVM 模块会转交给 QEMU 解析和模拟这些设备。

QEMU 使用 KVM 模块的虚拟化功能，为自己的虚拟机提供硬件虚拟化的加速，从而极大地提高虚拟机的性能。除此之外，虚拟机的配置和创建，虚拟机运行依赖的虚拟设备，虚拟机运行时的用户操作环境和交互，以及一些针对虚拟机的特殊技术（如动态迁移），都是由 QEMU 自己实现的。

总之，QEMU 是一个平台虚拟化方案，它允许整个环境（包括磁盘、显卡、网络设备等）的虚拟化。任何客户机操作系统所发出的 I/O 请求都被拦截，并被路由到用户模式，由 QEMU 模拟仿真。

4. KVM 架构

KVM 主要包括两个重要组成部分，一个是 Linux 内核的 KVM 模块，主要负责虚拟机的创建，虚拟内存的分配，VCPU 寄存器的读写，以及 VCPU 的运行；另外一个是提供硬件仿真的 QEMU，用于模拟虚拟机的用户空间组件，提供 I/O 设备模型，访问外设的途径。KVM 的基本架构如图 14-2 所示。

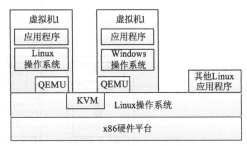

图 14-2　KVM 的基本架构

在 KVM 模型中，每一个虚拟机都是一个由 Linux 调度程序管理的标准进程，可以在用户空间启动客户端操作系统。一个普通的 Linux 进程有两种运行模式——内核和用户，而 KVM 增加了第三种模式——客户模式，客户模式又有自己的内核和用户模式。

当新的客户端在 KVM 上启动时，它就成为宿主操作系统的一个进程，因此就可以像其他进程一样调度它。但与传统的 Linux 进程不一样，客户端被 Hypervisor 标识为处于"客户"模式（独立于内核和用户模式）。每个客户端都是通过/dev/kvm 设备映射的，它们拥有自己的虚拟地址空间，该空间映射到主机内核的物理地址空间。如前所述，KVM 使用底层硬件的虚拟化支持来提供完整的（原生）虚拟化。I/O 请求通过主机内核映射到在主机上 Hypervisor 执行的 QEMU 进程。

14.1.4　KVM 管理工具

仅有 KVM 模块和 QEMU 组件是不够的，为了便于 KVM 整个虚拟化环境，还需要 libvirtd 服务和基于 libvirt 开发出来的管理工具。

1. libvirt 套件

libvirt 是一个软件集，是一套为方便管理平台虚拟化而设计的开源的应用程序接口、守护进程和管理工具。它不仅提供对虚拟机的管理，也提供对虚拟网络和存储的管理。libvirt 最初是为 Xen 虚拟化平台设计的一套 API，目前还支持其他多种虚拟化平台，如 KVM、ESX 和 QEMU 等。在 KVM 解决方案中，QEMU 用来进行平台模拟，面向上层管理和操作；而 libvirt 用来管理 KVM，面向下层管理和操作。libvirt 架构如图 14-3 所示。

libvirt 是使用最广的 KVM 管理工具应用程序接口，而且一些常用的虚拟机管理工具（如 virsh）和云计算框架平台（如 OpenStack）的底层都使用 libvirt 的应用程序接口。

libvirt 包括两部分，一部分是服务（守护进程名为 libvirtd），另一部分是 API。作为一个运行在 KVM 主机上的服务端守护进程，libvirtd 为 KVM 及其虚拟机提供本地和远程的管理功能，基于 libvirt 开发出来的管理工具可通过 libvirtd 服务来管理整个 KVM 环境。也就是说，libvirtd 在管理工具和 KVM 之间起到一个桥梁的作用。libvirt API 就是一堆标准的库文件，给多种虚拟化平台提供一个统一的编程接口，相当于管理工具，需要基于 libvirt 的标准接口来进行开发，开发完成后的工具可支持多种虚拟化平台。

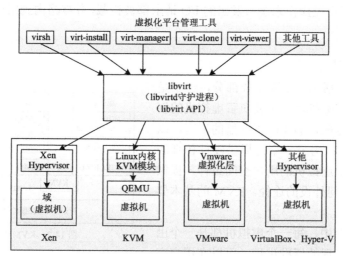

图 14-3　libvirt 架构

2．virsh 命令

virsh 是基于 libvirt 开发的命令行虚拟化管理工具。除用于 KVM 之外，还可用于 Xen、LXC 等多种虚拟机管理程序，使用它能大大简化虚拟机管理工作。使用 virsh 命令，管理员能创建、编辑、迁移和关闭虚拟机，还能执行安全管理、存储管理、网络管理等其他操作。

virsh 包含大量命令，一般将其分为多个类别，如域（Domain）、主机、接口、网络、安全、快照、存储池、存储卷，以及通用类。这里的域就是虚拟机。

可以使用命令 virsh help 来获取可用 virsh 命令的完整列表，virsh 命令按不同种类分组显示。管理员可以指定列表中的特定组（加上指定的关键词）来缩小查询范围，例如列出关于 virsh 自身的命令：

virsh help virsh

以具体命令作为 help 命令的参数可查询特定命令以获取更为详细的信息，包括名称、简介、描述及选项等。

命令 virsh 可以使用交互模式和非交互模式。不带任何参数则进入交互模式。

这里重点讲一下 connect 子命令。该命令用于连接到 KVM 管理程序，可以是本地 Hypervisor，也可以通过统一资源标识符来获取远程访问权限。其所支持的常见格式包括 xen:///（默认）、qemu:///system、qemu:///session 及 lxc:///等。如果只想建立只读连接，需要在命令中添加选项--readonly。

connect 子命令可以由选项-c URI 或--connect URI 来替代。

可以通过 connect 命令连接远程 libvirt 并与之交互，例如：

virsh -c qemu+ssh://root@192.168.157.137/system

另外可以只执行一条远程 libvirt 命令（非交互模式）：

virsh connect qemu+ssh://root@192.168.157.132/system list

3．virt 命令集

virt 是一个命令集，主要用于对虚拟机进行管理，常用的命令及功能见表 14-1。

表 14-1　　　　　　　　　　　　　　　**virt 常用命令及功能**

命　　　令	功　　　　能
virt-clone	克隆虚拟机
virt-install	创建虚拟机
virt-manager	虚拟机系统管理器
virt-viewer	访问虚拟机控制台
virt-top	虚拟机实时监控，与 top 命令相似，只是将进程换成虚拟机
virt-what	检测当前系统是不是一个虚拟机。如果是虚拟机，会给出虚拟机的类型
virt-host-validate	虚拟机主机验证
virt-pki-validate	虚拟机证书验证
virt-xml-validate	虚拟机 XML 配置文件验证

virt-manager 是一个 KVM 管理工具，不过它是基于图形界面的。它可以对虚拟机生命周期实施管理，如创建、编辑、启动、暂停、恢复和停止虚拟机，还包括虚拟机快照、动态迁移等功能；客户端的实时性能、资源利用率等的监控，统计结果的图形化展示。对创建客户端的图形化引导，对客户端的资源分配和虚拟硬件的配置和调整等功能，virt-manager 也提供图形化的支持。它内置一个 VNC 客户端，可以用于连接到客户端的图形界面进行交互。virt-manager 支持本地或远程管理 KVM、Xen、QEMU、LXC 等虚拟机。

4．qemu 命令集

KVM 与 QEMU 相结合形成 qemu-kvm 管理程序，用于底层管理，所有上层虚拟化功能都依赖它。KVM 虚拟化底层都是通过 qemu-kvm 实现的，不过不建议管理员直接使用 qemu-kvm 命令。在 CentOS 7 中，该程序位于/usr/libexec/目录，由于此目录不属于 PATH 环境变量，所以无法直接使用，这从某种程度上阻止对该命令的直接使用。

qemu-img 是一个硬盘管理工具，用来创建和管理虚拟化硬盘，即映像（镜像）。qemu-io 用于磁盘接口管理。这两个工具都是随 qemu-kvm 软件包安装的。

14.2　基于图形界面部署和管理 KVM 虚拟机

对初学者来说，利用 CentOS 7 图形环境部署和管理 KVM 虚拟机更易于掌握，更为直观便捷。这里的实验环境使用 VMware Workstation 专门建立一台 CentOS 7 虚拟机（命名为 centoskvm），将该虚拟机作为 KVM 主机，再在 KVM 主机上部署和管理 KVM 虚拟机，实际上使用的是虚拟机嵌套。当然，读者也可以直接在 CentOS 7 物理机上建立 KVM 虚拟机。

14.2.1　部署 KVM 虚拟系统

在 CentOS 7 中搭建 KVM 虚拟化平台，就是要安装 KVM 及其相关软件包。可以在 CentOS 7 系统安装过程中选择相应选项，也可以在现有 CentOS 7 系统上加装 KVM 相关软件包。对初学者，建议采用前一种方法。

1．硬件准备

在实验环境中部署 KVM 对硬件资源的要求不是特别高，KVM 主机本身硬件配置需要双核 CPU、4GB 内存，至少 100GB 剩余硬盘空间，这样可以同时运行 2 或 3 台一个 vCPU 和 1GB 内存的虚拟机。这里因为要部署 VMware Workstation 虚拟机作为 KVM 主机环境，对实际实验的物理计算机要求更高，内存至少为 8GB。

KVM 虚拟化需要 CPU 的硬件虚拟化加速的支持，有些计算机可能需要通过 BIOS 设置来开启此项功能（默认可能没开启）。这里在 VMware Workstation 中创建 KVM 主机，基本硬件配置如图 14-4 所示。这里由于创建的虚拟机比较简单，硬盘有 40GB 剩余空间即可。

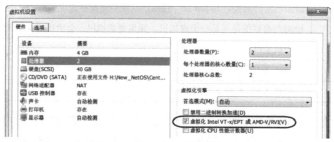

图 14-4　KVM 主机基本硬件配置

可以在 CentOS 主机中可执行以下命令检查 CPU 虚拟化支持：

```
grep -E 'svm|vmx' /proc/cpuinfo
```

如果显示结果不为空，表示 CPU 支持并开启了硬件虚拟化功能。显示内容中含有 vmx 表示为 Intel 的 CPU 指令集，含有 svm 表示为 AMD 的 CPU 指令集。

2．在 CentOS 7 系统安装过程中安装 KVM

这里新建一台 KVM 主机，在安装 CentOS 7 操作系统的过程中选择要安装的软件。为减少学习难度，这里的基本环境选择"带 GUI 的服务器"，附加选项选择"虚拟化客户端""虚拟化 Hypervisor"和"虚拟化工具"，如图 14-5 所示。不建议一上来就选择"虚拟化主机"，因为它没提供图形环境。

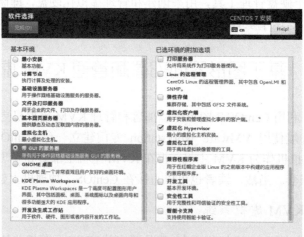

图 14-5　为 KVM 主机选择要安装的软件

3．为 CentOS 7 主机安装 KVM

对已经安装 CentOS 7 操作系统的计算机，建议执行以下命令安装 KVM 软件包：

```
yum install qemu-kvm libvirt virt-install virt-manager
```

这里安装了 4 个软件包，每个软件包的内容和依赖关系说明如下，相关功能请参见 14.1.4 节的有关介绍。

- qemu-kvm：qemu-kvm 软件包主要包含 KVM 内核模块和基于 KVM 的 QEMU 模拟器。它有一个依赖包 qemu-img，主要用于 QEMU 磁盘映像的管理。
- libvirt：libvirt 软件包提供 Hypervisor 和虚拟机管理的 API。它包括的依赖包有 libvirt-client（包括 KVM 客户端命令行管理工具 virsh）、libvirt-daemon（用于 libvirtd 守护进程）、libvirt-daemon-driver-*xxx*（属于 libvirtd 服务的驱动文件）和 bridge-utils（主要是网桥管理工具，负责桥接网络的创建、配置和管理等工作）。
- virt-install：这是创建和克隆虚拟机的命令行工具包。
- virt-manager：这是图形界面的 KVM 管理工具。

当然，安装 KVM 的依赖包远不止这些。

4．调整 KVM 虚拟化环境

为便于实验，通常关闭 KVM 主机的防火墙和 SELinux 功能。要让 KVM 虚拟机访问外部网络（Internet），还要在 KVM 主机中启用 IP 路由功能，CentOS 7 默认已启用。

14.2.2　创建 KVM 虚拟机

这里示范使用图形界面的虚拟系统管理器（virt-manager）来创建虚拟机。

从"应用程序"主菜单中找到"系统工具"子菜单，执行"虚拟系统管理器"命令（或在终端命令行中运行 virt-manager）打开虚拟系统管理器。系统默认列出一个名为"QEMU/KVM"的连接。每台 KVM 主机的 KVM 平台就是一个连接，默认的连接指向本地的 KVM 平台。

右击"QEMU/KVM"连接，系统弹出图 14-6 所示菜单，选择"新建"命令，弹出"新建虚拟机"向导，根据提示完成 5 个步骤的操作生成新的虚拟机。

（1）如图 14-7 所示，选择虚拟机操作系统的安装来源。为便于实验，这里选择默认的"本地安装介质"。

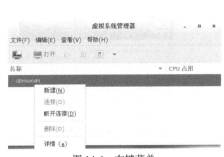

图 14-6　右键菜单

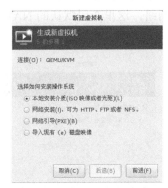

图 14-7　选择操作系统安装来源

（2）单击"前进"按钮，在这里定位安装介质。这里使用 ISO 映像，指定虚拟机要安装的操作系统的映像文件路径（可直接输入路径，如果单击"浏览"按钮，系统会弹出"选择存储卷"），选中"根据安装介质自动侦测操作系统"复选框，如图 14-8 所示。

由于虚拟机嵌套不支持硬件的物理传递，此处不能使用 CD-ROM 或 DVD，无论 KVM

主机（本身也是 VM 虚拟机）连接的是物理光驱还是 ISO 映像文件。

（3）单击"前进"按钮，在这里设置虚拟机的内存和 CPU。这里仅用于示范，将内存和 CPU 配置降低，如图 14-9 所示。

图 14-8　定位安装介质

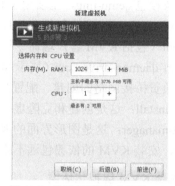

图 14-9　设置虚拟机的内存和 CPU

（4）单击"前进"按钮，在这里为虚拟机设置存储，如图 14-10 所示。

与物理机需要磁盘存储一样，虚拟机除内存和 CPU 外，也需要虚拟磁盘。虚拟磁盘实际上是一种特殊格式的文件，又被称为磁盘映像，可用于保留虚拟机的完整状态，存储各种数据和文件。虚拟机的核心就是一个磁盘映像，这个映像可以被理解成虚拟机的磁盘，里面有虚拟机的操作系统和驱动等重要文件。

这里采用最简单的方式，选择"在计算机硬盘中创建磁盘映像"，也就是在 KVM 主机当前磁盘中自动创建一个虚拟磁盘，指定磁盘容量大小。

注意：默认使用文件作为存储，文件的路径为/var/lib/libvirt/images/，如果没有把/var 分区独立出来，那么很容易导致根分区磁盘空间不足。但实际应用中，系统会给 kvm 配置一个或者多个存储池，这样也就能更加合理地使用磁盘空间，减轻根分区的压力。如果使用其他现有存储池和存储卷，请参见 14.2.6 节的详细介绍。

（5）单击"前进"按钮，系统给出安装选项概要。要为虚拟机指定一个名称，并选择要连接的网络，这里选用默认的 NAT 方式，如图 14-11 所示。

图 14-10　为虚拟机设置存储

图 14-11　准备虚拟机安装

接下来就自动进入虚拟机的操作系统安装界面，如图 14-12 所示，其安装过程与物理机相同。安装完毕，即可正常使用。

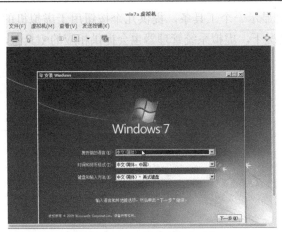

图 14-12　为虚拟机安装操作系统

14.2.3　使用和管理 KVM 虚拟机

安装完毕之后，系统会自动打开一个虚拟机的控制台界面。在该界面中，可以操作和使用该虚拟机，方法基本与物理机相同。

对管理员来说，日常工作主要是配置和管理。虚拟机控制台界面顶部的一组菜单就是用于进行这项工作的。从"虚拟机"菜单中可以执行基本的虚拟机管理操作，如开关机、暂停、恢复、克隆、截屏等，如图 14-13 所示。

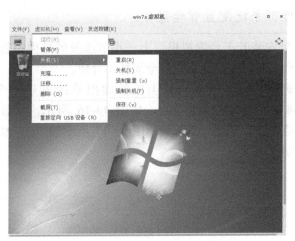

图 14-13　虚拟机管理操作菜单

"查看"菜单主要用于虚拟机的显示操作，如图 14-14 所示。其中"控制台"按钮用于显示虚拟机控制台界面，如果没有选中它就会关闭控制台。单击"详情"后系统弹出虚拟机详情对话框，如图 14-15 所示。在这里可以查看虚拟机配置情况，或者更改虚拟机配置（如添加或修改虚拟机硬件），一些改动需要关闭虚拟机之后才能生效。"快照"用于管理虚拟机快照。

虚拟机控制台顶部有一个"发送按键"菜单，用于向该虚拟机发送常用的特殊按键，主要是包含<Ctr>+<Alt>的组合按键，如<Ctr>+<Alt>+<Del>、<Ctr>+<Alt>+<F1>组合键等，还有一个<Printscreen>键（用于截屏）。

控制台菜单下面会显示一个工具条，提供几个按钮用于虚拟机的基本管理操作。即使在关闭虚拟机控制台的情况下，虚拟系统管理器也会提供相应的工具条，允许用户管理虚拟机。

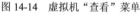

图 14-14　虚拟机"查看"菜单　　　　图 14-15　查看虚拟机详情和设置选项

打开顶部左端的"文件"菜单，执行"查看管理器"命令，系统将切换到虚拟系统管理器主界面，执行"关闭"命令可以关闭该控制台（并不影响虚拟机的运行），执行"退出"命令则关闭整个虚拟系统管理器。

14.2.4　KVM 虚拟系统配置管理操作

一个虚拟系统可以安装若干台虚拟机。上一小节涉及的是虚拟机本身的管理操作，这里讲解虚拟系统（平台）的管理，这是一种全局性的管理。

在虚拟系统管理器中，每台 KVM 主机的虚拟系统就是一个连接，默认的连接"QEMU/KVM"指向本地主机的虚拟系统。如图 14-16 所示，从虚拟系统管理器的"编辑"菜单中选择"连接详情"命令，系统弹出图 14-17 所示的"QEMU/KVM 连接详情"窗口。该窗口包括 4 个功能选项卡。

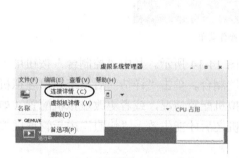

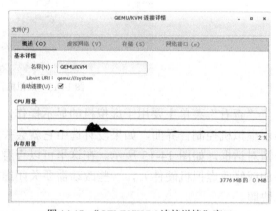

图 14-16　虚拟系统"编辑"菜单　　　　图 14-17　"QEMU/KVM 连接详情"窗口

这里默认显示的是"概述"选项卡，显示整个虚拟系统的基本详情（名称和连接 URL）、CPU 和内存的实时监控。

"虚拟网络"选项卡用于设置整个虚拟系统所用的虚拟网络,为虚拟机提供网络支持。

"存储"选项卡用于设置整个虚拟系统所用的虚拟存储,包括存储池及其存储卷。

"网络接口"选项卡设置整个虚拟系统所用的网络接口,为虚拟机提供网络功能。

也可通过虚拟系统管理器管理远程 KVM 主机上的虚拟系统。从"文件"菜单中选择"新建连接"命令,系统弹出图 14-18 所示的对话框,在这里设置远程主机的连接信息,单击"连接"按钮。首次使用时,系统可能会提示安装一个附加软件包 openssh-askpass,根据提示安装该软件包即可。再重新执行连接,连接成功后,系统会显示远程 KVM 主机上的虚拟系统窗口,如图 14-19 所示。

图 14-18　"添加连接"对话框

图 14-19　"虚拟系统管理器"窗口

14.2.5　KVM 虚拟网络设置

KVM 虚拟网络涉及虚拟机与内外网的通信。

1. 理解 KVM 的虚拟网桥

与物理机不同,虚拟机没有硬件设备,但虚拟机要与物理机、其他虚拟机进行通信。VMware 的解决方案是提供虚拟交换机,VMware 主机通过物理网卡(桥接模式)或虚拟网卡连接到虚拟交换机,VMware 虚拟机通过虚拟网卡连接到虚拟交换机,这样组成虚拟网络,从而实现主机与虚拟机、虚拟机与虚拟机之间的网络通信。KVM 的解决方案是提供虚拟网桥(Virtual Bridge)设备,像交换机具有若干网络接口(端口)一样,在网桥上创建多个虚拟的网络接口,每个网络接口再与 KVM 虚拟机的网卡相连。

为进一步解释虚拟网桥,这里通过图 14-20 来说明虚拟机网卡、虚拟网桥、物理网卡与物理交换机的关系。在 Linux 的 KVM 虚拟系统中,为支持虚拟机的网络通信,网桥接口(端口)的名称通常以 vnet 开头,加上从 0 开始的顺序编号,如 vnet0、vnet1。在创建虚拟机时,系统会自动创建这些接口。虚拟网桥 br1 和 br2 分别连接到主机的物理网卡 1 和 2。br1 上的两个虚拟网桥端口 vnet0 和 vnet1 分别连接到虚拟机 A 和 B 的虚拟网卡,而 br1 所连接的物理网卡 1 又连接到外部的物理交换机,因此虚拟机 A 和 B 可以连接到 Internet。br2 上的虚拟网桥端口 vnet2 连接到虚拟机 C 的虚拟网卡,但是它所连接的物理网卡并未连接到物理交换机,因此虚拟机 C 不能与外部网络通信。br3 上的虚拟网桥端口 vnet3 连接到虚拟机 D 的虚拟网卡,但是它不与任何物理网卡连接,无法访问外部网络。

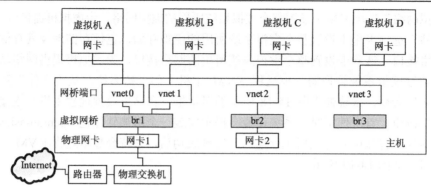

图 14-20   虚拟网桥示意图

2. KVM 虚拟机组网模式

KVM 组网模式与 VMware 相似，主要包括以下 3 种类型。

（1）NAT 网络模式

这种模式让虚拟机借助 NAT 功能通过物理主机所在的网络来访问外网。虚拟机的网卡和主机的物理网卡位于不同的网络中，虚拟机的网卡位于 KVM 提供的一个虚拟网络。此模式又被称为用户网络（User Networking），是一种让虚拟机访问主机、外网或本地网络资源的简单方法，但是不能从网络或其他虚拟机访问虚拟机，加上采用转发机制，效率比较低。

（2）隔离网络模式

采用这种模式的虚拟网络是一个全封闭的、与外部隔绝的内部网络，它唯一能够访问的就是主机。虚拟机的网卡位于 KVM 提供的内部网络，除内部网络上的虚拟机相互通信外，不能和外界通信，不能访问 Internet，其他主机也不能访问虚拟机，安全性高。这种模式又被称为仅主机（Host-Only）模式，适合建立一个完全独立于主机所在网络的虚拟内部网络，以便进行各种网络实验。在生产环境中，大型服务商采用这种模式。

（3）桥接（Bridge）网络模式

主机将虚拟网络自动桥接到物理网卡，通过虚拟网桥实现网络互连，从而将虚拟网络并入主机所在网络。虚拟机通过虚拟网卡连接到该虚拟网络，经虚拟机网桥连接到主机所在网络。主机物理网卡和虚拟机的虚拟网卡在网络拓扑图上处于同等地位（处于同一个网段），虚拟机类似于一台真实的主机，直接访问网络资源，虚拟机与主机之间的相互通信容易实现。要使用虚拟机对局域网其他计算机提供服务时，可以选择这种桥接模式。

3. NAT 网络配置

NAT 是 KVM 安装虚拟机的默认组网模式。它支持主机与虚拟机的互访，同时也支持虚拟机访问 Internet，但不支持外部网络访问虚拟机。

（1）进一步理解 NAT 组网模式

打开连接详情窗口，切换到"虚拟网络"选项卡，如图 14-21 所示。可以发现，名为"default"的网络（位于 virbr0 设备上）是主机安装 KVM 虚拟机时自动安装的。该虚拟网络默认拥有一个私有 IP 网段（192.168.122.0/24），提供 DHCP 服务（默认 IP 地址范围为 192.68.122.2～192.168.122.254），支持 NAT 转发。

virbr0 是由主机 KVM 相关模块安装的一个虚拟网络接口（TAP 设备），也是一个虚拟网桥，负责将流量分发到各虚拟机。virbr0 是 KVM 虚拟机 NAT 网络模式的重要角色，相当于 VMware 中 NAT 网络模式中的虚拟 NAT 服务器。NAT 组网模式如图 14-22 所示。

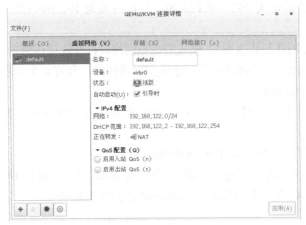

图 14-21　虚拟网络配置

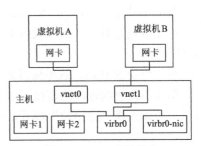

图 14-22　NAT 组网模式

可以使用 Linux 网桥配置命令 brctl 来查看网桥配置信息：

```
[root@centoskvm ~]# brctl show
bridge name      bridge id            STP enabled      interfaces
virbr0           8000.525400efeaad    yes              virbr0-nic
                                                        vnet0
```

这表明网桥 virbr0 包括两个端口，virbr0-nic 为网桥内部端口，vnet0 为虚拟机网关端口（此处为 192.168.122.1），用于连接一个虚拟机。其中的 STP 表示生成树协议（Spanning Tree Protocol）。所有网络操作均由本地 KVM 主机系统负责。

可以使用 ip a 命令来进一步查看 IP 配置。这里的相关接口的配置如下：

```
3: virbr0: <BROADCAST,MULTICAST,UP,LOWER_UP> mtu 1500 qdisc noqueue state UP
    link/ether 52:54:00:ef:ea:ad brd ff:ff:ff:ff:ff:ff
    inet 192.168.122.1/24 brd 192.168.122.255 scope global virbr0
        valid_lft forever preferred_lft forever
4: virbr0-nic: <BROADCAST,MULTICAST> mtu 1500 qdisc pfifo_fast master virbr0 state DOWN qlen 500
    link/ether 52:54:00:ef:ea:ad brd ff:ff:ff:ff:ff:ff
5: vnet0: <BROADCAST,MULTICAST,UP,LOWER_UP> mtu 1500 qdisc pfifo_fast master virbr0 state
UNKNOWN qlen 500
    link/ether fe:54:00:6d:50:9d brd ff:ff:ff:ff:ff:ff
    inet6 fe80::fc54:ff:fe6d:509d/64 scope link
        valid_lft forever preferred_lft forever
```

如果再添加一台使用 NAT 模式的虚拟机，系统会自动创建一个虚拟机网关端口 vnet1。KVM 主机系统启动一个 dnsmasq 服务来负责管理 DNS/DHCP 的实现。

（2）设置虚拟机网卡

要让虚拟机选用 NAT 模式，需要为它指定虚拟网络接口。在虚拟系统管理器中打开"虚拟机详情"窗口，为虚拟机的网卡指定 NAT 模式的虚拟网络，如图 14-23

图 14-23　指定 NAT 模式的虚拟网络

所示。

虚拟机网卡的改变必须在关机状态下才能生效。可在主机上使用 pnig 命令测试 NAT 模式的虚拟机的连通性。此处虚拟机的 IP 地址为 192.168.122.39，默认网关为 192.168.122.1。

（3）创建 NAT 模式的虚拟网络

除默认的"default"网络外，还可以创建和修改 NAT 模式的虚拟网络。打开连接详情窗口，切换到"虚拟网络"选项卡，单击左下角的"+"按钮启动创建虚拟网络向导，共有 4 个步骤。

第 1 步设置名称，这里将其命名为 testnat。

第 2 步设置 IPv4。可以设置 IP 地址空间（网段 IP），启用 DHCP 并设置地址范围，如图 14-24 所示。

第 3 步设置 IPv6，这里保持默认设置，不启用 IPv6 网络地址空间定义。

第 4 步设置物理网络连接。这里选中"转发到物理网络"，并选择 NAT 模式，如图 14-25 所示。如果选择"路由的"模式，流量将会在主机网络及虚拟网络之间进行路由。

图 14-24　设置 IPv4

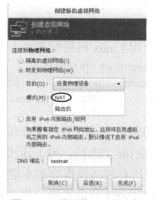

图 14-25　设置物理网络连接

设置完毕，单击"完成"按钮。回到"虚拟网络"选项卡，可以看到新增的虚拟网络出现在列表中。此时生成一个名为 virbr1（自动按顺序编号）的网络接口。可以根据需要在虚拟机中使用该网络。

不能直接修改虚拟网络的设置，可以将其删除后再重建一个新的来更改配置。要删除某虚拟网络，先单击左下角的"停止网络"按钮 ◉，再单击"删除网络"按钮 ⊗。

4. 隔离网络配置

隔离网络和 NAT 网络很相似，不同的地方就是它没有 NAT 服务，所以虚拟网络不能通过物理主机连接到外网。

打开连接详情窗口，切换到"虚拟网络"选项卡，单击左下角的"+"按钮启动创建虚拟网络向导，共有 4 个步骤。

第 1 步设置名称，这里将其命名为 prinet。

第 2 步设置 IPv4。可以设置 IP 地址空间（网段 IP），启用 DHCP 并设置地址范围。默认的 IP 网络地址空间为 192.168.100.0/24，因为前面创建了 NAT 网络，这里应修改地址范围为 192.168.101.0/24。

第 3 步设置 IPv6，这里保持默认设置，不启用 IPv6 网络地址空间定义。

第 4 步设置物理网络连接，界面参见图 14-25。这里选中"转发到物理网络"。

设置完毕，单击"完成"按钮。

接下来设置虚拟机网卡。在虚拟系统管理器中打开"虚拟机详情"窗口，为虚拟机的网卡指定隔离的虚拟网络，如图 14-26 所示。

图 14-26　指定隔离的虚拟网络

完成上述配置后，可以进行测试。隔离的虚拟网络内的虚拟机能互相通信，物理机可以访问隔离网络中的虚拟机，但隔离网络中虚拟机不能访问物理机，除非物理机上添加了隔离网段的 IP 地址。可以使用 Linux 网桥配置命令 brctl 来查看网桥配置信息：

```
[root@centoskvm ~]# brctl show
bridge name        bridge id              STP enabled      interfaces
virbr0             8000.525400efeaad      yes              virbr0-nic
virbr1             8000.525400b3eb02      yes              virbr1-nic
virbr2             8000.5254003710b1      yes              virbr2-nic
                                                           vnet0
```

创建一个新的虚拟网络，实际上是增加了一个以 virbr 开头的虚拟网桥。

5．桥接网络配置

虚拟机通过网桥连接到主机网络环境中，可以使虚拟机成为网络中具有独立 IP（与所连接的主机物理网卡位于同一网段）的主机。桥接网络就是一种物理设备共享，将一个物理设备复制到一台虚拟机上。如图 14-27 所示，提供一个网桥接口，将主机的物理网卡绑定到网桥上，将虚拟机的网络模式配置为桥接模式。

要使用桥接模式，就要创建一个网桥接口，默认没有创建。创建网桥并绑定物理网卡会改变原物理网卡的配置文件。为便于实验，可以将物理网卡的配置文件备份（此处为 /etc/sysconfig/network-scripts/ifcfg-eno16777736）一下，以便恢复进行其他实验。

在图形界面中打开虚拟系统管理器，打开连接详情窗口，切换到"网络接口"选项卡，系统给出 KVM 主机提供的当前的网络接口列表。单击左下角的"+"按钮启动配置网络接口向导，共有两个步骤。

第 1 步选择接口类型，这里选择"桥接"，如图 14-28 所示。

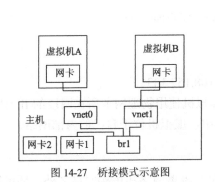

图 14-27　桥接模式示意图

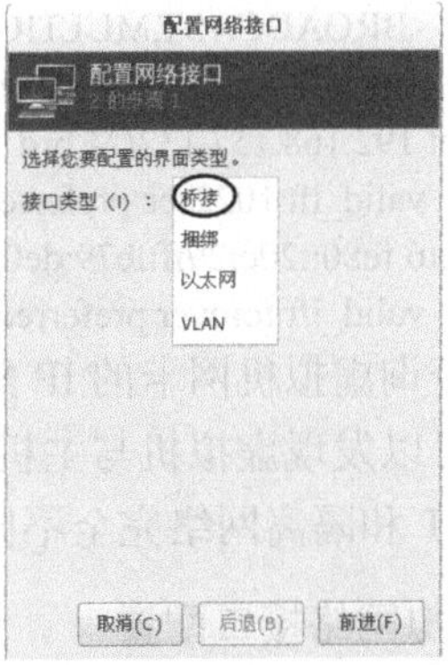

图 14-28　选择接口类型

第 2 步在图 14-29 所示对话框中设置各选项。这里设置名称为 br1（默认值），启动模式为 onboot（开机自启动），选中"现在就激活"复选框，然后从下面的列表中选择要桥接的物理接口，这里选中主机的物理网卡 eno16777736。

设置完毕，单击"完成"按钮，系统提示会覆盖所选物理接口的现有配置，单击"是"按钮。这样就会将基于原来的物理网卡（此处为 eno16777736）创建一个新的网桥接口（这里为 br1）。回到"网络接口"选项卡，可以发现原来的物理网卡被替换成新的网桥接口。

接下来设置虚拟机网卡。在虚拟系统管理器中打开"虚拟机详情"窗口，为虚拟机的网卡指定桥接接口，如图 14-30 所示。

图 14-29　配置桥接接口

图 14-30　为指定桥接接口

执行以下命令重启网络：

systemctl restart NetworkManager.service

可以使用 Linux 网桥配置命令 brctl 来查看网桥配置信息：

```
[root@centoskvm ~]# brctl show
bridge name     bridge id           STP enabled      interfaces
br1             8000.000c2979de0a   yes              eno16777736
                                                     vnet0
virbr0          8000.525400efeaad   yes              virbr0-nic
virbr1          8000.525400b3eb02   yes              virbr1-nic
virbr2          8000.5254003710b1   yes              virbr2-nic
```

以上信息表明增加了一个以 br 开头的网桥接口。这个网桥与前述 virbr0 互不相干。

在主机上查看新建网桥接口 br1 的 IP 配置：

```
[root@centoskvm ~]# ip add show br1
11: br1: <BROADCAST,MULTICAST,UP,LOWER_UP> mtu 1500 qdisc noqueue state UP
    link/ether 00:0c:29:79:de:0a brd ff:ff:ff:ff:ff:ff
    inet 192.168.157.132/24 brd 192.168.157.255 scope global dynamic br1
       valid_lft 1022sec preferred_lft 1022sec
    inet6 fe80::20c:29ff:fe79:de0a/64 scope link
       valid_lft forever preferred_lft forever
```

再去查询虚拟机网卡的 IP 配置，此处为 192.168.157.133。

至此可以发现虚拟机与主机位于同一网段，虚拟机使用物理网卡所在网段的 IP 配置。这与上述 NAT 和隔离网络完全不同，在那两种模式中，虚拟机位于自己的内部网络。

6. 虚拟网络接口配置

KVM 虚拟机的虚拟网络接口除使用 NAT 网络、隔离网络和桥接网络之外，还可以通过

MacvTap 直接挂到主机的物理网卡上，或者使用指定的共享设备，如图 14-31 所示。MacvTap 是一个新的设备驱动程序，旨在简化虚拟化的桥接网络。MacvTap 设备有 4 种工作模式——Bridge、VEPA、Private 和 Passthrough。Bridge 模式下，它完成与桥接设备相似的功能，数据可以在属于同一个母设备的子设备间交换转发，虚拟机相当于简单接入一个交换机。VEPA（Virtual Ethernet Port Aggregator）模式下，MacvTap 设备简单地将数据转发到母设备中，完成数据汇聚功能，通常需要外部交换机支持 Hairpin 模式才能正常工作。

从"设备型号"下拉列表中选择虚拟网卡所模拟的设备型号。默认的虚拟网卡设备型号是 rtl8139。也选用 e1000，模拟出一个 Intel e1000 的网卡供虚拟机使用。rtl8139 和 e1000 都是使用 QEMU 纯软件的方式来模拟网卡，其效率并不高。为了使 KVM 主机在相同的配置下有更高的效率，可以将网卡改为 virtio 驱动，如图 14-32 所示。

图 14-31　配置虚拟网络接口

图 14-32　网卡改为 virtio 驱动

提示：virtio 是半虚拟化驱动，可以提高虚拟机的性能（特别是 I/O 性能）。目前，KVM 中实现半虚拟化驱动采用的是 virtio 这个 Linux 上的设备驱动标准框架。KVM 下，Windows 虚拟机默认磁盘使用的是 QEMU IDE 硬盘，默认网卡是 rtl8139 网卡。

14.2.6　虚拟存储设置

在虚拟化应用中，通常都是将资源进行池化，例如 CPU 计算池、内存池、存储池、网络 IP 池。池化将底层的硬件特性进行屏蔽，以统一所有的资源，进行更加合理的利用。

1．存储池与存储卷

存储池就是存储的一个集合，可以将底层所有的存储资源进行池化，然后提供给虚拟机管理器使用。KVM 平台以存储池的形式对存储进行统一管理。存储池可以是本地目录、远端磁盘阵列（iSCSI、NFS）分配过来磁盘或目录，或者各类分布式文件系统。

要使用虚拟存储，还需要在存储池中创建存储卷。一个存储池可以包含若干存储卷。每一个存储卷是虚拟机可以直接使用的存储单元，也就是一个虚拟磁盘。虚拟磁盘是虚拟化的关键。虚拟磁盘为虚拟机提供存储空间，在虚拟机中，虚拟磁盘的功能相当于物理硬盘，被虚拟机当作物理硬盘使用。

虚拟机所使用的虚拟磁盘，实际上是物理硬盘上的一种特殊格式的文件。虚拟磁盘文件用于捕获驻留在服务器内存的虚拟机的完整状态，并将信息以一个已明确的磁盘文件格式显示出来。每个虚拟机从其相应的虚拟磁盘文件启动并加载到服务器内存中。随着虚拟机的运行，虚拟磁盘文件可通过更新来反映数据或状态改变。虚拟磁盘文件可以复制到远程存储，以提供虚拟机的备份和灾难恢复副本，也可以迁移或者复制到其他服务器。虚拟磁盘也适合集中式存储，而不是存在于每台本地服务器上。

在 KVM 中，人们往往使用 image（可译为映像或镜像）这个术语来表示虚拟磁盘。

2. 虚拟磁盘（映像）文件格式

KVM 虚拟机所使用的虚拟磁盘，主要有以下 3 种文件格式。

（1）raw

raw 是原始的格式，它直接将文件系统的存储单元分配给虚拟机使用，采取直读直写的策略。其优点如下：一是寻址简单，访问效率较高；二是人们可以通过格式转换工具方便地将其转换为其他格式；三是可以方便地被宿主机挂载，可以在不启动虚拟机的情况下和主机进行数据传输。但是，由于该格式实现简单，不支持压缩、快照、加密和 CoW 等特性。

（2）qcow2

qcow2 是 QEMU 引入的映像文件格式，也是目前 KVM 默认格式。qcow2 文件存储数据的基本单元是簇（cluster），每一簇由若干个数据扇区组成，每个数据扇区的大小是 512 字节。在 qcow2 中，要定位映像文件的簇，需要经过两次地址查询操作，类似于内存二级页表转换机制。qcow2 根据实际需要决定占用空间的大小，且支持更多的主机文件系统格式。

（3）qed

qed 的实现是 qcow2 的一种改型，存储定位查询方式、数据块大小和 qcow2 一样，目的是克服 qcow2 格式的一些缺点，提高性能，不过目前还不够成熟。

要使用虚拟机快照，就要选择 qcow2 格式。对大规模数据存储，可以选择 raw 格式。qcow2 格式只能增加容量，不能减少容量，raw 格式可以实现增加或者减少容量。

3. 创建和管理存储池

打开连接详情窗口，切换到"存储"选项卡，左侧窗格给出储存池列表，右侧给出左侧所选存储池的详细情况。可以发现，"default"是 KVM 默认的存储池，位于/var/lib/libvirt/images/目录下。前面创建虚拟机时已自动创建了一个存储卷。

这里示范创建一个新的存储池。如图 14-33 所示，单击左下角的"+"按钮启动创建存储池向导，共有 2 个步骤。

第 1 步设置存储池名称，并选择存储池类型。KVM 支持的存储池类型较多，最常用的是"dir:文件系统目录"，即本地文件系统目录，就是在主机本地磁盘的一个目录中提供一个文件，用作存储池。还可以根据需要使用网络磁盘设备、集群文件系统等。

第 2 步设置目标路径，即存储池所在位置或来源。如果选择文件系统目录，默认路径位于/var/lib/libvirt/images/目录下。此处更改为/kvm/vstore，如图 14-34 所示。

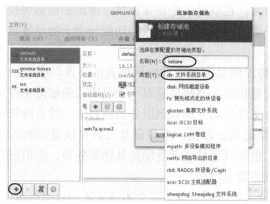

图 14-33　选择存储池类型

图 14-34　设置存储池目标路径

单击"完成"按钮，新创建的存储池将出现在存储池列表中，如图 14-35 所示。可根据需要停止、启动或删除存储池。删除存储池之前要停止它。也可以修改存储池名称（需要先停止），启用或禁止自动启动。

4. 创建和管理存储卷

在"存储"选项卡中选中要添加卷的存储池（此处为之前建立的 vstore），在右侧窗格中单击"+"按钮打开"添加存储卷"对话框。按图 14-36 所示指定名称、选择格式、指定容量、单击"完成"按钮即可。新创建的卷出现在右侧的卷列表中，可以根据需要删除。

图 14-35　新创建的存储池

图 14-36　创建存储卷

5. 为 KVM 虚拟机分配存储卷（虚拟磁盘）

在虚拟系统管理器中打开"虚拟机详情"窗口，为虚拟机添加新的存储或修改已有的存储设置。关闭要设置的虚拟机，在"虚拟机详情"窗口中单击左下角的"添加硬件"按钮。从左侧列表中选中"Storage"，在右侧窗格中定义存储卷。可以直接创建新的卷（磁盘映像），这里使用之前创建的存储卷，选中"选择管理的或者其他现有存储"选项，单击"浏览"按钮弹出"选择存储卷"对话框，从中选择 vstore 存储池中的 win7a-1 卷，单击"选择卷"关闭该对话框，设置好相应的参数，如图 14-37 所示。单击"完成"按钮，这样就为虚拟机添加了一块虚拟磁盘。

之后可以根据需要更改配置。例如 KVM 虚拟机默认使用的模拟类型是 QEMU IDE 硬盘，可以其替换成 virtio 驱动，如图 14-38 所示。

图 14-37　为虚拟机添加存储

图 14-38　设置虚拟磁盘高级选项

14.2.7 虚拟机高级管理

1. 虚拟机克隆

创建虚拟机并安装操作系统是一件非常耗时的工作，使用克隆只需安装配置一次虚拟机系统，就可以快速创建多个安装配置好的系统虚拟机。

克隆是一个已经存在的虚拟操作系统的一个副本。已经存在的虚拟机被称为克隆父本，克隆出来的操作系统是一个单独的虚拟机，其网卡 MAC 地址和 UUID 都与父本不一样。对父本的磁盘存储，会克隆出相应的副本，不过对只读磁盘（如光驱、ISO 映像文件），则默认共享使用父本的映像，当然也可创建一个新的副本。

克隆父本必须处于关机状态，才能进行克隆操作。

在虚拟系统管理器中右击要作为克隆父本的虚拟机，选择"克隆"命令，系统打开图 14-39 所示的对话框，设置新建虚拟机副本的名称和存储。对父本的磁盘存储，系统会在同一存储池（存储位置）生成相应的副本。此处第一个磁盘位于默认存储，新的磁盘副本需要更改存储路径，单击它下面的下拉菜单，选择"详情"命令，系统弹出图 14-40 所示的对话框。更改新路径，单击"确定"按钮。回到"克隆虚拟机"对话框，再单击"克隆"按钮，系统开始创建虚拟机克隆。完成之后，克隆的虚拟机将出现在虚拟机列表中。

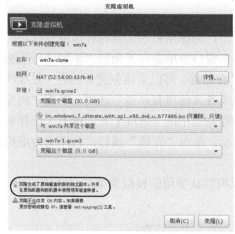

图 14-39　克隆虚拟机

图 14-40　更改存储路径

这种克隆是一种完全克隆，与父本完全分离。还有一种连接克隆，则是父本的一个副本，但是共享使用父本的磁盘文件，不仅节省空间，而且可以使用相同的父本软件配置环境。如果父本不可使用（如被删除），那么连接克隆也不能使用。

2. 虚拟机快照

快照可以保持虚拟机在某一个时间点的状态，这种状态包括磁盘、网络、内存等。如果想保存虚拟机的现有状态，以便在操作失误的时候回到现有的状态，就可以使用创建快照功能。这个功能也可以帮助用户更好地进行测试。

不论虚拟机是否正在运行，都可以抓取快照。打开虚拟机控制台，通过"查看"菜单选择"快照"选项，系统弹出图 14-41 所示的对话框。这是一个快照管理界面，默认没有创建任何快照。

单击左下角"+"按钮，系统弹出图 14-42 所示的窗口，自动给出虚拟机当前状态。为快照指定一个名称，添加描述信息，单击"完成"按钮，对当前状态的虚拟机创建一个快照。

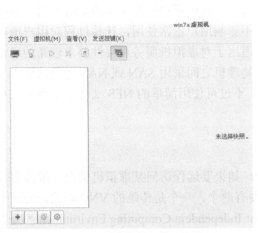

图 14-41　虚拟机快照管理界面

图 14-42　创建快照

回到快照管理界面，可以发现创建的快照已经出现在列表中，如图 14-43 所示。可以查看和管理快照。使用某快照将取代当前的虚拟机状态。

图 14-43　查看和管理虚拟机快照

3．虚拟机迁移

虚拟机有两种迁移方式。

（1）静态迁移

静态迁移又被称为常规迁移或离线迁移，即在虚拟机关机或暂停的情况下，从一台主机迁移到另一台主机。因为虚拟机的文件系统建立在虚拟机映像上，所以在虚拟机关机的情况下，只需要将虚拟机映像和相应的配置文件简单地迁移到另外一台物理主机上。如果需要保存虚拟机迁移之前的状态，在迁移之前将虚拟机暂停，然后创建快照，并将快照文件（默认位于/var/lib/libvirt/qemu/snapshot）复制至目的主机，最后在目的主机运行快照重建虚拟机状态，恢复执行。这种迁移方式简单易行，但是迁移过程需要停止虚拟机的运行，造成虚拟机上的服务不可用，仅适用于对服务可用性要求不严格的场合。

（2）动态迁移

动态迁移（Live Migration）又被称为在线迁移，即在保证虚拟机上服务正常运行的同时，将一个虚拟机系统从一台主机移动到另一台主机。为保证迁移过程中虚拟机服务的可用性，迁移过程仅有非常短暂的停机时间。这种方式不影响用户正常使用，迁移过程对用户透明，便于用户对物理主机进行离线维修或者升级，适用于对虚拟机服务可用性要求较高的场合。

目前，主流的动态迁移解决方案都依赖于物理机之间采用 SAN 或 NAS 之类的集中式共享外存设备。KVM 也需要动态迁移共享存储，不过可使用简单的 NFS 文件系统作为共享存储，将虚拟机部署在 NFS 共享存储上即可。

14.2.8　虚拟机桌面显示

默认只能在 KVM 主机上访问虚拟机桌面，如果要远程访问某虚拟机桌面，就需要修改设置。KVM 所支持的虚拟机桌面访问协议主要有两个，一个是传统的 VNC 协议，另一个是SPICE 协议。SPICE 的全称为 Simple Protocol for Independent Computing Environments，是 Red Hat 公司为桌面虚拟化专门研发的虚拟机桌面协议，与 VNC 相比，它能提供更高质量的图形处理和视频播放。这两种协议都是客户端/服务器模式，每一个虚拟机桌面都是作为物理主机上的一个服务对外提供访问的。

1. 本地访问虚拟机桌面

CentOS 7 中，KVM 默认使用 SPICE 作为桌面访问协议，且仅支持本机访问。在虚拟系统管理器中打开"虚拟机详情"窗口，左侧列表中会列出"显示 Spice"项，选中它，在右侧窗格中查看其设置，如图 14-44 所示。需要注意的是，第一个虚拟机的 SPICE 端口为 5900，其他虚拟机桌面服务从 5900 开始自动划分端口，如 5901、5902。

KVM 虚拟机安装之后，最简单的访问方法是使用 virt-viewer 命令访问该虚拟机。virt-viewer 是一个用于与虚拟机桌面交互的工具。作为一个轻量级的工具，它使用 libvirt API 去查询虚拟机的 SPICE 或 VNC 服务器端的信息。例如，使用以下命令可以访问指定 IP 地址的主机上的虚拟机：

virt-viewer 192.168.157.132

执行该命令后，系统会弹出一个对话框，给出该主机上正运行的虚拟机列表，供用户从中选择要访问的虚拟机。如果知道虚拟机的名称，直接使用它作为参数即可访问。例如：

virt-viewer win7a

在虚拟机系统管理器（virt-manager）中打开虚拟机控制台，出现虚拟机桌面时，其实已经间接地使用了 virt-viewer 工具。此时再使用 virt-viewer 打开同一虚拟机桌面时，系统会关闭虚拟机系统管理器中的该虚拟机控制台中的显示桌面。

2. 远程访问虚拟机桌面

要允许远程访问，就需要修改相应设置。在"虚拟机详情"窗口中打开 SPICE 服务器设置窗口，从"地址"下拉列表中选择"所有接口"，如图 14-45 所示。单击右下角的"应用"按钮即可更改设置。如果当前虚拟机正在运行，系统将提示只有关闭当前虚拟机之后，设置更改才能生效。这里修改的实际上是 KVM 主机的服务，必须重启主机系统使更改生效。

这样就可以从远程主机上使用 SPICE 客户端访问虚拟机桌面。安装 GUI 界面的 CentOS 7 上有一个远程桌面查看器支持 SPICE 协议，启动该工具，设置好 SPICE 连接参数，重点是协议和主机地址及端口，如图 14-46 所示。单击"连接"按钮，即可访问虚拟机桌面，如图 14-47 所示。此时使用的是 SPICE 协议，给出了完整的 URL 地址。

图 14-44　虚拟机 SPICE 设置

图 14-45　更改 SPICE 服务器地址

图 14-46　虚拟机桌面访问设置

图 14-47　远程访问虚拟机桌面

也可以使用传统的 VNC 协议来访问虚拟机桌面。可以直接将虚拟机的 SPICE 协议更改为 VNC 协议，也可以添加一个新的 VNC 显示接口，方法与 SPICE 类似。

14.3　使用命令行部署和管理 KVM 虚拟机

前面介绍了基于图形界面部署和管理 KVM 虚拟机，本节主要介绍使用命令行部署和管理 KVM 虚拟机。

14.3.1　搭建 KVM 平台

初学者可直接使用之前的图形界面环境，利用终端命令行来练习 KVM 操作。接下来的示范就采用这种方法。

可参考 14.2.1 节部署纯文本界面的 KVM 系统。如果在 CentOS 7 系统安装过程中安装 KVM，软件可选择"虚拟化主机"，这不会提供图形环境。如果在现有 CentOS 7 系统上加装 KVM 相关软件包，可安装 qemu-kvm、libvirt、virt-install 等软件包。为便于实验，关闭 KVM 主机的防火墙和 SELinux 功能，启用路由功能。激活并启动 libvirtd 服务：

```
systemctl enable libvirtd
systemctl start libvirtd
```

14.3.2　使用 virt-install 命令创建虚拟机

virt-install 是一个使用"libvirt"Hypervisor 管理库创建 KVM、Xen 虚拟机或 Linux 容器客户的命令行工具，功能很强大。该工具支持使用 VNC 或 SPICE 的图形界面安装，也支持基于串行控制台的文本模式安装。

1.　virt-install 命令用法

该命令的选项很多，可执行 virt-install --help 命令来获得基本的帮助信息。命令格式为：

virt-install --name　名称　--ram　内存　存储　安装 [可选项]

要执行该命令，至少需要指定创建的虚拟机的名称、内存大小、存储设备和安装方法等参数。下面简单介绍一下常用的选项和参数（有的还有短格式）。

（1）通用选项

-n NAME，--name NAME：指定虚拟机名称。

--memory MEMORY：定义虚拟机内存分配（单位为 MB），原来的选项-r/--ram 已过时。

--vcpus VCPUS：设置虚拟机配置的 vcpus 数量。

（2）安装方法选项

--cdrom CDROM：使用光驱安装介质。

-l LOCATION，--location LOCATION：指定安装源。

-x EXTRA_ARGS，--extra-args EXTRA_ARGS：附加到使用--location 引导的内核参数。

--pxe：使用 PXE 协议从网络引导。

--import：从磁盘映像中构建虚拟机。

（3）存储选项

--disk DISK：使用不同选项指定磁盘存储。例如--disk size=10 表示在默认位置创建 10GB 的映像文件；--disk /my/existing/disk,cache=none 表示使用指定路径创建映像。

（4）网络选项

-w NETWORK，--network NETWORK：用于配置虚拟机网络接口。例如--network bridge=mybr0 指定一个网桥；--network network=my_libvirt_virtual_net 指定一个虚拟网络；--network network=mynet,model=virtio,mac=00:11 指定虚拟网络、仿真驱动。

（5）图形选项

如果没有指定图形选项，在 DISPLAY 环境变量已经设置的情况下，virt-install 将选择合适的图形界面，否则将使用选项--nographics。

--graphics TYPE,opt1=arg1,opt2=arg2,...：指定图形显示相关的配置，此选项不会配置任何显示硬件，而是设置如何访问虚拟机的图形显示。其中 TYPE 指定显示类型，如 vnc、spice 或 none 等，默认为 vnc；port 定义监听的端口；listen 为所监听的 IP 地址（默认为 127.0.0.1）；password 为远程访问监听的服务指定认证密码。例如--graphics vnc 表示 VNC 服务器；--graphics spice,port=5901,tlsport=5902 定义 SPCIE 服务器及其端口；--graphics none 表示不支持图形显示。

--noautoconsole：不要自动尝试连接到客户端控制台。默认装载 virt-viewer 来显示图形控制台，或者执行 virsh console 命令来显示文本模式。此选项将禁止这种默认行为。

（6）控制台选项

--controller CONTROLLER：用于配置虚拟机控制程序设备。例如--controller type=usb,model=ich9-ehci1。

--console CONSOLE：配置虚拟机与主机之间的文本控制台连接。

（7）虚拟化选项

-v，--hvm：当物理机同时支持完全虚拟化和半虚拟化时，指定使用完全虚拟化。

-p，--paravirt：指定使用半虚拟化。

--virt-type：指定所用的 Hypervisor，如 kvm、qemu、xen 等。

（8）连接选项

-c URI，--connect URI：定义 virt-install 要连接的 Hypervisor。如果没有明确定义，将选择最合适的，通常就是本地 Hypervisor。如果要定义，需要使用统一资源标识符来定义要连接的 Hypervisor，所支持的 URI 格式包括 qemu:///system（默认）、qemu:///session、xen:///和 lxc:///等。

（9）其他选项

--autostart：引导主机时自动启动域。

--wait WAIT：等待安装完成的分钟数。

--noreboot：完成安装后不要启动虚拟机。

2．使用 virt-install 命令基于图形界面创建虚拟机

这需要在 KVM 主机上安装 virt-viewer，因为安装过程中需要打开基于 VNC 或 SPICE 的图形界面，进行虚拟机操作系统的安装。接下来示范用这种方式创建一个 CentOS 虚拟机：

```
[root@centoskvm ~]# virt-install  --name  centos7a  --memory 1024 --vcpus=1  --disk /kvm/vstore/
centos7a.qcow2,size=10,bus=virtio --cdrom /kvm/iso/CentOS-7-x86_64-DVD-1511.iso --graphics vnc  --network
network:default,model=virtio
开始安装......
正在分配 'centos7a.qcow2'                          |  10 GB     00:00
创建域......                                        |   0 B      00:00
(virt-viewer:4967): Gdk-CRITICAL **: gdk_window_set_cursor: assertion 'GDK_IS_WINDOW (window)'
failed
```

系统自动打开图形界面进行虚拟机操作系统的安装，如图 14-48 所示。可以像在物理机上一样执行操作系统的安装。

图 14-48　通过 virt-viewer 访问虚拟机

3. 使用 virt-install 命令基于文本模式创建虚拟机

命令行工具在文本模式下最为实用。这里示范一下在文本模式下创建虚拟机的过程。执行 virt-install 命令创建 CentOS 虚拟机，安装过程中安装虚拟机操作系统。与多数 Linux 发行版一样，CentOS 也使用 anaconda 作为安装程序，首先启动 Linux 内核并初始化 Linux 系统环境，然后启动安装界面，为用户提供安装选项，以设置 Linux 运行环境。命令执行过程示例如下：

```
[root@centoskvm ~]# virt-install  --name  centos7b  --memory 1024 --vcpus=1  --disk /kvm/vstore/centos7b.qcow2,
size=10,bus=virtio  --location /kvm/iso/CentOS-7-x86_64-DVD-1511.iso --extra-args='console=ttyS0 console=hvc0'
--graphics none --console pty,target_type=virtio --network network:default,model=virtio
    开始安装......
    搜索文件 .treeinfo......                          | 2.2 kB           00:00
    搜索文件 vmlinuz......                            | 9.8 MB           00:00
    搜索文件 initrd.img......                         | 73 MB            00:00
    正在分配 'centos7b.qcow2'                         | 10 GB            00:00
    创建域......                                      |   0 B            00:00
    连接到域 centos7b
    换码符为 ^]                        #表示使用<Ctrl>+<]>组合键切换到主机
    #此处省略
    anaconda 21.48.22.56-1 for CentOS 7 started.
    #此处省略
    =================================================================================

    Installation
      1) [x] Language settings              2) [!] Timezone settings
             (English (United States))             (Timezone is not set.)
      3) [!] Installation source            4) [!] Software selection
             (Processing...)                       (Processing...)
      5) [!] Installation Destination       6) [x] Kdump
             (No disks selected)                   (Kdump is enabled)
      7) [ ] Network configuration          8) [!] Root password
             (Not connected)                       (Password is not set.)
      9) [!] User creation
    Please make your choice from above ['q' to quit|'b' to begin installation|
      'r' to refresh]:
```

运行到此处，通过字符界面选择 CentOS 安装选项。输入相应的选项序号，根据提示进行设置，完成所有选项（第 6、9 项可以不设置）之后，输入 b 开始操作系统安装。安装完成后，系统会给出提示信息"Installation complete. Press return to quit"，按回车键。系统启动并完成后期处理，最后进入登录界面：

```
CentOS Linux 7 (Core)
Kernel 3.10.0-327.el7.x86_64 on an x86_64

localhost login:
```

可以输入安装过程所设的用户名和密码登录虚拟机。

按<Ctrl>+<]>组合键可以退出虚拟机，回到主机界面：

```
[root@centoskvm ~]
```

要通过文本模式访问该虚拟机，可执行以下命令：

```
[root@centoskvm ~]# virsh console centos7b
连接到域 centos7b
```

换码符为 ^]

此时按回车键，如果虚拟机正在运行，将直接切换到虚拟机当前控制台。如果还没启动，将开始启动虚拟机并进入界面：

CentOS Linux 7 (Core)
Kernel 3.10.0-327.el7.x86_64 on an x86_64
localhost login:

14.3.3　使用 virsh 命令管理虚拟机

1. 查看虚拟机信息

系统列出正在运行的虚拟机（给出名称和状态）：

```
[root@centoskvm ~]# virsh list
 Id    名称                          状态
----------------------------------------------------
 2     win7a                         running
 3     centos7a                      running
```

使用选项--all 则列出所有的虚拟机。

执行以下命令查看指定虚拟机的基本信息：

virsh dominfo centos7a

执行 virt-top 命令查看所有虚拟机运行状态：

```
virt-top 16:22:08 - x86_64 2/2CPU 3500MHz 3776MB
3 domains, 2 active, 2 running, 0 sleeping, 0 paused, 1 inactive D:0 O:0 X:0
CPU: 3.0%   Mem: 2048 MB（客户端 2048 MB）
   ID S RDRQ WRRQ RXBY TXBY %CPU %MEM      TIME     NAME
   2 R    0    0    52    0  2.7 27.0   5:48.92 win7a
   4 R    0    0    52    0  0.3 27.0   0:32.40 centos7a
   -                                    (win7a-clone)
```

2. 改变虚拟机状态

virsh 的子命令 start、shutdown、suspend、resume 和 reboot 分别用于启动、关闭、挂起（暂停）、恢复和重启虚拟机。

允许虚拟机自动启动：
virsh autostart　虚拟机名称
禁止虚拟机自动启动：
virsh autostart --disable　虚拟机名称
强制删除虚拟机（虚拟磁盘一并删除）：
virsh destroy　虚拟机名称
从系统中删除虚拟机（删除虚拟机定义，但不删除虚拟磁盘）：
virsh undefine　虚拟机名称

14.3.4　修改虚拟机定义文件

在虚拟系统管理中使用"虚拟机详情"窗口来查看和更改虚拟机配置，在命令行中则需要通过编辑虚拟机定义文件来实现这项功能。

首先关闭要配置的虚拟机：

[root@centoskvm ~]# virsh shutdown centos7a
域 centos7a 被关闭

然后执行以下命令查看和修改虚拟机定义文件：

```
virsh edit centos7a
```

该命令将自动调用 vi 编辑器来编辑该虚拟机的 XML 定义文件，如图 14-49 所示。可以根据需要变更文件内容，实现虚拟机定制。

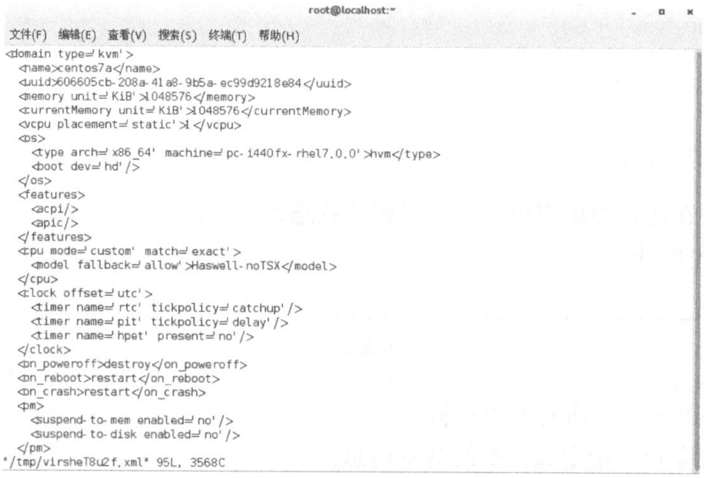

```
root@localhost:~
文件(F) 编辑(E) 查看(V) 搜索(S) 终端(T) 帮助(H)
<domain type='kvm'>
  <name>centos7a</name>
  <uuid>606605cb-208a-41a8-9b5a-ec99d9218e84</uuid>
  <memory unit='KiB'>1048576</memory>
  <currentMemory unit='KiB'>1048576</currentMemory>
  <vcpu placement='static'>1</vcpu>
  <os>
    <type arch='x86_64' machine='pc-i440fx-rhel7.0.0'>hvm</type>
    <boot dev='hd'/>
  </os>
  <features>
    <acpi/>
    <apic/>
  </features>
  <cpu mode='custom' match='exact'>
    <model fallback='allow'>Haswell-noTSX</model>
  </cpu>
  <clock offset='utc'>
    <timer name='rtc' tickpolicy='catchup'/>
    <timer name='pit' tickpolicy='delay'/>
    <timer name='hpet' present='no'/>
  </clock>
  <on_poweroff>destroy</on_poweroff>
  <on_reboot>restart</on_reboot>
  <on_crash>restart</on_crash>
  <pm>
    <suspend-to-mem enabled='no'/>
    <suspend-to-disk enabled='no'/>
  </pm>
"/tmp/virsheT8u2f.xml" 95L, 3568C
```

图 14-49　编辑虚拟机定义文件

最后保存（按冒号进入命令模式）配置文件，再执行启动虚拟机。

如果另存为新的 XML 文件，则可以使用新的 XML 文件启动虚拟机：

```
virsh create /etc/libvirt/qemu/新 xml 文件
```

虚拟机的 CPU、网卡、存储更改都可以采用这种方式。

14.3.5　通过命令行工具和配置文件配置 KVM 虚拟网络

前面提到过，KVM 虚拟网络配置涉及虚拟网络和网桥接口。

1. 创建和管理虚拟网络

虚拟网络分为 NAT 和隔离网络两种类型。执行以下命令查看当前所有虚拟网络：

```
[root@centoskvm ~]# virsh net-list --all
 名称                 状态       自动开始       持久
------------------------------------------------------------------
 default              活动       是             是
 prinet               活动       是             是
 testnat              不活跃     否             是
```

这些虚拟网络定义文件被存放在/etc/libvirt/qemu/networks 目录中，以虚拟网络名称作为文件名，.xml 为扩展名。可以参照 XML 格式修改已有的或者定义新的虚拟网络。

首先创建定义虚拟网络的文件，可参照/etc/libvirt/qemu/networks 中的文件。如果找不到，则可以参照/usr/share/libvirt/networks/default.xml。这里编写一个 NAT 虚拟网络文件：

```
<network>
  <name>testnat1</name>
  <forward mode='nat'/>
  <bridge name='virbr3' stp='on' delay='0'/>
  <mac address='52:54:00:ef:ea:ad'/>
  <ip address='192.168.110.1' netmask='255.255.255.0'>
```

```
    <dhcp>
        <range start='192.168.110.2' end='192.168.110.254'/>
    </dhcp>
  </ip>
</network>
```

注意：不要定义 uuid。XML 文件可以被存放到任何地方，此处为/kvm/testnat1.xml。

执行以下命令从/kvm/testnat1.xml 定义名为 testnat1 的虚拟网络：

virsh net-define /kvm/testnat1.xml

此时系统自动将 testnat1.xml 复制到/etc/libvirt/qemu/networks 目录中，并自动在该文件加上 uuid 定义。

执行以下命令将该网络设置为自动启动：

virsh net-autostart testnat1

执行以下命令启动该网络：

virsh net-start testnat1

该虚拟网络启动后可以用命令 brctl show 查看和验证：

```
[root@centoskvm ~]# brctl show
bridge name       bridge id            STP enabled      interfaces
br1          8000.000c2979de0a     yes          eno16777736
virbr0            8000.525400efeaad      yes          virbr0-nic
                                                       vnet0
virbr2            8000.525400b2c609    yes          virbr2-nic
virbr3            8000.525400b3eb02    yes          virbr3-nic
```

至此，完成了一个 NAT 虚拟网络的创建。要创建隔离的虚拟网络，只需将 XML 配置文件中的以下一行定义删除：

<forward mode='nat'/>

虚拟网络配置的修改，也是先修改相应的 XML 文件，再依次执行 virsh net-define、virsh net-start 命令。

2. 创建和管理网桥接口

一般通过编辑网络接口脚本文件创建和修改网桥接口。这里示范创建一个网桥的步骤。

（1）执行以下命令停止 NetworkManager 服务：

systemctl stop NetworkManager

该服务开启的情况下直接去修改网卡的配置文件，可能会造成信息的不匹配，从而导致网卡激活不了。

（2）备份网桥桥接的以太网卡的配置文件（此处为/etc/sysconfig/network-scripts/ ifcfg-eno16777736）。

（3）添加网络设备脚本文件/etc/sysconfig/network-scripts/ifcfg-br2，以增加一个网桥设备 br2，配置内容如下：

```
DEVICE="br2"
ONBOOT="yes"
TYPE="Bridge"
BOOTPROTO="dhcp"
PEERDNS="yes"
STP="on"
DELAY="0.0"
```

（4）编辑修改要桥接的以太网脚本文件/etc/sysconfig/network-scripts/ ifcfg-eno16777736，配置内容如下：

```
DEVICE=eno16777736
ONBOOT=yes
BRIDGE="br2"
```

原有的以太网不需要配置 IP 地址，指定桥接的网桥接口（如 br2）即可。

网桥接口 br2 中的 DEVICE 字段一定要与以太网卡中的 BRIDGE 字段对应起来。

（5）重启 NetworkManager 服务：

```
systemctl restart NetworkManager
```

（6）执行 brctl show 验证网桥接口是否创建成功。

3. 配置虚拟机的网络接口

在命令行中使用 virt-install 安装虚拟机时可以指定网络接口。使用虚拟网络的例子：

```
--network network:default
```

使用网桥接口的例子：

```
--network bridge:br1
```

安装虚拟机之后如果修改网络接口，则需要先将虚拟机关机，然后使用 virsh edit 命令编辑该虚拟机的 XML 定义文件，修改完成之后启动虚拟机即可生效。下面是一个连接虚拟网络的 XML 设置：

```
<interface type='network'>                        ##接口类型为 network
    <mac address='52:54:00:86:c9:c7'/>
    <source network='default'/>                   ##虚拟网络为 default
    <model type='virtio'/>
    <address type='pci' domain='0x0000' bus='0x00' slot='0x03' function='0x0'/>
</interface>
```

下面是一个网桥接口的 XML 设置：

```
<interface type='bridge'>                         ##接口类型为 bridge
    <mac address='52:54:00:86:c9:c7'/>
    <source bridge ='br1'/>                       ##网桥接口为 br1
    <model type='virtio'/>
    <address type='pci' domain='0x0000' bus='0x00' slot='0x03' function='0x0'/>
</interface>
```

14.3.6 使用命令行工具配置虚拟存储

1. 创建和管理存储池

可以使用 virsh pool-list 命令获取处于活动状态的存储池对象列表：

```
[root@centoskvm ~]# virsh pool-list
 名称              状态         自动开始
-------------------------------------------------------------
 default          活动         是
 gnome-boxes      活动         否
 iso              活动         是
 vstore           活动         是
```

想要获取完整列表，需要加上选项--all。

这里重点示范使用 virsh 命令创建存储池的过程，以基于本地目录创建为例。

（1）创建存储池所用的路径：

mkdir /kvm/test_store

（2）分别执行以下两条命令更改该目录权限：

chown root: root /kvm/test_store

chmod 700 /kvm/test_store

（3）定义一个存储池：

virsh pool-define-as　test_store --type　dir　--target　/kvm/test_store

其中 test_store 为存储池名称，dir 为类型，/kvm/test_store 为目标路径。

（4）执行 virsh pool-list --all 命令查看创建的存储池列表。

（5）基于上述存储池定义构建一个存储池：

virsh pool-build test_store

（6）此时存储池为处于活动状态，执行以下命令启动存储池：

virsh pool-start test_store

（7）执行以下命令使存储池自动启动：

virsh pool-autostart　test_store

可以进一步查看存储池信息：

virsh pool-info test_store

实际上存储池也是由 XML 配置文件定义的。可以使用命令调用默认文本编辑器来查看和编辑存储池配置文件：

virsh pool-edit test_store

对已有的存储池，可以用 virsh pool-destroy 销毁，也可以用 virsh pool-undefine 命令取消存储池定义。

2．创建和管理存储卷

可以在存储池中创建一个卷，卷用来做虚拟机的磁盘。执行 virsh vol-create-as 命令创建一个卷：

virsh vol-create-as test_store test_vol.qcow2 10G --format qcow2

该命令将在存储池 test_store 中创建一个名为 test_vol.qcow2 的卷，大小为 10GB，格式为 qcow2。

可以使用命令列出指定存储池中的卷：

virsh vol-list test_store

在指定卷参数时，一定要带上存储池，一般先列出卷，跟在池后面。不过，要查看指定卷的信息时，卷在池的前面：

virsh vol-info test_vol.qcow2 test_store

可根据需要删除不用的卷：

virsh vol-delete --pool test_store test_vol.img

还可以使用 virsh vol-resize 命令调整指定存储卷的大小，使用 virsh vol-wipe 命令擦除存储卷中的数据，确保之前的所有数据都不能再被访问。

3．将存储卷配给虚拟机使用

在命令行中使用 virt-install 安装虚拟机时可以指定存储。下面是一个例子：

--network network:default

安装虚拟机之后给虚拟机添加硬盘有两种方法。一种方法是通过 virsh attach-disk 命令添加一块硬盘到系统中，即时生效，但系统重启后新硬盘会消失。例如：

virsh attach-disk centos7a /kvm/test_store/test_vol.qcow2 vdb1

该命令将/vhost/testdisk.img 硬盘添加到虚拟机 centos7a 中，并且该硬盘在虚拟机系统中显示的硬盘名称为 vdb1。

另一种方法是通过修改虚拟机配置文件进行添加，永久生效。需要先将虚拟机关机，然后使用 virsh edit 命令编辑该虚拟机的 XML 定义文件，修改完成之后，启动虚拟机即可生效。下面是一个连接虚拟网络的 XML 设置：

```
<disk type='file' device='disk'>                          ##虚拟磁盘类型为 file
    <driver name='qemu' type='qcow2'/>
    <source file='/kvm/vstore/centos7a.qcow2'/>           ##虚拟磁盘文件路径
    <target dev='vda' bus='virtio'/>
    <address type='pci' domain='0x0000' bus='0x00' slot='0x06' function='0x0'/>
</disk>
```

4. 使用 qemu-img 命令管理虚拟磁盘文件

除使用 virsh 存储相关命令外，还可以使用 qemu-img 命令来管理虚拟磁盘。qemu-img 是 QEMU 的磁盘管理工具，可以创建和管理虚拟磁盘（映像）文件，还可以创建虚拟机快照。命令格式为：

qemu-img 命令 [命令选项]

qemu-img 有很多命令，常用的有 info（查看映像的信息）、create（创建映像）、check（检查映像）、convert（转换映像的格式）、snapshot（管理映像的快照）、rebase（基于现有映像创建新的映像）、resize（调整映像大小）。这里简单介绍映像的创建和格式转换。

创建映像的命令格式为：

qemu-img create [-f 文件格式] [-o 选项] 文件名 [大小]

可以根据不同文件格式添加若干选项，来增加对该文件的各种设置。映像文件大小默认单位是字节，支持 k（K）、M、G、T 来表示 KB、MB、GB、TB。下面是一个例子：

```
[root@centoskvm ~]# qemu-img create -f raw /kvm/vstore/testvm.raw     10G
Formatting '/kvm/vstore/testvm.raw', fmt=raw size=10737418240
```

如果不指定路径，系统将在当前目录下创建映像文件。如果指定的路径正好是某存储池的路径，则该映像文件被自动归入该存储池。

执行以下命令转换映像格式：

qemu-img convert [-c] [-f 源格式] [-O 目标格式] [-o 选项] 源文件名 目标文件名

将源格式的文件根据选项转换为格式为目标格式的目标文件。它支持不同格式的映像文件之间的转换，如将 vmdk 文件转换为 qcow2 文件，这对从其他虚拟化方案移植到 KVM 非常有用。如果不指定目标格式，会被默认转换为 raw 文件格式。选项-c 是对输出的映像文件进行压缩，不过只有 qcow2 和 qcow 格式才支持压缩。这里给出一个例子：

qemu-img convert -c -f raw -O qcow2 /kvm/vstore/testvm.raw /kvm/vstore/testvm.qcow2

这种映像格式转换并不删除原来格式的映像文件。要删除某映像文件，只能采用文件删除的方法。

14.3.7 使用命令行工具管理虚拟机快照

虚拟机快照可以使用 virsh 相关命令来制作和管理。virsh 快照相关命令主要包括 snapshot-list（获取指定虚拟机的所有可用快照列表）、snapshot-create（创建快照）、snapshot-revert（恢复快照）、snapshot-delete（删除快照）。下面进行虚拟机快照操作示范。

（1）要创建一个快照，需要指定虚拟机名称：

[root@centoskvm ~]# virsh snapshot-create-as centos7a
已生成域快照 1487046874

快照创建很快，实际上就是生成一个 XML 配置文件，记录当前信息。快照文件位于
/var/lib/libvirt/qemu/snapshot 目录下以虚拟机名为子目录名的文件夹中。默认状态下，系统会
自动给快照赋予一个序号作为名称。为便于识别，可以在虚拟机参数后面指定一个明确的快
照名称。

（2）查看该虚拟的快照列表：

[root@centoskvm ~]# virsh snapshot-list centos7a
```
 名称                       生成时间                         状态
------------------------------------------------------------------------------
 1487046874                2017-02-14 12:34:34 +0800 running
 test2                     2017-02-14 12:49:06 +0800 running
```
（3）恢复虚拟机快照需要确定快照版本（名称），这里恢复到 test2：

virsh snapshot-revert centos7a test2

virsh 快照恢复和删除命令有一个选项--current，表示当前快照。

14.3.8　使用 virt-clone 命令克隆虚拟机

virt-clone 主要用来克隆虚拟机，它只是复制父本的磁盘映像，除 MAC 地址、名称等特
定配置外，克隆出来的虚拟机不会更改虚拟机操作系统中的任何内容。更改密码、更改静态
IP 地址等操作，需要进入新的虚拟机副本进行。命令格式为：

virt-clone --original [名称] ...

可以执行 virt-clone --help 命令来获得基本的帮助信息。

1．virt-clone 常用选项

（1）通用选项

-o ORIGINAL_GUEST, --original ORIGINAL_GUEST：源虚拟机的名称（必须为关闭或
者暂停状态）。

--original-xml ORIGINAL_XML：将虚拟机 XML 文件作为源虚拟机使用。

--auto-clone：从源虚拟机配置中自动生成克隆名称和存储路径。

-n NEW_NAME, --name NEW_NAME：确定新虚拟机副本的名称。

（2）存储配置

-f NEW_DISKFILE, --file NEW_DISKFILE：作为虚拟机新副本磁盘映像的新文件。

--force-copy TARGET：强制复制设备（如'hdc'是随机光驱设备，则使用--force-copy=hdc）。

（3）网络配置

-m NEW_MAC, --mac NEW_MAC：虚拟机新副本的固定 MAC 地址，默认随机生成。

2．virt-clone 克隆操作实例

（1）挂起（暂停）或关闭源虚拟机（父本）：

virsh suspend centos7a

（2）执行 virt-clone 命令进行克隆：

virt-clone --original centos7a --name centos7a-1 --file /kvm/vstore/centos7a-1.qcow2

（3）恢复克隆源虚拟机：

virsh resume centos7a

（4）启动克隆目标虚拟机：

virsh start centos7a-1

克隆成功之后，登录新虚拟机即可修改主机名和 IP 等。

14.4 习　　题

1．什么是虚拟化？

2．简述虚拟化体系结构。

3．原生型和宿主型 Hypervisor 有何不同？

4．简述 KVM 架构。

5．简述 libvirt 架构。

6．KVM 虚拟机有哪几种组网模式？

7．虚拟磁盘有哪几种文件格式？

8．解释虚拟机克隆、快照和迁移的概念。

9．在 CentOS 7 中搭建 KVM 虚拟化平台，基于图形界面创建一台 Windows 虚拟机，然后熟悉 KVM 虚拟机的操作。

10．使用 virt-install 命令基于文本模式创建一台 CentOS 虚拟机，然后熟悉 virsh 命令的操作。